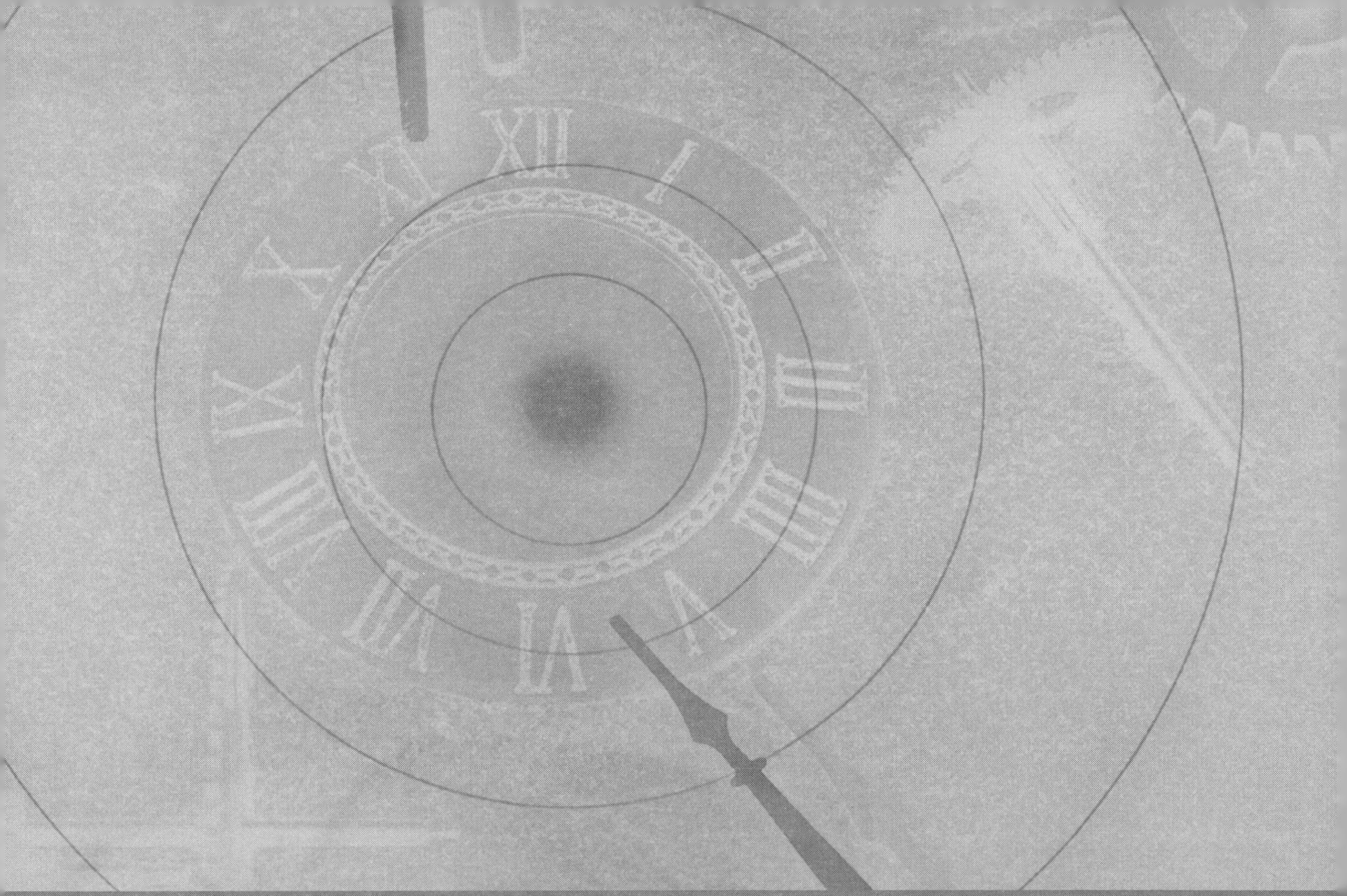

신편 유체역학

| 조성갑 · 권혁칠 · 정운철 · 서영호 |

북스힐

머리말

Fluid Mechanics

유체역학은 정지상태와 운동상태 등 모든 조건하에서의 유체를 연구하는 학문이다. 그 연구방법은 경험적이기보다는 해석적이고 수학적이며, 유체의 물리적 성질들에 관계없이 공학의 많은 분야에서 만나는 수많은 그리고 다양한 문제들에 대하여 해답을 주는 기본원리들에 관계된다.

유체역학은 기계공학, 조선공학, 토목공학 등에서 상당히 중요한 비중을 차지하고 있는 과목중의 하나이다. 그래서 본서는 필자의 여러 해에 걸친 강의경험을 바탕으로 유체역학의 광범위한 내용들을 다루었다. 원래, 유체역학이란 과목은 이론적인 것이기 때문에 그 취급에는 필연적으로 수학적인 방법이 채용되지 않을 수 없다. 그러자면 고도의 수학지식이 필요하게 된다. 그러나 유체역학을 처음으로 배우는 학생들에게 높은 수준의 수학지식을 요구하는 것은 현실적으로 무리한 일이 아닐 수 없다. 이러한 점을 감안하여 본서는 가급적 평이하게 서술하여 그야말로 유체역학의 입문서로 엮는데 중점을 두었다. 그렇기 때문에 이 책은 주로 대학과 전문대학의 교과서로 합당할 뿐 아니라, 현장에서 직접 유체 및 유체기계를 다루는 기술자들의 응용에도 도움이 될 수 있는 참고서이다.

특히, 기사 시험을 대비하는 학생들을 위하여 각 장마다 정선된 예제와 친절한 풀이를 달았다. 또, 풍부한 연습문제를 수록하여 실력 마무리에 만전을 기하였다. 단위는 세계적인 추세에 의하여 국제표준단위인 SI단위를 주로 사용하였다.

본서를 펴냄에 있어서, 필자의 부족함으로 표현이 세련되지 못한 부분이 많을 것이고, 미비하고 부족한 점들도 있을 것으로 생각되나, 앞으로 독자들의 기탄없는 지도편달을 받아 수정할 것을 약속한다. 본서가 독자들에게 다소나마 도움이 된다면 더 없는 기쁨으로 생각하겠다.

끝으로 이 책을 출판하게 하여 준 (주)북스힐출판사에 깊은 감사를 드린다.

2009년 8월
저자 씀

차 례

Fluid Mechanics

| 부 록 |

CHAPTER 00

유체역학 발달사

Fluid Mechanics

유체역학의 발달과정

흐름의 개념은 고대 그리이스의 철학자 Herakleitos(B.C. 535 ~ 475)의 "만물은 흐르며 굴러간다"란 말에서 그 기원을 찾을 수 있으나, 유체역학에 관한 과학의 연구는 Archimedes(B.C. 287 ~ 212)가 부력에 관한 法則을 발견함에서 시작된다.

그 후 Leonardodavinci(1452 ~ 1519), Stevin(1548 ~ 1620), Galilei(1564 ~ 1642), Torricelli(1608 ~ 1647), Pascal(1623 ~ 1662), Newton(1642 ~ 1727), Huygens(1629 ~ 1695), D.Bernoulli(1700 ~ 1783) 등에 의하여 유체의 역학적 거동이 널리 그리고 깊이 연구되었다.

특히, Bernoulli는 유체의 운동을 취급하는 과학의 한 분야를 유체역학(hydrodynamics)이라 명명하였다. 그러나 유체압력의 개념을 명확히 파악하여 운동방정식을 유도하고, 오늘날과 같은 유체역학의 체계와 기반을 세운 것은 Euler(1707 ~ 1783)이며, 유체역학의 시조로 불리고 있다.

1 이상유체역학

Euler에 의하여 시작된 유체역학은 점성도 압축성도 없는 이상유체를 대상으로 하는 것이다. d'Alembert(1717 ~ 1783)는 일정속도로 이상유체 속을 운동하는 물체는 앞뒤의 압력이 평형되어 저항이 없어져서 실험 결과와 모순되는 것을 표시하였으며, 이것이 d'Alembert의 패러독스(paradox)라 불리는 것이다.

Euler는 이와 같은 모순이 생기는 것은 이상 유체와 실제 유체와의 상이가 원인이라고 하였으며, 이상 유체에 관한 이론은 그 후 많은 수학자, 물리학자에 의하여 연구되어 Lagrange(1736 ~ 1813), Cauchy(1789 ~ 1857), Helmholtz(1821 ~ 1894), Kirchhoff(1824 ~ 1887), Kelvin(1824 ~ 1907), Rayleigh(1842 ~ 1919), Joukowski (1847 ~ 1821) 등에 의하여 고도의 수학을 사용한 훌륭한 이론체계가 이룩되었다. 그러나, 그 반면에 해석 결과가 실제와 모순인 경우가 많다는 사실을 저버리고 수학적 이론만을 추구하는 감이 있었다.

한편, 산업 혁명에 의하여 가속된 공업 발전은 실제상의 많은 새로운 문제를 제기하였으며 이상유체역학은 그 해결에 있어서 거의 무력하였고, 응용의 가능성이 극히 적다는 것이 판명되었다. 그래서 실제적 요구에 부응하기 위하여 Hagen(1797 ~ 1884), Darcy(1803 ~ 1858), Weisbach(1806 ~ 1871), Bazin(1829 ~ 1917), Boussinesq (1842 ~ 1929) 등의 공학자들은 이상유체역학적 수법을 버리고 그와는 목적과 방법을 달리하는 수력학(hydraulics)이라는 새로운 한 분야를 세웠다.

수력학은 경험에 의하여 얻은 간단한 사실을 바탕으로 하여 수많은 실험의 반복으로 복잡한 현상을 설명하려는 것이며, 그 목적은 어디까지나 실제적 요구에서 생기는 개개의 문제에 대한 해결을 얻는 데에 있다. 따라서, 수력학에서는 개개의 문제의 해결 방법으로서 먼저 그에 대한 실험을 하고 그 실험 결과와 간단한 경험과 사실 및 이상유체에 관한 1차원적 해석결과와의 차이를 계수로 조절하든가, 또는 실험식을 세우든가의 방법을 채용하는 것이다.

그러나, 이와 같이 하여 얻은 실험적 사실과 실험식을 가지고도 복잡한 현상을 통일적으로 해석할 수 있는 이론의 결여로 말미암아 다음에 생기는 새로운 문제의 해결에 대하여는 하등의 가능성을 주지 못하였다.

2 점성유체역학

이상유체역학의 눈부신 발전과 동시에 한편으로는 물리학적으로 중요한 유체의 점성(viscosity)에 대한 문제가 착실히 연구되고 있었으나, 그것은 점성응력이 흐름의 수직방향 속도변화에 비례한다는 Newton의 점성법칙을 운동방정식에 도입하는 시도가 1827년 Navier(1785 ~ 1836)에 의하여 시작되어 1845년 Stokes(1819 ~ 1903)가 완성하였다. 이것이 오늘날의 점성유체역학의 기본운동방정식인 Navier-Stokes의 방정식이다.

점성유체에 관한 실험적 연구로서는 층류, 난류의 관마찰손실을 최초에 계통적으로 연구한 Hagen과, 혈관 속의 혈액의 흐름에 대한 고찰로부터 모세관 내의 흐름의 연구로 유명한 Poiseuille(1799 ~ 1869) 등이 있다.

유체의 흐름에 층류와 난류의 2가지가 있다는 것은 상당히 오래전부터 알려져 있었지만, Reynolds(1842 ~ 1912)는 특히 원관 내의 흐름을 자세히 고찰하여 레이놀즈수(Reynolds' number, 1908)라 불리는 무차원수 $Re = \rho UL/\mu$(ρ는 유체의 밀도, L은 특성길이, U는 유체의 특성속도, μ는 유체의 점성계수)가 어느 임계치(critical value)를 넘으면, 흐름이 층류로부터 난류로 되는 것을 명확히 하였다.

Reynolds 수는 물리학적으로는 흐름에 작용하는 관성력과 점성력과의 비이며, Stokes는 Navier-Stokes의 방정식에서 $Re \to 0$으로서 관성의 영향을 무시한 Stokes 방정식을 유도하여 구(ball)의 저항에 관한 Stokes의 법칙을 발표하였다.

그러나, Stokes의 방정식으로는 2차원흐름, 즉 일정한 속도의 흐름이 원주(column)의 둘레를 흐를 때 원주의 저항이 구해지지 않는다는 모순이 생긴다. 그래서 Oseen(1910)은 이 모순을 피하기 위하여 물체로부터 떨어진 곳에서는 관성의 영향을 무시할 수 없다고 생각하여 Navier-Stokes의 방정식을 이용함으로써 후류(wake)의 존재를 이론적으로 분명히 하였다. Navier-Stokes의 방정식은 전형적인 비선형편미분방정식이며, 일반적으로 그 해를 구하기가 곤란하다. 그래서, Reyleigh는 차원해석에 의하여 기하학적으로 상사한 물체를 지나가는 흐름의 상태가 Reynolds 수만으로 정해지는 것과 또 물체에 작용하는 힘을 $\frac{1}{2}\rho u^2 A$(A는 유체 내에 있는 물체의 최대 단면적)으로 나눈 것, 즉 힘의 계수가 Reynolds 수만의 함수로 되는 것을 밝혔다.

3 경계층이론

공기, 물 등의 흐름에서 실제로 중요한 것은 Reynolds 수가 큰 흐름의 경우이다. 따라서 $Re \to 0$의 Stokes 법칙과는 반대로 $Re \to \infty$의 비점성유체에 대한 Euler의 방정식으로 되어, 물체 표면에서 유속이 0으로 된다는 경계조건을 만족시키는 해가 없게 되어, 마찰저항을 구할 수 없게 된다.

이와 같은 곤란을 Prandtl(1875 ~ 1953)은 1904년에 경계층이론으로 해결하였다. 즉, Reynolds 수 Re가 큰 흐름에서는 물체의 표면에 $1/\sqrt{Re}$에 비례하는 정도의 두께가 극히 엷은 층(경계층)이 생겨, 점성의 영향은 이 층의 내부에서만 생각할 수 있고, 층외에서는 이상유체의 이론을 그대로 적용하면 된다. 그리고, 경계층이 대단히 얇으므로 Navier-Stokes의 방정식은 적분이 가능한 정도로 간략하게 되어 소위 경계층방정식이 얻어진다.

Prandtl은 평판의 마찰 저항에 관하여 개략적인 수치를 준 것뿐이지만 그 후 많은 사람들에 의하여 정밀히 계산되고, 또 평판 이외의 압력구배가 있는 경우에까지 확장하여 흐름이 물체 표면으로부터 유리되는 위치를 정하는 계산 등이 이루어졌다.

고속기류의 경우, 경계층의 두께가 증가하는 경향이 있으며, 그 형상이 경계층 외의 흐름에 미치는 영향이 상당히 중요하므로 Alden(1949) 등은 경계층이론을 더욱 고차적인 근사법으로 연구하고 있다.

4 난류이론

난류의 조직적인 연구는 Reynolds로부터 시작되었다고 할 수 있으나, 1925년 Prandtl은 기체의 분자운동과 유사하다는 데서 실제의 응용에 효과적인 혼합장이론을 제출하였다.

Taylor(1935)는 등방성난류의 취급에 통계적 방법을 적용하여 난류의 통계 이론을 만들었으나 Kármán Howarth(1938) 등에 의하여 수학적으로 세련된 형태로 완성하였다. 난류의 점성으로 말미암아 부단히 운동에너지의 손실이 있으므로 등방성난류라 하여도 평형상태는 아니며, 시간적으로 정상이 아니다. 그러나 전체적으로는 평형상태가 아닌 난류에서도 그 중에 한 양상만을 주목할 때 거기에 일종의 평형이 성립된다고 할 수 있는 소위 국소등방성난류의 이론이 Kolmogoroff(1941), Heisenberg(1948) 등에 의하여 수립되었다.

5 고속기체역학

압력변화가 작은 상태에서 유체가 미소난운동을 할 때는 음속으로 전파되는데, 그 전파구조는 Newton이 생각한 바와 같은 등온과정이 아니라, 단열과정에 의하여 지배된다는 것을 밝힌 것은 Laplace(1749 ~ 1827)이다. 그 후 Riemann(1826 ~ 1866)은 유한진폭의 교란전파는 소위 충격파로 되어 음속 이상의 속도로 전파되는 것을 제시하였다.

다시 Rankine(1820 ~ 1872)은 1870년에, 또한 Hugoniot는 1887년에 각각 충격파 전후의 압력과 밀도와는 단순한 단열변화가 아닌 다른 관계가 있다는 것, 즉 엔트로피(entropy)의 증가 현상을 밝혔다.

한편 Doppler(1803 ~ 1858)는 1847년에 음속의 M배의 속도로 진행하는 탄환으로부터 발생하는 파도가 원추의 내부에 한정되어 그 원추의 반정각 α는 $\alpha = \sin^{-1}\dfrac{1}{M}$의 관계식을 만족하는 것을 발견하였다. 또, 1887년에 Mach(1838 ~ 1816)는 기체의 밀도변화에 의한 빛의 굴절률이 변화하는 것을 이용하여 기류의 상태를 관측, 촬영할 수 있는 Schlieren법(1864년 Töpler)에 의하여 고안되었다)에 의하여 탄환 주위의 흐름 상태를 사진 촬영하였고 위의 관계를 확인하였다. 이 Mach의 업적을 기념하여 위의 M을 Mach 수(1889년 Acheret가 명명)라 부르게 되었다.

20세기 초의 항공기, 터빈 등의 발달, 특히 고속화에 따라서 일어나는 각종 현상을 해결할 필요에 자극되어 고속기체역학은 급격한 발전을 이룩하였다.

즉, Stodola(1902)는 증기 터빈 노즐(nozzle)에 사용되는 라발(Laval)관 내의 흐름을 연구하여, 충격파의 발생 등에 관하여 일반적 성격을 밝혔다. 또 Prandtl Meyer(1908)는 초음속기류가 모서리를 돌아설 때의 팽창유, 소위 Prandtl Meyer의 흐름을 연구하였다. 다시 Prandtl Busemann(1929)은 특성곡선법에 의하여 초음속기류의 일반해법을 제안하였다.

Ackeret(1930)는 초음속류에서의 엷은 날개에 관한 이론을 발표하였고 Kármán (1947)은 음속으로 변화하는 흐름에 대한 상사법칙을 세웠으나, 그 무렵부터 고속기류의 연구는 측정기술의 진보와 더불어 전성기를 이루었으며, 수많은 연구가 발표되고 있다.

한편, 경계층과 충격파의 간섭에 의하여 복잡한 현상이 일어나는 것도 알게 되어 그에 대한 연구도 활발히 진행되고 있다.

이상은 유체를 상변화가 없는 단일상의 연속체로서 취급하는 유체역학의 발전에 관하여 개략적으로 기술하였으나, 근년에 과학기술의 진보에 따라 유체역학의 취급 대상과 그 방법론이 종래와는 달라지고 있다. 즉, 종래의 유체역학은 원리적으로는 Navier-Stokes의 방정식을, 대상 문제에 대하여 적당한 초기조건과 경계조건으로 풀면 되며, 물리적 고찰 없는 수학 문제로 환원되어 버렸던 것이다.

그러나 우주공학, 원자력공학의 발달로 전자유체역학[magneto-hydrodynamics, MHD, Hartmann(1937)에 의하여], 희박유체역학 또는 초공기역학[superaerodynamics, Zahn(1934)에 의하여], 반응성기체역학[aerothermochemistry, Kármán(1953)에 의하여] 등과 같은 새로운 학문 분야가 생겼다. 또한 화학공업의 진보에 따라서 물과 공기처럼 Newton의 점성법칙에 따르는 Newton유체와는 다른 역학적 거동을 나타내는 소위 비 Newton유체(non-Newtonian fluid)가 많이 만들어져서 이들 유체의 유동현상을 취급하는 비 Newton 유체역학도 차차 그 체계가 세워져 가고 있다.

그리고, 천체의 별들, 별 사이의 물질, 별구름의 집합들도 연속체로 보고 태양계나 은하수의 형성 원인, 나아가서는 우주의 진화까지도 논하는 등, 큰 규모의 문제를 대상으로 하는 우주유체역학에서는 상대성이론을 도입한 상대론적 유체역학이 필요하게 되었다. 한편으로는 극히 저온에서의 액체 헬륨의 유동을 해명하는 미소한 세계에서의 역학, 즉 양자유체역학이 중요하게 되었다. 이와 같이 종래의 응용수학적인 색체가 짙었던 유체역학과는 달라져서 물리학과의 상호 의존도가 높아진 것이다.

CHAPTER 01

유체의 기본성질

Fluid Mechanics

유체역학(fluid mechanics)에서는 “정지 또는 움직이고 있는 유체에 관한 현상 등을 연구한다.”

유체의 여러 가지 성질과 흐름의 양상에 따른 영향 등을 고려하게 되고 또한 유체상호간이나 유체와 경계면 간에 힘의 상호작용을 알아보는 것이다.

이러한 과정들은, 여러 기본 법칙의 수학적 응용으로써 관찰된 사실이나 예측되는 유체거동을 설명하려는 것이다.

이미 알고 있는 물리학이나 수학, 역학에 관한 기초지식을 토대로 하여 ① 유체성질의 이해와 ② 공학적인 문제를 수식적으로 해결하는 능력을 길러야 할 것이다.

1.1 유체

물질은 유체와 고체로 분류되며, 물질을 이루고 있는 분자 상호간의 거리와 분자운동에 의해서도 구별된다. 즉, 유체에 있어서 분자간의 거리와 분자 운동의 범위는 고체의 그것보다 크다. 보다 더 실감 있는 구별은 힘의 작용에 의한 동작으로 표현할 수 있다.

정지상태에 있어서 전단력(shear forces)을 받으면 반드시 영구변화 시키지만(이것이 흐름의 원인이다). 고체는 탄성한계 이내에서는 힘과 변형이 비례하나, 외력을 제거하면 변형이 원상태로 되돌아 간다.

유체는 보통 액체와 기체로 구분된다. 액체는 압축이 어렵고 그릇의 크기와 관계없이 언제나 일정한 체적을 차지하며, 자유표면(free surface)을 갖지만, 기체는 압축이 용이하여 밀폐된 그릇에 넣으면 그릇의 전 체적에 팽창, 충만하여 일정한 체적을 가질 수 있다.

일반적으로 액체를 비압축성유체(incompressible fluid), 기체를 압축성유체(compressible fluid)라 한다. 그러나, 액체도 고압이 되면 압축성을 생각하지 않을 수 없고, 기체도 압축변화가 적을 때에는 압축성을 무시할 수 있다.

또 유체는 분자에 의해 구성되고 분자는 원자에 의해 이루어졌으므로 유체의 성질과 모양은 분자의 운동과 밀접한 관계가 있지만, 공학상의 문제에서는 유체분자의 평균자유행로(mean free path)를 유체 전체 운동의 크기에 비할 때 이것을 무시할 수 있으므로 유체를 균일한 물질로 취급한다.

점성(viscosity)과 압축성이 없는 유체를 가상하여 이것을 이상유체(ideal fluid) 또는 완전유체(perfect fluid)라 하고, 이의 역학적 해석은 비교적 용이하나 실험의 결과와 일치하지 않을 때도 있다. 이 사실은, 실제유체는 많든 적든 점성을 갖고 있기 때문이다.

유체를 점성의 유무와 압축성을 생각하여 분류하면 다음과 같다.

- 유체
  - 비압축성 유체(밀도의 변화가 없는 유체)
    - 비점성 유체=이상 유체
    - 점성 유체=실제 유체
  - 압축성 유체(밀도의 변화가 있는 유체)
    - 비점성 유체=이상 유체
    - 점성 유체=실제 유체

유체에 대한 명확한 정의를 간단히 말할 수는 없으나 대체로 "유체란 전단응력을 받으면 연속적으로 변형이 일어나는 물질"이라 말할 수 있으며 물론 운동하고 있는 물체는 전단응력을 갖는다.

유체의 전단응력이 고려되는 것은 점성(viscosity)이라는 유체성질 때문이며, 실제유체(real fluid)는 모두 점성을 가지고 있다.

그리고 점성을 갖는 유체에 대한 수학적 해석은 까다로우므로 점성을 갖지 않은 가상의 유체를 이상유체라 하여 초보자들은 이 유체에 관한 이론적 해석을 먼저 연습하게 된다.

전단응력은 모든 실제유체의 상대적 운동에 따라 존재하게 되며 유체 간에 또는, 유체와 경계면 사이에서 논의된다.

상대운동이 크면 클수록 주어진 유체에 대한 전단응력도 클 것이며 또한, 주어진 상대운동에 대하여 점성이 크면 클수록 전단응력도 클 것이다.

이 전단력이 흐름에 저항하는 직접 또는 간접적 원인이 된다. 예를 들면, 직접적인 원인이 되는 경우는 관(pipe) 내의 압력강하이고, 간접적인 경우는 골프(golf)공이 받는 항력(drag)이 그것이다.

물론, 기체가 고속으로 움직일 때는 항력의 원인을 점성효과 보다는 압축성효과가 더 크게 미치는 것으로 보기도 한다.

비회전, 이상유체의 흐름을 포텐샬흐름(potential flow)이라 부르며, 다른 포텐샬양의 경우와 마찬가지로 거의 수학적 방법(예 : 벡터, 복소변수 등을 이용)으로 해석이 된다.

공학상 상당히 많은 경우에 있어서 실제유체는 이상유체처럼 볼 수 있으며, 유체역학에서 이상유체의 취급은 열역학에서 가역과정과 비교해 볼 수 있다. 즉, 실제로는 존재하지 않는 이상유체를 실제의 점성유체와 비교하는 것은 실제로는 비가역과정인 것을 가역과정으로 취급하는 경우와 같다.

본서에서도 정지유체에 관해서는 점성, 비점성 구별이 없으며 유체동역학에서서는 두 가지 유체로 갈라서 기초법칙을 소개한다. 그리고 비압축성 이상유체에 관한 장과 고속흐름의 압축성 이상기체의 흐름에 관한 장, 그 외는 모두 실제유체에 관한 내용이다.

참고 Reference

비압축성유체

① 액체는 보통 비압축성으로 본다.
② 물체(굴뚝, 건물 등) 둘레를 흐르는 기류
③ 달리는 물체(자동차, 기차 등) 주위의 기류
④ 저속으로 나는 항공기 둘레의 기류
⑤ 물속을 주행하는 잠수함 둘레의 수류

압축성유체

① 기체는 보통 압축성유체이다.
② 음속보다 빠른 비행체 주위의 공기 흐름
③ 수압철관 속의 수격작용
④ 디젤엔진에 있어서 연료수송관의 충격파

1.2 단위와 차원

역학을 공부하기 위해서는 단위계를 확실하게 알아두는 것이 필요하다. 단위계에는 미터법단위계(metric unit system)와 영국단위계(British unit system)가 있다. 여기서는 주로 미터법단위계에 대하여 알아보기로 한다.

물리학에서는 길이, 질량, 시간 등 절대량을 기본단위로 하여 여러 가지 양의 단위를 유도하고 있는데, 이것을 절대단위계(absolute unit system)라고 한다.

길이, 질량, 시간의 단위를 cm, g, sec로 사용한 것이 CGS단위계이고, m, kg, sec로 쓴 것이 MKS단위계이다. CGS단위계에 있어서 힘의 단위는 질량 1 g의 물체에 1 cm/s^{2}인 가속도를 주는 힘으로 1 dyne이라 한다. 또, MKS단위계에서 힘의 단위는 질량 1 kg의 물체에 1 m/s^{2}인 가속도를 주는 힘으로 1 Newton이라 한다.

■ 힘의 단위

$$1 \text{ dyne} = 1 \text{ g} \cdot \text{cm/s}^2$$

$$1 \text{ Newton} = 1 \text{ kg} \cdot \text{m/s}^2 = 10^5 \text{ dyne}$$

■ 일의 단위

$$1 \text{ erg} = 1 \text{ dyne} \cdot \text{cm} = 1 \text{ g} \cdot \text{cm}^2/\text{s}^2$$

$$1 \text{ Joule} = 1 \text{ Newton} \cdot \text{m} = 1 \text{ kg} \cdot \text{m}^2/\text{s}^2$$

■ 동력의 단위

$$1 \text{ erg/s} = 1 \text{ dyne} \cdot \text{cm/s} = 1 \text{ g} \cdot \text{cm}^2/\text{s}^3$$

$$1 \text{ Watt} = 1 \text{ Joule/s} = 1 \text{ Newton} \cdot \text{m/s} = 1 \text{ kg} \cdot \text{m}^2/\text{s}^3$$

그러나, 종래의 공학에서는 길이 m, 힘 1 kg$_f$ = 1 kg$_w$, 시간 sec를 기본단위로 하는 중력단위계(공학단위계 : technical unit system)를 많이 사용해 왔다.

kg은 질량의 절대단위이며, 1 kg$_f$는 중력단위로 힘의 단위이므로, 1 kg$_f$는 질량 1 kg의 물체에 표준중력가속도가 작용되는 힘으로 다음과 같은 관계가 있다.

$$1 \text{ kg}_f = 1 \text{ kg} \times 9.8 \text{ m/s}^2 = 9.8 \text{ kg} \cdot \text{m/s}^2 = 9.8 \text{ N}$$

$$1 \text{ kg} = \frac{1}{9.8} \text{ kg}_f \cdot \text{s}^2/\text{m}$$

이제 우리는 과학문명의 발달과 더불어 세계문명의 일일생활권화에 따라 단위의 통일을 희망하게 되었고, 드디어 국제적인 표준 단위로 SI단위계(systéme Internationale d'unités)를 제청하여 사용하기로 약속되었다.

이 책에서는 세계적인 추세에 미루어 단위들은 SI단위계를 주로 사용하였으며, SI단위계는 곧바로 MKS절대단위계임을 알면 된다.

물리학에서 사용되는 기본차원(fundamental dimension)은 질량 M, 길이 L, 시간 T이며, 이 기본차원에서 유도된 차원을 유도차원(derived dimension)이라고 한다.

표 1.1과 표 1.2는 여러 가지 단위계를 비교한 것이다.

❖ 표 1.1 단위의 비교

차 원	SI단위		FSS단위		비 고
길이 (L)	m	meter	ft	foot	1 ft = 0.3048 m
질량 (M)	kg	kilogram	slug	slug	1 slug = 14.59 kg
시간 (T)	s	second	s	second	
절대온도	K	Kelvin	°R	Rankine	
상용온도	°C	Celsius	°F	Fahrenheit	
힘 (F)	N	Newton	lb	pound	1 lb = 4.448 N
에너지	J	Joule	ft · lb	ft · lb	1 ft · lb = 1.356 J
동력	W	Watt	1 HP	= 550 ft · lb/s	1 HP = 745.7 W

참고

$1\ kg_f \cdot m = 9.8\ N \cdot m = 9.8\ J$

1 Watt = 1J/s

1(HP : 영국마력) = 550 ft · lb/s = 76.07 kg · m/s = 1.0143 Ps = 746 W

1(Ps : 불마력) = 75 kg · m/s = 735 W

1 kW = 102 kg · m/s

(단 HP는 Horse Power의 약자이며, Ps는 독어의 Pferde stärke의 약자로서 미터법의 마력임).

❖ 표 1.2 단위계와 단위의 비교

단위계 \ 양		질 량	힘 (무게중량)	4°C 표준대기압하의 물	
				밀도(ρ)	비중량(γ)
미터 단위계	절대단위 (질량계)	kg	$kg \cdot m^2/s$	$1{,}000\ kg/m^3$	$9{,}800\ kg/m^2s^2$
	공학단위 (중력계)	$kg \cdot m^2/s$	kg	$\frac{1{,}000}{9.8} kg \cdot s^2/m^4$	$1{,}000\ kg/m^3$
S·I 단위		kg	N	$1{,}000 kg/m^3$	$9{,}800\ N/m^3$
영국 단위계	절대단위	lb	$lb \cdot ft/s^2$	$62.41 lb/ft^3$	$62.4 \times 32.17\ lb/ft^2 \cdot s^2$
	공학단위	$lb \cdot s^2/ft$	lb	$\frac{62.4}{32.17}\ lb \cdot s^2/ft^4$	$62.4\ lb/ft^3$
F.S.S.단위		slug	lb	$1.94\ slug/ft^3$	$62.4\ lb/ft^3$
차원	MLT계	M	MLT^{-2}	ML^{-3}	$ML^{-2}T^{-2}$
	FLT계	$FL^{-1}T^2$	M	$FL^{-4}T^2$	FL^{-3}

참고

(1) $W = \frac{m}{g_0} \cdot g$　(2) $lb \cdot s^2/ft$ = slug

여기서, W = 무게로서 (kg_f)

m = 질량으로서 (kg)

g_0 = 중력환산계수 ($9.8\ N/kg_f$)

g = 실제 중력가속도 (m/s^2)

예제 1.1 지구의 중력가속도가 g = 9 m/s^2인 지점에서 질량 10 kg을 스프링 저울로 달면 몇 Newton이며 몇 kg_f인가?

풀이

뉴턴의 제2법칙(F = ma)으로부터

$$F = 10\,\mathrm{kg} \times 9\,\mathrm{m/s^2} = 90\,\mathrm{kg \cdot m/s^2} = 90\,\mathrm{N} = 90 \times \frac{1}{9.8}\mathrm{kg_f} = 9.18\,\mathrm{kg_f}$$

이다.

참고

1 kg_f = 9.8 N

1.3 비중량, 밀도, 비체적, 비중

유체의 단위체적에 대한 무게 γ를 비중량(specific weight), 그 질량 ρ를 밀도(density)라 하고, 반대로 단위질량이나 단위중량이 차지하는 체적 v_s를 비체적[1](specific volume)이라 한다. 이들 사이에는 다음과 같은 관계가 있다.

$$\gamma = \rho \mathrm{g} \quad \text{또는} \quad \rho = \frac{\gamma}{\mathrm{g}}$$

$$v_s = \frac{1}{\rho} \quad \text{또는} \quad v_s = \frac{1}{\gamma} \tag{1.1}$$

또한, 어떤 유체의 비중[2](specific gravity) S란 4°C 물에 대한 어떤 유체의 밀도 또는 비중량의 비를 말한다. 그러므로 4°C에서 물의 비중량 γ_w = 9,800 N/m^3일 때 비중 s인 임의 유체의 비중량 γ = 9,800 N/m^3임을 알 수 있다.

그런데 모든 유체는 온도와 압력에 따라 그 밀도가 변하므로 정밀한 계산에 사용되는 밀도의 크기는 그 때의 온도와 압력이 명시되어야 한다. 비중을 구할 때의 물의 밀도로 규정된 온도와 압력하의 값이다.

✤ 표 1.3 물과 수은의 비중(s)

액체 \ 온도(°C)	−10	0	4	10	20	40	60	80
물	0.997	0.998	1.000	0.999	0.998	0.992	0.983	0.971
수은	13.62	13.59	13.58	13.57	13.54	13.49	13.45	13.40

1) SI단위계에서는 비체적을 단위질량이 갖는 체적을, 중력단위계에서는 단위중량이 갖는 체적을 사용한다.
2) 비중을 relative density라 쓰기도 한다.

예제 1.2 수은의 비중 S를 상온에서 13.55라 하면 이때의 비중량 γ는 얼마인가?

풀이

$\gamma = 9800(\mathrm{N/m^3}) \times 13.55 = 132790(\mathrm{N/m^3})$

$\gamma = 1000(\mathrm{kg_f/m^3}) \times 13.55 = 13550(\mathrm{kg_f/m^3})$

별해

$$\text{비중} = \frac{\gamma_{\text{대상}}}{\gamma_w}$$

① $\gamma_{\text{수은}} = \text{비중} \times \gamma_w = S \times \gamma_w = 13.55 \times 1{,}000\ \mathrm{kg_f/m^3} = 13{,}550\ \mathrm{kg_f/m^3}$

② $\gamma_{\text{수은}} = 13.55 \times 9800\ \mathrm{N/m^3} = 132{,}790\ \mathrm{N/m^3}$

1.4 기체의 상태방정식

기체의 절대압력을 p, 비체적을 v_s, 기체상수(gas constant)를 R, 절대온도를 T라 하면 다음의 관계식이 성립한다.

$$pv_s = RT \tag{1.2}$$

변수 p, v_s, T 사이의 두 개의 값만 알면 나머지의 것은 곧 정해지므로 식 (1.2)를 완전기체의 상태방정식[3](equation of state for perfect gases) 또는 Boyle-Charles의 법칙이라 하며, 상온의 기체에서 압력과 체적의 변화가 비교적 적을 때에는 정확하다.

열역학에서는 식 (1.2)로 상태를 표시할 수 있는 가상기체를 완전기체(perfect gas 또는 ideal gas)라 한다. 이에 반해 유체역학에서 말하는 완전기체는 점성이 없는 기체 즉, 마찰을 수반하지 않는 가상기체를 뜻한다.

---

3) 완전기체(=이상기체)의 상태방정식은 이상기체에 대해서 엄밀히 성립하는 식이다. 실제기체에 대해서는 분자인력의 영향과 분자크기의 영향을 보정해 주어야 한다.
실제기체에 잘 맞는 상태식의 하나로서 다음과 같은 Vander Waals의 식이 있다.

$$\left(p + \frac{a}{v_s^2}\right)(v_s - b) = RT$$

여기서 a와 b는 기체의 종류에 따라 정해지는 상수이다. $\frac{a}{v_s^2}$는 분자인력에 대한 보정치이고, b는 분자크기에 대한 보정치이다.

윗 식은 비체적 v_s로 표시된 기체 1 kg에 대한 식이므로 기체 G kg에 대한 식은

$$pV = GRT \tag{1.3}$$

가 되며, 여기서는 V는 기체 G kg의 체적을 뜻한다. 또, $v_s = 1/\rho$를 써서 식 (1.2)를 변환하면 (SI단위계)

$$\rho = \frac{p}{RT} \tag{1.4}$$

가 되며, 기체상수 R, 압력 p, 절대온도 T를 알면 밀도 ρ를 구할 수 있다.

표 1.4는 각종 기체의 상수를 표시한 것이다.

✤ 표 1.4 기체상수 R의 값

기 체	분자량 M	R (m/K)	$\gamma_0\left(\begin{matrix}0℃\\760\ \text{mmHg}\end{matrix}\right)$ (kg$_f$/m^3)
공 기	28.96	29.27	1.293
탄산가스	44.01	19.25	1.965
일산화탄소	28.01	30.28	1.251
헤 륨	4.003	211.9	0.1785
수 소	2.016	420.3	0.0899
메 탄	16.04	52.89	0.716
산 소	32.00	26.49	1.429

기체상수 R의 역학적 의미는

$$R = \frac{pv_s}{T} = \left(\frac{\text{N}}{\text{m}^2}\right) \times \left(\frac{\text{m}^3}{\text{kg}}\right) \times \left(\frac{1}{K}\right) = (\text{J/kgK})$$

이므로 기체상수 R은 완전기체 1 kg를 1K만큼 가열하였을 때 기체의 팽창에 따른 일의 양 Joule을 뜻하는 것이다.

Avogadro의 법칙[4)]에 의하면 모든 기체는 같은 온도, 같은 압력 하에 있어서는 같은 체적속의 분자수가 같으며, 또, 비중량 γ는 분자량 M에 비례하므로

$$\frac{\gamma_1}{\gamma_2} = \frac{M_1}{M_2} \quad \text{또는} \quad M_1 v_{s_1} = M_2 v_{s_2} \tag{1.5}$$

이 된다.

---

4) 모든 기체의 1 mol 속에는(표준상태에서) 같은 수의 분자를 포함하고 있다. 이 분자수를 Avogadro의 수 N이라고 하며,

$$N = 6.023 \times 10^{23}$$

이다.

따라서 v_{s_1}과 v_{s_2}는 1 kg의 기체의 체적이므로 $M_1 v_{s_1}$과 $M_2 v_{s_2}$는 M_1 kg와 M_2 kg의 기체의 체적으로 볼 수 있다.

이 분자량 M에 kg를 붙여서 생각한 기체의 중량을 kg분자량 또는 kmol이라 하며, 식 (1.5)는 기체 1 kmol이 차지하는 체적은 같은 온도와 압력에 있어서 같다는 것을 뜻한다.

산소(O_2)의 비중량은 표준상태(0°C, 760 mmHg)에서 $\gamma = 1.429$ kg$_f$/m^{3}이므로 그 비체적은

$$v_s = \frac{1}{\gamma} = \frac{1}{1.429} \ \mathrm{m^3/kg_f}$$

이고, 산소의 분자량 $M = 32$ kg이므로 1 kmol의 산소는 32 kg이다. 그러므로 산소 1 kg이 표준상태에서 차지하는 체적은

$$v = \frac{32}{1.429} = 22.4 \ \mathrm{m^3}$$

이 되며, 모든 기체가 표준상태에서 1 kmol이 차지하는 체적은 같이 22.4 m^{3}이다.

식 (1.3)의 상태방정식에 있어서 기체의 중량을 $G = M$이라 놓으면

$$pv = MRT \tag{1.6}$$

그런데 표준상태인 0°C($T = 273$K)와 760 mmHg($p = 10332$ kg$_f$/m^2)에 있어서 $v_s = 22.4$ m^{3}이므로

$$10332 \times 22.4 = MR \times 273$$

따라서

$$MR = \frac{10332 \times 22.4}{273} \fallingdotseq 848 \ \mathrm{kg \cdot m/kmol \cdot K} = 8312 \ \mathrm{J/kmol \cdot K} \tag{1.7}$$

이 된다. 이 848(중력단위계에서 사용) 또는 8,312(SI단위계에서 사용)인 값은 모든 기체에 적용하므로 이것을 일반기체상수(universal gas constant)라 하며, R_u로 표시하기도 한다.

예제 1.3 온도 27°C, 절대압력 7 kg$_f$/cm^{2}인 탄산가스의 밀도를 구하여라.

풀이

탄산가스의 분자식은 CO_2이므로 분자량 M은

$$M = 12 + 2 \times 16 = 44$$

R는 식 (1.7)에 의하여

$$R = \frac{848}{M} = \frac{848}{44} = 19.3 \text{ kg} \cdot \text{m/kg} \cdot \text{K}$$

비중량 γ는

$$\gamma = \frac{p}{RT} = \frac{7 \times 10000}{19.3 \times (27+273)} = 12.1 \text{ kg}_f/\text{m}^3$$

따라서 구하는 밀도 ρ는

$$\rho = \frac{\gamma}{\text{g}} = \frac{12.1}{9.8} = 1.236 \text{ kg} \cdot \text{s}^2/\text{m}^4$$

1.5 유체의 체적탄성계수와 압축률

압력 p_1, 체적 v_1인 유체의 압력을 $\Delta p(=p_2-p_1)$만큼 크게 하였을 때 체적이 $\Delta v(=v_2-v_1)$만큼 감소하였고, 이때의 압력을 p_2, 체적을 v_2라고 하면, 이 유체의 체적탄성계수(bulk modulus of elasticity) K는 다음과 같이 정의한다.

$$K = -\frac{\Delta p}{\Delta v/v_1} = -\frac{dp}{dv/v_1} \tag{1.8}$$

여기서 $\Delta v/v_1$는 무차원이기 때문에 K의 단위는 압력의 단위와 같으며, (−)는 체적의 감소를 나타내는 부호이므로 K에는 음(−)의 값은 없다.

체적탄성계수 K의 역수를 압축률(compressibility)이라 한다.

$$\beta = \frac{1}{K} \tag{1.9}$$

체적의 감소는 비중량(γ) 또는 밀도(ρ)의 상대적 증가와 같으므로 탄성에 관한 식 (1.8)은 다음과 같이 쓸 수도 있다.

$$K = \frac{dp}{d\gamma/\gamma} = \frac{dp}{d\rho/\rho} \tag{1.10}$$

특히, 기체의 경우 등온압축변화일 때 $K=p$이고, 단열압축과정일 때(등엔트로피 과정) $K=kp$이다. 여기서 k는 비열비이다.

참고로 몇 가지 체적탄성계수를 나타내면 표 1.5와 같다.

❖ 표 1.5 일반유체들의 체적탄성계수 (20°C 표준대기압)

유 체	탄성계수 (N/m^2)	유 체	탄성계수 (N/m^2)
벤 젠	1.034250×10^9	글리세린	4.3238500×10^9
4염화탄소	1.103200×10^9	수 은	26.201000×10^9
에틸알코올	1.206625×10^9	물	2.0685000×10^9

예제 1.4 실린더 내에서 압력 1,000 kg_f/cm^2, 체적 0.4 m^3인 액체가 압력 2,000 kg_f/cm^2, 체적 0.396 m^3로 압축될 때 체적탄성계수 K는 얼마인가?

풀이

$$K = -\frac{\Delta p}{\Delta v / v_1}$$

$$\Delta p = 2000 - 1000 = 1000 \ kg_f/cm^2$$

$$\frac{\Delta v}{v_1} = \frac{0.396 - 0.4}{0.4} = -0.01$$

$$\therefore K = -\frac{1000}{(-0.01)} = 10^5 \ kg_f/cm^2$$

예제 1.5 기체를 단열적으로 압축시킬 때와 등온압축시킬 때의 체적탄성계수 K는 각각 얼마인가?

풀이

단열변화에서는 $pv_s^k =$ 일정하므로 이것을 미분하면

$$v_s^k dp + kpv_s^{k-1} dv_s = 0$$

dp에 관하여 풀면

$$dp = -kp\frac{dv_s}{v_s}$$

체적탄성계수의 정의로부터

$$K = -\frac{\Delta p}{\Delta v / v_1} = -\frac{dp}{dv_s / v_s} = kp$$

등온압축에서는 $T =$ 일정하므로 상태방정식($pv_s = RT$)에서 $pv_s =$ 일정이다. 이것을 미분하면

$$pdv_s + v_s dp = 0$$

체적탄성계수의 정의로부터

$$K = -\frac{\Delta p}{\Delta v / v_1} = -\frac{dp}{dv_s / v_s} = p$$

이다.

예제 1.6 온도 30°C, 압력 4 kg/cm²인 질소 10 m³를 같은 온도로 2 m³까지 압축할 때의 압력을 구하고, 압축 전후에 있어서의 체적탄성계수를 계산하여라.

풀이

등온변화이므로 $pv_s = RT$에서 Boyle-Charles의 법칙이 적용된다. $(pv_s = C)$

따라서

$$p_s = \frac{p_1 v_1}{v_2} + \frac{4 \times 10}{2} = 20\ \mathrm{kg/cm^2}$$

가 되며, 등온변화일 때 체적탄성계수는

$$K = p$$

이다. 그러므로

$$\text{압축전의 체적탄성계수} = 4\ \mathrm{kg/cm^2}$$
$$\text{압축후의 체적탄성계수} = 20\ \mathrm{kg/cm^2}$$

이다.

1.6 점성

운동하고 있는 유체에 있어서 서로 접촉하고 있는 층 사이에 미끄럼이 생기면, 이것이 크든 작든 간에 마찰이 생긴다. 고체 사이의 마찰, 즉 고체마찰에 대하여 이것을 유체마찰(fluid friction)이라 하고, 이와 같은 유체의 성질을 점성(viscosity)이라고 하다.

지금 그림 1.1과 같이 h만큼 떨어진 두 평행평판 사이에 유체가 들어있는 상태에 있어서 한쪽 평판을 다른 쪽 평판과 평행하게 U인 속도로 움직일 때, 유체는 점성 때문에 접촉하는 고체면에 붙게 되므로 정지 평판상에서는 속도가 0이 되고, U인 속도로 움직이는 평판상에서는 유체도 같은 속도 U로 움직인다.

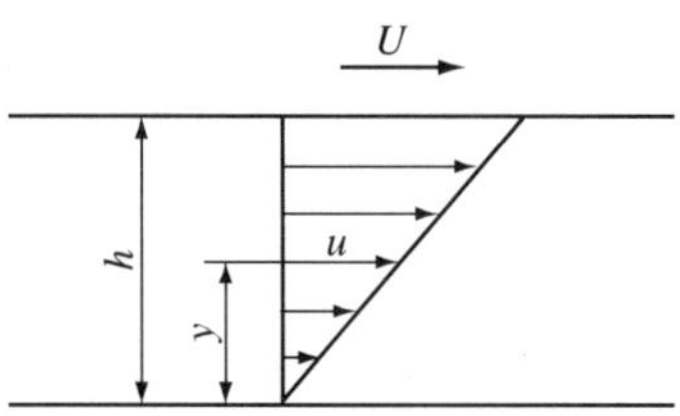

그림 1.1

이 사이의 속도분포는 직선형으로서

$$u = U\frac{y}{h} \tag{1.11}$$

과 같이 되며, 그 속도구배는 $\frac{u}{y} = \frac{U}{h}$ 이다.

이 때 내부저항에 이겨 유체를 흐르게 하는 즉, 위의 운동면을 움직이게 하는 데 필요한 단위면적당의 마찰력 τ는

$$\tau = \mu\frac{u}{y} = \mu\frac{U}{h} \tag{1.12}$$

이 된다. 이 μ를 유체의 점성계수(coefficient of viscosity)[5)]라 한다.

만일 그림 1.2와 같이 속도분포가 변화할 때에는 다음과 같이 생각한다. 고체벽에서 y, $y+dy$의 거리에 있는 유체층의 속도를 u, $u+du$라 하면, $y+dy$의 위치에 있는 층이 y의 위치에 있는 층을 x축 방향으로 끄는 힘(인력) F는 두 층의 접촉면적 S_w[6)]와 속도의 증분 du에 비례하고, 거리의 증분 dy에 반비례한다.

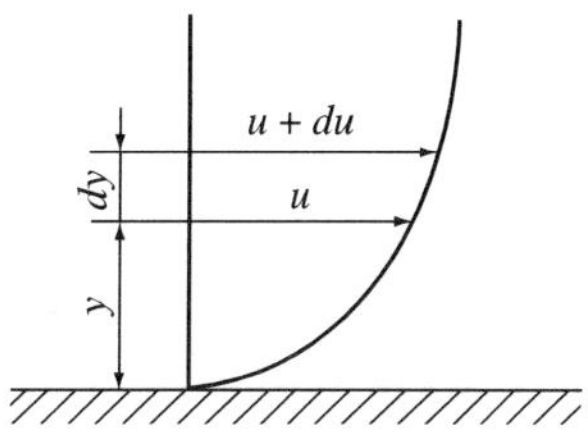

◈ 그림 1.2

이것을 식으로 표시하면

$$F \propto S_w\frac{du}{dy} \quad 또는 \quad \frac{F}{S_w} \propto \mu\frac{du}{dy}$$

가 된다. 이것은 실험에 의하여 정확하다는 것이 증명되었다.

지금 $\frac{F}{S_w} = \tau$라 하면, 윗 식은

$$\tau = \mu\frac{du}{dy} \tag{1.13}$$

이 되고, 이 식을 Newton의 점성법칙이라 한다. 그리고 τ는 단위면적당의 마찰력으로서, 이것을 마찰응력 또는 전단응력(shearing stress)이라고 하며, 비례상수 μ를 점성계수, $\frac{du}{dy}$를 속도구배(velocity gradient)라 한다.

μ의 단위는 공학단위에서는 kg·s/m^2, 절대단위에서는 g/cm·s가 됨을 식 (1.13)으로부터 알 수 있다. 특히 1 g/cm·s = 1 dyne·s/cm^{2}를 1 poise(포아즈)라 하며,

---

5) 절대점성계수(absolute viscosity)라고도 하며, dynamic viscosity라고도 한다.

6) 접수면적(또는 젖은 면적; wetted surface)이라 하며, $S_w = l_w \cdot l$로 계산된다.

centi-poise1(센티 포아즈 : cp)는 1/100 poise를 뜻한다.

20°C인 물의 μ는 대략 1centi-poise이다. μ의 절대단위와 공학단위 사이는 다음의 관계가 있다.

$$1 \text{ poise} = 1/98 \text{ kg} \cdot \text{s/m}^2$$

점성계수 μ와 밀도 ρ의 비를 동점성계수(kinematic viscosity)[7]라 하고 ν로 표시한다.

$$\nu = \frac{\mu}{\rho} \tag{1.14}$$

ν의 단위는 m^2/s 또는 cm^2/s이며 1 cm^2/s를 1 stokes(스토크스), 1/100 스토크스를 1 centi-stokes(센터 스토크스 : cst)라 한다.

다음 표 1.6은 대기압 하에서의 물과 공기의 μ와 ν의 값을 표시한 것이다.

✣ 표 1.6 물과 공기의 μ, ν의 값

온도(°C)		0	10	20	30	40
물	$10^6\mu\left(\frac{kg \cdot s}{m^2}\right)$	182.9	133.6	102.9	81.6	66.6
	$10^6\nu\left(\frac{m^2}{s}\right)$	1.794	1.310	1.010	0.804	0.659
공기	$10^6\mu\left(\frac{kg \cdot s}{m^2}\right)$	1.758	1.808	1.858	1.906	1.953
	$10^6\nu\left(\frac{m^2}{s}\right)$	13.33	14.21	15.12	16.04	16.98

점성계수 μ는 모든 유체에 대하여 온도만의 함수이다. 동점성계수 ν는 액체인 경우 온도만의 함수이나, 기체인 경우에는 온도와 압력의 함수가 된다.

표 1.6에 따르면 온도가 높아지면 물의 점성계수는 작아지고 공기는 커짐을 알 수 있다. 압력 변화가 작을 때는 점성계수 μ의 변화가 없다고 보는 것이 보통이다.

점성계수는 유체에 따라 그 값이 다르므로 실험에 의해 구해지며 일반적으로 그 실험식은 다음과 같다.

물의 경우에는

$$\nu = \frac{0.0178}{1 + 0.0336t + 0.00022t^2} \text{ cm}^2/\text{s}$$

7) μ는 공기보다 물이 크지만, ν는 물보다 공기가 크다는 사실에 유의하라.

공기의 경우에는

$$\mu = 1.758 \times 10^{-6} \frac{380}{t+380} \left(\frac{t+273}{273} \right)^{\frac{3}{2}} \ \text{kg} \cdot \text{s/m}^2 \tag{1.16}$$

여기에서 t는 섭씨온도를 표시한다.

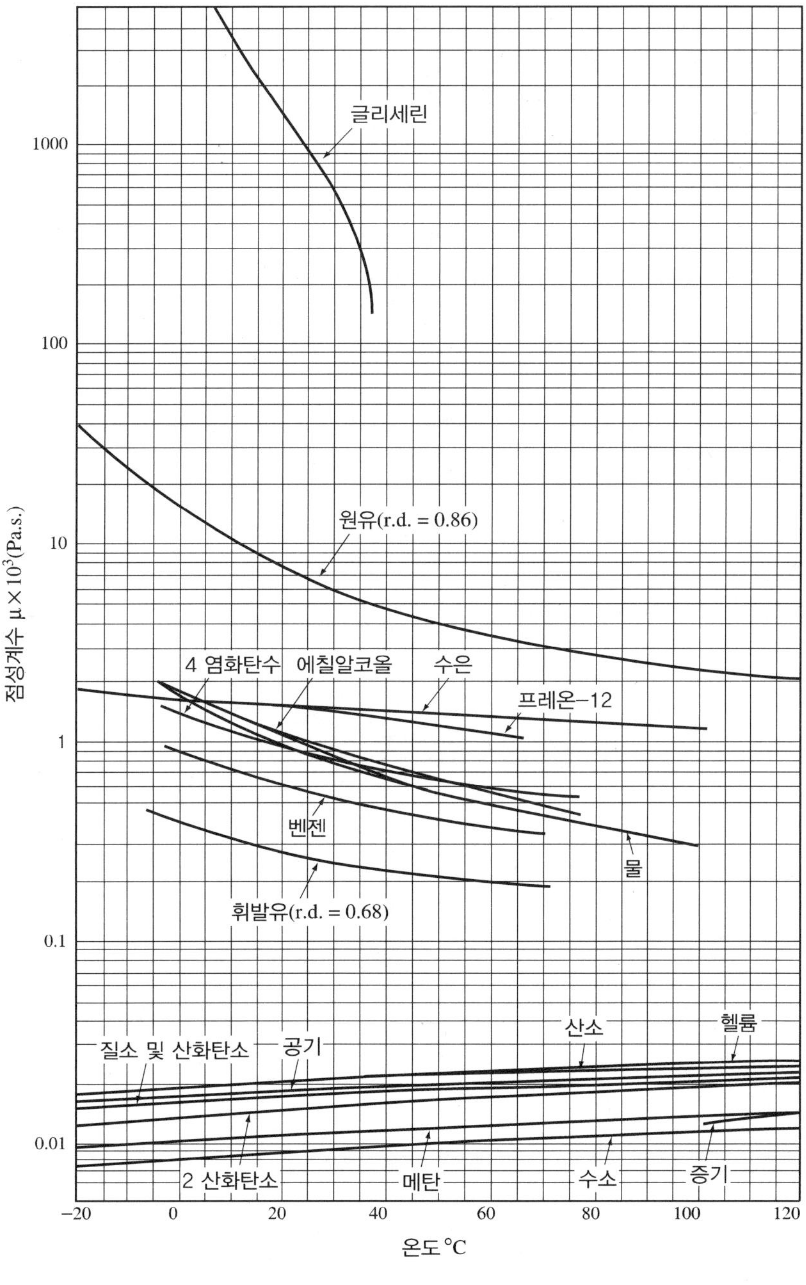

그림 1.3 일반유체의 점성계수

또 단위면적당의 마찰력이 식 (1.13)으로 표시되는 유체를 Newton 유체라 하며 물, 공기, 기름 등 많은 유체가 이것에 속한다.

그러나, 고분자 물질은 특이한 성질을 가지고, 이 법칙에 따르지 않으므로 비 Newton 유체라 말하며, 이러한 분야의 운동을 취급하는 학문을 rheology라 한다.

예제 1.7 반지름 15 cm, 길이 45 cm인 원통이 같은 길이이고 반지름이 16 cm인 고정된 원통 속을 동심으로 매분 30회전시키는데 0.015 kg·m의 토크(torque)를 필요로 한다. 두 원통 사이에 있는 기름의 점성계수를 구하여라. 단, 끝의 영향은 무시한다.

풀이

토크는 안쪽의 원통에서 기름을 통하여 바깥쪽의 원통으로 전달되므로 임의의 반지름 r에 있어서 기름면 위에서는 $0.015 = \tau(2\pi r \times 0.45)r$에 의해

$$\tau = \frac{0.015}{2\pi \times 0.45 \times r^2} = \frac{0.0053}{r^2} = \mu \frac{du}{dy}$$

그런데 여기에서 속도구배는 반지름 방향으로 일어나고, 반지름이 증가함에 따라서 속도가 감소하므로 $du/dy = -du/dr$로 대치할 수 있다. 따라서

$$-\frac{du}{dr} = \frac{0.0053}{\mu r^2}$$

적당한 한계치 사이에서 적분하면

$$\int_0^U du = -\frac{0.0053}{\mu}\int_{0.16}^{0.15} r^{-2} dr$$

$$U = \frac{0.0053}{\mu r} + C$$

바깥 원통은 정지하고 있으므로, 그것의 표면 $r = 0.16$ m에서 $U = 0$

$$0 = \frac{0.0053}{\mu \times 0.16} + C$$

$$\therefore C = -\frac{0.0332}{\mu}$$

따라서

$$U = \frac{1}{\mu}\left(\frac{0.0053}{r} - 0.0332\right)$$

안쪽 원통은 회전하고 있으므로 $r = 0.15$ m 에서는

$$U = 2\pi \times 0.15 \times \frac{30}{60} = 0.471 \text{ m/s}$$

그러므로

$$0.471 = \frac{1}{\mu}\left(\frac{0.0053}{0.15} - 0.0332\right) = \frac{0.0021}{\mu} \ \mathrm{m/s}$$

$$\therefore \mu = 0.044 \ \mathrm{kg \cdot s/m^2}$$

이다.

예제 1.8 12 mm의 간격을 가진 평행한 평판 사이에 점성계수 μ =15.14 poise인 기름이 가득 차 있다. 아래쪽 판을 고정하고 윗판을 3 m/s인 속도로 움직일 때 기름속에 유기되는 전단응력을 구하여라.

풀이

$$\mu = 15.14 \ \mathrm{poise} = \frac{15.14}{98} = 0.1544 \ \mathrm{kg \cdot s/m^2}$$

$$\tau = \mu\frac{du}{dy} = \mu\frac{U}{h} = 0.1544 \times \frac{3.0}{0.012} = 38.6 \ \mathrm{kg/m^2}$$

예제 1.9 20°C인 공기의 점성계수는 1.807 × 10^{-4} poise, 비중량은 1.203 kg/m^{3}이다. 이 점성계수의 값을 (1) 공학단위 (2) ft·lb 단위로, 또 그 동점성계수를 (3) CGS단위 (4) ft·lb 단위로 각각 표시하여라.

풀이

(1) $\mu = \dfrac{1.807 \times 10^{-4}}{98} = 1.844 \times 10^{-6} \ \mathrm{kg \cdot s/m^2}$

(2) $\mu = \dfrac{1.807 \times 10^{-4}}{478^*} = 3.782 \times 10^{-7} \ \mathrm{lb \cdot s/ft^2}$

(3) $\nu = \dfrac{\mu}{\rho} = \dfrac{\mu g}{\gamma} = \dfrac{1.844 \times 10^{-6} \times 9.8}{1.203} = 1.502 \times 10^{-5} \ \mathrm{m^2/s} = 0.1502 \ \mathrm{cm^2/s}$

또는 0.1502 Stokes

(4) $\nu = \dfrac{0.1502}{(30.48)^2} = 1.613 \times 10^{-4} \ \mathrm{ft^2/s}$

1.7 뉴턴유체와 비뉴턴유체

뉴턴의 점성법칙을 정확하게 만족시키는 유체를 뉴턴유체(Newtonian fluid)라 하며, 그렇지 않은 유체를 비뉴턴유체(non-Newtonian fluid)라 한다. 그러나 비 뉴턴

* ft·lb를 공학 단위로 환산하면 $1 \ \mathrm{lb \cdot s/ft^2} = \dfrac{454 \times 980}{(30.48)^2} \times 1 \ \mathrm{dyne \cdot s/cm^2} = 478 \ \mathrm{poise}$

유체에 관한 해석은 뉴턴유체에 비하여 훨씬 까다로우므로 실제유체(물, 공기)라 할지라도 뉴턴의 점성법칙을 적용하여 문제를 해결하는 경우가 많으며 실제로 층류흐름*에 대하여는 믿을만한 결과를 얻을 수 있다는 것이 입증되었다.

오늘날에는 비뉴턴유체의 점성효과에 대하여도 많은 경우에 그 해석이 요구되고 있지만 아직은 이해하지 못하고 있어 연구가 활발히 진행되고 있는 중이다.

유체를 점성의 특징에 따라 구분하면 다음과 같다.

1.7.1 전단응력이 속도구배만의 함수이고 시간에는 독립인 유체

뉴턴유체도 이 경우의 유체에 해당하며 그림 1.4에 이 종류의 유체들에 대한 흐름곡선(flow curve)들이 주어져 있다.

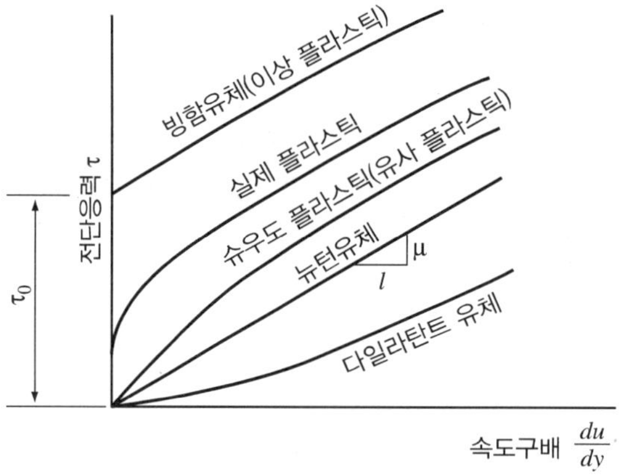

그림 1.4

곡선들을 식으로 나타내고 이것에 가까운 유체들을 들면 다음과 같다.

$$\tau = \tau_0 + \mu \frac{du}{dy}$$

$\tau > \tau_0$: 빙함(Bingham) 유체(기름, 페인트, 치약)

$$\tau = \mu \left(\frac{du}{dy} \right)^n$$

$n = 1$: 뉴턴유체(물, 공기 및 기타 기체, 저분자액체)

$n < 1$: 슈우도소성(pseudo plastic) 유체(고분자 및 펄프의 용액)

$n > 1$: 다일라탄트(Dilatant) 유체(수지, 고온유리, 아스팔트)

---

* 제5장 참조바람.

1.7.2 전단응력이 시간과 이력에도 관계되는 유체

시간 의존성(time-dependent) 유체라 부르기도 하며 일정 속도구배 하에서 시간의 경과에 따라 점성이 감소하는 유체(thixotropic)와 점성이 증가하는 유체(rheopectic)가 있다.

대체로 시간 의존은 전단응력이 작용하는 짧은 시간 동안에 관련되는 일이며 연질석고(gypsumpastes), 진흙(solids in liquids) 등이 이에 속한다.

1.7.3 점탄성유체(viscoelastic fluids)

점성과 탄성을 동시에 가지는 유체를 말하며 변형 후에 어느 정도는 본래의 상태로 돌아간다. 역청(pitch), 밀가루반죽(flour dough) 등이 이러한 성질을 가진다.

1.7.4 보다 복합적인 유성학적(rheological) 유체

앞에서 설명한 3가지 종류의 성질을 모두 갖는 유체도 생각할 수 있으며 자력의 영향을 받고 있는 자력장(magnetic field) 내에서 운동하는 유체, 고공이나 저압에서의 희박기체(low density gases) 등은 각각 별도의 성질들을 가지므로 일괄적으로 취급할 수는 없다.

예를 들면, 희박기체는 연속체로서의 유체로 취급할 수 없으며 불연속적인 입자(discrete particles)로 생각되어야 한다.

과거에는 화공학자들에 의하여 비뉴턴유체에 관한 연구들이 대부분 진행되었지만 최근에는 토목, 기타 공학자들 간에도 연구의 관심이 높아지고 있고, 일반과학의 한 분야로서는 유성학(rheology)이라 하여 비뉴턴유체를 다루고 있다.

1.8 표면장력과 모세관현상

1.8.1 표면장력(surface tension)

스푼이나 컵에 물을 채울 때 물이 넘치기 직전의 수면은 컵 상단의 평면보다 약 3 mm가량 높다. 또, 잔잔한 물 위에 비중이 물보다 훨씬 큰 금속성 바늘이 뜨는 이유, 책상 위에 떨어진 물방울이 볼록한 형태를 유지하는 이유들은 물의 표면장력 때문이다.

표면장력은 액체표면에 나타나는 현상이며, 액체와 기체 또는 액체와 액체 간에도 일어난다. 단위로는 단위면적당의 에너지 또는 단위 길이당의 힘으로 나타내며, 이 장력은 분자간의 응집력에 의존하므로 온도의 증가에 따라 약간 감소한다(표 1.7).

✤ 표 1.7 액체의 표면장력 σ (N/m)

물 질	표면유체	0°C	10°C	20°C	30°C	40°C	50°C
물	공기	0.075558	0.074186	0.072716	0.069482	0.064386	0.0588
	포화증기	0.073206	0.071932	0.07056	0.067424	0.062524	0.057134
수 은	진공	0.47334	0.47236	0.47138	0.46746	0.46256	0.4557
에틸 알콜	공기	0.02401	0.023128	0.022246	0.02058	0.018228	–
	알콜증기	–	0.023618	0.022736	0.020972	0.018326	0.015484

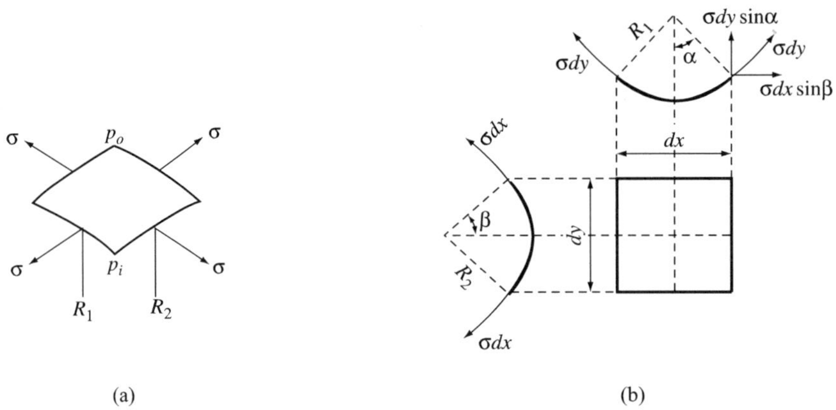

그림 1.5 표면장력

그림 1.5에 표시된 바와 같이 곡률반경 R_1과 R_2를 가지는 2차곡면과 미소면적 요소 $d_x d_y$를 생각해 보자.

압력차 $p_i - p_0 = 0$이 아니면 요소의 정적평형이 유지되기 위해서는 표면장력을 고려해야 한다.

면적요소에 수직인 방향의 힘의 평형방정식을 세우면

$$(p_i - p_0) d_x d_y = 2\sigma dy \sin\alpha + 2\sigma dx \sin\beta$$

여기서 $\sin\alpha \fallingdotseq \alpha$, $\sin\beta \fallingdotseq \beta$로 놓으면

$$\sin\alpha = \frac{dx/2}{R_1}, \quad \sin\beta = \frac{dy/2}{R_2}$$

이므로 윗 식을 정돈하면

$$p_i - p_0 = \sigma\left(\frac{1}{R_1} + \frac{1}{R_2}\right) \tag{1.17}$$

을 얻는다. 따라서 액면이

원주면$(R_1 = R,\ R_2 = \infty)$일 때는 $p_i - p_0 = \dfrac{\sigma}{R}$

구면$(R_1 = R_2 = R)$일 때는 $p_i - p_0 = \dfrac{2\sigma}{R}$

됨을 알 수 있고, 반지름이 작을수록 표면장력에 의한 내부응력의 크기가 상승됨을 알 수 있다. 그리고 편의상 $p_i - p_0$를 내부초과 압력이라 부르고 단순히 Δp로 쓴다.

예제 1.10 작은 액체 방울의 내부초과 압력 Δp와 표면장력 σ의 관계식을 구하여라.

풀이

표면장력은 물방울의 내부압력을 외부압력보다 높게 하는 원인이 된다. 그림 1.6의 반구에서 x방향에 수직이고 중심을 통하는 원형단면을 왼쪽으로 작용하는 초과압력에 의한 힘(dp)의 총합은 오른쪽으로 작용하는 표면장력에 의한 힘(σdL)의 총합과 크기가 같다. 즉,

$$\int dp = \sigma \int dL$$

$$\Delta p \frac{\pi d^2}{4} = \sigma(\pi d)$$

$$\therefore\ \Delta p = \frac{4\sigma}{d} = \frac{2\sigma}{R}$$

액체의 표면에는 분자의 응집력[8] 때문에 항상 표면적이 작아지려는 장력이 발생한다. 이 때 단위길이당 발생하는 인장력을 표면장력이라 한다. 이 표면장력은 액체 방울의 내부압력을 외부압력보다 높게 하는 원인이 된다.

---

[8] 물질을 구성하는 분자 사이에 작용하는 힘을 분자력이라 하는데, 같은 종류의 분자끼리 작용하는 분자력을 응집력, 다른 종류의 분자끼리 작용하는 분자력을 부착력이라 한다.

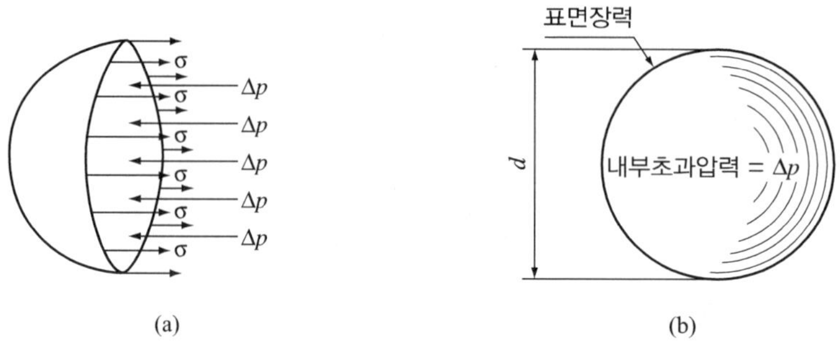

◈ 그림 1.6 표면장력

여기서, 표면장력의 차원은 FL^{-1}이다.

예제 1.11 비눗방울의 내부압력을 계산하여라.

풀이

비눗방울 내부압력을 p_i, 외부압력을 p_0, 막내부압력을 p'라고 하면 식 (1.17)에 의하여 막 외면의 표면장력에 의한 압력차는

$$p' - p_0 = \frac{2\sigma}{R_2} \fallingdotseq \frac{2\sigma}{R} \cdots\cdots ①$$

막내면의 표면장력에 의한 압력차는

$$p_i - p' = \frac{2\sigma}{R_1} \fallingdotseq \frac{2\sigma}{R} \cdots\cdots ②$$

식 ①과 식 ②로부터 p'를 소거하면 비눗방울 내부압력 p_i는

$$p_i = p_0 + \frac{4\sigma}{R}$$

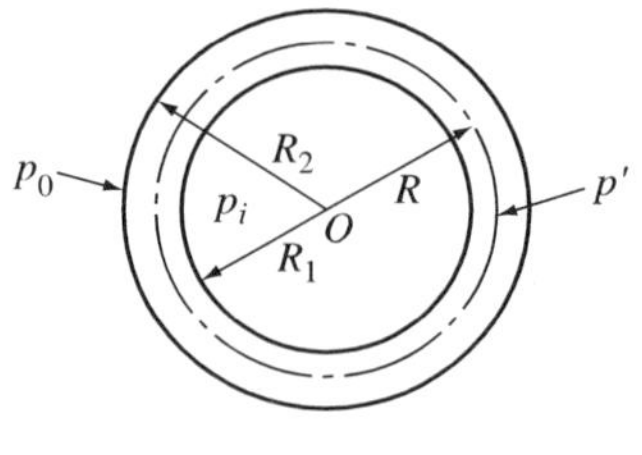

◈ 그림 1.7

참고

반지름이 R인 구형의 방울이라고 생각하면 내외 양표면상의 표면장력과 평형을 이루는 힘은 $(p_i - p_0)(\pi R^2)$, 그러므로 이 관계를 식으로 표시하면

$$(p_i - p_0)(\pi R^2) = 2(2\pi R\sigma)$$

$$p_i = p_0 + \frac{4\sigma}{R}$$

1.8.2 모세관현상(capillarity in tube)

액체 중에 직경이 작은 관을 세우면 관속의 액면이 관 밖의 액면보다 높거나 낮게 되는 현상을 모세관현상이라 한다. 이것은 액체의 응집력과 부착력에 의한 것으로서 부착력이 응집력보다 크면 관속의 액면은 상승하고 반대로 부착력이 작으면 하강한다.

그림 1.8과 같이 물속에 유리관을 세울 때는 관속의 액면이 상승하고 수은에 유리관을 세울 때는 관속의 액면이 내려간다. 그리고 모세관현상에 의한 상승높이는 액체와 관의 종류에 따라 결정되는 접촉각(θ)에 의하여 구하여진다.

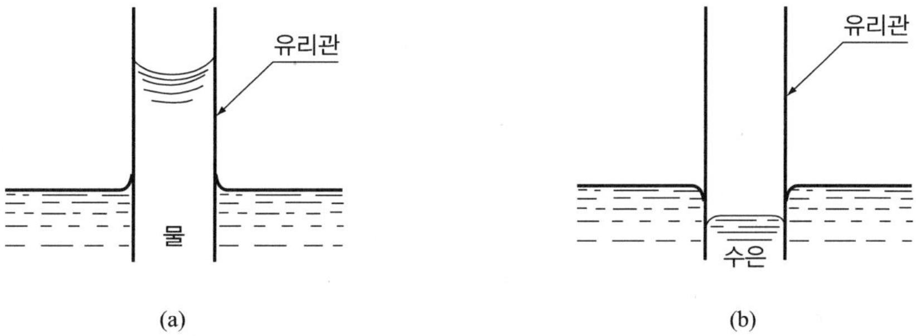

◈ 그림 1.8 모세관 현상

그림 1.8에서 공기와 접촉하고 있는 액면의 상승높이 h를 생각해 보면

(표면장력에 의한 수직분력) = (상승된 액체무게)

$$\pi D \cdot \sigma \cos\theta = \frac{\pi}{4} D^2 \gamma h$$

$$h = \frac{4\sigma \cos\theta}{\gamma D}$$

이다.

이 식에서 상승높이 h는 직경 D가 크면 무시될 수 있고, 실제로 작은 압력을 측정하는 액주계(manometer)에서는 모세관현상에 의한 액주의 보정 대신 가능한 D를 크게 하여 문제성을 해결하고 있다.

또한 유체중의 기포가 성장 또는 소멸되는 현상에도 표면장력이 관련되지만, 이것은 공동현상(cavitation)의 문제에서 별도로 취급하게 된다.

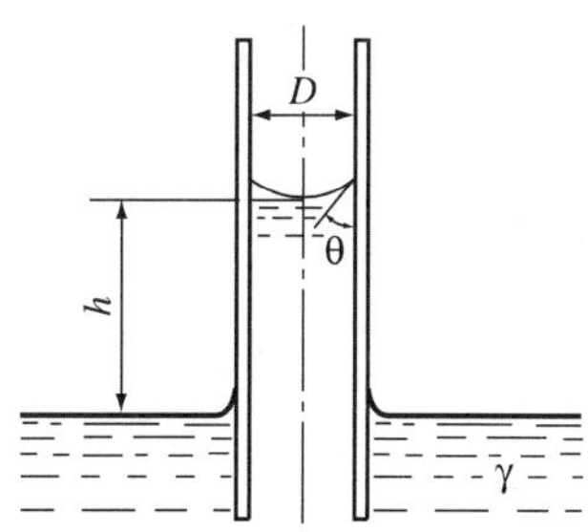

◈ 그림 1.9 접촉각과 액면

표 1.8은 몇 가지 경우의 접촉각을 나타낸 것이다.

❖ 표 1.8 유체의 접촉각

고 체	유 체	표면유체	온 도	접촉각
유 리	수은 수은 물	공기 물 오래인산	실온 " "	139° 41° 80°
운 모	수은 물	공기 아밀알코올	" "	126° 0°
철(Fe)	올리브유 물	공기 공기	" "	27°33' 5°10'
동(Cu)	물	공기	"	6°41'
납(Pb)	물	공기	"	2°36'

❖ 표 1.9 기체의 물에 대한 용해도 (단위 : m^3)

기체 \ 온도(°C)	0	20	40	60	80	100
공 기	0.0288	0.0187	0.0142	0.0122	0.0113	0.0111
질 소	0.0235	0.0155	0.0118	0.0102	0.0096	0.0095
산 소	0.0489	0.0310	0.0230	0.0195	0.0176	0.0170
이산화탄소	1.7010	0.8878	0.0530	0.0359	–	–

기타 유체의 성질에는 액체의 기체 흡수 정도(표 1.9), 전기 전도도(electrical conductivity), 열전도도(thermal conductivity) 등이 있지만 본서에서는 취급하지 않는다.

예제 1.12 직경 2 mm의 유리관이 접촉각 10°인 유체가 담긴 그릇 속에 세워져 있다. 유리와 액체사이의 표면장력이 60 dyne/cm, 유체밀도가 800 kg/m³일 때 액면으로부터의 모세관 액체 높이를 계산하라.

풀이

$$1\ \text{dyne/cm} = 10^{-3}\ \text{N/m}$$

$$h = \frac{4\sigma\cos\theta}{rd} = \frac{4\sigma\cos\theta}{\rho g d} = \frac{4\times 60\times 10^{-3}\times\cos 10}{800\times 9.8\times 2\times 10^{-3}} = 0.015\ \text{m} = 15\ \text{mm}$$

1.9 증기압

유체의 물리적 성질인 증기압(vapor pressure)은 때때로 문제 해석에 있어서 매우 중요하다. 모든 액체에는 기체로 증발하려는 경향이 있고 이것은 액상(액체상태)에서 기상(기체상태)으로의 상태변화를 의미한다.

이와 같은 증발현상은 자연적 열진동의 결과로 분자들이 연속적으로 자유액면을 이탈하기 때문이다. 튀어나온 분자들은 기체상태로 되어 그들 자신의 분압을 가지게 되며, 이 압력을 액체의 증기분압이라 한다.

✣ **표 1.10 물 및 과열수의 증기압**

온도 (°C)	증기압 (mmHg)	온도 (°C)	증기압 (mmHg)
0	4.579	100	1.000
10	9.209	110	1.414
20	17.535	120	1.690
30	31.824	130	2.666
40	55.324	140	3.567
50	92.51	150	4.698
60	149.38	160	6.100
70	233.7	170	7.818
80	355.1	180	9.896
90	525.76	190	12.387

액체는 온도상승에 따라 분자운동이 활발해지고 증기압도 온도와 더불어 증가될 것이 기대되며, 표 1.10은 물에 대한 증기압을 온도변화에 따라 표시한 것이다.

비등(沸騰, boiling)은 액체에 가하여지는 외부절대압력이 액체의 증기압과 같거나 작을 때 일어난다. 이것은 액체의 비등조건이 온도와 함께 가해진 압력에 달려있다는 것을 의미한다. 따라서 파이프 내를 통과하는 유체가 갑자기 압력이 떨어진다면 낮은 온도에서도 비등현상이 일어날 수 있으며 이러한 현상은 유압기구나 수력기계에서 매우 중요하게 다루어지는 것으로서, 이것을 방지하기 위한 설계가 필연적인 문제인 것이다.

수은은 높은 밀도와 낮은 증기압 때문에 이 액체를 기압계나 다른 압력 측정장치에 이용하는데 적합하게 되며 쉽게 증발하는 휘발성액체는 높은 증기압을 가진다. 만약 증기압 p_v인 액체가 그 액체표면의 윗 공간에 압력 p_0인 어떤 기체가 들어있는 상태로 밀봉된 용기 속에 놓여 진다면 액체는 기체공간으로 압력이 $p_0 + p_v$에 도달할 때까지 증발을 계속할 것이다.

이 때 액체로부터 탈출하는 분자수와 액체로 환원되는 분자수가 같고 압력이 더 이상 상승하지 않는 상태를 포화상태라 한다. 그러나 만약 공간이 너무 크면 포화상태에는 도달하지 못하고 증발은 계속될 것이다.

❖ **표 1.11 일반 유체들의 증기압**

종 류	온도 (°C)	증기압 (N/m^2)	종 류	온도 (°C)	증기압 (N/m^2)
벤젠	20	10.0	가솔린	20	55.2
사염화탄소	20	13.1	글리세린	20	0.000014
에틸알콜	20	5.86	물	20	2.34

연습문제

1. 다음 단위들을 환산하면?

(1) 100 N/m^3 = (　　　) N/l
(2) 10 N/cm^2 = (　　　) kg/m^2
(3) 10 N/m^3 = (　　　) dyne/m^3

2. SI단위계에서 기본단위가 아닌 것은?

① kg　　② m　　③ sec　　④ N

3. 뉴턴유체란 무엇인가?

① $pv_s = RT$식을 만족시키는 유체를 말한다.
② 비점성 비압축성 유체를 말한다.
③ $\tau = \mu du/dy$를 만족시키는 유체를 말한다.
④ $K = -vdp/dv$를 만족시키는 유체를 말한다.

4. 체적탄성계수(K)의 정의식이 아닌 것은?

① $K = -\dfrac{vdp}{dv}$　　② $K = \dfrac{rdp}{dr}$　　③ $K = -\dfrac{dvdp}{v}$　　④ $K = \dfrac{\rho dp}{d\rho}$

5. 어떤 기름의 무게가 40 N이고 체적이 4 l이다. 이 기름의 비중, 밀도, 비중량을 구하라.

6. 비중 13.6인 수은의 밀도를 구하라.

7. 비중량 8,800 N/m^{3}인 유체의 비중을 구하라.

8. 800 kg/m^{3}인 유체의 비중량을 구하라.

9 비체적 1.176×10^{-3} m^3/kg인 유체의 비중을 구하라.

10. 체적 6 m^{3}의 중량이 5×10^4 N이다. 밀도와 비중을 구하라.

11. 비중 0.9인 유체 20 N의 체적은 몇 l인가?

12. 비중 1.2인 유체의 질량 5 kg은 몇 l인가?

13. 1 poise는 몇 N·s/m^{2}인가?

14. 1 stokes는 몇 m^2/s인가?

15. 비중 0.6487, 점성계수 11.065×10^{-6} kg/m·s인 50°C NH_3의 동점성계수는 몇 stokes인가?

16. 동점성계수 3×10^{-4} stokes, 밀도 1.8 g/cm^3인 유체의 점성계수는 몇 N·s/m^2 (=Pa·s)인가?

17. 20°C의 CO_2 가스 29 N이 체적 1.3 m^3의 탱크에 가득 차 있다. CO_2의 기체상수가 $R = 187.8$ J/kgK이면 탱크안의 압력은 얼마인가?

18. 30°C, 압력 5.8 bar abs인 산소의 밀도는 몇 kg/m^3인가?
단, 산소의 기체상수는 259.9 J/kgK이다.

19. 40°C, 1.293 kg/m^3, 기체상수 296.5 J/kgK인 기체의 현재 압력은 몇 kPa인가?

20. 15°C, 1.2 bar abs인 어떤 기체의 비체적이 0.72 m^3/kg이다. 이 기체의 기체상수의 밀도를 구하라.

21. 공기를 완전기체로 보고 온도 100°C, 압력 2 bar abs인 공기의 밀도를 구하라. 단, 공기의 기체상수는 286.8 J/kgK이다.

22. 20°C 표준 대기압 하에서 물을 3% 압축하는데 필요한 압력을 구하라. 단, 물의 체적탄성계수는 2.0685×10^9 N/m^2이다.

23. 체적탄성계수 1.03425×10^5 N/cm^2인 벤젠에 300 N/cm^2의 압력을 가할 때 벤젠의 체적변화율을 구하라.

24. 어떤 액체에 78.4 N/cm^2의 압력을 가하였더니 체적이 0.04% 감축되었다. 이 액체의 체적탄성계수(N/cm^2)를 구하라.

25. 직경 10 mm의 비눗방울을 직경 20 mm로 불리는데 필요한 일(dyne/cm)을 구하라. 단, 비눗물의 표면장력은 0.4 dyne/cm이다.

26. 50°C 물의 점성계수는 0.005497 poise이고 동점성계수는 0.005546 stokes이다. 50°C 물의 밀도는 몇 kg/m^3인가?

27. 0.05 cm 간격으로 평행인 평판 사이에 유체가 채워져 있고 위평판은 0.3 m/s로 움직이고 아래면은 고정되어 있다. 만일 위평판이 45 N/m^2의 힘으로 움직인다면 유체의 점성계수는 몇 poise인가?

28. 매끈한 벽면을 따라 공기가 움직이고 있다. 벽면으로부터의 거리 y의 함수로 속도분포가 $u = 320y - 10^5 y^3$ m/s $(y : m)$로 주어질 때 공기의 점성계수가 1.8×10^{-5} N·s/m²이면 벽면에서의 전단응력은 몇 N/m²인가?

29. 속이 꽉 찬 액체방울의 내부초과압력($\triangle p$)를 나타내는 식은?
단, d : 직경, σ : 표면장력 이다.

① $\dfrac{4\sigma}{d}$ ② $\dfrac{4d}{\sigma}$ ③ $\dfrac{\pi d\sigma}{2}$ ④ $\dfrac{2\sigma}{\pi d}$

30. 수면에 바늘이 뜨는 이유와 관계 깊은 것은?

① 부력 ② 압력 ③ 부착력 ④ 표면장력

31. 체적탄성계수는 어떠한가?

① 압력과 점성에 무관하다. ② 온도에 무관하다.
③ 압력에 따라 증가한다. ④ 압축성이 크면 이 값도 크다.

32. 체적탄성계수의 차원은 어떠한가?

① 무차원이다. ② 체적과 같다.
③ 압력과 같다. ④ $[ML^2T^{-1}]$이다.

33. 모세관 속에서 유체가 상승하는 것은 어느 것인가?

① 불순물이 섞이지 않은 순수유체일 경우 ② 응집력이 부착력보다 클 경우
③ 부착력이 응집력보다 클 경우 ④ 모세관 직경이 아주 작을 경우

34. 유체란 무엇인가?

① 아무리 작은 전단력에도 변형을 일으키는 물질이다.
② 높은 곳에서 낮은 곳으로 흐를 수 있는 물질이다.
③ $pv_s = RT$ 관계식을 만족시키는 물질이다.
④ 용기의 모양에 따라 충만하는 물질이다.

35. $\tau = \mu du/dy$에서 μ의 차원은 어느 것인가?

① MLT^{-1} ② $ML^{-2}T$ ③ $ML^{-1}T^{-1}$ ④ $ML^{-2}T^{-1}$

36. 동점성계수의 차원은 어느 것인가?

① M^2T^{-1} ② F^2T^{-1} ③ L^2T^{-1} ④ $ML^{-1}T^{-1}$

37. 무차원수는 어느 것인가?

① 점성계수 ② 기체상수 ③ 탄성계수 ④ 비중

38. 뉴턴의 점성법칙에 관계없는 것은?

① 속도구배 ② 압력 ③ 전단응력 ④ 점성계수

39. 다음 중 완전기체의 설명으로 옳은 것은?

① 비압축성이다.
② 비점성, 비압축성 기체이다.
③ 점성이다.
④ $pv_s = RT$를 만족시킨다.

CHAPTER 02

유체정역학

Fluid Mechanics

유체정역학(fluid statics)은 유체요소 사이에 상대운동이 없는 유체들을 다루는 학문이며, 여기에는 정지유체, 등가속도 직선운동을 하는 유체, 등속원운동을 하고 있는 유체 등이 취급된다.

상대운동이 없는 유체에서는 점성이 고려되지 않으므로 마찰력이나 전단응력은 물론 존재하지 않는다. 따라서 유체가 면에 미치는 압력에 의한 힘은 면에 수직인 방향으로만 작용되며, 면에 접하는 방향으로는 힘이 전달되지 않는다. 이러한 사실들은 유체동력학에 비해 유체정역학의 해석을 용이하게 하고 이론적 해석만으로 충분하며, 실험적 뒷받침을 필요로 하지 않는다.

2.1 압력

면적 A인 평판에 균일한 유체압력이 작용하여 그 결과 평판이 받는 힘이 F가 될 때

$$p = \frac{F}{A} \tag{2.1}$$

으로 표시되는 p를 압력(pressure) 또는 압력의 세기(pressure intensity), F를 전압력(total pressure)이라 한다.

압력이 균일하지 않을 때의 한 점의 압력은 그 점을 중심으로 한 미소면적 $\triangle A$에 작용하는 전압력을 $\triangle F$로 하여

$$p = \lim_{\triangle A \to 0} \frac{\triangle F}{\triangle A} = \frac{dF}{dA} \tag{2.2}$$

으로 표시한다.

압력은 다음의 3가지 성질을 가지고 있다.

① 유체의 압력은 유체와 접촉하는 벽면에 언제나 수직으로 작용한다.

② 한 점에 작용하는 압력은 방향과 관계 없이 일정하다.

그림 2.1과 같이 정지유체 속에 미소 삼각기둥(단위폭)을 생각하여 각 미소면 dA_1, dA_2, dA에 작용하는 압력을 p_1, p_2, p라 하면 수평방향과 수직방향의 힘의 평행 관계로부터 다음 식이 성립한다.

$$p_1 dA_1 = p dA \sin\theta \tag{2.3}$$

$$p_2 dA_2 = p dA \cos\theta + \frac{1}{2} dA_1 dA_2 \gamma \tag{2.4}$$

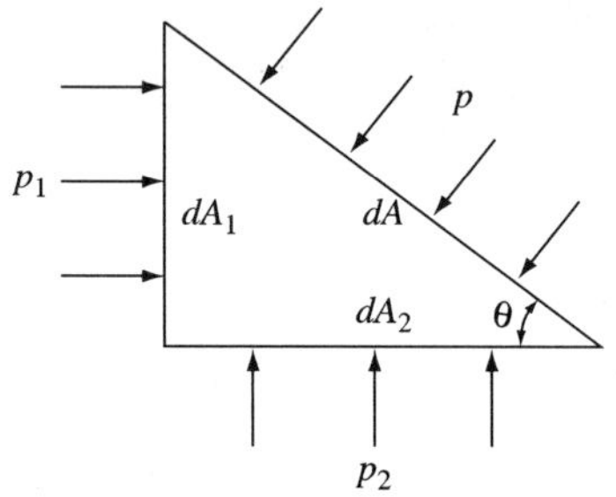

그림 2.1

식 (2.4)의 오른쪽 제2항은 유체의 자중이며, 다른 항에 비해 고차인 미소량이다. 또 그림에서

$$dA_1 = dA \sin\theta$$

$$dA_2 = dA \cos\theta$$

이것을 식 (2.3)과 (2.4)에 대입하면

$$p_1 = p_2 = p \tag{2.5}$$

인 관계식을 얻을 수 있으며, θ는 임의의 각이므로 압력은 방향과 관계없이 일정하다.

③ 밀폐된 그릇 속의 유체에 가한 압력은 모든 방향으로 균일한 세기로 전달된다 (Pascal의 원리).

이를테면, 그림 2.2와 같이 면적 a인 작은 피스톤을 f인 힘으로 누르면 발생하는 압력은 $p = \frac{f}{a}$이며, 이 압력은 같은 세기로 면적 A인 피스톤에 작용하여 $F = pA$인 힘을 전하게 된다. 이것이 수압기(hydraulic press)의 원리이다.

$$p = \frac{f}{a} = \frac{F}{A} \tag{2.6}$$

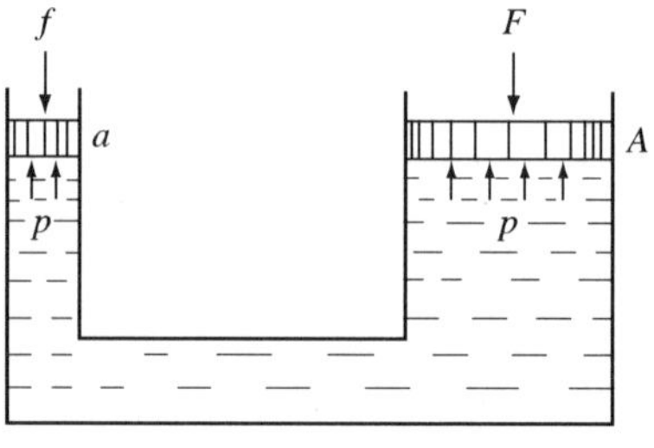

그림 2.2 수압기

압력의 단위는 공학단위로 kg_f/m^2 또는 1 kg_f/cm^2를 쓴다. 표준기압은

$$1\text{표준기압(atm)} = 760\ \mathrm{mmHg} = 1.0332\ \mathrm{kg_f/cm^2}$$

인데 공학에서는 1 kg_f/cm^2를 1기압(at)으로 하여 쓴다.

$$1\text{공학기압(at)} = 1\ \mathrm{kg_f/cm^2} = 735\ \mathrm{mmHg} = 10\ \mathrm{mAq}$$

따라서 1 kg/m^2 = 1 mmAq가 된다.

압력을 측정하는 압력계(pressure gauge) 또는 진공계(vacuum gauge)는 대기압과의 차를 나타낸다. 이와 같이 대기압을 기준으로 한 압력의 크기를 계기압력(gauge pressure)이라 하고 절대진공(완전한 진공상태)을 기준으로 한 압력의 크기를 절대압력(absolute pressure)이라 한다.

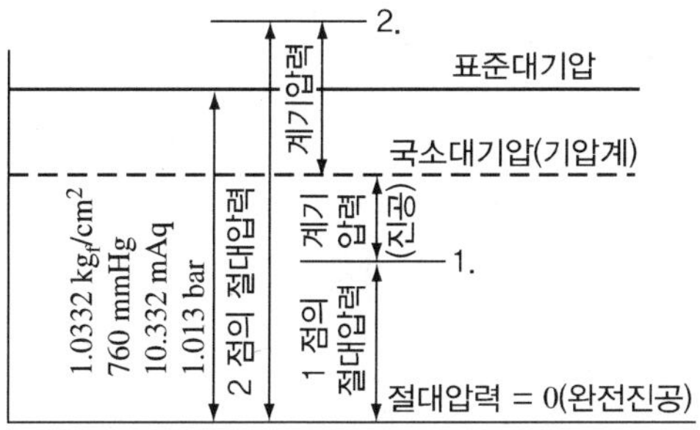

◈ 그림 2.3 Gauge압과 절대압

예제 2.1 그림 2.4와 같은 수압기에서 피스톤 A와 B의 지름은 각각 20 cm와 100 cm이다. 피스톤 B에 중량 1 ton이 올려졌다면, 레버 C에 얼마의 힘을 가하여야 평형을 이루는가?

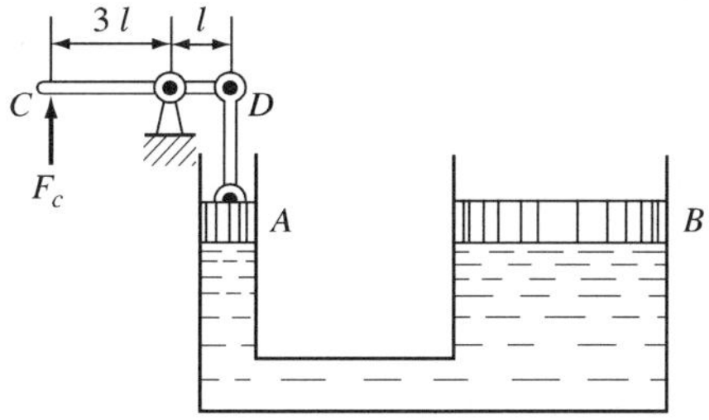

◈ 그림 2.4

풀이

피스톤 B에 중량 1 ton이 올려지므로써 피스톤 A에 미치는 힘은 Pascal의 원리를 이용하여 구할 수 있다. 즉, $p_A = p_B$이므로

$$\frac{W_A}{\frac{\pi}{4}(0.2)^2} = \frac{1000}{\frac{\pi}{4}1^2}$$

$$\therefore \; W_A = 40 \text{ kg}_\text{f}$$

레버의 모우먼트의 평형을 고려하면

$$M_C = M_D, \;\; F_C \cdot 3l = F_D \cdot l$$

여기서 $F_D = W_A$이므로

$$F_C = \frac{W_A}{3} = \frac{40}{3} = 13.3 \text{ kg}_\text{f}$$

이다.

2.2 유체정역학의 기초방정식

중력만이 작용하고 있는 유체가 정지하고 있을 때 유체 내부의 압력변화를 생각해 보자. 지금 그림 2.5와 같은 미소 원기둥의 단면적을 dA, 밑면에 작용하는 압력을 p, 수직방향으로 미소거리 dz만큼 떨어진 윗면에 작용하는 압력을 $p + \frac{dp}{dz}dz$라 하면 이 원기둥에 작용하는 힘의 관계식은 다음과 같다.

$$pdA - \left(p + \frac{dp}{dz}dz\right)dA - \gamma dAdz = 0$$

$$\therefore \; \frac{dp}{dz} = -\gamma \tag{2.7}$$

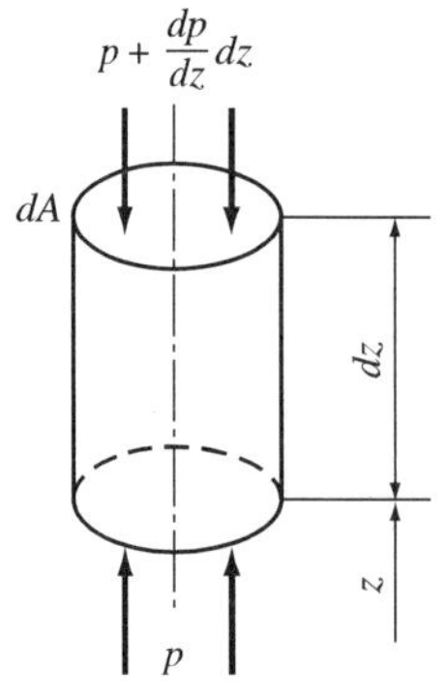

그림 2.5

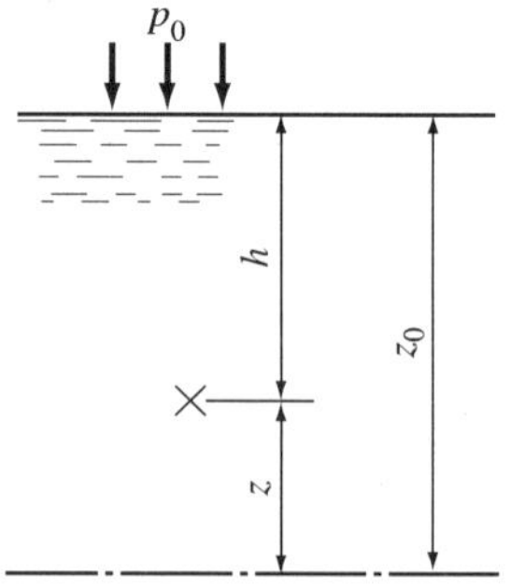

그림 2.6

압력의 변화를 $\frac{dp}{dz}$는 유체의 비중량과 같으며, 압력은 위쪽으로 향할수록 적어진다. 또 $dz=0(z=\text{const})$이면 $dp=0$이므로 p가 일정한 값을 가지게 된다. 이것은 정지하고 있는 유체 속의 같은 수평면 내에 있어서 압력의 크기가 같음을 뜻한다.

(1) 액체(비압축성유체)일 때에는 γ가 일정하므로 윗 식을 적분하면

$$p=-\gamma\int dz+c=-\gamma z+c \tag{2.8}$$

이 된다. 여기에서 c는 적분상수이다.

그림 2.6과 같이 액면에서 아래쪽으로 z_0인 곳을 원점으로 잡고, 액면에 작용하는 압력을 p_0라 하면 $z=z_0$일 때 $p=p_0$이므로 $c=p_0+\gamma z_0$가 되어 식 (2.8)로부터 일반적인 경우의 압력에 대한 관계식을 얻을 수 있다. 즉,

$$p=p_0+\gamma(z_0-z)=p_0+\gamma h \tag{2.9}$$

이 된다. p_0를 기준으로 한 압력은

$$p=\gamma h \tag{2.10}$$

이다.

(2) 압축성유체일 때는 γ를 p 또는 z의 함수로 대체해야 하는데 기체의 경우, 즉 대기의 고도와 압력의 관계를 생각해 보자.

① 해면상, 즉 고도 $z=0$에서 대기압을 p_0, 비중량을 γ_0라 하고, 대기를 등온상태로 가정하면 등온변화에 관한 Boyle의 법칙에 의하여

$$\frac{p}{\gamma}=\frac{p_0}{\gamma_0}$$

이므로 식 (2.7)에 대입하여 적분하면,

$$\int_{p_0}^{p}dp=-\int_0^z\gamma dz$$

에서

$$\int_{p_0}^{p}\frac{dp}{p}=-\frac{\gamma_0}{p_0}\int_0^z dz$$

결과는

$$\ln\left(\frac{p}{p_0}\right) = -\frac{\gamma_0}{p_0}z$$

또는

$$p = p_0\exp\left(-\frac{\gamma_0}{p_0}z\right) \tag{2.11}$$

② 대기를 한 경우로 가정하면

$$\frac{p}{\gamma^k} = \frac{p_0}{\gamma_0{}^k}$$

식 (2.7)에 대입하여 적분하면

$$\int_0^z dz = -\int_{p_0}^p \frac{dp}{\gamma} = -\frac{p_0^{\frac{1}{k}}}{\gamma_0}\int_{p_0}^p p^{-\frac{1}{k}}dp$$

즉,

$$z = -\frac{k-1}{k}\frac{p_0^{\frac{1}{k}}}{\gamma_0}\left[p^{\frac{k-1}{k}} - p_0^{\frac{k-1}{k}}\right] = -\frac{k-1}{k}\frac{p_0}{\gamma_0}\left[\left(\frac{p}{p_0}\right)^{\frac{k-1}{k}} - 1\right]$$

또는

$$p = p_0\left[1 - \frac{k-1}{k}\frac{\gamma_0}{p_0}z\right]^{\frac{k}{k-1}} \tag{2.12}$$

를 얻는다.

③ 대기의 압력과 비중량이 polytropic 변화를 할 때는

$$\frac{p}{r^n} = \text{const.}$$

의 관계식을 적용하여 단열변화의 경우와 같은 방법으로 p를 구하면

$$p = p_0\left[1 - \frac{n-1}{n}\frac{\gamma_0}{p_0}z\right]^{\frac{n}{n-1}} \tag{2.13}$$

를 얻는데 실제로 대류권(troposphere)에서는 $n = 1.235$일 때 윗 식으로 만족할 만한 결과를 얻고 있다.

또한, 단열적대기는 $n=k=1.4$인 경우로 볼 수 있고 성층권(stratosphere)의 등온적대기에서는 $n=1$인 경우로 볼 수 있으나 자연현상이 항상 수식에 만족할 만큼 정확히 정적이지 못하다는 것은 잘 아는 일이다.

예제 2.2 물통 속에 물이 4 m 깊이로 담겨져 있고 그 위에 비중 0.85인 기름이 2 m 높이로 채워져 있다. 기름의 자유표면이 대기와 접촉하고 있을 때 물통 밑바닥에서의 압력은 몇 N/m^2인가?

풀이

$p=\gamma h$에서 물의 비중량은 $9800\ N/m^3$, 기름의 비중량은 $0.85 \times 9800\ N/m^3$이므로

$$p = 9800 \times 4 + 0.85 \times 9800 \times 2 = 55860\ N/m^2$$

이다.

예제 2.3 그림 2.7의 A, B, C, D에서의 압력을 구하라.

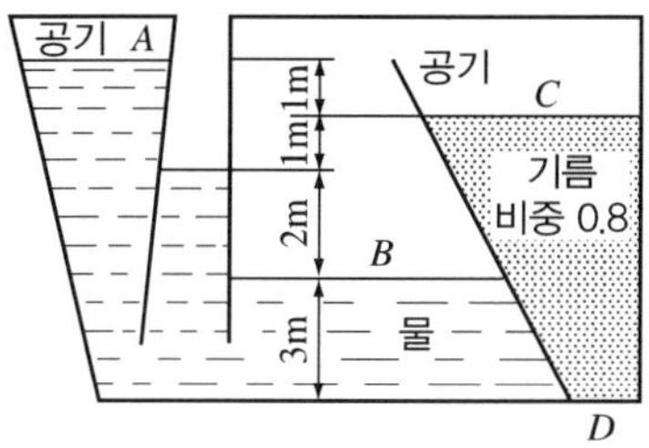

그림 2.7

풀이

$$p_A = -\gamma h = -1000 \times 2 = -2000\ kg_f/m^2 = -0.2\ kg_f/cm^2$$
$$p_B = \gamma h = 1000 \times 2 = 2000\ kg_f/m^2 = 0.2\ kg_f/cm^2$$

$p_B = p_C$이므로 $p_C = 0.2\ kg_f/cm^2$

$$p_D = p_C + \gamma h = 0.2 + 1000 \times 0.8 \times (3+2+1)/10^4 = 0.68\ kg_f/cm^2$$

이다.

2.3 절대압력과 계기압력

물리학이나 이론식에 나타나는 압력은 완전진공(절대진공)을 기준으로 한 절대

압력(absolute pressure)을 주로 사용하지만, 일반공학에서 사용되는 압력은 국소대기압[1])을 기준으로 한 계기압력(gauge pressure)이다.

국소대기압보다 큰 압력을 양압력, 국소대기압 이하의 압력을 음압력으로 구분하기도 하지만, 보통 압력이라 하면 계기압력의 양압력을 뜻하게 되고 음압력을 진공압력으로 표시하며, 절대압력은 압력단위 뒤에 abs를 붙여서 사용한다.

그림 2.3은 대기압보다 큰 계기압력과 대기압보다 작은 진공압력을 절대압력과 비교한 것이며 압력사이에는 다음 관계가 있다.

절대압력 = 대기압 − 진공압력
+ 계기압력

절대압력을 측정하는 기구로서는 Aneroid 기압계와 수은기압계(1643년 Torricelli에 의함)가 있으며, 대기압에 대한 상대적 압력인 계기압력 측정기구로는 Bourdon 압력계와 액주계(manometer) 등이 있다 (그림 2.8, 2.9 참조).

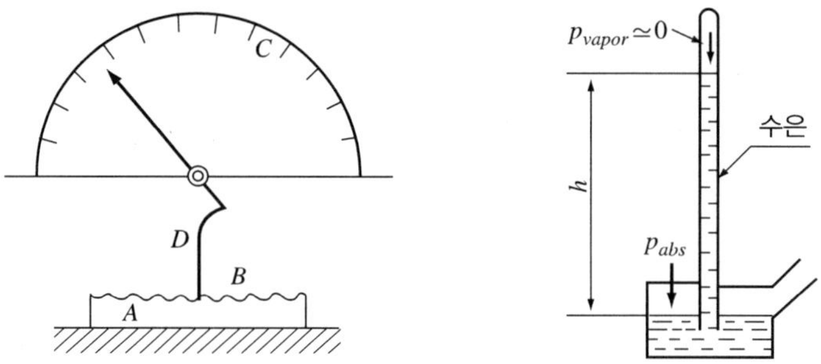

(a) (b)

그림 2.8

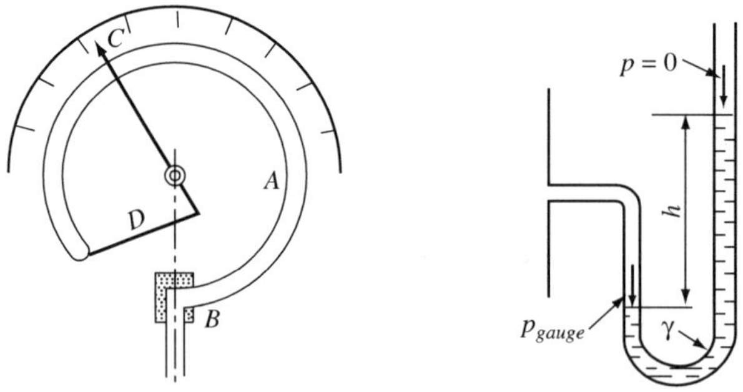

(a) (b)

그림 2.9

[1]) 일명 국지대기압이라고도 하며, local atmospheric pressure이다.

또, 압력계의 구별에 있어서 Bourdon압력계와 Aneroid기압계 등을 기계적 압력계라 한다.

2.4 압력의 단위

압력의 단위로는 주로 SI단위계에서 1 Pa(pascal) = 1 N/m^2, 미터계 중력단위로 kg/m^2, 영국 단위계에서는 PSI(pound per square inch)를 사용한다. 그 밖에 많이 사용되는 압력의 단위들을 비교하면 표 2.1과 같다.

❖ 표 2.1

bar	kg_f/cm^2 (=at)	PSI	Hg (0°C)		atm
			1 mmHg = 1 Torr	inHg	
1	1.0197	14.5038	750.06	29.53	0.9869
0.9806	1	14.2234	735.56	28.96	0.9678
0.0689	0.0703	1	51.71	2.03	0.0680
0.00133	0.00136	0.0193	1	0.0394	0.00131
0.0338	0.0345	0.491	25.4	1	0.0334
1.01325	1.03323	14.696	760	29.92	1

주

1 bar = 10^5 Pa = 10^6 dyne/cm^2

1 kg_f/cm^2 = 10 mAq (4°C) = 1 at(공학기압)

예제 2.4 대기압 750 mmHg인 곳에서 계기압력계로 측정한 압력 1 kg_f/cm^2는 절대압력으로 얼마인가? (단위로 표시하라.)

① N/m^2 ② bar ③ mAq ④ mmHg

풀이

① $\left(\dfrac{750}{760}\times 1.03323+1\right)\times 9.8\times 10^4 = 197924.21$ (N/m^2 abs)

또는 $\left(\dfrac{750}{735.5}+1\right)\times 9.8\times 10^4 = 197924.21$ (N/m^2 abs)

② $\dfrac{750}{760}\times 0.1325+9.8\times 10^4\times 10^{-5} = 1.98$ (bar abs)

③ $\left(\dfrac{750}{735.5}+1\right)\times 10^4\times 10^{-3} = 20.19$ (mAq abs)

④ $750+\dfrac{1}{1.03323}\times 760=1485.56$ (mmHg abs)

2.5 압력측정

절대압력계로는 주로 대기압과 진공압력을 측정하고 기계적 계기압력계로는 대체로 높은 압력(수백기압까지)을 측정하는데 사용한다. 따라서 $p=\gamma h$의 관계를 이용하는 액주계(10 Pa 이내)를 측정하는데 적절하며 더욱 정밀한 압력측정에는 미압계(micro manometer)를 이용한다.

그림 2.10에서 보는 바와 같이 유리로 된 눈금기둥을, 측정하고자 하는 압력원에 연결하여 액주의 높이를 읽게 되어 있는 것이 액주계인데, 액주계의 액체가 측정하려 하는 유체와 같은 경우는 피에조메타(piezometer)라 부르고, 다른 유체를 사용하는 경우에는 마노메타(manometer)라 한다.

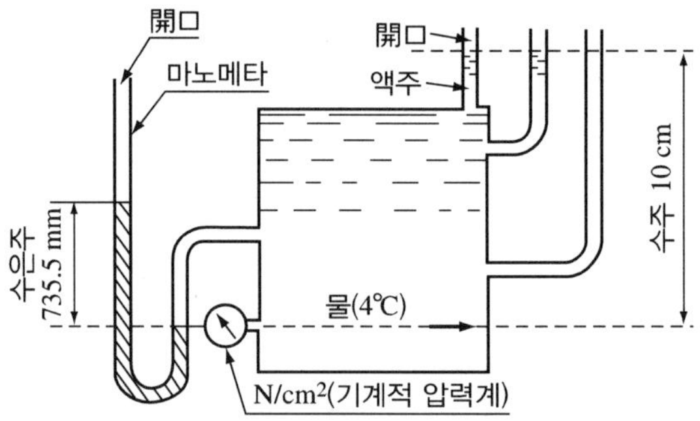

그림 2.10

그림 2.10의 오른편 3기둥은 모두 피에조메타로서 액주높이는 동일할 것이므로 어느 것을 이용하여도 결과는 같을 것이다.

액주계는 액주의 높이에 따라 유체의 압력을 측정함으로써 사용이 편리하고 장치가 간단하며, 그리고 정확한 압력을 측정할 수 있다.

2.5.1 피에조메타

피에조메타는 탱크나 관 속의 작은 유체압을 측정하는데 편리하며, 액주계의 액체가 압력을 측정하려 하는 유체와 동일한 경우이다.

그림 2.11에서 점 A의 절대압력 p_{abs}는

$$p_{abs} = p_0 + \gamma H$$

여기서 p_0는 대기압이다.

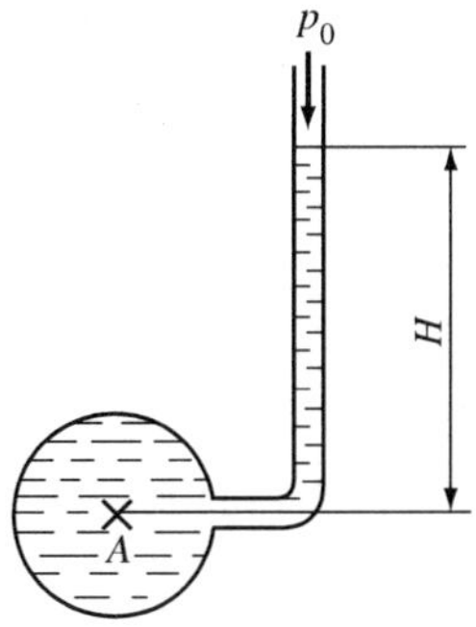

◈ 그림 2.11

2.5.2 U자관액주계

피에조메타에서 p_B가 클 때 H가 높아져 불편하므로, 그림 2.12와 같이 U자형관에 비중이 큰 액체 γ'를 넣어 수두를 단축, 측정한다.

이와 같은 것을 U자관액주계(U tube manometer)라 하며, 이 때 p_B는

$$p_B + \gamma H = p_0 + \gamma' H'$$

$$\therefore p_B = p_0 + \gamma' H' - \gamma H \tag{2.15}$$

이며, p_B는 절대압력이다.

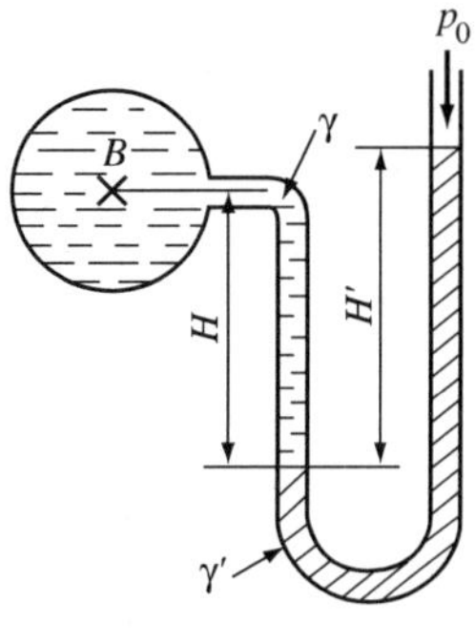

◈ 그림 2.12

예제 2.5 그림 2.13에서 압력계 A의 압력은 몇 mmHg인가?
단, 기름의 비중은 0.8이고, 기압계는 750 mmHg를 가리켰다.

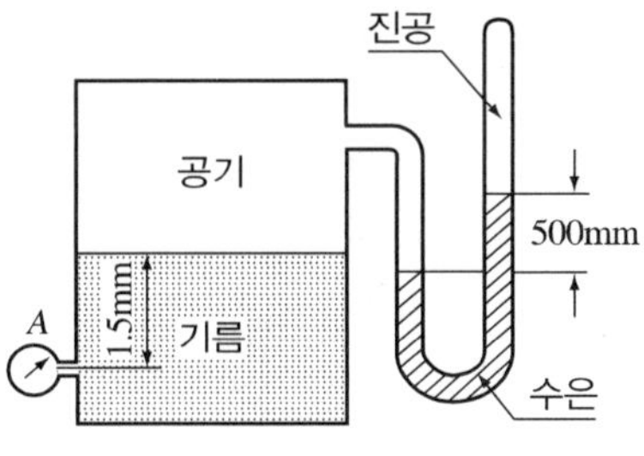

◈ 그림 2.13

풀이

A점의 절대압력 $p_{A_{abs}}$는

$$p_{A_{abs}} = \text{공기압력} + \text{기름압력} = 1000 \times 13.6 \times 0.5 + 1000 \times 0.8 \times 1.5$$

$$= 8000\ \mathrm{kg_f/m^2} = 0.8\ \mathrm{kg_f/cm^2} = 588\ \mathrm{mmHg}$$

따라서 A의 계기압력 $p_{A_{gauge}}$는

$$p_{A_{gauge}} = 588 - 750 = -162 \text{ mmHg(진공)}$$

이다.

2.5.3 시차액주계

압력이 다른 두 개의 탱크나 관 속의 압력차를 측정하는 액주계로서 두 개의 탱크나 관 사이를 U자형관으로 연결하고, 여기에 비중이 다른 액주계액을 넣으면 시차액주계(differential pressure manometer)가 된다.

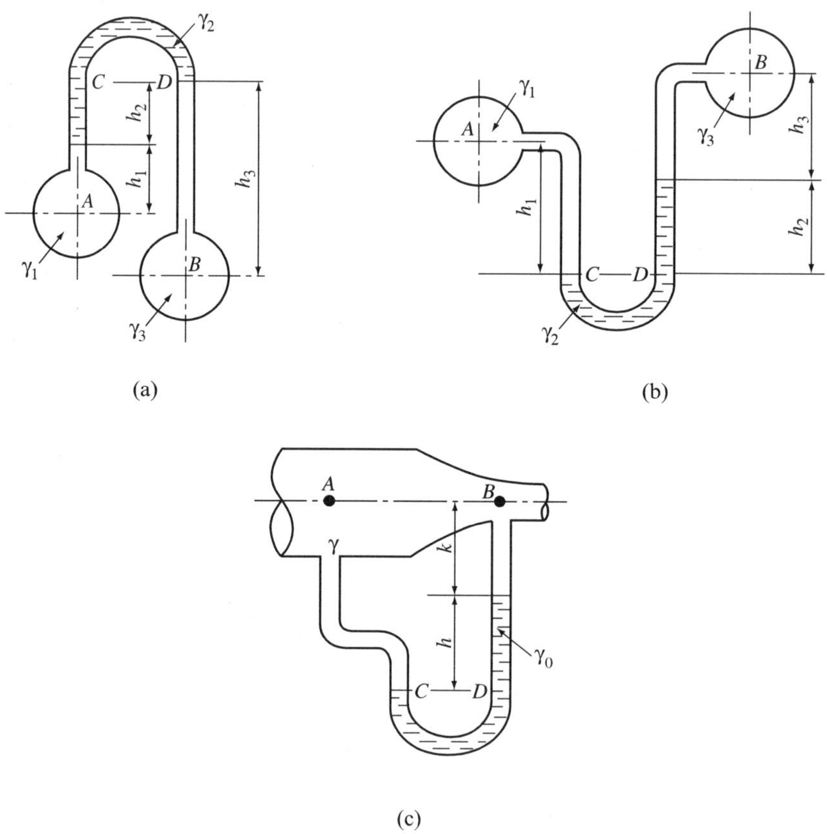

그림 2.14 시차액주계

그림 2.14(a)는 역U자관 액주계로서 압력을 측정하려는 액주의 γ_1 및 γ_3보다 가벼운 γ_2를 쓴 경우이다.

여기서

$$p_A - \gamma_1 h_1 - \gamma_2 h_2 = p_B - \gamma_3 h_3$$

$$p_A - p_B = \gamma_1 h_1 + \gamma_2 h_2 - \gamma_3 h_3 \tag{2.16}$$

이다. 그림 2.14(b), (c)는 U자관시차액주계로서 그림 2.14(b)에서는 $p_C = p_D$이므로

$$p_A + \gamma_1 h_1 = p_B + \gamma_3 h_3 + \gamma_2 h_2$$

정리하면

$$p_A - p_B = \gamma_3 h_3 + \gamma_2 h_2 - \gamma_1 h_1 \tag{2.17}$$

가 된다.

그림 2.14(c)는 특히, 많이 사용되는 시차액주계로서 여기서도 $p_C = p_D$이므로

$$p_A + \gamma(k+h) = p_B + \gamma k + \gamma_0 h$$

$$p_A - p_B = (\gamma_0 - \gamma)h \tag{2.18}$$

가 된다.

예제 2.6 그림 2.15에서 압력차 $p_A - p_B$를 구하라.

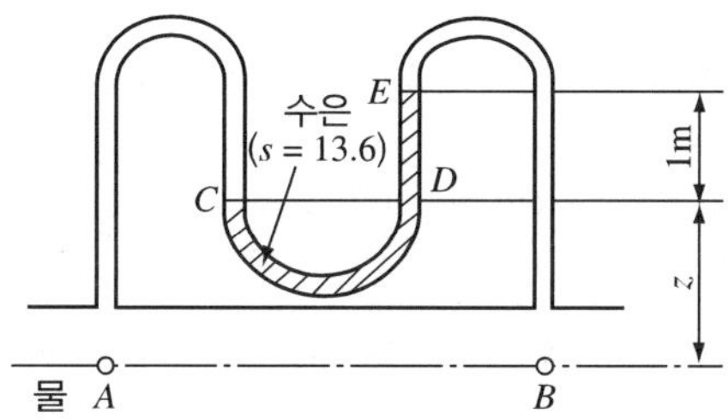

그림 2.15

풀이

$p_C = p_0$이므로

$$p_A - 1000z = p_B - 1000(z+1) + 13.6 \times 1000 \times 1$$

$$p_A - p_B = 13600 - 1000 = 12600\ \mathrm{kg_f/m^2} = 1.26\ \mathrm{kg_f/cm^2}$$

예제 2.7 그림 2.16에 있어서 A와 B는 물이며 액주계의 액체는 비중이 0.80인 기름이다. 지금 H_1 = 300 mm, H_2 = 150 mm, H_3 = 600 mm일 때,

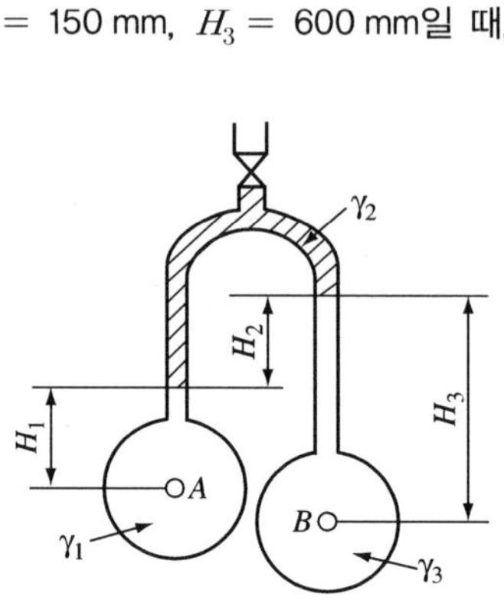

그림 2.16

(1) $p_A - p_B$의 값을 $\mathrm{kgf/cm^2}$로 산출하고

(2) $p_B = 0.704\ \mathrm{kgf/cm^2}$ abs, 기압계의 눈금이 750 mmHg일 때 A점의 계기압력을 $\mathrm{kgf/m^2}$ 단위로 산출하여라.

풀이

(1) A, B 사이의 압력차의 크기는

$$p_A - p_B = \gamma_1 h_1 + \gamma_2 h_2 - \gamma_3 h_3$$
$$= 10^3 \times 0.300 + 0.80 \times 10^3 \times 0.150 - 10^3 \times 0.600$$
$$= -180 \times 10^3\ \mathrm{kgf/m^2} = -0.018\ \mathrm{kgf/cm^2}$$
$$\therefore p_A = p_B - 0.018 = 0.704 - 0.018 = 0.686\ \mathrm{kg/cm^2}\ \text{abs}$$

(2) 대기압 750 mmHg을 $\mathrm{kgf/cm^2}$ 단위로 고쳐 쓰면 $\dfrac{750}{735.5} = 1.020\ \mathrm{kgf/cm^2}$ abs이므로 A점의 계기압력은

$$p_A(\text{계기}) = 0.686 - 1.020 = -0.334\ \mathrm{kgf/cm^2} = 3340\ \mathrm{kgf/m^2}\ \text{진공}$$

이다.

2.5.4 미압계

그림 2.14의 (c)에서 $\gamma_0 = \gamma$이면, 두 점 사이의 압력차가 근소할 때 식 (2.18)에 의하여 H의 값을 크게 할 수 있다.

그림 2.17은 두 종류의 액체를 이용한 미압계(micro-manometer)이다. 처음 비중량 γ_3인 액주계의 액체를 0-0 높이까지 넣은 다음 비중량 γ_2인 액주계의 액체를 1-1인 높이까지 넣는다.

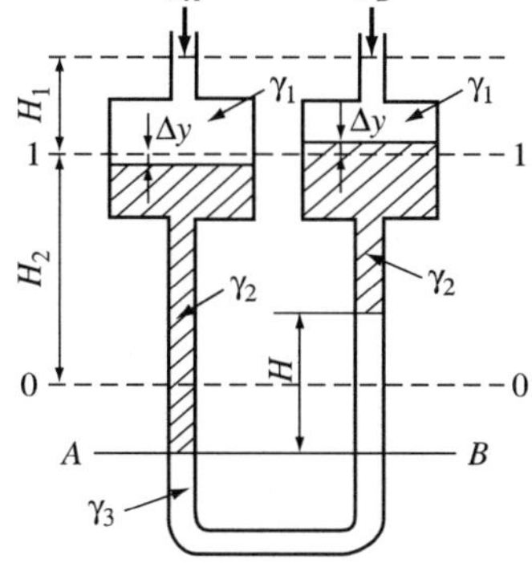

◈ 그림 2.17

측정하려는 기체 또는 액체의 압력 p_A, p_B가 액면 위에 작용하여 그림과 같이 $\triangle y$의 변위가 생겼다면 A점에 있어서 압력의 크기는

$$p_A+\gamma_1(H_1+\triangle y)+\gamma_2\left(H_2+\frac{H}{2}-\triangle y\right)$$

이다. 이것과 같은 수평상에 있는 B점의 압력은

$$p_B+\gamma_1(H_1-\triangle y)+\gamma_2\left(H_2-\frac{H}{2}+\triangle y\right)+\gamma_3 H$$

이고, 이들 값은 서로 같으므로

$$\begin{aligned}&p_A+\gamma_1(H_1+\triangle y)+\gamma_2\left(H_2+\frac{H}{2}-\triangle y\right)\\&\quad=p_B+\gamma_1(H_1-\triangle y)+\gamma_2\left(H_2-\frac{H}{2}+\triangle y\right)+\gamma_3 H\end{aligned}$$

$$\therefore\ p_A-p_B=\gamma_3 H-\gamma_2(H-2\triangle y)-\gamma_1 2\triangle y$$

$2\triangle yA=Ha$인 관계식을 윗 식에 대입하여 $\triangle y$를 없애면

$$p_A-p_B=H\left[\gamma_3-\gamma_2\left(1-\frac{a}{A}\right)-\gamma_1\frac{a}{A}\right] \tag{2.19}$$

또 $\frac{a}{A}\fallingdotseq 0$이면 $\frac{a}{A}$는 생략할 수 있다. 따라서 윗 식은

$$p_A-p_B\fallingdotseq H(\gamma_3-\gamma_2)$$

가 되어 γ_3, γ_2의 차가 적으면 p_A, p_B의 압력차가 근소하더라도 H를 크게 하여 읽을 수 있다.

2.5.5 경사미압계

그림 2.18은 경사미압계(inclined-tube manometer)로서 아주 작은 계기압력의 측정 또는 기체끼리의 작은 압력차를 측정하는 기구이다.

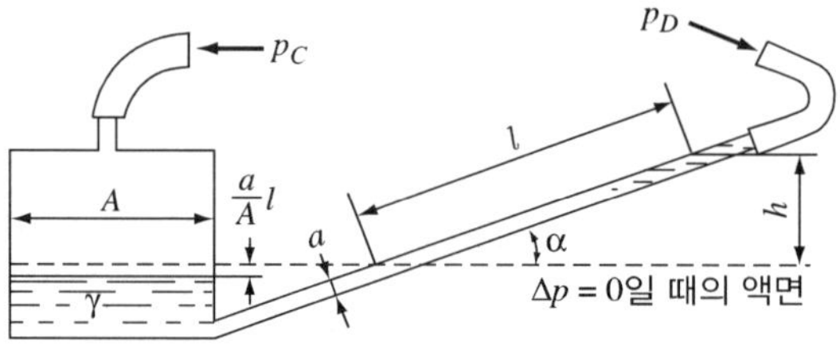

그림 2.18 경사미압계

압력차가 없을 때, 액면은 A의 점선위치에서 평형을 이루고 있다. C에 D보다 높은 압력을 연결했을 때 경사유리관을 따라 l만큼, 수직거리로는 h만큼 관속의 액면은 상승하고 단면적이 큰 C의 액면은 조금 하강할 것이다.
기체의 자중은 무시하고 C, D의 관단면적을 각각 A, a, 경사각을 α라고 하면,

$$p_C = p_D + \gamma\left(l\sin\alpha + \frac{a}{A}l\right)$$

$$\therefore\ p_C - p_D = l\gamma\left(\sin\alpha + \frac{a}{A}\right) \tag{2.20}$$

따라서 l의 길이만 측정하면 압력차를 알 수 있다. 이 때 경사각 α가 너무 작으면 오히려 자체오차를 증가시키므로 30° 이하의 작은 경사는 피해야 한다.

만일 c의 계기압력만을 측정하려면 d를 대기압에 연결하면 되고 액주가 직접 압력이나 속도를 읽을 수 있도록 보정될 때는 보통 통풍계(draft gauge)라 한다.

그림 2.19는 경사유리관을 연직상하로 이동시킬 수 있도록 장치한 미압계로서 p_x에 압력이 걸리지 않을 때 경사관은 점선 위치에서 X의 수평면으로 평형을 이루고 있다.

p_x에 압력이 작용하면 유리관의 액면은 X위로 상승할 것이므로 다이얼 D를 돌려 경사유리관을 나사 S를 따라 위로 움직이게 하여 경사관이 액면이 다시 X위치에 오도록 조정한다. 이 때 다이얼을 읽고 수직이동거리를 알게 되면

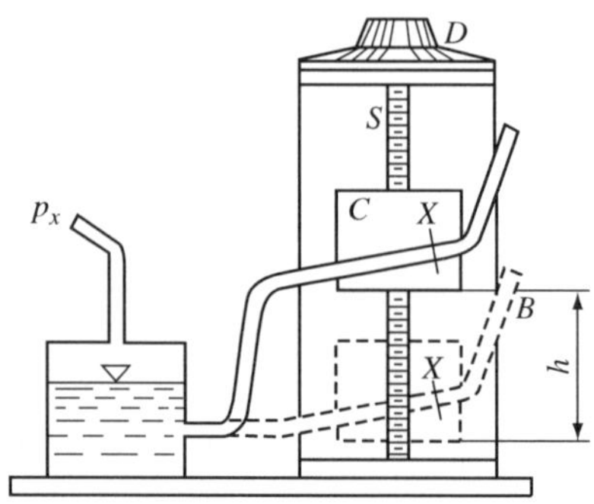

그림 2.19

p_x를 측정하게 된다.

위에서 살펴본 액주계의 원리들은 정밀도에 따라 다음 사실들을 고려하여야 한다.

① 액주계 액체는 온도에 따라 비중이 변한다.
② 모세관현상에 의한 오차는 같은 치수의 액주계관을 사용함으로써 상쇄될 수 있다.
③ 표면장력에 의한 요철은 관직경을 1 cm(약 0.5 in) 이상 되게 함으로써 무시할 수 있다.
④ 액주계 액체의 동요는 관로에 교축장치를 함으로써 줄일 수 있다.
⑤ 액면의 정밀한 읽음에 정제된 광학기구와 부척이 사용된다.

2.6 평면에 미치는 유체의 전압력

전압력은 면에 작용하는 압력에 의한 힘을 말한다. 힘은 Vector량으로서 크기·방향·작용점의 위치가 주어져야 한다. 유체정압은 면에 수직인 방향으로만 작용하므로 전압력의 방향은 면에 수직이다.

액체용기와 저수지의 댐 또는 수문을 설계하려면 벽면 전체 또는, 그 일부분에 작용하는 유체의 전압력의 크기와 방향 그리고 작용점을 알아야 한다.

2.6.1 수평면

그림 2.20과 같이 비중량이 γ인 유체의 자유표면으로부터 h인 지점에 면적 A인 평면이 수평으로 놓여 있을 때 평면에 작용하는 압력 p는

$$p = \gamma h$$

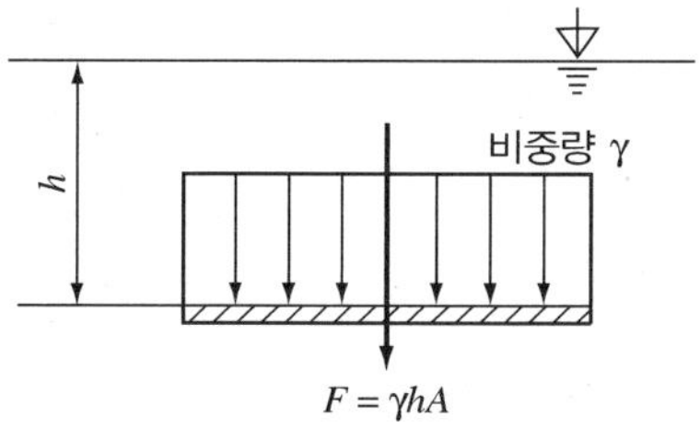

◈ 그림 2.20 수평면에 작용하는 힘

평면에 작용하는 전압력의 크기 F는

$$F = \gamma h A \tag{2.21}$$

이 되며, 전압력은 평판의 중심에 작용한다.

2.6.2 수직면

그림 2.21과 같은 수직에 작용하는 전압력은 평면상단이 $p_1 = 0$, 평면하단에서는 $p_2 = \gamma h$이므로 압력프리즘의 개념에 의하여 전압력이 정해진다.

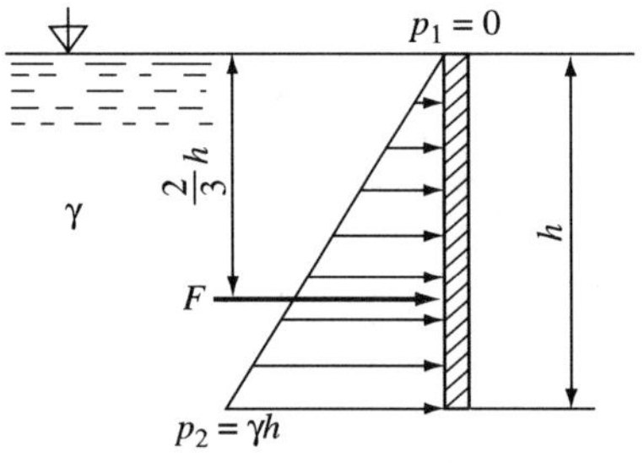

그림 2.21 수직면에 작용하는 힘

평면이 직사각형, 그 폭이 b라면 수직면에 작용하는 전압력이 크기는

$$F = \frac{0 + \gamma h}{2}(hb) = \frac{\gamma h^2 b}{2} \tag{2.22}$$

이 되고, 전압력은 압력프리즘의 중심에 작용한다.

2.6.3 경사면

그림 2.22와 같이 비중량이 γ인 유체의 자유표면과 α인 경사각을 갖는 임의 모양의 평판면적 A에 작용하는 유체의 전압력과 그 작용점에 대하여 생각해보자.

평판을 포함하는 평면상에 x, y좌표를 취하면 미소면적 dA에 작용하는 크기는 다음과 같다.

$$dF = \gamma h dA = \gamma y \sin\alpha \, dA$$

따라서 평판 A에 작용하는 전압력의 크기는

$$F = \int_A dF = \gamma \sin\alpha \int_A y dA \tag{2.23}$$

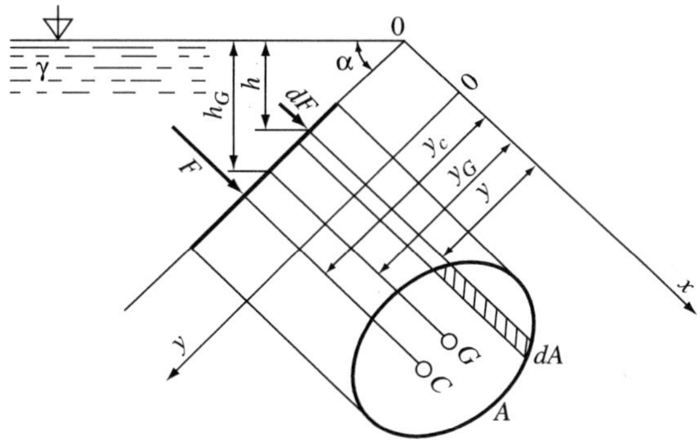

◈ **그림 2.22 경사 평판에 작용하는 전압력**

이 된다.

또 평판의 중심 G의 y좌표를 y_G, 액면에서 잰 길이를 h_G라 하면

$$\int_A y dA = y_G A$$

이므로 식 (2.23)은

$$F = \gamma \sin\alpha \, y_G A = \gamma h_G A \tag{2.24}$$

으로 변환되고, 전압력은 평판의 중심에 있어서의 압력에 평판의 면적을 곱한 것과 같다.

전압력의 작용점 C의 y좌표를 y_C라 하면, 전압력 F의 ox축에 대한 모멘트는 $y_C F$이며, 그 크기는 (Varignon의 정리에 의하여)

$$y_C F = \gamma \sin\alpha \int_A y^2 dA \tag{2.25}$$

이다. 이 식에 식 (2.24)를 대입하면

$$y_C = \frac{1}{A y_G} \int_A y^2 dA \tag{2.26}$$

이 된다. 윗 식에 있어서

$$\int_A y^2 dA = I_x$$

은 평면 A의 x축에 대한 관성능률(moment of inertia)[2]이다. 중심 G를 지나고 x

2) 단면 2차 모멘트라고도 한다.

축과 평행한 축에 대한 평면 A의 관성능률을 I_G라 하면, 이것과 I_x 사이에는 다음의 관계가 있다(평행축의 원리).

$$I_x = I_G + Ay_G^2$$

따라서 식 (2.26)은 다음과 같이 된다.

$$y_C = \frac{I_x}{Ay_G} = y_G + \frac{I_G}{Ay_G} \tag{2.27}$$

같은 방법으로 C점의 x좌표는

$$x_C = \frac{1}{Ay_G}\int_A xydA = \frac{I_{xy}}{Ay_G} \tag{2.28}$$

이 된다. 여기에서

$$I_{xy} = \int_A xydA$$

를 관성 상승모멘트(product of inertia)라 한다.

평면 A가 중심 G를 지나는 y축과 평행한 선에 대칭이면 C는 그 선상에 있음이 확실하므로 이런 경우에는 x_C를 계산할 필요가 없다.

예제 2.8 그림 2.23과 같이 30°로 경사진 0.5 m × 3 m의 수문평판 AB가 있다. A점에서 힌지(hinge)로 연결되어 있을 때 B에서 이 수문을 열기 위한 힘은 몇 Newton인가?

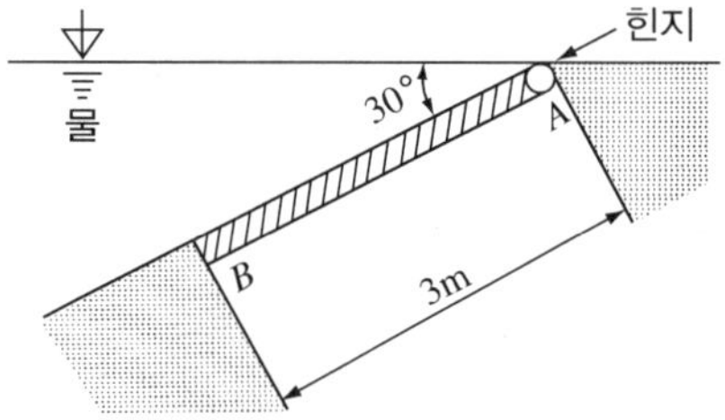

그림 2.23

풀이

수문 AB가 받는 전압력 F는

$$F = \gamma y_G \sin\alpha A = 9{,}800 \times 1.5 \times \sin 30 \times (0.5 \times 3) = 11{,}025\ \text{N}$$

힘의 작용점인 압력중심까지의 y좌표 y_C는

$$y_C = \frac{I_G}{y_G A} + y_G = \frac{\frac{0.5\times 3^3}{12}}{1.5\times 1.5} + 1.5 = 2 \text{ m}$$

다음의 자유물체도에서 점 A에 관한 모멘트의 합은 0이므로

$$\sum M_A = 0 \;;\; F_B\times 3 - F\times 2 = 0$$

$$\therefore\; F_B = \frac{2}{3}F = 7350 \text{ N}$$

이다.

2.6.4 곡면벽

그림 2.24와 같이 임의의 모양을 한 곡면벽 AB(지면에 수직한 방향으로는 곡면의 모양이 변하지 않음)에 작용하는 유체의 전압력을 F라 하면 곡면 AB로부터 유체에 작용하는 R는 F와 크기가 같고 방향이 반대가 된다.

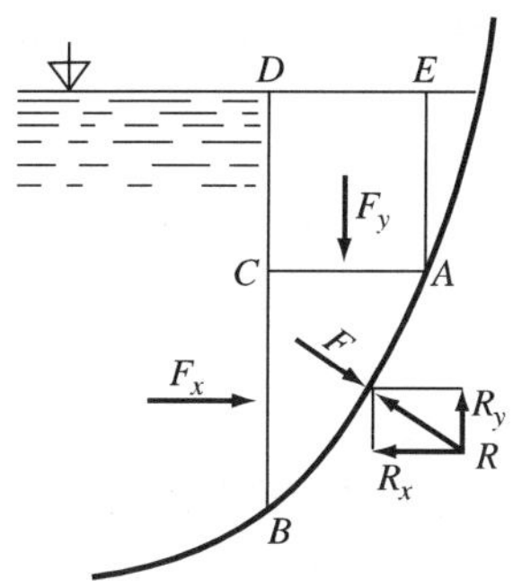

◈ 그림 2.24 곡면에 작용하는 전압력

그림과 같은 곡면 AB를 수직 및 수평방향으로 투영한 평면을 BC, AC라 하면 이들 평면에 작용하는 전압력 F_x, F_y는 앞과 같은 방법으로 계산된다.

따라서 R의 성분을 R_x, R_y라 하면 ABC내의 유체에 작용하는 힘의 관계는 다음과 같다.

$$R_x = F_x \tag{2.29}$$

$$R_y = F_y + W \tag{2.30}$$

$$\therefore\; R = \sqrt{R_x^2 + R_y^2} \tag{2.31}$$

단, W는 체적 ABC인 유체의 무게이다. 또 F_y는 면 AC 위에 있는 유체 $ACDE$의 무게와 같으므로 식 (2.30)은 R_y = 체적 $ABDE$인 유체의 무게라 생각할 수 있다. 이와 같이 곡면에 작용하는 전압력은 수평성분과 수직성분을 구함으로써 용이하게 계산할 수 있다.

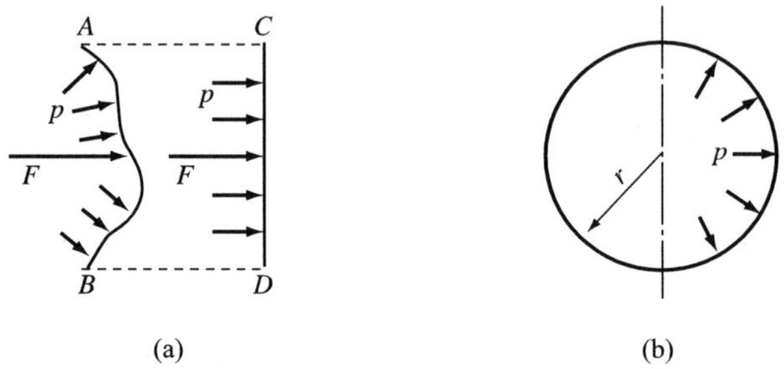

그림 2.25

일반적으로 그림 2.25(a)와 같은 곡면 AB에 균일한 유체압력 p가 작용할 경우, 그 전압력 F는 곡면의 투영면적 CD에 압력 p가 작용할 때 전압력 F와 같다. 이것은 그림 2.25(b)와 같이 반지름 r인 구의 내압이 F일 때 그 구를 반구로 나누려는 힘이

$$F = \pi r^2 p$$

임을 미루어 알 수 있다.

예제 2.9 그림 2.26과 같이 폭이 2 m인 4분원통 AB면에 작용하는 힘의 수직분력 F_V와 수평분력 F_H는 각각 몇 kg_f인가?

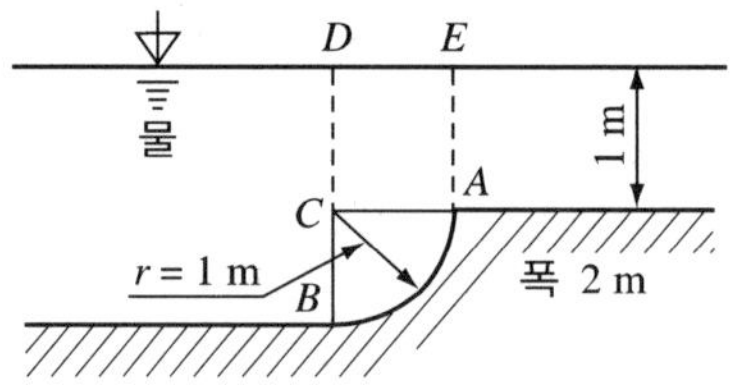

그림 2.26

풀이

곡면 AB에 작용하는 수직분력은 곡면 AB 위에 있는 물의 무게와 같다.

$$F_V = \gamma V = \gamma(\text{면적 } DEAC + \text{면적 } ABC) \times 2$$
$$= 1{,}000\left(1 \times 1 \times 2 + \frac{\pi \times 1^2}{4} \times 2\right) = 3570 \text{ kg}_\text{f}$$

곡면 AB에 작용하는 수평분력은 곡면 AB의 수평투영면적에 작용하는 힘과 같다.

곡면 AB의 수평투영면적은

$$A = 1 \times 2 = 2\,\mathrm{m}^2$$

이므로

$$F_H = \gamma h_G A = 1000\left(1 + \frac{1}{2}\right) \times 2 = 3{,}000\ \mathrm{kg_f}$$

이다.

2.7 부력

유체속에 잠겨 있는 물체는 유체에 의하여 위쪽으로 힘(= 부력)을 받는다. 이 힘의 크기는 그 물체가 배제한 유체의 무게와 같다(Archimedes의 원리). Archimedes가 발견한 이 원리는 정지하고 있는 유체의 깊이와 압력의 관계를 이용하여 다음과 같이 생각할 수 있다.

정지 유체에 잠겨 있거나 떠 있는 물체가 유체로부터 받는 전압력을 부력(buoyant force)이라고 한다. 부력은 항상 수직상방으로 작용한다.

그림 2.27에서 단면적 dA인 요소가 받는 힘은

$$dF_B = (p_2 - p_1)dA = \gamma h dA = \gamma dv$$

물체 전체가 받는 힘 F_B는

$$F_B = \int \gamma dv = \gamma v \tag{2.32}$$

여기서

F_B : 부력

γ : 유체의 비중량

v : 물체의 잠긴 체적

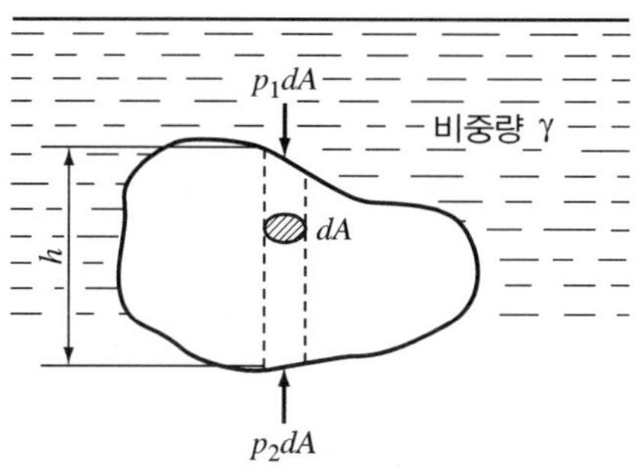

그림 2.27 부력

식 (2.32)에서 부력은 유체 속에 잠겨있는 부분의 물체의 체적에 해당하는 유체의 무게이고, 그 방향은 수직상방이다. 그리고 부력의 중심, 즉 부심(center of buoyancy)은 유체의 잠긴 체적의 중심이다.

그림 2.27에서 부력의 작용점은 적당히 정한 축 0에 관한 힘의 모멘트를 취하면 된다.

축 0으로부터 가상한 원통까지의 수직거리를 x, 합력 F_B까지의 거리를 x_G라 하면, Varignon의 정리에 의하여

$$\int x\gamma h dA = x_G F_B$$

$$\gamma \int x dv = x_G \gamma v$$

$$\therefore\ x_G = \frac{1}{v}\int x dv \qquad (2.33)$$

으로 주어지며, 부력은 부심에 작용한다.

예제 2.10 공기 중에서 900 N인 돌이 물에 잠겨 있다. 물에서의 무게가 400 N이면 이 돌의 체적과 비중은 얼마인가?

풀이

공기의 자중은 무시한다. 물속에서의 돌을 자유물체도로 생각하면 부력의 크기 F_B는

$$\sum F_y = 900 - 400 - F_B = 0 \text{에서}$$

$$F_B = 500\ \text{N}$$

부력은 돌이 배제한 물의 무게와 같으므로 돌의 체적을 v라 하면

$$9{,}800 \times v = 500$$

$$v = 0.51\ \text{m}^3$$

돌의 비중 s는 같은 체적의 물 무게에 대한 돌 무게의 비이므로

$$s = \frac{900}{500} = 1.8$$

이다.

2.8 부양체의 안정

물에 떠 있는 배(= 부양체)는 그 무게와 배가 배제한 물의 무게(= 부력)가 같고 부양축 (배의 중심과 부력의 중심을 잇는 수직선) 상에서 평형을 이루고 있다.

부양체의 무게를 W, 그 중심을 G, 부력을 F_B, 부력의 중심을 C라 하면 그림 2.28(a)는 이들의 평형상태를 표시한다.

평형 위치로부터 각 θ(rad)만큼 기울어졌을 때 부력 중심 C는 C'로 옮겨져 부력 F_B는 C'를 지나 수직 상방으로 작용한다. 이 작용선과 부양축과의 교점을 M라 할 때, 이 M점을 경심(metacenter)이라 한다.

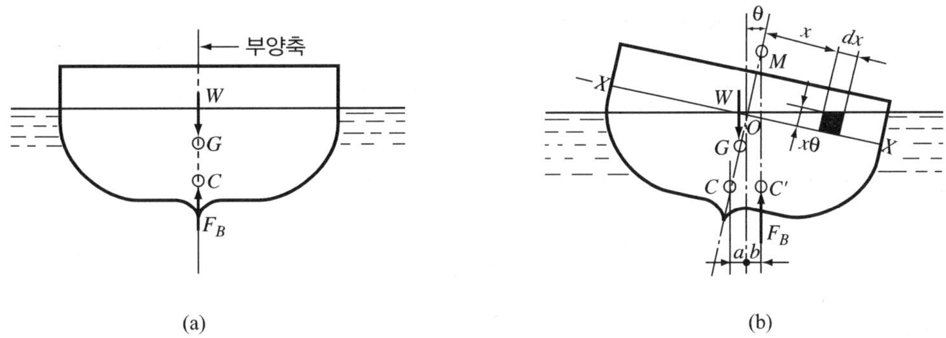

(a) (b)

◈ **그림 2.28**

그림 2.28(b)와 같이 M점이 $\overline{CG}$의 연장선상에 있으면 원상으로 복귀하려는 우력 때문에 부양체는 안정상태로 되며, $\overline{CG}$ 내에 있으면 불안정상태, M점과 G점이 일치하면 중립상태가 된다.

다음은 안정, 불안정의 수직적인 조건을 표시한 것이다. 그림의 미소체적 $dv = x\theta dx$(단위폭)가 물속으로 들어감에 따라 생긴 부력 γdv에 의한 모멘트와 물체의 일부가 물 밖으로 나옴에 따라 잃은 부력의 모멘트가 0점을 지나 지면에 수직한 축에 관한 부력의 모멘트이고 그 크기는

$$M = \int_0^x \gamma x^2 \theta dx - \int_0^{-x} \gamma x^2 \theta dx = \gamma\theta \int_{-x}^x x^2 dx$$

이 된다. 여기서 $\gamma\theta \int_{-x}^x x^2 dx = I$는 부양면의 0축(지면에 수직)에 관한 관성 능률이다.

따라서 윗 식은

$$M = \gamma\theta I$$

으로 치환된다. 또 이 모멘트는 부력의 중심이 C점에서 C'점으로 이동함에 따라 변화하는 모멘트와 같지 않으면 안 된다. 따라서,

$$\gamma\theta \int_{-x}^x x^2 dx - F_B a = F_B b$$

$$\therefore\ \gamma\theta I = F_B(a+b) = \gamma v \overline{CM}\theta$$

$$\overline{CM} = I/v$$

인 관계식이 성립하며, 또 이 식으로부터 다음과 같은 결과를 얻을 수 있다.

즉, 경심고(height of metacenter)

$$\overline{GM} = \overline{CM} - \overline{CG} = \frac{1}{v} - \overline{CG} \tag{2.34}$$

물체의 자세를 복원하려는 모멘트는

$$W\overline{GM}\theta$$

이므로

$$\overline{GM} > 0 \text{이면} \left(\frac{1}{v} > \overline{CG}\right) \text{ 안정}$$

$$\overline{GM} < 0 \text{이면} \left(\frac{1}{v} < \overline{CG}\right) \text{ 불안정}$$

$$\overline{GM} = 0 \text{이면} \left(\frac{1}{v} = \overline{CG}\right) \text{ 중립}$$

이 된다.

예제 2.11 그림 2.29와 같이 폭 5.4 m, 흘수(잠긴 깊이) 1.2 m인 단면이 균일한 길이 18 m인 상자형 배가 있다. 그 중심이 선저로부터 1.65 m인 상부에 있다면 메타센터의 높이(경심고)는 얼마인가?

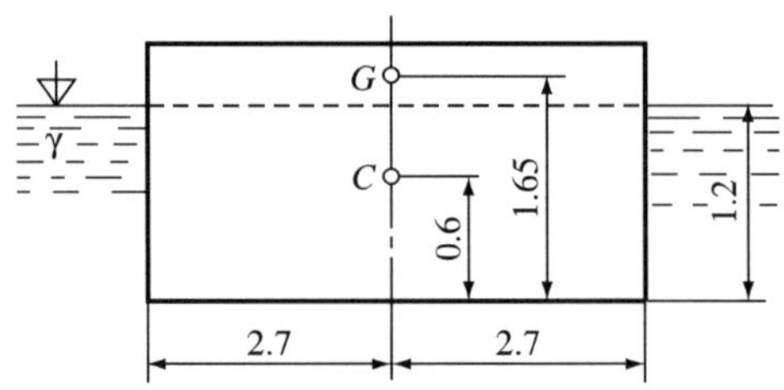

그림 2.29

풀이

부양면은 5.4 × 18 m인 구형이므로 I는

$$I = \frac{bh^3}{12} = \frac{18 \times 5.4^3}{12} = 236.2\ \text{m}^4$$

$$\text{배수량 } v = 18 \times 5.4 \times 1.2 = 116.6\ \text{m}^3$$

부력의 중심 C의 높이는 0.6 m이다. 따라서,

$$\overline{CG} = 1.65 - 0.60 = 1.05\ \text{m}$$

메타센터의 높이 $\overline{GM}$은

$$\overline{GM} = \frac{I}{v} - \overline{CG} = \frac{236.2}{116.6} - 1.050 = 0.975 \text{ m}$$

이다.

2.9 등가속도운동을 하는 유체

용기와 함께 등가속도로 직선운동을 하거나 등속원운동을 하고 있는 유체는 모두 등가속도운동을 하고 있는 경우로써 유체층 사이에 또는 유체와 경계면 사이에 상대운동이 없으므로 유체정역학의 원리가 적용된다.

상대운동이 없다면 점성과 마찰은 고려되지 않으며, 이런 운동을 하고 있는 유체를 상대적평형(relative equilibrium)상태에 있다고 말한다.

2.9.1 수평등가속도를 받는 유체

그림 2.30과 같이 상부가 개방된 용기에 담겨진 액체가 용기와 함께 수평등가속도 a_x로 움직이고 있다면 액체의 표면은 수평면과 각 θ만큼 경사를 이룬 상태에서 상대적 평형을 이루게 된다.

그림의 체적요소에 뉴턴의 운동방정식을 적용시키면

$$p_1 A - p_2 A = \rho l A a_x$$

(a) 운동이 없을 때 (b) 수평운동을 할 때

그림 2.30

윗 식을 정리하면

$$\frac{p_1 - p_2}{\gamma l} = \frac{h_1 - h_2}{l} = \frac{a_x}{\mathrm{g}}$$

가 된다.

이 식은 자유표면의 경사도를 나타내므로

$$\tan\theta = \frac{a_x}{\mathrm{g}} \tag{2.35}$$

따라서 가속도의 크기 a_x를 알면 자유표면의 경사도를 알 수 있고, 반대로 경사도를 측정한다면 수평등가속도를 알 수 있게 된다.

이 원리를 이용하여 가속도계를 만들 수 있으며 상부가 개방되지 않은 밀폐된 용기에 대하여도 압력의 변화는 위와 같은 원리가 적용된다.

2.9.2 연직방향으로 등가속도를 받는 유체

연직상방으로 등가속도운동을 하는 유체의 자유표면이나 등압면은 정지하고 있을 때와 같으나 압력의 크기는 그림 2.31과 같이 변화한다.

그림 2.31의 작은 체적요소에 대한 유체의 운동방정식은

$$p_2 A - p_1 A - \gamma h A = \rho h A a_y$$

$$\therefore \ \Delta p = p_2 - p_1 = \gamma h \left(1 + \frac{a_y}{\mathrm{g}}\right) \tag{2.36}$$

이다.

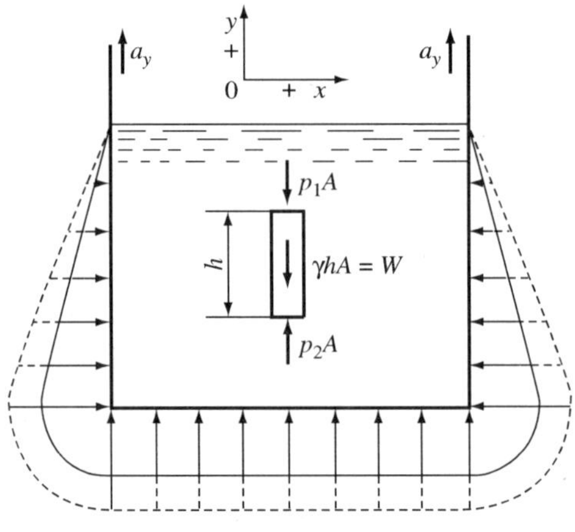

그림 2.31

한편, 연직하방으로 등가속도운동을 하는 유체인 경우는 같은 방법으로 하여,

$$\Delta p = p_2 - p_1 = \gamma h\left(1 - \frac{a_y}{g}\right) \tag{2.37}$$

이다.

따라서, 연직방향 압력변화는 중력에 의한 압력과 가속도운동에 의한 압력이 합쳐진 것만큼 변화한다.

만일, 용기가 자유낙하하고 있다면 $a_y = -g$가 되면, 식 (2.37)에 의하여 $p_1 = p_2$가 된다.

즉, 자유낙하를 하고 있는 유체내부에서는 압력의 변화가 없게 되어 용기내 모든 점의 압력이 같다.

예제 2.12 그림 2.32와 같이 30°로 기울어진 면을 따라 상부가 개방된 물통이 움직이고 있다. 수면이 경사진 면과 평행하게 유지되고 있다면 물통의 가속도 a는 얼마인가?

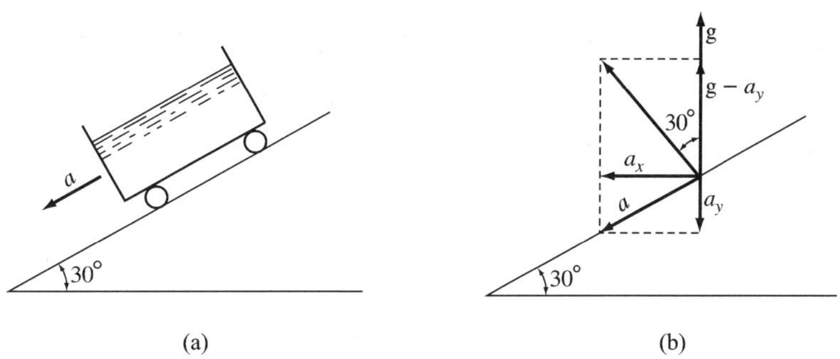

◈ **그림 2.32**

풀이

가속도 a와 중력가속도 g의 합성가속도는 수면에 수직이다. 가속도 a의 수평, 수직방향 가속도성분을 a_x, a_y라고 하면 그림 2.32(b)에서 합성가속도의

$$\text{수평성분 } a_x = a\cos 30$$

$$\text{수직성분 } g - a_y = g - a\sin 30$$

$$\frac{a_x}{g - a_y} = \frac{\frac{\sqrt{3}}{2}a}{g - \frac{a}{2}} = \tan 30 = \frac{1}{\sqrt{3}}$$

$$\therefore\ a = \frac{g}{2}$$

이다.

2.9.3 등속원운동을 받고 있는 유체

그림 2.33과 같이 등속원운동을 하는 물체는 속도의 크기는 일정하나 방향이 변하므로 접선가속도는 없어도 법선가속도는 $r\omega^2$으로 일정한 값을 갖는다.

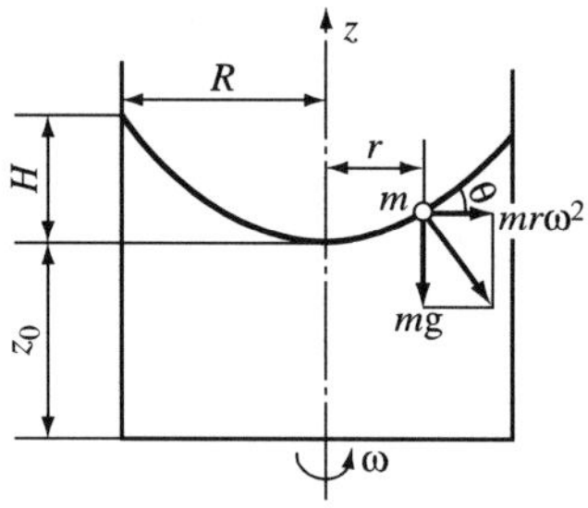

◈ 그림 2.33 강제회전운동

원통형 그릇에 담은 액체를 그릇과 함께 연직축 주위를 일정 각속도 ω로 회전하면 액면은 그림 2.33과 같은 상태로 안정된다. 이 때 그릇과 액체 사이에는 상대운동이 없으며 또 액체 내부의 각 유체입자 사이의 상대속도도 0이다.

액면에 임의로 생각한 미소질량 m에는 원심력 $mr\omega^2$과 중력 mg가 작용하여 액면은 이들 합력과 수직방향이 된다.

액면의 경사각을 θ라 하면

$$\tan\theta = \frac{mr\omega^2}{mg} = \frac{\omega^2}{g}r \qquad ①$$

이 된다. 연직 상방으로 z축을 잡으면

$$\tan\theta = \frac{dz}{dr} \qquad ②$$

이므로 윗 식은 식 ① = 식 ②이므로

$$\frac{dz}{dr} = \frac{\omega^2}{g}r$$

$$\therefore\ z = \frac{\omega^2}{2g}r^2 + z_0 \qquad (2.38)$$

이 된다.

z_0은 $r=0$인 점의 액면의 높이이며 윗 식으로부터 액면은 회전포물선[3]이 됨을

---

3) 마치 고체가 회전하고 있는 것과 같은 이러한 유체운동을 강제 소용돌이운동(forced vortex motion)이라 한다.

알 수 있다.

또 $r=R$일 때 $z=z_0+H$이므로 윗 식은

$$H=\frac{\omega^2}{2g}R^2 \tag{2.39}$$

이 되며, 이것을 변형하면

$$\omega=\frac{1}{R}\sqrt{2gH} \tag{2.40}$$

이 된다. 이 식에서 H를 측정하면 ω의 값을 알 수 있다.

이 원리를 응용하면 회전계(tachometer)를 만들 수 있다.

예제 2.13 그림 2.34와 같이 액체가 담긴 원통이 있다. 중심축을 회전축으로 하여 원통을 일정각속도로 회전시킬 때 유체가 넘치지 않을 최대각속도를 계산하라.

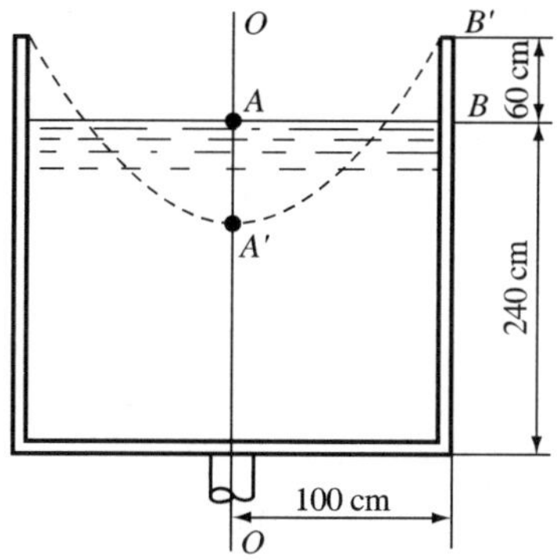

그림 2.34

풀이

회전운동으로 인한 회전포물면의 높이 변화는 $AA'=BB'$이므로 중심점과 반지름 100 cm인 곳의 수면의 차는 1.2 m이다.

$$1.2=\frac{\omega^2\times 1^2}{2\times 9.8}$$

$$\therefore\ \omega=\sqrt{2\times 9.8\times 1.2}\ =\ 4.85\ \text{rad/s}$$

연습문제

1. 1 kPa를 다음 단위로 환산하라.

① mmhHg (s = 13.59) ② kg_f/cm^2

③ mAq ④ bar

2. 어떤 액체의 자유표면으로부터 50 m 깊이에서의 압력이 4.4 bar이면 이 액체의 비중량은 얼마인가?

3. 대기압 736 mmHg인 곳에서 진공압력계의 읽음 20 cmHg는 절대압력으로 몇 N/cm^2인가?

4. 상부가 개방된 탱크에 비중 0.88인 유체가 담겨 있다. 액면하 3 m인 점에서의 압력(N/m^2)을 계산하라.

5. 해면에서 계기압력계가 762 mmHg를 가리키고 이 때 어느 산에서의 기압이 737 mmHg이었다. 공기의 비중량을 11.8 N/m^3로 일정하다고 가정하면 산의 높이는 해발 몇 m인가?

6. 상부가 개방된 어떤 용기에 4염화탄소(s = 1.594)가 3 m 깊이로 담겨 있고, 그 위에 물이 2 m 깊이로 채워져 있다. 용기바닥면이 받는 압력은 얼마인가?

7. 아주 깊은 바닷물의 밀도는 압축성을 고려할 필요가 있다. 체적탄성계수가 $K = 2.07 \times 10^9$ N/m^2로 일정하다고 할 때 10,000 m 깊이에서의 압력을 구하고 비압축성으로 밀도가 일정한 것으로 보고 구한 압력과 비교하라.
단, 바닷물의 비중량은 $\gamma_0 = 10$ kN/m^3이다.

8. 그림에서 단위폭(1 m)의 댐이 받는 유체정압에 의한 전압력을 구하라. 그리고 수면에서 힘의 작용점까지의 깊이를 구하라.

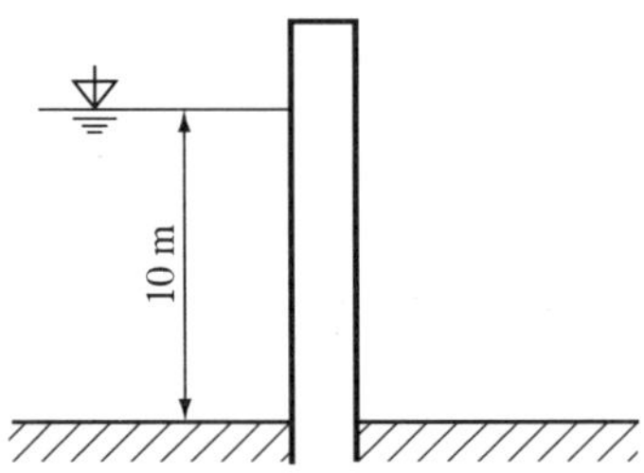

9. 그림과 같이 댐의 양쪽에 수면차가 5 m로 물이 채워져 있다. 2 m 폭의 댐에 유체정압의 힘에 의한 A점 둘레의 모멘트를 계산하라.

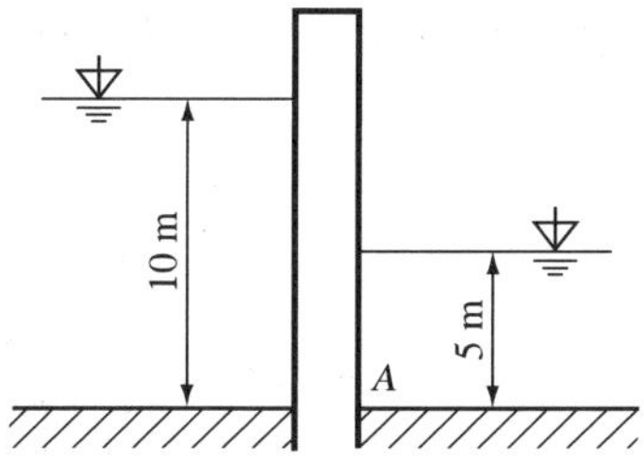

10. 그림의 직사각형 수문이 받는 전압력을 구하라. 또, A점에서 받쳐주어야 할 힘의 크기를 구하라.
단, 수문의 폭은 2 m이다.

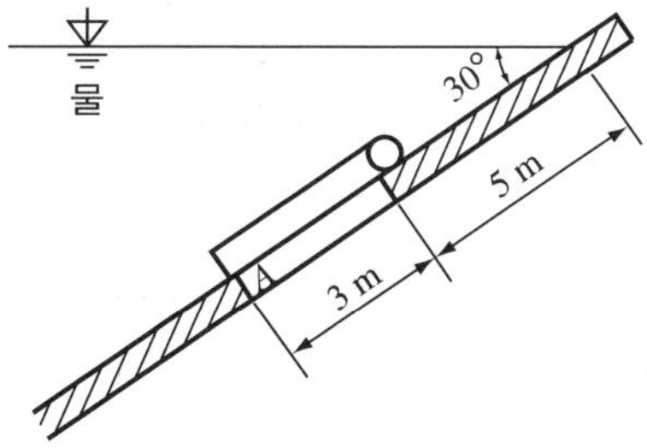

11. 그림에서 수면이 상승하면 수문은 자동적으로 열리게 된다. 수문의 자중을 무시하고 수문이 열리게 될 h를 구하라. (단, 직사각형 수문의 폭은 1 m임)

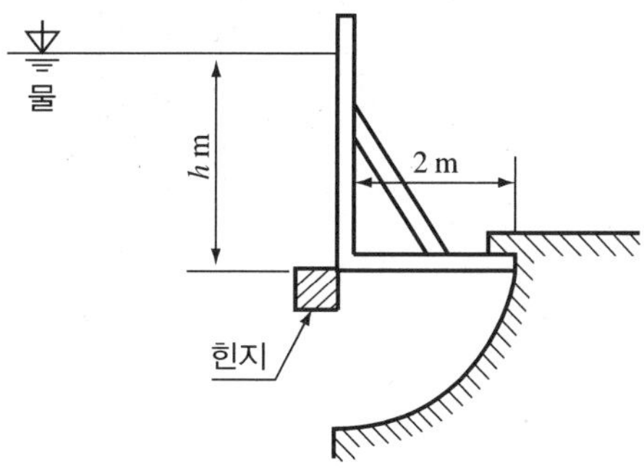

12. 그림에서 AB 곡면은 4분의 1 원통면이다. 면 ABC가 받는 전압력의 크기와 방향을 구하라.
단, 폭은 5 m이다.

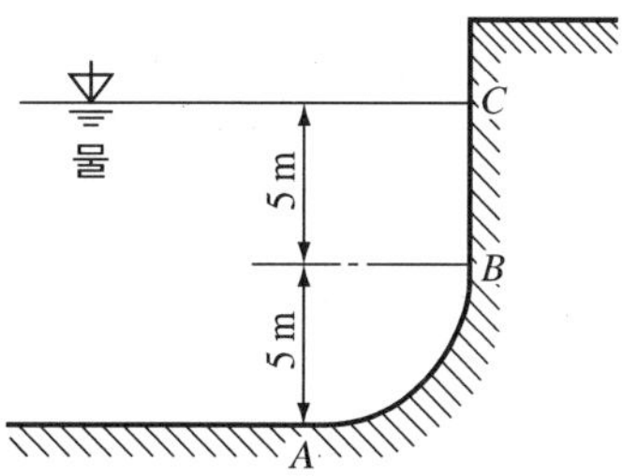

13. 그림과 같은 수문 AB가 받는 수평성분 F_H와 수직성분 F_V를 각각 구하라.

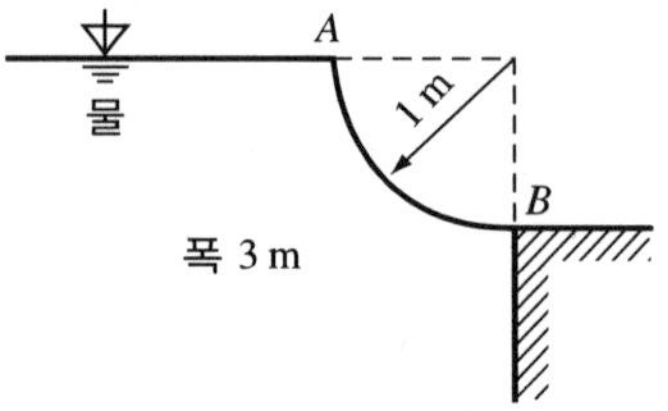

14. 그림과 같은 4분 원통수문 AC에 작용하는 수평성분과 작용점을 구하라.

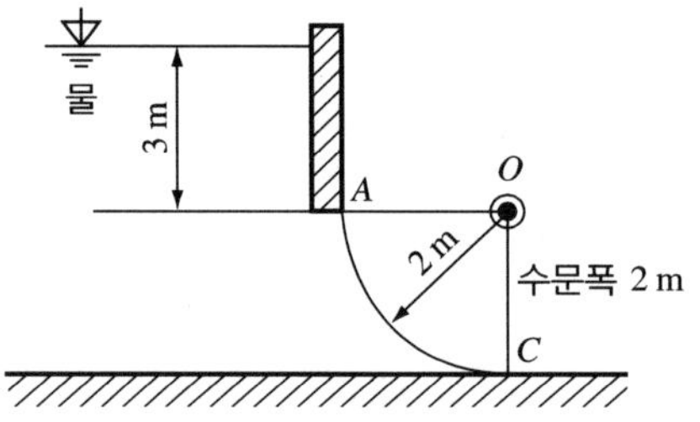

15. 그림에서 공기의 압력 p_A는 얼마인가?

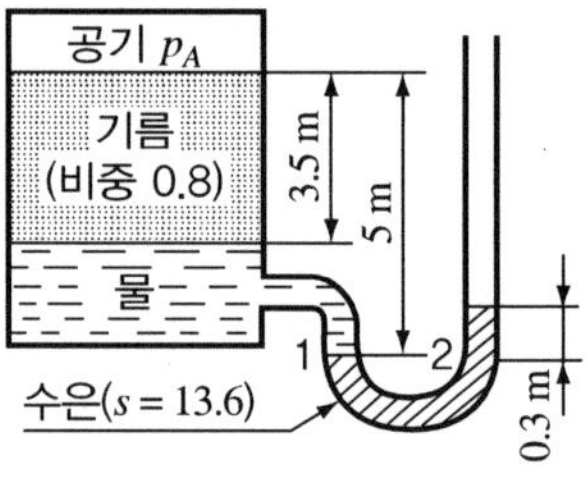

16. 그림과 같은 시차 액주계에서 압력차 $p_x - p_y$는 얼마인가? 단, 여기서 γ_1, γ_2, γ_3는 각각 액체의 비중량이다.

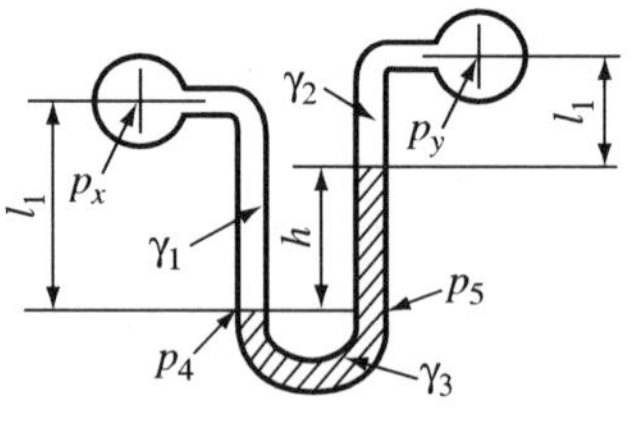

17. 그림에서 $p_A - p_B$는 얼마인가?
단, 수은의 비중은 13.6이다.

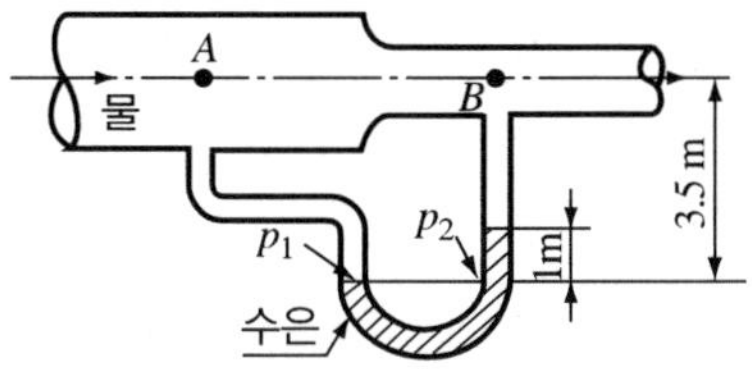

18. U자관에 수은과 물 및 기름을 넣었더니 그림과 같이 되었다. 이 때 기름의 밀도는 얼마인가?

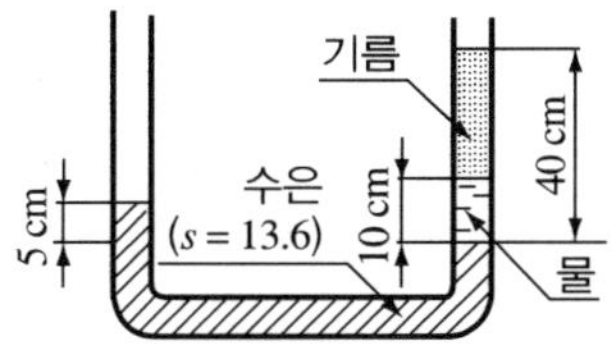

19. 무게 0.196 N, 눈금막대의 직경 6 mm인 비중계를 어떤 액체에 띄웠더니, 비중 1인 물에 띄웠을 때 보다 4 mm 더 뜨게 되었다. 어떤 액체의 비중을 계산하라.

20. 그림에서 $p_A - p_B$를 계산하라.

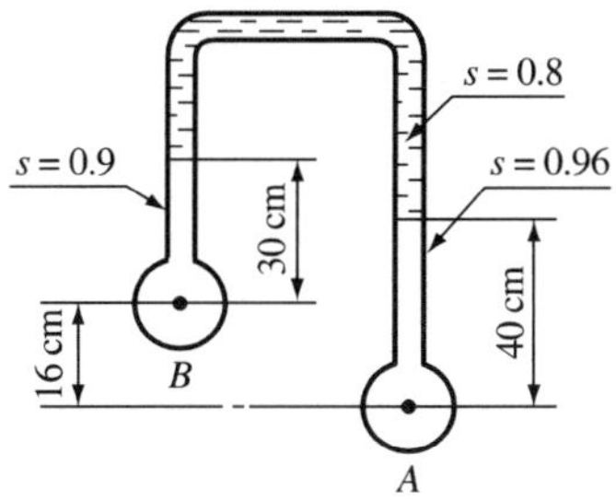

21. 그림에서 압력계의 읽음을 계산하라. 단, 수은의 비중은 13.6이다.

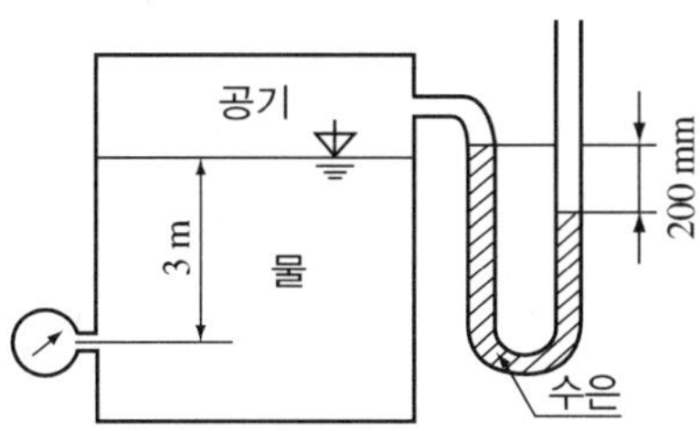

22. 체적 0.5 l 무게 40 N인 추를 어떤 유체 중에서 달아 보았더니 32 N이었다. 이 유체의 비중을 계산하라.

23. 어떤 물체의 대기 중에서 무게는 55 N이고 물속에서의 무게는 35 N이었다. 공기의 무게를 무시하고 이 물체의 체적과 밀도를 계산하라.

24. 비중 1.2인 유체가 담긴 상부가 개방된 원통이 연직 중심축을 회전축으로 각속도 $\omega=10$ rad/s의 등속원운동을 하고 있다면 중심축과 축으로부터 80 cm 떨어진 곳과의 액면차는 얼마인가?

25. 상부가 개방된 높이 4 m, 직경 2 m인 직립원통에 물이 3 m 깊이로 채워져 있다. 이 원통을 연직 중심축을 회전축으로 하여 회전시킬 때 물이 넘치지 않을 최대 각속도(rad/s)를 계산하라.

26. $F=\rho hA$에서 F의 차원은?

① M ② $ML^{-1}T^{-1}$ ③ $ML^{-1}T^{2}$ ④ MLT^{-2}

27. 정지유체 속에 잠겨 있는 경사면이 받는 전압력에 대한 설명 중 틀린 것은?

① 힘의 크기는 면의 중심점에서의 압력에 면적을 곱한 값과 같다.
② 힘의 크기와 방향은 점성에 관계 없다.
③ 힘의 작용점은 면의 중심과 일치한다.
④ 힘의 방향은 면에 수직이다.

28. 정지유체 내에서 압력에 관한 설명 중 아닌 것은?

① 동일 수평면상의 임의의 두 점에서의 압력의 크기는 같다.
② 한 점에 작용하는 압력의 크기는 모든 방향에서 같다.
③ 수직방향의 정압변화는 유체의 비중량에 비례한다.
④ 동일 수직선상의 임의의 두 점에서의 수평압력 크기는 같다.

29. 대기압의 설명으로 옳은 것은?

① 대기압은 표준대기압에 절대압력을 더한 것이다.
② 대기압과 표준대기압의 차를 계기압력이라 한다.
③ 절대압력과 계기압력의 차가 대기압이다.
④ 계기압력과 표준대기압의 차가 대기압이다.

30. U자관을 이용하는 압력계는?

① Aneroid 기압계 ② 수은 기압계
③ 시차 압력계 ④ Bourdon 압력계

31. 유체중의 한 점에 대한 수직응력이 모든 방향에서 같은 경우는?

① 유체가 마찰이 없고 압축성일 때 ② 유체가 마찰이 없고 비압축성일 때
③ 유체 사이에 상대적인 운동이 없을 때 ④ 유체가 점성이 없을 때

32. 정지유체속에 잠겨진 곡면에 작용하는 수직분력은?

① 곡면의 수평 투영면에 작요하는 전압력과 같다.
② 수평분력과 같다.
③ 곡면의 연직상방에 있을 유체 무게와 같다.
④ 면의 중심점에서의 압력에 면적을 곱한 값과 같다.

33. 정지유체속에 잠겨진 곡면에 작용하는 힘에 관한 설명 중 틀린 것은?

① 수직분력은 곡면의 연직상방에 실려 있을 유체 무게와 같다.
② 수직분력은 곡면의 수직 투영 면적에 작용하는 전압력과 같다.
③ 수직분력의 작용선은 곡면 상부에 실려 있을 유체 무게의 중심을 통과한다.
④ 수평분력의 작용선은 수직 투영면의 중심을 통과한다.

34. 부양체의 안정성에 관한 설명 중 부적당한 것은?

① 선박은 무게 중심이 부심과 일치하므로 안정하다.
② 기구와 잠수함은 부심이 무게 중심보다 위에 있어 안정하다.
③ 부양체의 무게와 부력의 크기가 같을 때 평형을 이루게 된다.
④ 선박은 무게 중심이 부심보다 위에 있어도, 메타센터가 중심보다 위에 있어 안정하다.

CHAPTER 03

유체운동의 기초이론

Fluid Mechanics

비점성, 비압축성 유체를 완전유체라 한다. 유체의 흐름에 대한 역학적 해석이 어려운 것은 점성과 압축성 효과 때문이라 할 수 있으므로 초보자들은 이들 효과를 무시한 완전유체에 대한 이론을 먼저 공부하도록 한다.

이 장에서는 완전유체에 관한 흐름의 기초방정식으로 연속방정식, 오일러의 운동방정식, 베르누이방정식 등을 다루었다.

베르누이방정식은 완전유체에 관하여 유도된 것이지만 초급유체역학 분야에서는 가장 많이 이용하는 식 중의 하나이다. 식 자체가 가장 간단명료하므로 실제의 점성유체에까지 적용범위를 확장하여 사용하므로, 이 식에 관한 여러 가지 응용문제를 많이 다루어 보아야 충분한 기초가 확립될 수 있다.

3.1 정상류와 비정상류

유체흐름의 형태는 경우에 따라 정상류(steady flow)와 비정상류(unsteady flow), 1차원, 2차원, 혹은 3차원흐름, 등류와 비등류, 층류와 난류, 비압축성 유체와 압축성 유체흐름, 아음속과 초음속흐름 또 개수로 흐름에서는 아임계, 임계, 초임계흐름 등 여러 가지 방법으로 구분된다.

이러한 여러 가지 흐름의 구분은 필요에 따라 유용한 방법을 택하여 적용한다. 여기서는 우선 정상류와 비정상류의 구분을 명확히 하고 기초방정식을 생각하고자 한다.

유체흐름의 공간상에서 어느 한 위치에 주목하여 그 위치에서의 유체흐름의 성질이 시간의 경과에 따라 변하지 않으면 정상류라 하고, 어느 한가지의 성질이라도 변하게 되면 비정상류라 한다.

유체흐름의 성질로는 밀도, 압력, 온도, 속도 등이 있는데 정상류 조건을 식으로 나타내면

$$\frac{\partial \rho}{\partial t}=0, \ \frac{\partial p}{\partial t}=0, \ \frac{\partial \sigma}{\partial t}=0, \ \frac{\partial V}{\partial t}=0 \tag{3.1}$$

이다.

그림 3.1을 참고로 속도의 시간에 대한 변화를 살펴보자. 밸브 C를 개폐하는 동안 A, B 각 위치에서의 유속은 시간에 따라 변하므로 비정상류이고, 밸브개도를 일정하게 유지하더라도 D에서 물이 공급되어 일정 수위를 유지하지 않는다면 A, B의 각 위치에서 유속은 시간에 따라 일정하지 않으므로 비정상류이다.

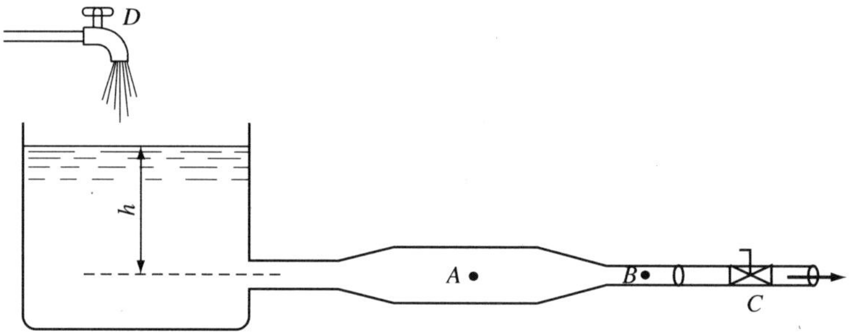

◈ 그림 3.1

그러나 밸브 C의 개도를 일정하게 유지하고 D에서 공급되는 물이 수면의 높이 h를 일정하게 유지한다면 A, B의 각각의 위치에서 유속은 일정하게 유지될 것이다. 이때의 흐름은 정상류이다.

실제의 문제에 있어서는 탱크의 단면적이 출구 단면적에 비하여 아주 크거나 저수지인 경우에는 수면의 높이 h의 변화를 무시하고 정상류로 취급한다.

정상류에 비하여 비정상류의 해석은 훨씬 까다로우므로 특별히 전문적인 연구를 하지 않는 한 비정상류를 취급하지 않으며 본서에서도 정상류에 관한 문제만 취급한다.

3.2 유선

일정한 기간 내에 유체입자가 흘러간 궤도를 유적선(path line)이라 하고, 흐르는

유체속에 하나의 선을 그어 그 선상의 임의점의 접선이 그 점의 유체의 흐름방향과 같을 때 그 선을 유선(streamline)이라 한다.

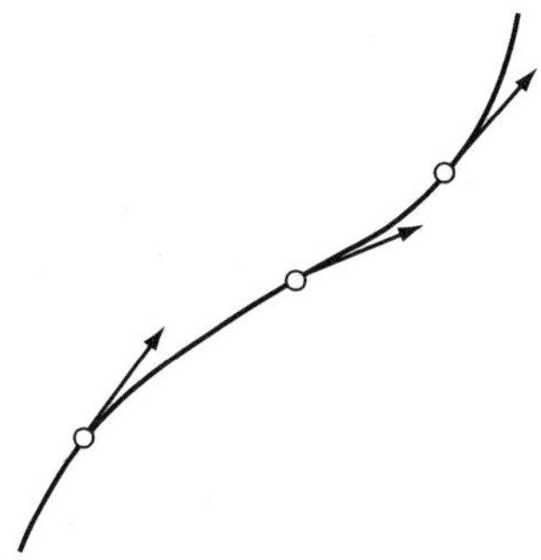

그림 3.2 유선

즉, 유체흐름의 공간에서 어느 순간에 각 점에서의 속도방향과 접선방향이 일치하는 연속적인 가상곡선을 말하는 것이다. 따라서 유체입자는 언제나 유선방향으로 운동하게 된다. 정상류일 때 유선은 시간에 관계없이 공간에 고정되며 유적선[1]과 일치한다.

정의에 따라서 유선방정식은

$$\mathbf{V} \times \mathbf{d} = 0$$

이고, 여기서 d는 유선방향의 미소변위벡터이다.

속도벡터와 변위벡터의 직교좌표에 의한 성분표시는

$$(V_x i + V_y j + V_z k) \times (dx i + dy j + dz k) = 0$$

이므로 다음 식과 같이 간단히 정리된다.

$$\frac{dx}{V_x} = \frac{dy}{V_y} = \frac{dz}{V_z}$$

이것은 유선을 표시하는 미분방정식이다.

정상류에서 폐곡선을 통과하는 몇 개의 유선을 그리면 속도는 항상 경계에 대하여 접선방향이므로 유선들은 유체입자들이 지나갈 수 없는 경계면을 형성한다. 이와 같이 폐곡선을 통과한 유선들에 의해 형성된 공간을 유관(stream tube)이라 부른다.

---

1) 유적선과 비슷한 뜻으로 유맥선(streakline)이라는 낱말이 있는데, 이것은 공간상의 한 점을 통과한 유체입자들이 이루는 선을 뜻한다.

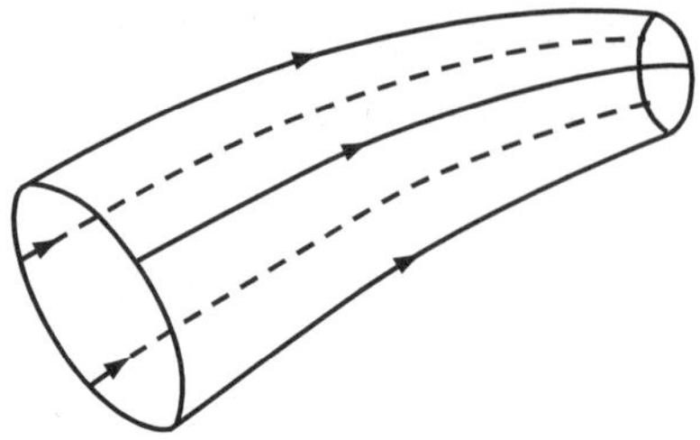

◈ 그림 3.3 유관

그리고 유관은 흐르는 유체 중에서의 가상적인 관이지만 유관개념을 이용하면 유체중의 자유물체도를 생각하는데 편리하다. 예컨대 미소단면적의 유관은 실질적으로 하나의 유선과 같으며 하나의 유선은 작은 유관으로 생각할 수 있다.

3.3 1차원흐름

1차원(one-dimensional)흐름에 있어서 유선에 수직인 방향으로의 유체변수들(속도, 압력 등)의 변화는 유선방향의 변화에 비하여 무시할 수 있다. 즉, 유한단면적의 유관에 대하여 유체성질들은 임의의 단면 전체에 걸쳐 균일하다고 보는 것을 의미한다.

관에서의 흐름은 보통 이와 같은 경우로 취급되고 각단면에서 평균적인 유체성질들이 사용된다. 미소단면인 유관에서의 흐름은 관을 횡단하는 방향의 변화는 극한에 있어서 소멸되므로 개별적인 유선에 연하는 흐름은 1차원이다.

1차원흐름의 개념은 광범위한 문제들에 대하여 해석을 간단화하게 하고 실질적으로 매우 만족할 만한 결과를 얻게 한다.

따라서 실질적으로는 2차원 또는 3차원흐름이라 하더라도 여러 유선들을 하나의 유선으로 대표해서 나타낼 수 있을 때에는 1차원흐름으로 취급하게 된다.

유선상의 각 점에 대하여 유선에 수직인 평면에서 서로 직각인 두 방향 중 어느 한 방향으로는 유체변수가 변하면 2차원흐름이고, 두 방향 각각의 방향으로도 유체변수가 변하면 3차원흐름이다.

그림 3.4는 2차원흐름의 예로서 하나의 유선은 유선을 품고 지면에 수직인 곡면을 대표한다.

즉, 지면에 각각인 방향으로의 변수 변화는 무시되고 지면상에서 유선에 직각인 방향으로는 변화가 있음을 보여 준다.

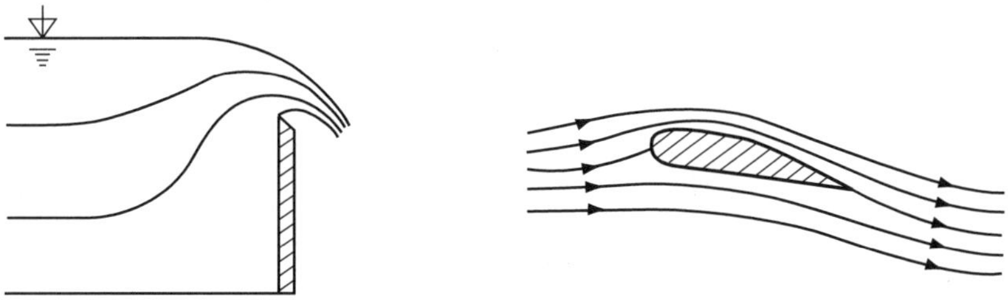

(a) (b)

◇ 그림 3.4 2차원흐름

그림 3.5는 3차원흐름 중에서 축대칭인 경우로서 유선방향은 물론 공간적으로 흐름의 조건이 변함을 보여 주고 있다.

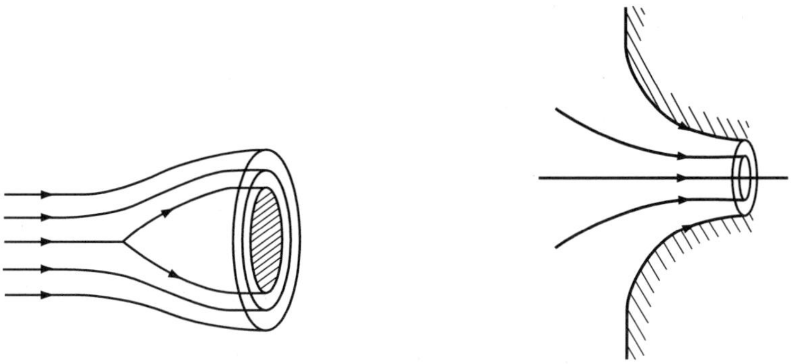

(a) (b)

◇ 그림 3.5 3차원흐름

3.4 연속방정식

3.4.1 일반적 연속방정식

가장 광범위한 유체흐름은 압축성유체의 3차원 비정상류의 흐름으로, 이 때 적용되는 식이 일반적 연속방정식(continuity equation)이다.

연속방정식은 유체역학적인 질량보존의 법칙이라고 할 수 있다.

흐름 속에 직각좌표 x, y, z를 잡고 x, y, z방향의 분속도를 V_x, V_y, V_z라 한다. 그리고 그림 3.6과 같이 흐름 속에 유체의 미소부분 $dxdydz$를 가상한다.

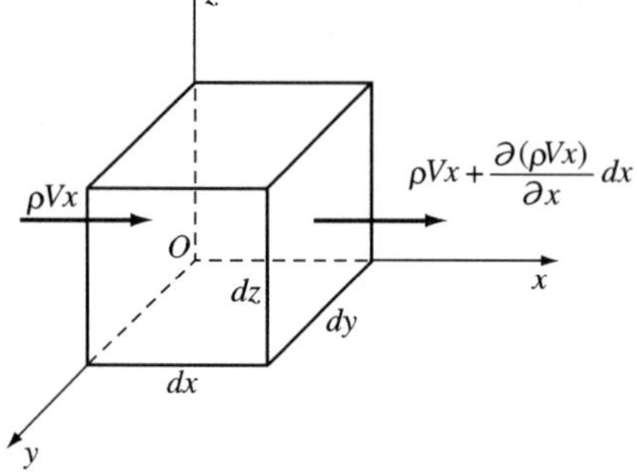

그림 3.6

x축과 수직인 2개의 면(면적 $dydz$)을 지나 단위 시간에 미소체적 내로 유입하는 유체의 질량은

$$\rho V_x dydz - \left[\rho V_x + \frac{\partial(\rho V_x)}{\partial x}dx\right]dydz = -\frac{\partial(\rho V_x)}{\partial x}dxdydz$$

이다. 같은 방법으로 y, z축에 대해서도 각각

$$-\frac{\partial(\rho V_y)}{\partial y}dydxdz,\ -\frac{\partial(\rho V_z)}{\partial z}dzdxdy$$

가 된다. 그러므로 미소체적 $dxdydz$에 흘러 들어간 유량의 총합은 단위시간에

$$-\left[\frac{\partial(\rho V_x)}{\partial x} + \frac{\partial(\rho V_y)}{\partial y} + \frac{\partial(\rho V_z)}{\partial z}\right]dxdydz$$

가 된다.

한편 이 유입으로 인한 미소체적의 유체질량 $\rho dxdydz$의 증가는 단위시간에 $\partial(\rho dxdydz)/\partial t$이고 이것은 위의 값과 같아야 하므로 다음 식이 성립한다.

$$-\left[\frac{\partial(\rho V_x)}{\partial x} + \frac{\partial(\rho V_y)}{\partial y} + \frac{\partial(\rho V_z)}{\partial z}\right]dxdydz = \frac{\partial(\rho dxdydz)}{\partial t}$$

$$\therefore\ \frac{\partial\rho}{\partial t} + \frac{\partial(\rho V_x)}{\partial x} + \frac{\partial(\rho V_y)}{\partial y} + \frac{\partial(\rho V_z)}{\partial z} = 0 \qquad (3.3)$$

비압축성유체이면 $\rho =$일정이므로 윗 식은 다음과 같이 된다.

$$\frac{\partial V_x}{\partial x} + \frac{\partial V_y}{\partial y} + \frac{\partial V_z}{\partial z} = 0 \qquad (3.4)$$

식 (3.3)을 일반적 연속방정식이라 한다.

또, 식 (3.3)에서 정상류의 흐름이면 $\frac{\partial \rho}{\partial t}=0$가 될 것이고, 비압축성 유체 흐름이면 ρ는 상수로서 소거된다. 또, 2차원흐름이면 $V_z=0$이다.

즉, 정상류 비압축성 2차원흐름의 연속방정식은 다음과 같다.

$$\frac{\partial V_x}{\partial x}+\frac{\partial V_y}{\partial y}=0 \tag{3.5}$$

예제 3.1 속도성분이 $V_x=6x+y$, $V_y=-6y$로 주어진 흐름이 있다. 이 흐름이 2차원 정상류임을 확인하라.

풀이

2차원 정상류조건 $\frac{\partial V_x}{\partial x}+\frac{\partial V_y}{\partial y}=0$에서

$$\frac{\partial V_x}{\partial x}=6,\ \frac{\partial V_y}{\partial y}=-6$$

이므로 이 흐름은 2차원 정상류이다.

3.4.2 1차원 정상류의 연속방정식

질량보존의 원리(principle of conservation of mass)를 적용하여 연속방정식을 구할 수 있다.

그림 3.7과 같이 유관의 단면1과 2 사이의 공간을 검사체적(control volume)으로 보면 같은 시간 동안에 이 체적으로 단면 1을 통하여 흘러 들어가는 질량과 단면 2를 통하여 흘러나오는 질량은 같다. 왜냐하면, 정상류이면 공간상의 어떤 위치에서의 유체성질(밀도)은 이 시간의 경과에 변하지 않아야 하기 때문이다.

단면 1과 2에서의 평균속도, 밀도, 단면적을 각각 V_1, V_2, ρ_1, ρ_2, A_1, A_2라 하면 단위시간에 단위면적을 통과하는 유체질량은 같으므로

$$\rho_1 A_1 V_1=\rho_2 A_2 V_2$$
$$\dot{m}=\rho A V=\text{const.} \tag{3.6}$$

여기서 $\dot{m}$을 질량유량(mass flowrate)라 하고, 이 식의 미분형은 다음과 같다.

$$d(\rho A V)=0 \tag{3.7}$$

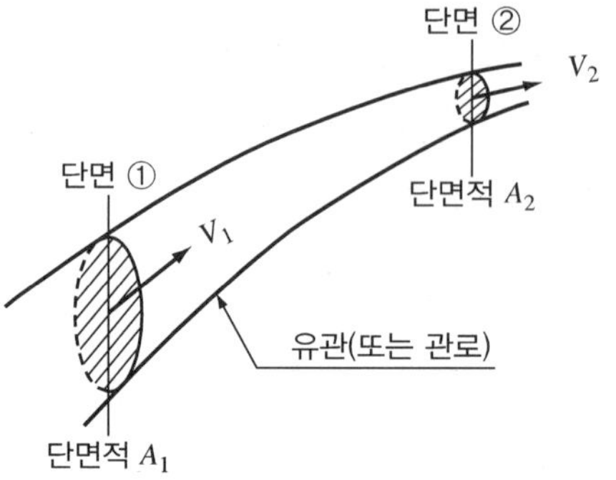

◈ 그림 3.7 유관과 검사체적

한편, 위의 식은 일반적 연속방정식인 식 (3.3)에 「1차원 정상류」라는 가정조건을 대입함으로써 얻을 수도 있다.

식 (3.7)은 곱의 미분이므로

$$\rho' A V + \rho A' V + \rho A V' = 0$$

이며, 각 항을 $\rho A V$로 나누어 주면

$$\frac{d\rho}{\rho} + \frac{dA}{A} + \frac{dV}{V} = 0 \tag{3.8}$$

이 된다.

식 (3.6)에 g를 곱하면

$$\gamma_1 A_1 V_1 = \gamma_2 A_2 V_2$$
$$\dot{G} = \gamma A V = \text{const.} \tag{3.9}$$

여기서 $\dot{G}$를 중량유량(weight flowrate)이라고 한다.

만약, 비압축성유체라면 $\begin{Bmatrix} \rho = \text{const.} \\ \gamma = \text{const.} \end{Bmatrix}$이므로 식 $\begin{Bmatrix} (3.6) \\ (3.9) \end{Bmatrix}$에서 $\begin{Bmatrix} \rho_1 = \rho_2 \\ \gamma_1 = \gamma_2 \end{Bmatrix}$이면

$$\begin{cases} A_1 V_1 = A_2 V_2 \\ Q = A V = \text{const.} \end{cases} \tag{3.10}$$

여기서 Q는 체적유량(volumetric flowrate)이라 하다.

위의 식 (3.6)에서 (3.10)까지의 식들은 1차원 정상류에만 사용되는 연속방정식으로 매우 중요한 식들이다.

따라서 압축성유체의 정상흐름에서는 유관의 모든 단면을 통과하는 질량유량(또는 중량유량)이 일정하고, 비압축성유체의 정상흐름일 때는 유관의 모든 단면을 통

과하는 체적유량은 일정하다고 말할 수 있다.

예제 3.2 유량 2 kN/s의 물이 그림의 관로를 유동한다. 유량을 m^3/s단위로, 그리고 200 mm 관과 100 mm 관에서의 평균속도들을 계산하라.

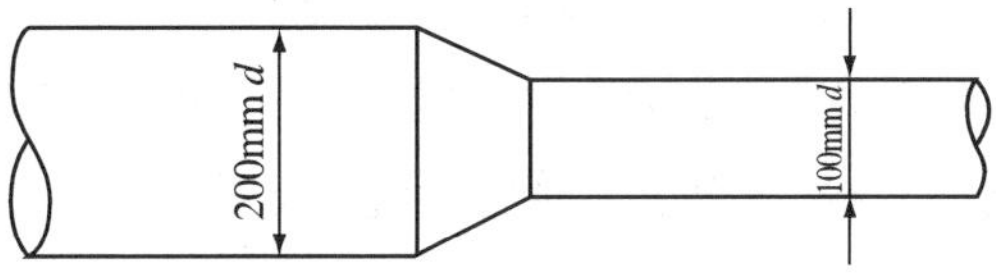

그림 3.8

풀이

$$Q = \frac{2\times 10^3}{9.8\times 10^3} = 0.204\ \mathrm{m^3/s}$$

$$V_2 = \frac{0.204}{\frac{\pi}{4}\times (0.2)^2} = 6.494\ \mathrm{m/s}$$

$$V_1 = \frac{0.204}{\frac{\pi}{4}\times (0.1)^2} = 25.97\ \mathrm{m/s} \quad \text{또는} \quad V_1 = 6.494\left(\frac{200}{100}\right)^2 = 25.97\ \mathrm{m/s}$$

예제 3.3 안지름 50 mm인 파이프에 수소가 0.02 kg/s로 흐르고 있다. 이 때 수소의 압력 3 kg/cm^2 abs, 온도 10°C, $R=$ 424 kg$_f\cdot$m/kg$\cdot$K일 때 수소의 평균속도는 몇 m/s 인가?

풀이

이상기체의 상태방정식 $pv_s = RT$에서

$$\rho = \frac{1}{v_s} = \frac{p}{RT} = \frac{3\times 10^4\ \mathrm{kg/m^2}}{(424\ \mathrm{kg_f}\cdot \mathrm{m/kg}\cdot \mathrm{K})\times (273+10)\mathrm{K}} = 0.25\ \mathrm{kg/m^3}$$

따라서 $\dot{m} = \rho A V$에서

$$V = \frac{\dot{m}}{\rho A} = \frac{0.02}{(0.25)\left(\frac{\pi(0.05)^2}{4}\right)} = 40.76\ \mathrm{m/s}$$

이다.

3.5 오일러의 운동방정식

유선 또는 미소단면적의 유관을 따라 움직이는 비점성유체의 요소에 뉴턴의 운동제2법칙을 적용하여 얻은 미분방정식을 오일러(Euler)의 운동 방정식이라 한다.

오일러(1750년)는 처음으로 유체운동에 뉴턴의 운동법칙을 적용하여 유체동력학의 해석적 연구에 기초를 세웠다. 이 방정식은 보다 일반적인 Navier-stokes 방정식[2)]의 특수한 경우로서 비점성유체에 관한 것이다.

단위질량에의 유체에 작용하는 외력의 x, y, z축 방향성분을 X, Y, Z라 할 때 그림 3.9와 같은 유체미소체적 $dxdydz$의 운동방정식은 Newton의 운동법칙에 의해서 다음과 같이 구해진다.

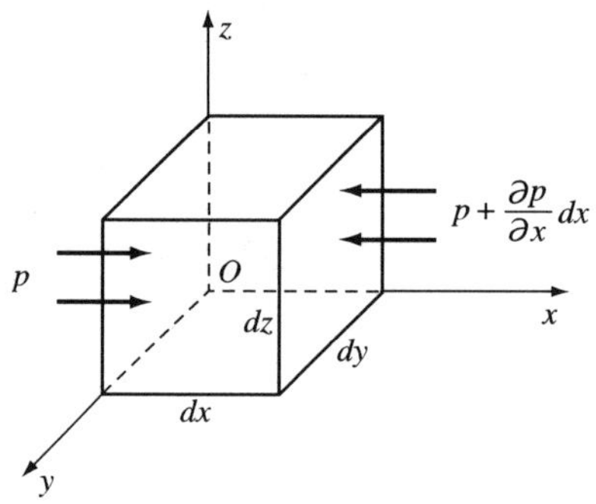

그림 3.9

첫째, x축 방향에 대해서는

$$\rho dxdydz\frac{dV_x}{dt} = X\rho dxdydz + pdydz - \left(p+\frac{\partial p}{\partial x}dx\right)dydz$$

$$\therefore\ \frac{dV_x}{dt} = X - \frac{1}{\rho}\frac{\partial p}{\partial x} \qquad (3.11)$$

이 된다. 그런데 V_x는 시간(t)와 위치(x, y, z)의 함수이므로

$$\frac{dV_x}{dt} = \frac{\partial V_x}{\partial t} + \frac{\partial V_x}{\partial x}\frac{\partial x}{\partial t} + \frac{\partial V_x}{\partial y}\frac{\partial y}{\partial t} + \frac{\partial V_x}{\partial z}\frac{\partial z}{\partial t}$$

$$= \frac{\partial V_x}{\partial t} + V_x\frac{\partial V_x}{\partial x} + V_y\frac{\partial V_x}{\partial y} + V_z\frac{\partial V_x}{\partial z} \qquad (3.12)$$

---

2) Navier–stokes 방정식의 벡터식은 $\frac{D\mathbf{F}}{Dt} = \mathbf{F} - \frac{1}{\rho}\mathrm{grad.p} + \nu_y \nabla^2 \mathbf{V}$이고 점성유체에 적용된다. 이 비선형 미분방정식의 특수해는 여러 학자에 의해 실용적으로 응용되었다.

이다. 따라서 식 (3.11)은 다음과 같이 된다.

$$\left.\begin{aligned}
&\frac{\partial V_x}{\partial t}+V_x\frac{\partial V_x}{\partial x}+V_y\frac{\partial V_x}{\partial y}+V_z\frac{\partial V_x}{\partial z}=X-\frac{1}{\rho}\frac{\partial p}{\partial x}\\
&\text{같은 방법으로}\\
&\frac{\partial V_y}{\partial t}+V_x\frac{\partial V_y}{\partial x}+V_y\frac{\partial V_y}{\partial y}+V_z\frac{\partial V_y}{\partial z}=Y-\frac{1}{\rho}\frac{\partial p}{\partial y}\\
&\frac{\partial V_z}{\partial t}+V_x\frac{\partial V_z}{\partial x}+V_y\frac{\partial V_z}{\partial y}+V_z\frac{\partial V_z}{\partial z}=Z-\frac{1}{\rho}\frac{\partial p}{\partial z}
\end{aligned}\right] \tag{3.13}$$

윗 식을 Euler의 운동방정식이라 한다.

Euler의 기호를 사용해서 윗 식을 표시하면 다음과 같이 간단하게 표시할 수 있다.

$$\left.\begin{aligned}
\frac{DV_x}{Dt}&=X-\frac{1}{\rho}\frac{\partial p}{\partial x}\\
\frac{DV_y}{Dt}&=Y-\frac{1}{\rho}\frac{\partial p}{\partial y}\\
\frac{DV_z}{Dt}&=Z-\frac{1}{\rho}\frac{\partial p}{\partial z}
\end{aligned}\right] \tag{3.13)'$$

단, $\frac{D}{Dt}=\frac{\partial}{\partial t}+V_x\frac{\partial}{\partial x}+V_y\frac{\partial}{\partial y}+V_z\frac{\partial}{\partial z}$이고 이것을 Euler의 기호라 한다.

또한, 식 (3.13)의 벡터식은

$$\frac{D\mathbf{F}}{Dt}=\mathbf{F}-\frac{1}{\rho}\mathrm{grad.p} \tag{3.14}$$

로 표시된다.

3.6 베르누이 방정식

베르누이 방정식(Bernoulli's equation)은 유체역학적인 에너지보존의 법칙이며, 일반적인 흐름에 적용가능하고 비점성유체(가정1)에 적용 가능한 오일러의 운동방정식인 식 (3.13)에 몇 개의 가정조건을 대입함으로써 얻을 수 있다.

우선 식 (3.13)에 1차원유동(가정2), 정상류(가정3), 외력은 중력만 고려한다(가정

4 → $Z = -\mathrm{g}$를 대입)는 조건 등을 대입하면 식 (3.13)은

$$V_z \frac{dV_z}{dz} = -\mathrm{g} - \frac{1}{\rho}\frac{dp}{dz}$$

가 되며, 이것은 다시

$$V_z dV_z + \frac{dp}{\rho} + \mathrm{g}dz = 0 \tag{3.15}$$

가 될 수 있다.

식 (3.15)를 적분하면

$$\frac{V_z^2}{2} + \int \frac{dp}{\rho} + \mathrm{g}z = \text{const.} \tag{3.16}$$

가 되며 식 (3.15), (3.16)은 외력은 중력만 고려하고, 1차원정상류에 적용 가능한 오일러의 운동방정식이다.

여기에 만약, 비압축성유체(가정5)라면 식 (3.16)에서 $\int \frac{dp}{\rho} = \frac{p}{\rho}$가 될 수 있고, V_z 대신에 1차원유동에서 흔히 쓰는 평균유속으로 V를 사용하면 식 (3.16)은,

$$\frac{V^2}{2} + \frac{p}{\rho} + \mathrm{g}z = \text{const.} \tag{3.17}$$

이제 각 항을 g로 나누어 주면 위의 식은

$$\frac{V^2}{2\mathrm{g}} + \frac{p}{\gamma} + z = \text{const.} \tag{3.18}$$

이 된다.

식 (3.17), (3.18)을 베르누이방정식[3]이라 하며, 초보적인 유체역학 문제해결에 가장 많이 적용되는 식 가운데 하나이다.

베르누이 방정식에서 각 항은 길이의 단위를 가지고 있으며,

$\frac{V^2}{2\mathrm{g}}$을 속도수두(velocity head)

$\frac{p}{\gamma}$를 압력수두(pressure head)

z을 위치수두(potential head)

라 한다.

---

3) 일-에너지의 원리를 적용하여도 간단히 구해지므로 기계적 에너지 방정식이라고도 한다.

수두(head)의 차원은 (L)이고, 단위로는 m를 쓰지만 베르누이 방정식을 유도하는 과정을 생각하여 수두의 단위를 N·m/N(= J/N)으로 쓰는 것이 의미를 알기 쉽게 한다.

베르누이 방정식이 가지는 뜻은 "유선상의 임의의 한 점에서 단위중량의 유체가 가지는 속도, 압력, 위치에너지의 합 즉, 전수두(total head)는 언제나 일정하다."는 것이다. 그리고, 자주 쓰는 용어로는 속도에 의한 에너지를 운동에너지, 압력이 할 수 있는 일을 유동일(work)이라고도 한다.

그림 3.10은 베르누이 방정식에 대한 피토(Pitot)의 실험모형으로서 전수두가 일정함을 보여 주고 있다.

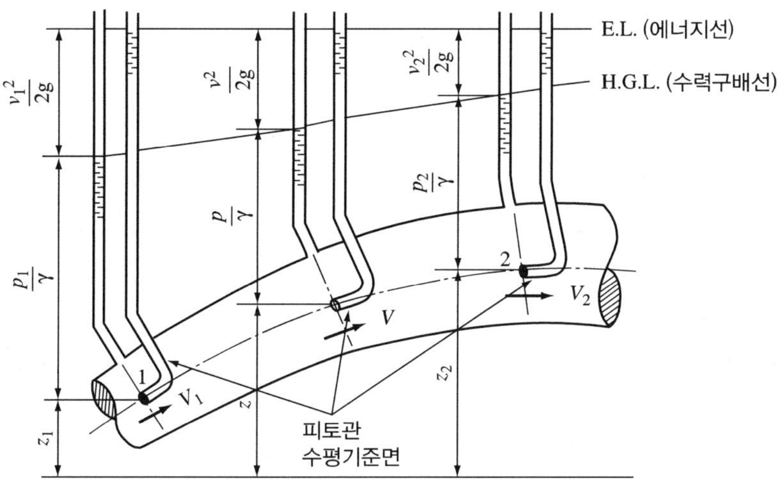

◈ 그림 3.10 베르누이 방정식에서의 수두

Bernoulli의 정리는 하나의 유선 위에서 성립하므로, 그림 3.11과 같은 유로 내의 흐름에도 응용할 수 있다.

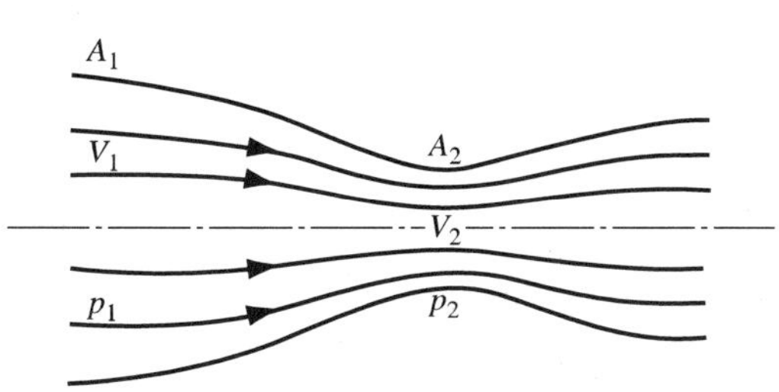

◈ 그림 3.11

임의의 두 단면의 면적을 A_1, A_2, 각 단면상의 평균 유속을 V_1, V_2, 압력을 p_1, p_2라 하면 식 (3.18)로부터

$$\frac{V_1^2}{2g}+\frac{p_1}{\gamma}+z_1=\frac{V_2^2}{2g}+\frac{p_2}{\gamma}+z_2 \tag{3.19}$$

를 얻을 수 있다.

$z_1=z_2$일 때는

$$\frac{V_1^2}{2g}+\frac{p_1}{\gamma_1}=\frac{V_2^2}{2g}+\frac{p_2}{\gamma} \tag{3.20}$$

또 연속의 식 (3.10)으로부터

$$V_1A_1=V_2A_2 \tag{3.21}$$

인 관계가 있다.

따라서 $A_1>A_2$이면 식 (3.21)로부터 $V_1<V_2$가 되어 식 (3.20)에 의해 $p_1>p_2$가 된다. 즉, 흐름의 단면이 좁은(유선의 간격이 좁으면) 곳에서 유속은 커지고, 압력은 낮아진다.

실제 관로문제에서는 유체의 마찰이 고려되어져야 한다. 그림 3.10에서 단면 1과 2 사이에서 손실수두(loss head)를 h_L이라 하면 수정베르누이 방정식(modified Bernoulli's equation)은 다음과 같다.

$$\frac{V_1^2}{2g}+\frac{p_1}{\gamma}+z_1=\frac{V_2^2}{2g}+\frac{p_2}{\gamma}+z_2+h_L \tag{3.22}$$

가 된다.

식 중 h_L은 두 단면 사이의 손실수두이다. 관로의 각 점에서 압력수두의 높이를 연결하는 선을 수력구배선(hydraulic grade line), 전수두의 높이를 잇는 선을 에너지선(energy line)이라 한다.

즉, $\frac{V^2}{2g}+\frac{p}{\gamma}+z=H$를 연결한 선을 전수두선 또는 에너지선 E.L.이라고 하며, $\frac{p}{\gamma}+z$를 연결한 선을 수력구배선 H.G.L.이라고 한다. 수력구배선은 항상 에너지선보다 속도수두 $\frac{V^2}{2g}$만큼 아래에 위치한다.

베르누이 방정식이 완전유체(비점성, 비압축성유체)에 적용 가능한 식이긴 하지만 점성효과가 극히 적은 경우나, 압축성이 적은 경우에는 이 식을 적용하여 실제 결과와 매우 가까운 결과를 얻을 수 있다고 알려져 있다.

기체와 같이 점성효과는 무시할 수 있으나, 압축성은 고려하여야 할 경우에는 오일러의 방정식에서 밀도 ρ를 압력 p의 함수로 대입하여 적분하면 비점성 압축성유체에 관한 식을 얻을 수 있다. 이 때 밀도 ρ가 압력 p의 어떤 함수인가에 따라 결과식은 여러 가지 형태가 있을 수 있다. 자세한 것은 제10장에서 다루기로 한다.

예제 3.4 베르누이 방정식을 설명하라.

풀이

1) 가정조건
   ① 비점성유체이다.
   ② 비압축성유체이다. } 완전유체
   ③ 외력은 중력만 고려한다.
   ④ 정상류이다.
   ⑤ 1차원유동이다.

2) 위와 같은 가정조건하에서,

$$H = \frac{V^2}{2g} + \frac{p}{\gamma} + z = \text{const.}$$

를 베르누이 방정식이라 한다.

여기서 $\frac{V^2}{2g}$: 속도수두
$\frac{p}{\gamma}$: 압력수두
z : 위치수두
H : 전수두

이다.

예제 3.5 어떤 파이프 내에 물의 속도가 9.8 m/s, 압력이 147 kPa이다. 이 파이프가 기준면으로부터 3 m 위에 있다면 전수두는 얼마인가?

풀이

압력수두 $\frac{p}{\gamma} = \frac{147 \times 10^3}{9{,}800} = 15\text{ m}$, 속도수두 $\frac{V^2}{2g} = \frac{9.8^2}{2 \times 9.8} = 4.9\text{ m}$, 위치수두 $z = 3\text{ m}$

이다.

따라서 전수두 H는

$$H = \frac{p}{\gamma} + \frac{V^2}{2g} + z = 15 + 4.9 + 3 = 22.9\text{ m}$$

이다.

3.7 베르누이 방정식의 응용

저수지의 유체에 대하여 베르누이 방정식을 생각해 보자.

그림 3.12와 같이 위치표시가 된 저수지속의 임의의 한 점 A점에 베르누이 방정식을 적용하면

$$\frac{V^2}{2g}+\frac{p}{\gamma}+z=0+(H-h)+h=H$$

가 되므로 저수지의 유체는 단위 무게당의 에너지가 어느 점에서든지 일정함을 알 수 있다. 따라서 저수지나 용적이 큰 저장탱크의 유체는 모두 동일 유선상의 점으로 보아 베르누이 방정식을 적용할 수 있다.

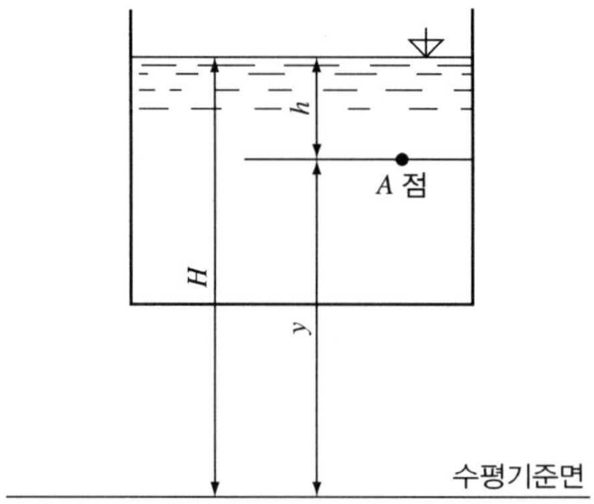

그림 3.12

베르누이의 정리를 실제의 흐름에 응용함에는 첫째로 유체마찰 때문에 생기는 에너지 손실을 고려하지 않으면 안된다. 많은 경우에 이 손실을 무시할 수 없으며, 그에 해당하는 수두(에너지를 수주의 높이로 표시한 것) h_L를 추가하면 베르누이의 식은 다음과 같이 된다.

$$\frac{V^2}{2g}+\frac{p}{\gamma}+z+h_L=H \text{ (일정)} \tag{3.23}$$

이 h_L에 대하여는 뒤에 설명하기로 하고, 여기서는 식 (3.23)에 대한 응용의 몇 가지를 설명하기로 한다.

3.7.1 오리피스

(1) 그림 3.13과 같이 수조(water tank)의 벽에 뚫은 작은 구멍(orifice)에서 물이 대기 중에 분류(jet) 또는 분사류로서 유출할 때 오리피스를 나온 흐름에 대하여 그 통로가 갑자기 무한대로 확대되므로, 흐름은 도벽에 따를 수 없게 되어 자유표면으로 둘러싸인 원형 단면의 흐름으로 된다. 이와 같이 대기 중에 분출하는 흐름을 특히 자유분류(free jet)라 부르고 있다.

그림 3.13에서 오리피스의 단면적 A에 비교하여 수조의 상수면의 넓이 A_0가 대단히 크고, 또 오리피스에서 분출되는 수량과 동량의 물이 항상 수조에 공급된다고 생각하자. 이와 같은 때는 흐름 전체를 하나의 정상유동으로 인정할 수가 있다. 그림 3.13에서 수면의 m점과 분류단면상의 n점에 대하여 베르누이의 정리를 응용하면

$$\frac{V_0^2}{2g}+\frac{p_0}{\gamma}+z_0=\frac{V^2}{2g}+\frac{p}{\gamma}+z=H \tag{a}$$

로 된다. 단, V_0, p_0 및 z_0는 수면 m점에 대한 속도, 압력 및 임의의 기준수평면에서의 높이를 표시하고 V, p 및 z는 n점에서의 그것들이다. 그리고, 우선 이 유동에서 에너지의 손실을 무시하고 생각한다.

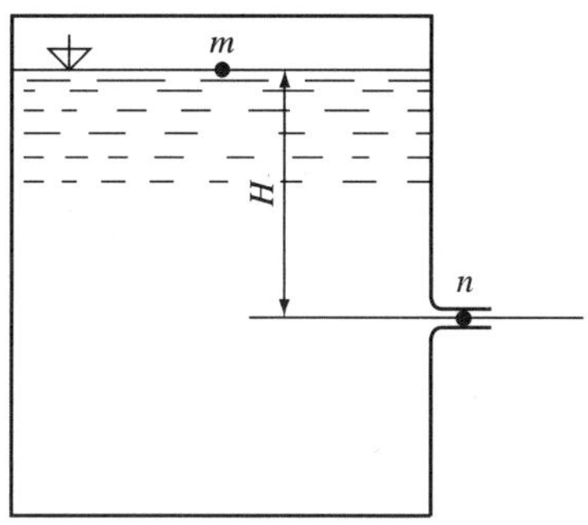

◈ 그림 3.13 자유분류

연속의 식에 의하여 $Q=A_0V_0=AV$, 따라서, $V_0=\frac{A}{A_0}V$인데 A_0는 A에 비교하여 대단히 큰 것으로 가정했으므로 m점의 유체미립자가 오리피스에 향하여 하강(下降)하는 속도 V_0는 대단히 작으며 무시할 수 있는 정도이므로 0으로 계산할 수 있다. 그리고, 수면에 작용하는 압력 p_0는 대기압 p_a이고, n점에서의 압력도 대기와 접하고 있으므로 역시 p_a이다. 따라서, 대기압을 기준으로

하는 계기압력에서는 $p_0 = p = 0$으로 된다.

최후로 오리피스의 중심을 포함하는 수평면을 기준수면으로 하면 $z = 0$이다. 따라서, 식 (a)는

$$z_0 = \frac{V^2}{2g}$$

와 같이 되고, 그림 3.13에서 $z_0 = H$이므로 결국

$$H = \frac{V^2}{2g}$$

로 쓸 수 있으며, 분류단면 n에서의 속도 V는

$$V = \sqrt{2gH} \tag{3.24}$$

로 된다. 이 식은 분출속도 V가 오리피스의 중심에서 수면까지의 높이 H를 통하여 낙하하는 물체의 속도와 같고 위치에너지가 전부 운동에너지로 변화한 것을 의미한다.

이 법칙은 Torricelli에 의하여 1644년경에 발표되었으므로 식 (3.24)를 Torricelli의 식이라 부른다.

식 (3.24)는 Bernoulli의 방정식을 응용하여 유도할 때, 에너지손실을 무시했으나, 실제에서는 유체의 점성 등에 의하여 근소하지만 에너지손실이 있으므로 실제분출속도 V_{act}는 이론치 $\sqrt{2gH}$보다 항상 약간씩 작은 것이다. 그래서 수정계수 C_v를 사용하면

$$V_{act} = C_v \sqrt{2gH} \tag{3.25}$$

으로 하여 C_v는 속도계수(coefficient of velocity)라 부르고, 1보다 작은 값이다.

또, 식 (3.25)와 오리피스의 면적 A에서 연속의 식 $Q = AV$를 사용하여 오리피스로부터 유출하는 유량을 계산할 수 있다. 이 때 오리피스를 나온 수류는 n점 부근에서 약간 수축되므로 A보다 작은 A_c로 계산되어야 한다.

즉,

$$Q = A_c C_v \sqrt{2gH} = C_c A C_v \sqrt{2gH}$$

이며, C_c는 수축계수(coefficient of contraction)라 부르고, 오리피스의 형상에 따라서 다르다.

$C_cC_v = C$를 유량계수(coefficient of discharge)로 하면

$$Q = CA\sqrt{2gh} \tag{3.26}$$

로 된다.

(2) 지금까지는 오리피스에서의 자유분류에 대하여 설명하였는데, 그림 3.14와 같이 오리피스로부터 분출하는 유체가 동일유체 중에 분사될 때에 대하여 생각해 보자. 이와 같은 오리피스를 잠공(submerged orifice)이라 한다.

그림 3.14 m, n 두 점에 베르누이의 식을 적용하면

$$\frac{V_1^2}{2g} + \frac{p_1}{\gamma} + z_1 = \frac{V_2^2}{2g} + \frac{p_2}{\gamma} + z_2$$

그런데, 앞에서도 설명한 바와 같이 m점에서의 $V_1 = 0$, $p_1 = p_a$ 및 $z_1 = H_1$, 또 n점에서는 $V_2 = V$, $p_2 = p_a + \gamma H_2$ 및 $z_2 = 0$으로 하면

$$\frac{p_a}{\gamma} + H_1 = \frac{V^2}{2g} + \left(\frac{p_a}{\gamma} + H_2\right)$$

따라서,

$$H_1 - H_2 = \frac{V^2}{2g}$$

이것으로 분사속도 V를 구하면

$$V = \sqrt{2g(H_1 - H_2)} = \sqrt{2gH} \tag{3.27}$$

즉, 잠공에서의 분사속도 V는 양쪽 수면의 차 $H_1 - H_2 = H$에 의하여 정해진다.

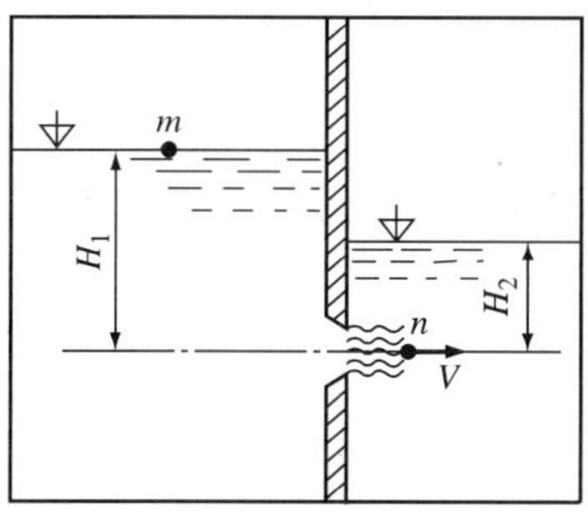

그림 3.14 잠공

이때에도 유량계수 C는 자유 분류의 경우와 같을 것이므로

$$Q = CA\sqrt{2g(H_1 - H_2)} = CA\sqrt{2gH} \tag{3.28}$$

잠공의 예로는 수문 등이 가장 가까운 예이다.

(3) 용기 속의 기체가 그 압력에 의하여 오리피스로부터 대기 중에 분출할 때도 용기 내외의 압력차가 크지 않을 때에 한하여 잠공과 같이 생각하여 식 (3.27), (3.28)을 응용할 수 있다.

단, 여기서는 식 (3.27), (3.28) 중의 H 대신 용기 내외의 압력차에 해당하는 기체의 높이를 사용해야 한다.

그림 3.15에서 용기 내외의 압력차$(p_0 - p)$에 해당하는 수주 H는

$$H = \frac{p_0 - p}{\gamma}$$

로 된다. 따라서, H에 상당한 기체의 높이 H'는

$$H' = \frac{\gamma}{\gamma'}H = \frac{\gamma}{\gamma'}\frac{p_0 - p}{\gamma} = \frac{p_0 - p}{\gamma'}$$

로 구할 수 있다. 단, γ'는 이때의 기체의 비중량이다.

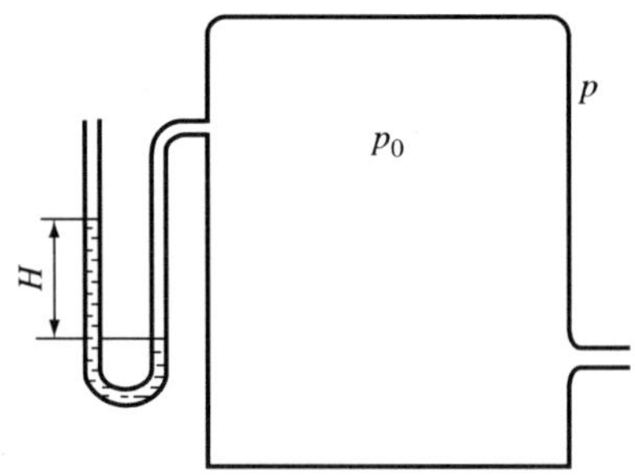

◇ 그림 3.15

이 H'를 식 (3.25)의 H 대신 대입하여 기체의 실제분출속도 V_{act}를 계산할 수 있다.

$$V_{act} = C_v\sqrt{2gH'} = C_v\sqrt{\frac{2g}{\gamma'}(p_0 - p)} \tag{3.29}$$

실제 $p = p_a$(대기압)이므로 $p_0 - p = p_g$는 용기 내의 기체압력을 계기압력으

로 표시한 것이다. 즉,

$$V_{act} = C_v \sqrt{2g \frac{p_g}{\gamma}} \tag{3.30}$$

(4) 다음에는 상수면의 넓이 A_0와 오리피스의 면적 A의 비가 그다지 크지 않을 때, 즉 V_0을 생략하지 못할 때에 대하여 생각한다.

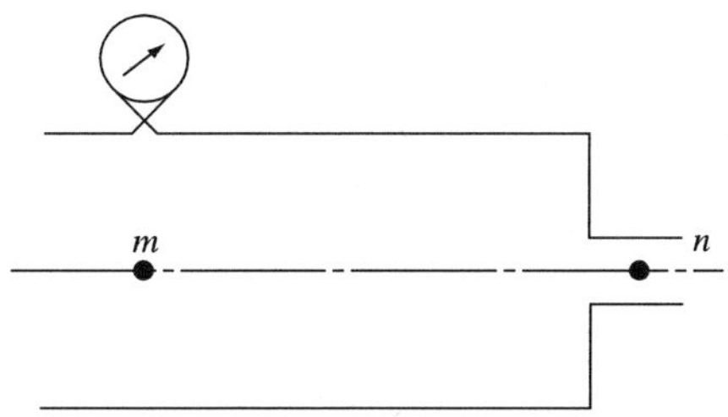

◈ 그림 3.16

이때에는 그림 3.16과 같은 경우이며 베르누이의 방정식은 다음과 같다.

$$\frac{V_0^2}{2g} + \frac{p_0}{\gamma} = \frac{V^2}{2g} + \frac{p}{\gamma}$$

그런데, n에서의 압력은 p_a와 같으므로 그 점의 계기압력은 0이다. 따라서

$$\frac{V_0^2}{2g} + \frac{p_0}{\gamma} = \frac{V^2}{2g}$$

또는

$$V = \sqrt{2g\left(\frac{V_0^2}{2g} + \frac{p_0}{\gamma}\right)} \tag{3.31}$$

그리고, 유량을 Q, m 점의 단면적을 A_0로 하면, 식 (3.31)은

$$V = \sqrt{2g\left(\frac{Q^2}{2gA_0^2} + \frac{p_0}{\gamma}\right)} \tag{3.32}$$

식 (3.31), (3.32) 등은 에너지의 손실이 없을 때를 가정했으므로 실제는 유량계수를 고려해서 다음과 같이 유출량을 계산한다.

$$Q = C_i A V = C_i A \sqrt{2g\left(\frac{Q^2}{2gA_0^2} + \frac{p_0}{\gamma}\right)}$$

이 식을 Q에 대하여 풀면

$$Q = C_i A \sqrt{\frac{2g\dfrac{p_0}{\gamma}}{1 - C_i^2\left(\dfrac{A}{A_0}\right)^2}} \tag{3.33}$$

와 같이 된다.

여기서 C_i는 식 (3.28)의 C보다 약간 크다.

(5) 그림 3.17과 같은 관 오리피스(pipe orifice)는 기체의 유량을 측정하는데 많이 사용하며, 그림 3.16의 경우를 잠공으로 한 것이다.

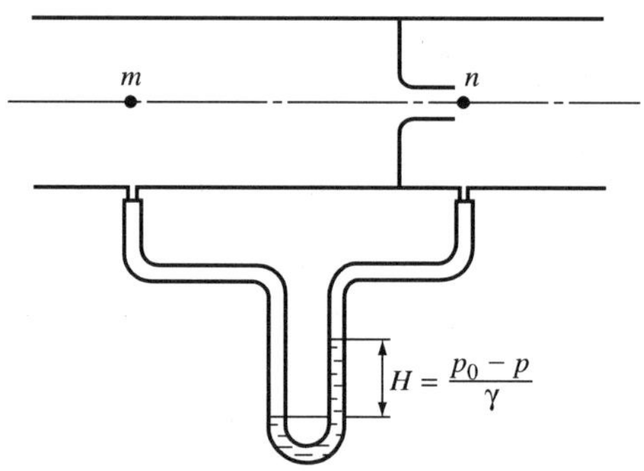

◈ 그림 3.17 관 오리피스

식 (3.33)의 압력수두(pressure head) $\dfrac{p_0}{\gamma}$ 대신 오리피스의 전후에서 측정한 압력차에 상당하는 수두 $H = \dfrac{p_0 - p}{\gamma}$를 사용하여 다음과 같은 유량식을 얻는다.

$$Q = C_i A \sqrt{\frac{2g\left(\dfrac{p_0 - p}{\gamma}\right)}{1 - C_i^2\left(\dfrac{A}{A_0}\right)^2}} \tag{3.34}$$

단면 m, n에서 측정한 압력 p_0, p의 값은 그 측정 위치에 따라서 달라진다.

예제 3.6 그림 3.18과 같은 자유분류에서 손실수두가 0.1 m일 때, A의 속도를 구하여라. 단, 기압계는 750 mmHg를 가리켰고, 물의 비중량은 γ =9,800 N/m^{3}이다.

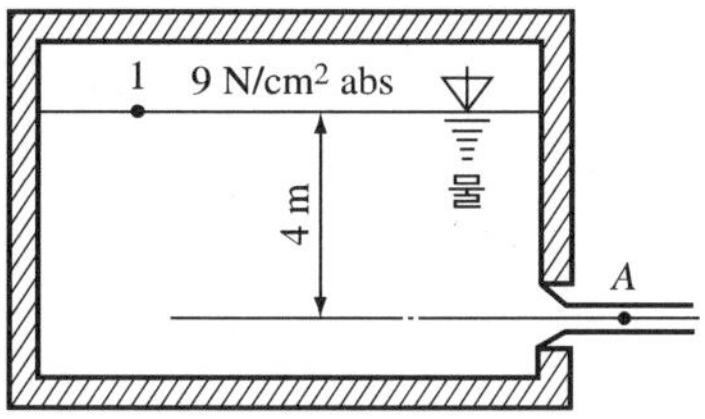

◈ **그림 3.18**

풀이

A점의 압력

$$p_A = 750\,\text{mmHg} = 9{,}800 \times 13.6 \times 0.75 = 99{,}960\,\text{N/m}^2$$

물의 자유표면과 A점에 베르누이 방정식을 적용하면

$$\frac{p_1}{\gamma} + \frac{V_1^2}{2g} + z_1 = \frac{p_A}{\gamma} + \frac{V_A^2}{2g} + z_A + h_L$$

여기서 $p_1 = 9\,\text{N/cm}^2 = 90{,}000\,\text{N/m}^2$, $V_1 = 0$, $z_1 - z_A = 4\,\text{m}$, $p_A = 99{,}960\,\text{N/m}^2$, $h_L =$ 0.1 m이므로

$$\frac{90000}{9800} + \frac{0^2}{2 \times 9.8} + 4 = \frac{99960}{9800} + \frac{V_A^2}{2 \times 9.8} + 0.1$$

$$\therefore\ V_A = 7.52\,\text{m/s}$$

이다.

참고 : 비례식을 이용하여 p_A를 구하는 방법

$$1\ \text{atm} = 1.0332\ \text{kg/cm}^2 = 760\ \text{mmHg} = 101{,}325\ \text{Pa(N/m}^2)$$

$$760\ \text{mmHg} : 101{,}325\ \text{N/m}^2 = 750\ \text{mmHg} : p_A\ \text{N/m}^2$$

$$p_A = 99{,}991.8\ \text{N/m}^2$$

예제 3.7 다음 그림 3.19와 같이 수직벽의 양쪽에 수위가 다른 물이 있다. 벽면에 붙인 오리피스(submerged orifice)를 통하여 수위가 높은 쪽에서 낮은 쪽으로 물이 유출되고 있다. 이 속도 V_2는 얼마인가?

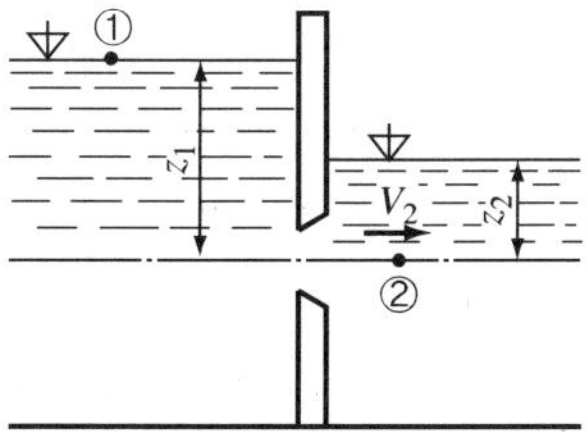

◈ **그림 3.19**

풀이

①과 ②에 베르누이 방정식을 적용하면

$$\frac{p_1}{\gamma}+\frac{V_1^2}{2g}+z_1=\frac{p_2}{\gamma}+\frac{V_2^2}{2g}+0$$

여기서 $p_1=0$, $p_2=\gamma z_2$, $V_1=0$이므로

$$z_1-z_2=\frac{V_2^2}{2g}$$

$$\therefore\ V_2=\sqrt{2g(z_1-z_2)}$$

이다.

3.7.2 위어

개수로에서의 유량은 위어(weir)로 측정한다. 위어는 개수로의 어떤 장애물을 세움으로써 액체를 이 장애물로서 일단 차단하였다가 위로 넘쳐흐르게 함으로써 유량을 측정하도록 만든 장치를 말한다. 이 때 넘쳐흐르는 액체의 높이를 측정함으로써 유량이 계산된다.

오리피스의 면적이 크면, 면상의 속도가 그림 3.20과 같이 동일하지 않으므로 근본적으로 식 (3.25)나 (3.26)를 적용할 수 있다. 그러므로 그림 3.21과 같이 오리피스의 면적 $a\times b$를 미소면적 $b\cdot dz$로 분할하여 그에 대한 수두를 z로 한다. dz는 미소폭이므로 그 위의 수두 z는 일정한 것으로 볼 수 있는 것이다.

따라서, 미소면적 $b\cdot dz$에서의 유출량 dQ는

$$dQ=Cbdz\sqrt{2gz}$$

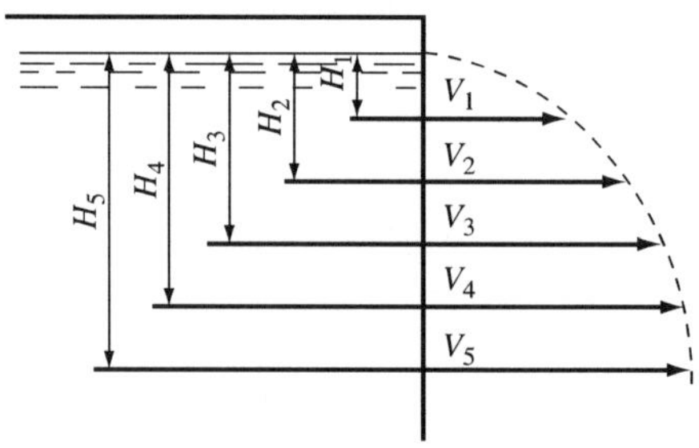

그림 3.20

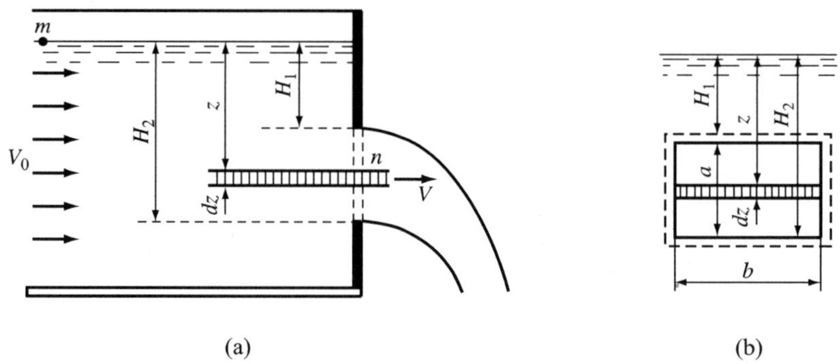

◈ 그림 3.21

전면적 $a \times b$에서 유출하는 전유량은 dQ를 수두 $z = H_1$에서 $z = H_2$까지의 사이에서 적분하면 된다. 즉,

$$Q = \int_{H_1}^{H_2} Cb\sqrt{2gz}\,dz$$

이 식에서 오리피스의 폭 b가 일정하고 유량계수 C가 z의 변화에 따라서 변화하지 않는 것으로 가정하면

$$Q = Cb\sqrt{2g}\int_{H_1}^{H_2} z^{\frac{1}{2}}dz = \frac{2}{3}Cb\sqrt{2g}\left(z^{\frac{3}{2}}\right)_{H_1}^{H_2}$$

따라서

$$Q = \frac{2}{3}Cb\sqrt{2g}\left(\sqrt{H_2^3} - \sqrt{H_1^3}\right) \tag{3.35}$$

식 (3.35)에서 $H_1 = 0$일 때는 그림 3.22와 같은 위어에서의 유량식이 된다. 이 때 $H_2 = H$로 놓으면

$$Q = \frac{2}{3}Cb\sqrt{2g}\,H^{\frac{3}{2}} \tag{3.36}$$

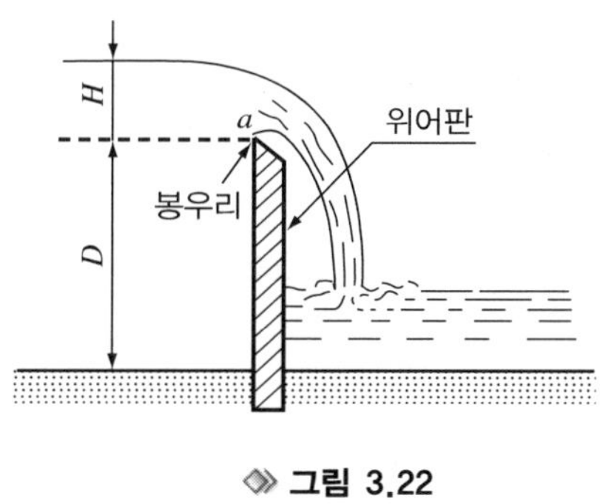

◈ 그림 3.22

여기서 H는 액면과 위어의 봉우리(sill)와의 수직거리로서 위어의 수두라 하고, D는 봉우리의 높이라고 한다.

위어에는 여러 가지 모양이 있다.

1 구형위어(矩形 weir)

구형위어에서는 유량을 구하는 식으로 식 (3.36)이 사용된다.

① **전폭위어** : 그림 3.23과 같이 위어의 폭 b와 수로의 폭 B가 동일한 것을 전폭위어라고 한다. 어떤 위어에서도 마찬가지이지만 A의 부분은 대기압이 되도록 한다. 만일 A의 부분이 부압이 되면 유량은 증가하여 값이 부정확하게 되기 때문이다.

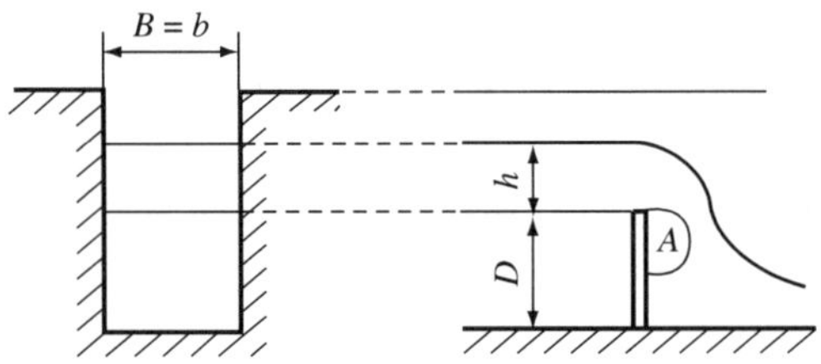

그림 3.23 전폭위어

② **4각위어** : 그림 3.24에 표시하는 바와 같이 위어의 폭 b가 수로의 폭 B보다 작은 경우 그것을 4각위어라 한다.

전폭위어는 4각위어보다 큰 유량을 측정하는 데 사용하고, 전폭위어에서의 유량계수 C는 4각위어에 대한 것보다 크며 위어의 정선(crest)(그림 3.22의 a점)이 둥글 때가 칼날(knife edge) 같은 때보다 크다.

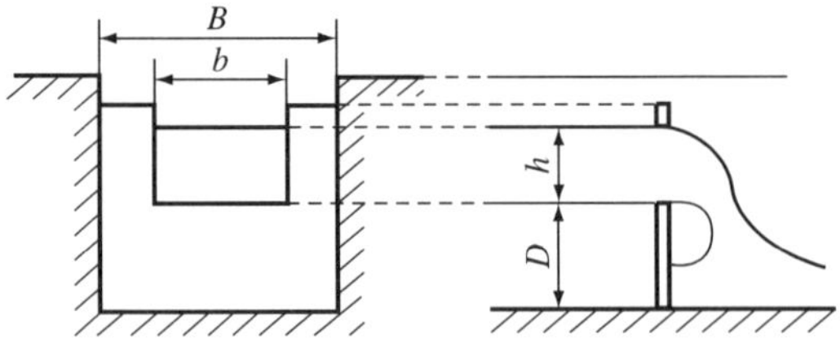

그림 3.24 4각 위어

2 3각위어

3각위어(triangular notch weir)는 유량이 적은 경우에 사용하면 편리하다.

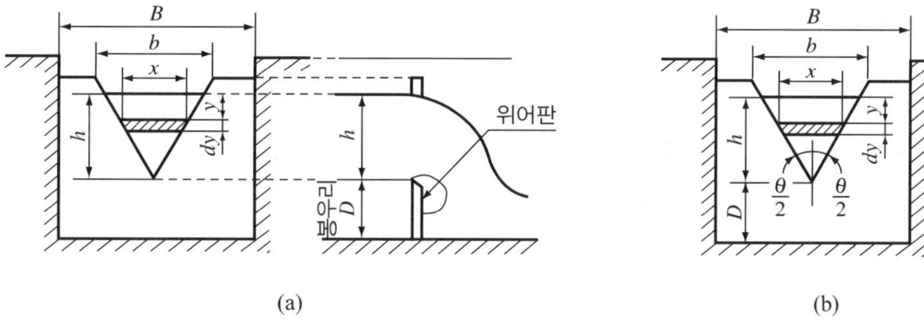

◈ **그림 3.25** 3각위어

그림 3.25(b)에 표시하는 것과 같이 위어의 양변이 연직선에 대해서 $\frac{\theta}{2}$만큼 기울어져 있다고 하면

$$x = 2(h-y)\tan\frac{\theta}{2} \tag{3.37}$$

가 된다.

그림 3.25(a)와 같이 넘쳐흐르는 유량 Q는

$$Q = C\int_0^h \sqrt{2gy}\, x dy \tag{3.38}$$

이다. 따라서 식 (3.38)에 식 (3.37)을 대입하여 적분하면 유량 Q는

$$\begin{aligned} Q &= C\int_0^h x\sqrt{2gy}\,dy = C\int_0^h 2(h-y)\tan\frac{\theta}{2} \cdot \sqrt{2gy}\,dy \\ &= C\,2\tan\frac{\theta}{2}\sqrt{2g}\left[\frac{2}{3}hy^{\frac{3}{2}} - \frac{2}{5}y^{\frac{5}{2}}\right]_0^h \\ &= C\frac{8}{15}\tan\frac{\theta}{2}\sqrt{2g}\,h^{\frac{5}{2}} \end{aligned} \tag{3.39}$$

① **직각3각위어(right angled noth)** : 그림 3.25에 있어서 $\theta = 90°$가 되는 3각위어를 직각3각위어라 부른다. 유량 Q는 식 (3.39)에 의하여

$$Q = C\frac{8}{15}\sqrt{2g}\,h^{\frac{5}{2}} \tag{3.40}$$

3.7.3 벤츄리계

그림 3.26과 같이 관로의 일부를 축소확대시켜서 관로의 정압을 측정함으로써 관로속의 유량을 측정할 수 있도록 만든 관을 Venturi계(Venturi meter)라 한다.

벤츄리미터는 미국인 Clemens Herschel에 의하여 1887년경에 발명된 유량계이며, 그 원리를 발견한 이탈리아인 Venturi의 이름을 붙인 것이다.

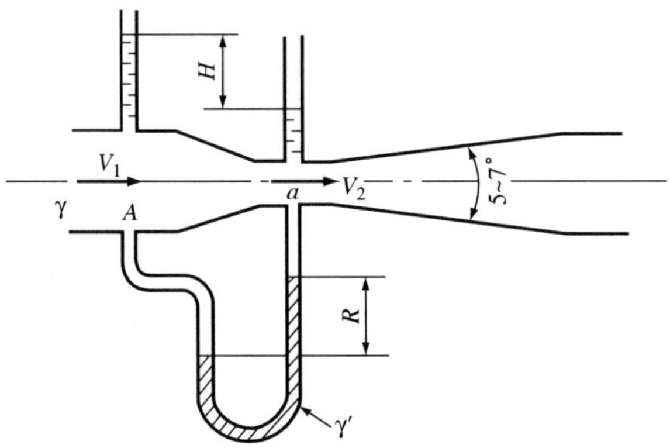

◈ 그림 3.26 벤츄리계

벤츄리관의 입구와 목 부분(throat part)의 단면적을 A, a, 평균유속을 V_1, V_2, 압력을 p_1, p_2라 하면 베르누이 방정식에 따라 식 (3.20)이 성립한다.

$$\frac{V_2^2 - V_1^2}{2g} = \frac{p_1 - p_2}{\gamma}$$

또, 연속의 원리로부터 $V_1 = \dfrac{V_2 a}{A}$ 이므로 윗 식은

$$V_2 = \frac{1}{\sqrt{1 - \left(\dfrac{a}{A}\right)^2}} \sqrt{2g\frac{p_1 - p_2}{\gamma}} \tag{3.41}$$

이 된다. 따라서 유량은

$$Q = a V_2 = \frac{a}{\sqrt{1 - \left(\dfrac{a}{A}\right)^2}} \sqrt{2g\frac{p_1 - p_2}{\gamma}} \tag{3.42}$$

이 되나, 실제로는 단면 A에서 a까지 사이에 다수의 에너지손실이 있으므로 윗 식

을 수정하면

$$Q_{act} = C\frac{a}{\sqrt{1-\left(\frac{a}{A}\right)^2}}\sqrt{2g\frac{p_1-p_2}{\gamma}} \tag{3.43}$$

이 되며, 이 때 C를 유량계수(coefficient of discharge)라 한다. 실험에 의하여 측정된 값은 대략 0.96 ~ 0.99이다.

식 (3.43)에 의하면 입구의 압력 p_1과 목 부분의 압력 p_2의 차 $\triangle p = p_1 - p_2$를 측정하면 관로 속을 흐르는 유량을 알 수 있다.

(1) 이 $\triangle p$를 측정하기 위하여 그림 3.26의 윗 부분과 같이 piezometer를 설치한 경우에는(압력이 작은 경우)

$$\triangle p = p_1 - p_2 = \gamma H$$

이므로, 이것을 식 (3.43)에 대입하면

$$Q_{act} = C\frac{a}{\sqrt{1-\left(\frac{a}{A}\right)^2}}\sqrt{2gH} \tag{3.44}$$

가 된다.

(2) 이 $\triangle p$를 측정하기 위하여, 그림 3.26의 밑 부분과 같이 시차액주계를 설치한 경우에는 (압력이 큰 경우)

$$\triangle p = p_1 - p_2 = (\gamma' - \gamma) \cdot R$$

이므로 이것을 식 (3.43)에 대입하면

$$\begin{aligned} Q_{act} &= C\frac{a}{\sqrt{1-\left(\frac{a}{A}\right)^2}}\sqrt{2gR\left(\frac{\gamma'}{\gamma}-1\right)} \\ &= C\frac{a}{\sqrt{1-\left(\frac{a}{A}\right)^2}}\sqrt{2gR\left(\frac{S'}{S}-1\right)} \end{aligned} \tag{3.45}$$

가 된다. 여기서 유량계수 C는 대개 1보다 약간 작은 값이고, 식 (3.44), (3.45)에서 H나 R만 측정하면, 하나의 벤츄리미터에서 나머지 것은 일정하므로 그 순간의 유량 Q_{act}를 계산할 수 있다.

3.7.4 피토관(pitot tube)

그림 3.27에서 관 벽면 작은 구멍을 통하여 연결된 관은 정압관이고, 관 속에서 유선방향에 평행하게 놓인 관 끝에 구멍이 뚫려 있는 관을 피토관이라 한다.

피토관 끝의 유체는 정지하고 있을 것이므로 이 점을 정체점(stagnation point), 여기서의 압력을 정체압(stagnation pressure) 또는 전압(total pressure)이라 부른다.

그림과 같이 정압관과 전압관(또는 총압관)을 연결하여 차압을 측정할 수 있게 한 것을 피토-정압관이라 하는데, 여기서의 차압은 유체동압(dynamic pressure)을 의미한다.

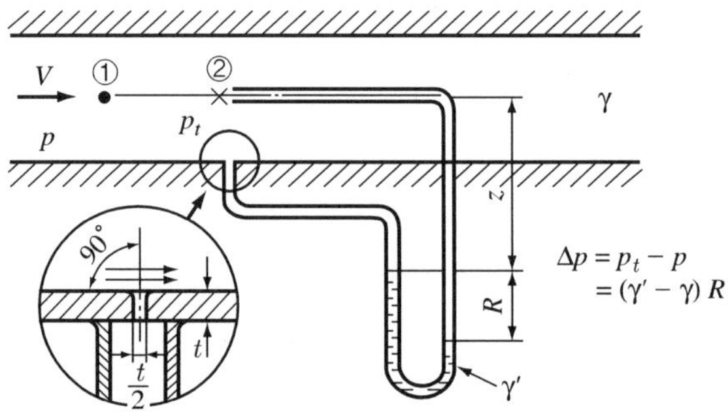

◈ 그림 3.27 피토-정압관

그림 3.28과 같이 끝이 흐름의 방향으로 향해 열려 있는 관을 압력 p, 속도 V로 흐르고 있는 유체 속에 두었을 때 관의 선단에 있어서 유속은 0이다. 그 점의 압력을 p_t라 하면 Bernoulli 정리에 의하여

$$\frac{V^2}{2g} + \frac{p}{\gamma} = \frac{p_t}{\gamma}$$

가 되고, 이것은 다시

$$\frac{\gamma V^2}{2g} + p = p_t \tag{3.46}$$

$$\therefore \; V = \sqrt{2g\left(\frac{p_t - p}{\gamma}\right)} \tag{3.47}$$

가 된다. 식 (3.46)에서 흐르고 있을 때의 유체압력 p를 정압(static pressure), 정체점에서의 압력 p_t를 총압 또는 전압이라 하며, $p_t - p = \frac{\gamma V^2}{2g}$을 동압(dynamic pressure)이라 한다.

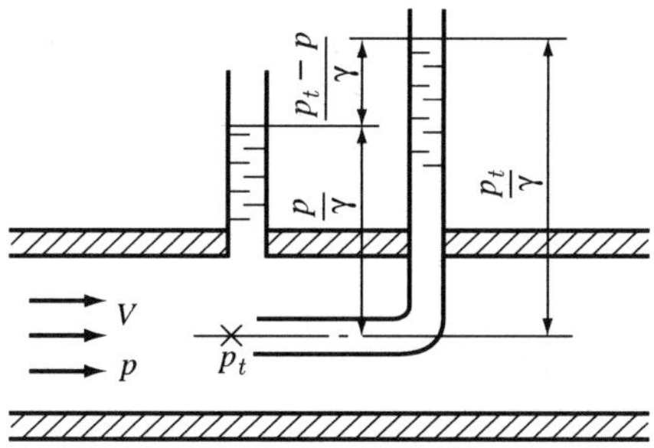

◈ 그림 3.28

식 (3.47)로부터 총압 p_t와 정압 p의 차인 동압을 측정하면 유속 V가 구해진다. 이와 같이 유체의 유속을 구하는 장치를 피토관(pitot tube)이라 한다.

p_t와 p의 차는 액주의 높이로 구할 수 있으며, 흐르고 있는 유체가 기체일 때는 U자관 시차액주계에 의하여 $p_t - p$를 구할 수 있다.

실제 pitot관을 유속측정용으로 사용할 때는 에너지손실을 고려하여 다음과 같이 수정한 식을 사용한다.

$$V_{act} = k\sqrt{2g\left(\frac{p_t - p}{\gamma}\right)} \tag{3.48}$$

여기서 k는 1에 가까운 pitot관계수이다.

(1) 동압 $\Delta p = p_t - p$를 측정하기 위하여, 그림 3.28과 같이 piezometer를 설치한 경우에는

$$\Delta p = p_t - p = \gamma H$$

이므로 식 (3.48)은

$$V_{act} = k\sqrt{2gH} \tag{3.49}$$

가 된다.

(2) 동압 $\Delta p = p_t - p$를 측정하기 위하여 그림 3.27과 같이 U자관 시차액주계가 설치되어 있는 경우에는

$$\Delta p = p_t - p = (\gamma' - \gamma)R$$

이므로, 식 (3.48)은

$$V_{act} = k\sqrt{2gR\left(\frac{\gamma'}{\gamma} - 1\right)}$$

$$= k\sqrt{2gR\left(\frac{s'}{s} - 1\right)} \quad (3.50)$$

이 된다.

3.8 손실수두와 동력

이상유체에 관한 베르누이 방정식의 적용범위를 넓히기 위하여 손실수두항을 첨가하면 실제유체에 대해서도 이용할 수 있다.

일반적으로, 관유동에서 상·하류라 하면 위치에 상관없이 흐름 방향으로 생각하여 단면 ①을 상류쪽에 단면 ②를 하류쪽에 잡는다.

점성효과로 인하여 흐르는 유체가 손실을 갖는다면 에너지선은 수평 기준면과 평행하지 못하고 단면 ②의 전수두는 단면 ①의 전수두보다 손실수두만큼 작을 것이므로 베르누이 방정식은

$$\frac{V_1^2}{2g} + \frac{p_1}{\gamma} + z_1 = \frac{V_2^2}{2g} + \frac{p_2}{\gamma} + z_2 + h_L$$

로 표시하게 되고 그림 3.29(a)와 같인 단면 ①과 단면 ② 사이에 펌프(pump)가 설치되어 유체가 펌프로부터 에너지를 공급받는다면

$$\frac{V_1^2}{2g} + \frac{p_1}{\gamma} + z_1 + E_P = \frac{V_2^2}{2g} + \frac{p_2}{\gamma} + z_2 + h_L$$

로 쓰고, 그림 3.29(b)와 같이 단면 사이에 수차(water turbine)가 설치되어 유체로부터 에너지를 뺏어 간다면

$$\frac{V_1^2}{2g} + \frac{p_1}{\gamma} + z_1 = \frac{V_2^2}{2g} + \frac{p_2}{\gamma} + z_2 + E_t + h_L$$

로 베르누이 방정식을 수정하여 이용한다.

여기서 손실수두(h_L), 펌프에너지(E_P), 터빈에너지(E_t)는 각각 단위중량의 유체가 잃은 에너지, 공급 받는 에너지, 공급하는 에너지이다.

펌프가 단위중량의 유체에 E_P만큼 에너지를 공급한다면 단위시간당의 에너지는

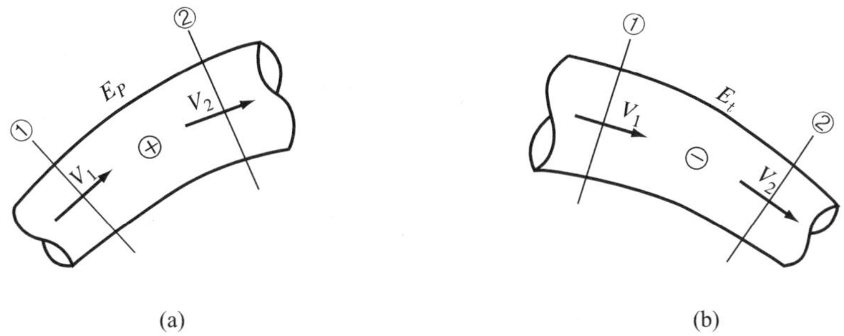

그림 3.29

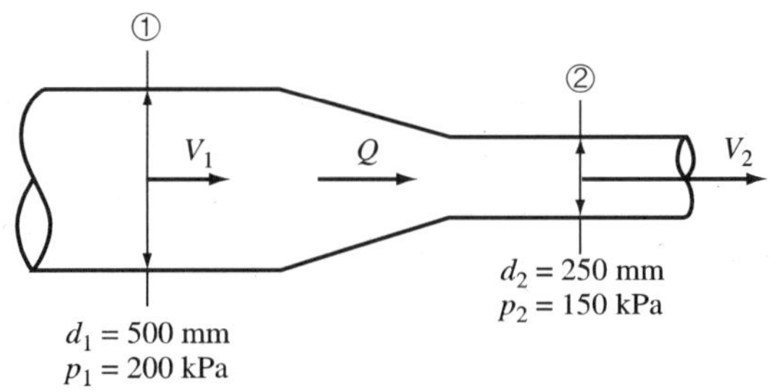

그림 3.30

동력(power)이므로 펌프의 동력 P는

$$P = E_P \times \gamma Q$$

이다.

예제 3.8 그림 3.30과 같이 단면이 축소된 수평원관에 물이 흐르고 있다. 단면 ①과 ② 사이의 손실을 무시하고 유량 $Q\,(\mathrm{m^3/s})$를 계산하라

풀이

단면 ①과 ② 사이에 베르누이 방정식을 적용하면

$$\frac{V_1^2}{2g} + \frac{p_1}{\gamma} + \underset{0}{\underset{\|}{z_1}} = \frac{V_2^2}{2g} + \frac{p_2}{\gamma} + \underset{0}{\underset{\|}{z_2}}$$

연속방정식에서

$$\frac{\pi \times 0.5^2}{4} \times V_1 = \frac{\pi \times 0.25^2}{4} \times V_2$$

$$\therefore \; V_2 = 4V_1$$

따라서

$$\frac{V_2^2 - V_1^2}{2g} = \frac{p_1 - p_2}{\gamma}$$

여기에서

$$V_1 = \sqrt{\frac{2(p_1 - p_2)}{15\rho}} = \sqrt{\frac{2 \times 50 \times 10^3}{15 \times 1000}} = 2.58 \text{ m/s}$$

따라서

$$Q = A_1 V_1 = \frac{\pi \times 0.5^2}{4} \times 2.58 = 0.51 \text{ m}^3/\text{s}$$

이다.

예제 3.9 그림 3.31과 같은 사이펀(siphon)에 유량 $Q = 0.05 \text{ m}^3/\text{s}$의 물이 흐르고 있다. ①점과 ②점 사이의 손실 수두를 구하고 ②점에서의 압력을 계산하라. 단, ①점과 ②점 사이의 손실은 전체손실의 1/3이다.)

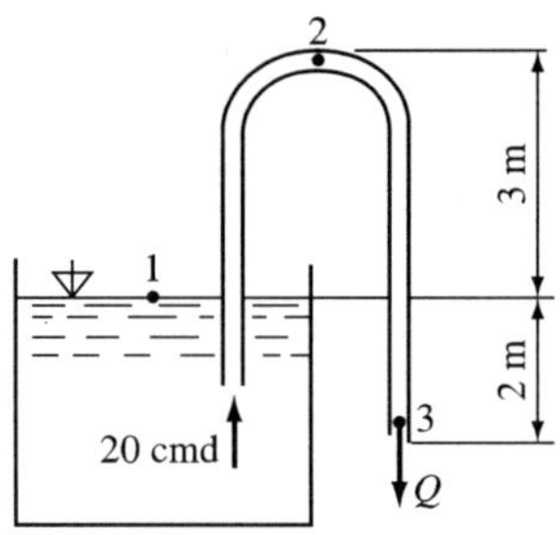

그림 3.31

풀이

먼저 사이펀 내에 흐르는 유체의 속도를 구하면

$$V = \frac{Q}{A} = \frac{4 \times 0.05}{\pi \times 0.2^2} = 1.59 \text{ m/s}$$

그리고 ①점과 ③점 사이에 베르누이 방정식을 적용하면

$$\frac{V_1^2}{2g} + \frac{p_1}{\gamma} + z_1 = \frac{V_3^2}{2g} + \frac{p_3}{\gamma} + z_3 + h_{L13}$$

$$0 + 0 + 2 = \frac{1.59^2}{2g} + 0 + 0 + h_L$$

$$\therefore\ h_L = 2 - \frac{1.59^2}{2g} = 1.87 \text{ m}$$

다음에 ①점과 ②점 사이에 베르누이 방정식을 적용하면

$$\frac{V_1^2}{2g}+\frac{p_1}{\gamma}+z_1=\frac{V_2^2}{2g}+\frac{p_2}{\gamma}+z_2+h_{L_{12}}$$

$$h_{L_{12}}=h_{L_{13}}\times\frac{1}{3}=1.87\times\frac{1}{3}=0.62\text{ m}$$

$$\therefore\ p_2=-\gamma\left(\frac{1.59^2}{2g}+3+0.62\right)=-36740\text{ N/m}^2=0.3674\text{ bar 진공}$$

이다.

예제 3.10 그림 3.32와 같이 0.145 m^3/s의 물을 퍼 올리는 펌프가 있다. 압력계 1과 2의 읽음에 각각 250 mmHg 진공과 270 kPa이라면 펌프가 유체에 공급하는 동력은 얼마인가?

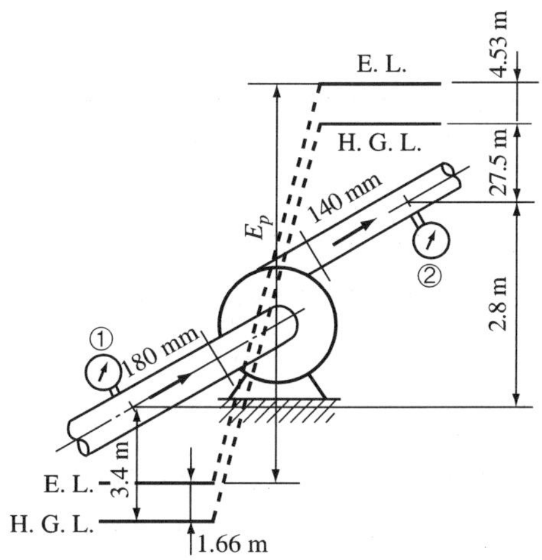

그림 3.32

풀이

먼저 압력수두를 구하면

$$\frac{p_1}{\gamma}=-\frac{101{,}325\times 250}{760\times 9{,}800}=-3.4\text{ m}\ \text{(예제 3.6 } p_A \text{ 구하는 방법 참조)}$$

$$\frac{p_2}{\gamma}=\frac{270\times 10^3}{9{,}800}=27.55\text{ m}$$

수력구배선(H.G.L)은 점 ①에서 아랫방향으로 3.4 m 그리고 점 ②에서 위로 27.55 m 되는 점을 통과한다.

흡입관과 송출관에서의 평균속도와 속도수두를 구하면

$$V_1=\frac{Q}{A_1}=\frac{4\times 0.145}{\pi\times(0.18)^2}=5.7\text{ m/s}\qquad \frac{V_1^2}{2g}=\frac{5.7^2}{2\times 9.8}=1.66\text{ m}$$

$$V_2 = \frac{Q}{A_2} = \frac{4\times 0.145}{\pi\times(0.14)^2} = 9.42\ \mathrm{m/s} \quad \frac{V_2^2}{2\mathrm{g}} = \frac{9.42^2}{2\times 9.8} = 4.53\ \mathrm{m}$$

따라서 에너지선(E.L.)은 ①, ② 단면에서의 수력구배선(H.G.L.) 보다 각각 1.66 m, 4.53 m 위에 있게 된다.

② 단면에서 갑자기 E.L.이 상승한 것은 펌프동력이 가해진 결과이며 E_P는 두 점에서의 E.L.의 차와 같다. 그러므로

$$E_P = 4.53 + 27.55 + 2.8 + 3.4 - 1.66 = 36.62\ \mathrm{J/N}$$

따라서 펌프의 동력 P는

$$P = 0.145 \times 9{,}800 \times 36.62 = 52{,}037\ \mathrm{W} = 52.04\ \mathrm{kW}$$

이다.

3.9 공동현상

액체는 증기압 이하의 압력에서 비등한다. 흐르는 유체도 마찬가지로 "국소압력이 증기압으로 강하하면 기포가 발생하는데 이러한 현상을 공동현상(cavitation)이라 한다. 기포는 액체 속에 용해되어 있던 기체가(주로 공기) 유리되면서 액체가 기화된 기체와 합쳐서 생성된다.

액체 속에 용입된 기체량은 압력의 강하에 따라 줄어들므로써 유리되고 온도가 높아지면 증기압도 높아지므로 고압, 저온의 액체가 저압고온이 될수록 공동현상은 잘 일어난다.

그림 3.33은 밸브로 유량을 조절할 수 있는 장치이다. 액체가 관의 수축부를 통과할 때 베르누이 방정식에 의하여 목(throat) 부분에서 압력이 가장 낮아지고 이때 압력이 그 유체의 증기압까지 내려가면 기체의 유리와 증기의 발생으로 공동현상을 일으킬 수 있다.

그림에서 A선은 최소압력이 증기압보다 높을 때의 수력구배선(H.G.L.)이고 B선은 밸브를 좀더 열어 목 부분에서 압력이 최초로 증기압까지 내려갔을 때이다. C선은 밸브를 더욱 많이 열어도 유량 증가는 없어 공동의 구역만 확장되고 있는 것을 보여 주고 있다. 공동이 유지되는 곳에서는 액체의 평균 압력도 증기압이다.

공동의 기체는 빠른 속도로 하류로 이동하다가 갑자기 소멸되면서 공소를 메우기 위하여 돌진한 액체는 순간적으로 높은 압력을 가지고 유체벽에 손상을 준다.

공동현상에 의한 피해는 고체경계면의 침식(erosion), 효율의 감소와 심한 진동

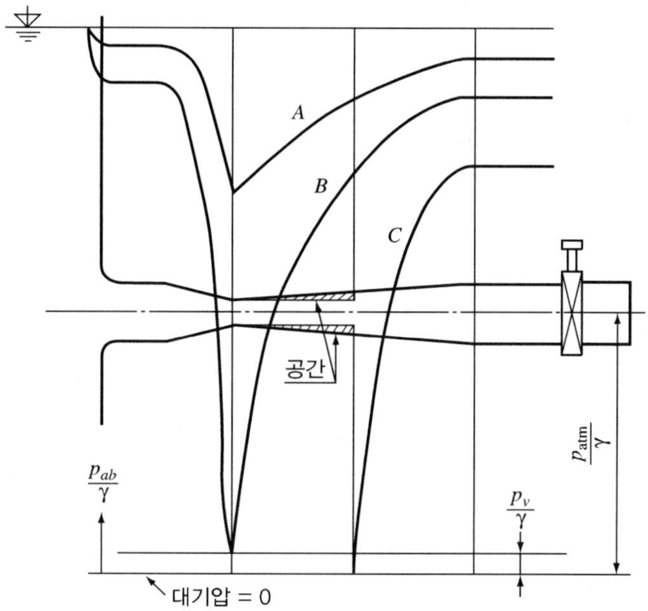

그림 3.33

등이다. 침식[4]의 직접적인 원인으로는 충격에 의한 손실이 주된 것이며 기포중의 산소에 의한 산화작용이 부식(corrosion)을 일으키기도 하고 전해작용에 의하여 부식이 일어난다고도 한다.

공동현상이 문제가 되는 경우는 터빈, 펌프, 선박의 프로펠라와 같은 고속수력기계에서, 높은 댐의 하류구조물, 수중고속운동체에서 그리고 유압기계의 관로설계 등에서 고려하여야 할 중요문제이다. 최근에는 공동현상의 방지를 위한 설계는 물론이고 피할 수 없는 공동현상의 정확한 예측과 적절한 자료개발에 의한 손상방지 및 성능유지를 위하여 노력하고 있다.

예제 3.11 그림 3.34와 같은 관에 40°C의 물이 흐르고 있다. ②점에서 공동현상이 일어나지 않을 ①점에서의 최소압력을 구하라.
단, 관의 손실은 무시하고 40°C 물의 증기압은 55.324 mmHg abs이다.

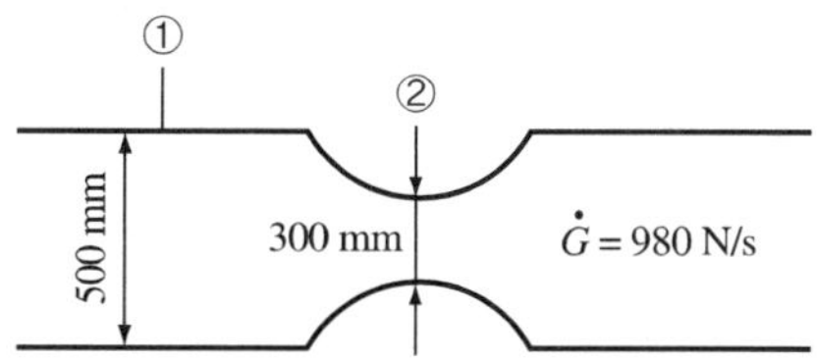

그림 3.34

---

4) 특히, 공동현상에 의한 것을 점침식(pitting)이라 한다.

풀이

$$Q = \frac{980 \text{ N/s}}{9{,}800 \text{ N/m}^3} = 0.1 \text{ m}^3/\text{s}$$

연속방정식에 의하여

$$V_1 = \frac{Q}{A_1} = \frac{4 \times 0.1}{\pi \times 0.5^2} = 0.51 \text{ m/s}$$

$$V_2 = \frac{Q}{A_2} = \frac{4 \times 0.1}{\pi \times 0.3^2} = 1.41 \text{ m/s}$$

베르누이 방정식에서

$$p_1 = \frac{\rho(V_2^2 - V_1^2)}{2} + p_2 = \frac{1{,}000(1.41^2 - 0.51^2)}{2} + 1.01325 \times 10^5 \times \frac{55.324}{760}$$

$$= 8{,}240 \text{ N/m}^2 \text{ abs} = 8.24 \text{ kPa abs}$$

그러므로 ①단면에서의 압력이 8.24 kPa abs보다 낮으면 ②단면에 공동현상이 일어난다.

연습문제

1. 베르누이 방정식의 유도과정에 적용된 가정조건들을 설명하라.

2. 정상류와 비정상류를 설명하라.

3. 유선 사이의 간격변화에 따라 속도와 압력은 어떻게 변하는가?

4. 비행기 날개(aerofoil) 주위의 유선간격이 25 mm인 점에서의 유속이 40 m/s이면 유선간격 20 mm인 곳에서의 유속은 얼마인가?

5. 직경 400 mm의 원관 속에 1.256 m^3/s로 물이 흐르고 있다. 평균속도와 질량유량, 중량유량을 구하라.

6. 원관속에 정상류 비압축성인 물의 흐름이 있다. 직경 500 mm인 단면에서의 평균속도가 9 m/s일 때 직경 300 mm인 단면에서의 평균속도를 구하라.

7. 직경 400 mm인 원관속을 5 kg/s의 공기가 흐르고 있다. 관속의 압력은 200 kPa, 온도는 23°C, 공기의 기체상수는 287 J/kgK이라고 할 때 공기의 평균속도는 얼마인가?

8. 원관의 단면적 변화에 의한 압력변화로 ②단면의 밀도가 ①단면밀도의 80%로 줄었다. 단면 ①에서의 밀도는 800 kg/m^3, 직경은 200 mm, 평균속도는 20 m/s라 하면 직경 100 m인 단면 ②에서의 평균속도를 구하라.

9. 그림의 원관속에 s =1.2인 유체가 흐르고 있다. p_1 = 300 kPa, p_2 = 200 kPa이면 관의 유량은 얼마인가?

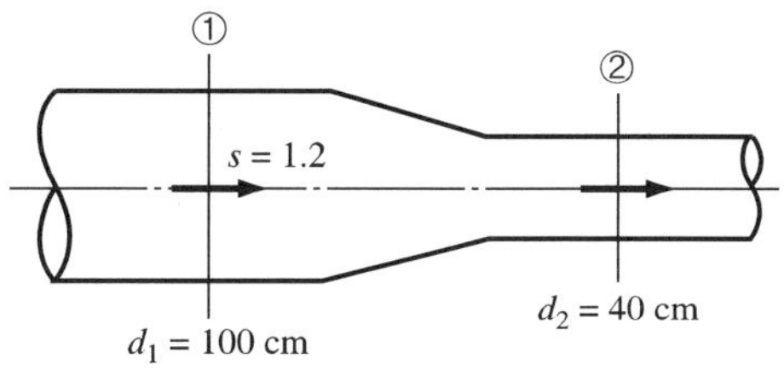

10. 액주계의 읽음 h를 구하라.

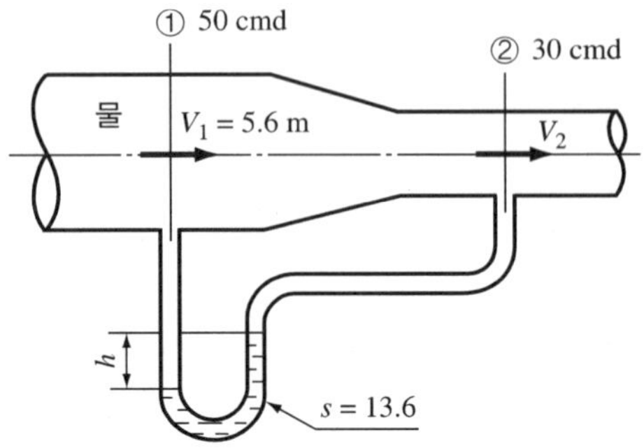

11. $d_1 = 50$ cm, $d_2 = 30$ cm이다. 압력계의 읽음이 같을 때 유량을 구하라.

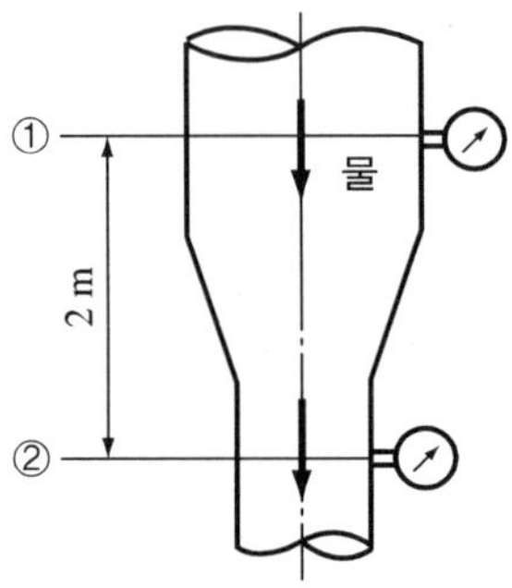

12. 유량은 0.6 m^3/s이고, $d_1 = 40$ cm, $d_2 = 20$ cm이다. ①, ② 단면에서의 압력차를 구하라.

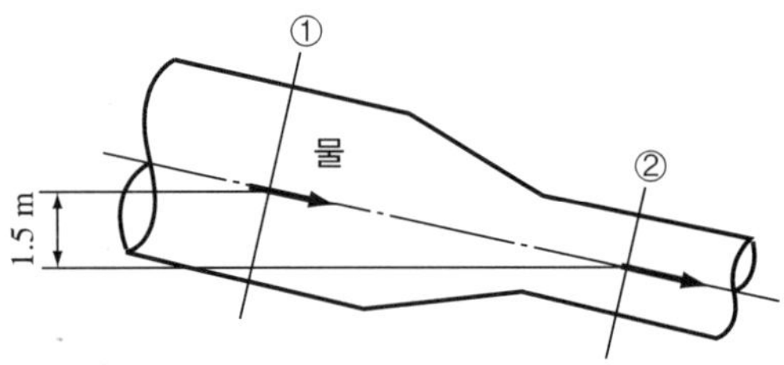

13. 관로를 흐르는 유량을 구하라. 또 평균속도가 3 m/s이면 관로에서의 손실수두는 얼마인가?

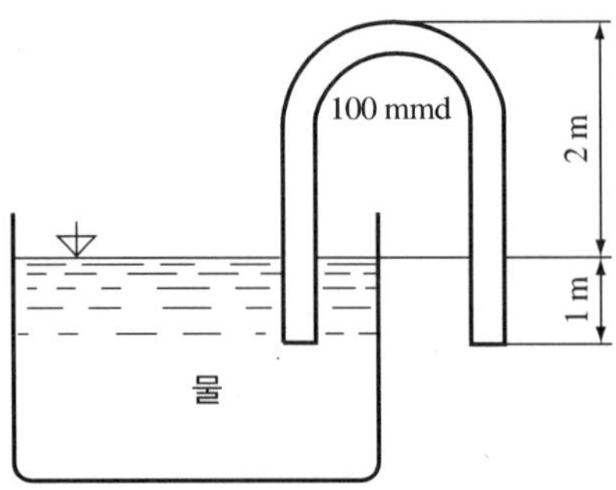

14. 대기압은 1 at, 유체의 증기압은 1.8 kPa이다. 관로에 흐를 수 있는 최대유량과 길이 h를 계산하라.

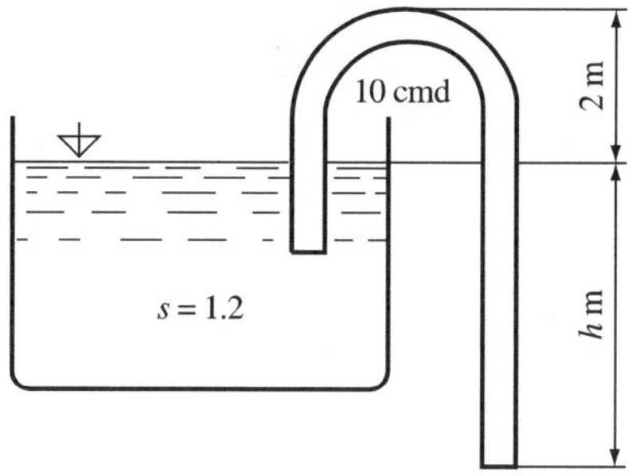

15. 다음 그림과 같이 수평관 목 부분 ①의 내경 d_1 = 10 cm, ②의 내경 d_2 = 30 cm로서 유량 2.1 m^3/min일 때 ①에 연결되어 있는 유리관으로 올라가는 수주의 높이는 얼마나 되겠는가?

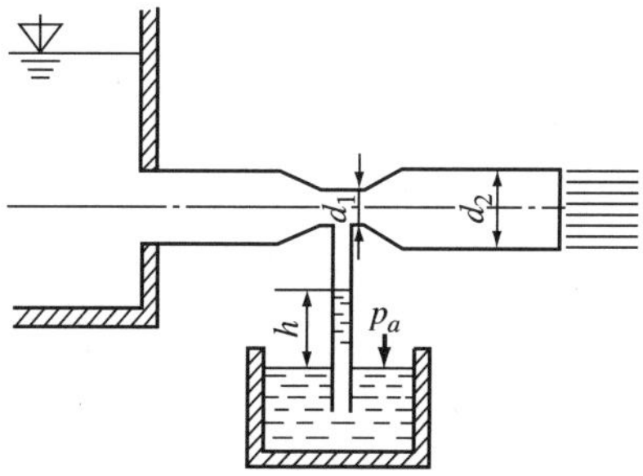

16. 그림과 같이 잔잔히 흐르는 강에 깊이 6m 지점에 물체를 고정시키고, 물체 표면에 작용하는 압력을 측정한 결과 최대 0.68 kg/cm^2의 압력을 받았다. 이 깊이에서 흐르는 물의 속도를 구하라.

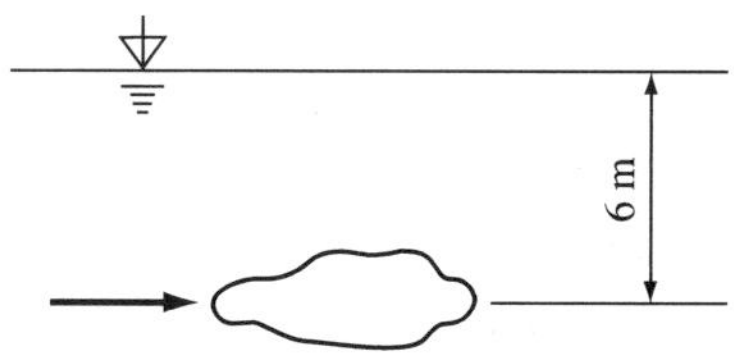

$p_s = 0.68\ kg_f/cm^2$

17. 펌프양수량 0.6 m^3/min, 관로의 전손실수두 5 m인 펌프가 펌프중심으로부터 1 m 아래에 있는 물을 20 m의 송출액면에 양수하고자 할 때 펌프의 필요한 동력을 구하라.

18. 0.1 m^3/s의 유량을 유지하는데 필요한 펌프동력을 구하라. 대기압은 98.6 kPa이고, 물의 증기압은 6.9 kPa이다. 또한 가능한 최대길이 x를 구하라.

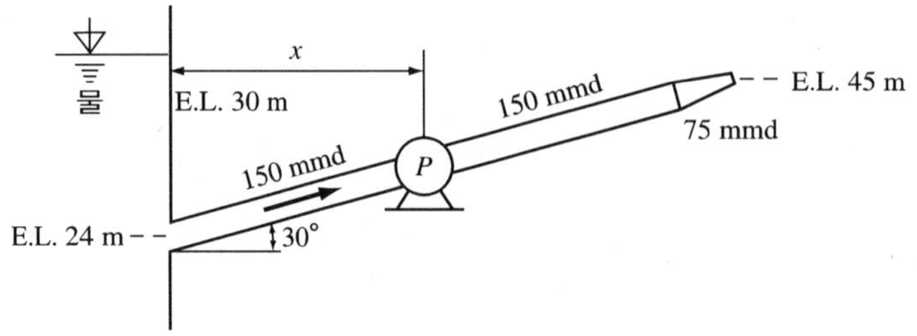

19. 출구의 물이 가진 에너지의 절반만큼 터빈이 동력을 얻고 있다. 터빈의 동력을 구하라.

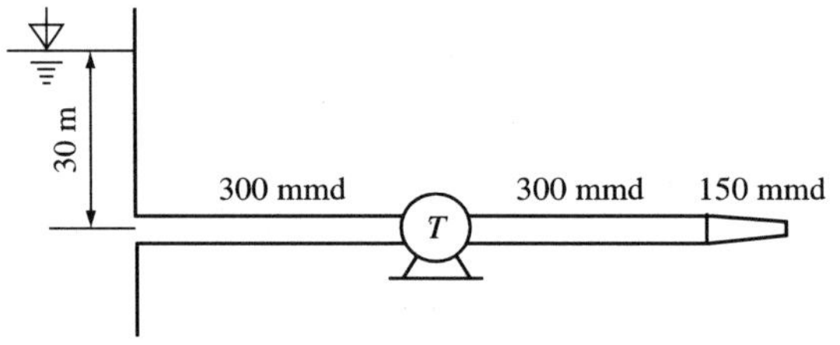

20. 유선방정식은 어느 것인가?

① $\frac{dx}{V_x} = \frac{dy}{V_y} = \frac{dz}{V_z}$ ② $\frac{\partial p}{\partial t} = \frac{\partial \rho}{\partial t}$

③ $\frac{dA}{A} = \frac{d\rho}{\rho} = \frac{dV}{V}$ ④ $\frac{\partial V_x}{\partial x} + \frac{\partial V_y}{\partial y} + \frac{\partial V_z}{\partial z} = 0$

21. 연속방정식이 아닌 것은?

① $\frac{dA}{A} + \frac{d\rho}{\rho} + \frac{dV}{V} = 0$ ② $\frac{dx}{V_x} = \frac{dy}{V_y} = \frac{dz}{V_z}$

③ $A_1 V_1 = A_2 V_2$ ④ $\rho A V = C$

22. 베르누이방정식 $\frac{p}{\gamma} + \frac{V^2}{2g} + z = H$의 단위로 적당한 것은?

① kg · m/s ② J/N ③ kg · m ④ N · m

23. 유체가 V m/s로 흐르고 있을 때 질량 1 kg이 가진 운동에너지는 어느 것인가?

① $\frac{V^2}{2g}$ ② $\frac{V^2}{2}$ ③ $\frac{\rho V^2}{2}$ ④ $\frac{m V^2}{2}$

24. 다음 중 정상류의 설명은?

① 한 점에서의 흐름 특성은 시간에 따라 변하지 않는다.
② 위치변화에 따라 흐름의 특성이 변하지 않는다.
③ 유체입자가 유선을 따라 질서 있게 흐르는 흐름이다.
④ 이상유체의 흐름이다.

CHAPTER 04

운동량방정식과 그 응용

Fluid Mechanics

역적-운동량방정식과 각운동량의 법칙 등도 기초방정식의 하나로서 베르누이 방정식만큼 많이 이용된다. 흔히 베르누이 방정식으로 해결하지 못하는 문제를 이 원리를 적용하여 쉽게 해를 얻는 경우가 많다.

즉, 이 방정식의 특징은 압축성, 점성에 관계없이 유체흐름에 적용된다는 것이며, 응용예로는 펌프, 터빈 등 회전유체기계와 분사추진 등에 관한 이론이다.

초보자는 여러 가지 종류의 문제들에 대하여 많은 연습을 함으로써 원리를 완전히 이해하게 될 것이다.

4.1 역적과 운동량

질량 m인 물체가 속도 V로 움직일 때 mV를 그 물체의 운동량(momentum)이라 하고, 물체에 가해진 외력의 합 $\sum \mathrm{F}$와 미소시간 dt의 곱 $\sum \mathrm{F}dt$를 역적(또는 충격력 : impulse)이라 한다.

뉴턴의 운동 제2법칙에 따르면

$$\mathrm{F} = m\mathbf{a} = m\frac{d\mathrm{V}}{dt} = \frac{d}{dt}(m\mathrm{V})$$

가 되고, 이것을 고쳐 쓰면

$$\mathrm{F}dt = d(m\mathrm{V}) \tag{4.1}$$

식 (4.1)은 「운동량의 변화량의 크기는 역적과 같다」는 것을 말하여 주고 있다. 위의 식은

$$\mathbf{F} = \frac{d(m\mathbf{V})}{dt} \tag{4.2}$$

로 쓸 수 있으며, 식 (4.2)를 역적-운동량의 원리(impulse-momentum's principle)라고 한다.

이 원리를 흐르는 유체에 적용하는데 있어서 보다 쉽게 이해하기 위하여 그림 4.1과 같이 곡관에서의 정상류 1차원흐름을 예로 들어 간단히 생각해 보자.

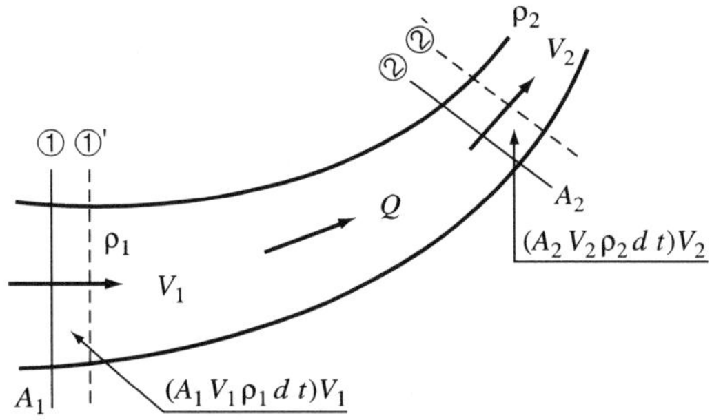

그림 4.1 운동량의 변화

단면 ①과 ② 사이의 공간을 검사체적(control volume)으로 하고 어느 순간의 검사체적 내의 유체가 dt시간 후에 단면 ①'와 ②' 사이의 유체로 이동하였다면 검사체적 내에 유체의 운동량변화는

(단면 ①'와 ②' 사이의 유체운동량) − (단면 ①과 ② 사이의 유체운동량)

인데 단면 ①'와 ② 사이의 유체가 가지는 운동량은 공통으로 갖는 운동량이므로 결과적으로 dt시간 동안의 운동량변화는

(단면 ②와 ②' 사이의 유체운동량) − (단면 ①과 ①' 사이의 유체운동량)

과 같다. 이 사실을 위 법칙에 적용하여 정리하면

$$\sum F dt = (A_2 V_2 \rho_2 dt) V_2 - (A_1 V_1 \rho_1 dt) V_1 = Q\rho(V_2 - V_1)dt$$

$$\therefore \sum F = Q\rho(V_2 - V_1)$$

여기서 $Q\rho(V_2 - V_1)$를 운동량유속(momentum flux)이라 한다.

힘과 속도는 벡터량이므로 평균속도 V_1과 V_2의 크기가 같다고 하더라도 방향이 다르면 외력 F는 존재하여야 한다. 따라서 속도변화 방향은 힘방향과 같아야 하고 (그림 4.2 참조), 공간상에서 x, y, z방향의 속도변화 성분은 각각 외력의 x, y, z

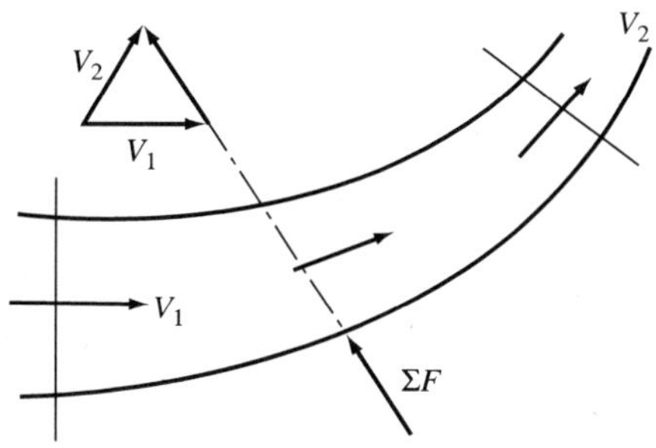

◈ **그림 4.2 속도 변화 벡터**

방향 분력에 의한 것이므로 식 (4.1)를 다음과 같이 스칼라식으로 쓸 수 있다.

$$\sum F_x = Q\rho(V_{2x} - V_{1x})$$
$$\sum F_y = Q\rho(V_{2y} - V_{1y})$$
$$\sum F_z = Q\rho(V_{2z} - V_{1z})$$

4.2 관에 작용하는 힘

4.2.1 곡관(bend pipe)인 경우

그림 4.3과 같은 곡관(bend pipe) 속을 유체가 흐를 경우, 입구와 출구의 단면적을 A_1, A_2, 속도를 V_1, V_2, 압력을 p_1, p_2, 흐름이 곡관에 미치는 힘의 x, y 방향의 성분을 F_x, F_y(곡관이 유체에 미치는 힘은 $-F_x$, $-F_y$)라 하면 운동량의 법칙을 적용하여 다음 식을 얻을 수 있다.

$$\rho Q(V_2\cos\alpha_2 - V_1\cos\alpha_1) = A_1p_1\cos\alpha_1 - A_2p_2\cos\alpha_2 - F_x$$
$$\rho Q(V_2\sin\alpha_2 - V_1\sin\alpha_1) = A_1p_1\sin\alpha_1 - A_2p_2\sin\alpha_2 - F_y - W$$

그런데 유체자중 W는 무시하고, $Q = A_1V_1 = A_2V_2$이므로 윗 식은

$$F_x = \rho Q(V_1\cos\alpha_1 - V_2\cos\alpha_2) + A_1p_1\cos\alpha_1 - A_2p_2\cos\alpha_2 \tag{4.3}$$

$$F_y = \rho Q(V_1\sin\alpha_1 - V_2\sin\alpha_2) + A_1p_1\sin\alpha_1 - A_2p_2\sin\alpha_2 \tag{4.4}$$

이 되며 관속의 유체흐름 속도분포와 압력분포를 모르더라도 입구와 출구의 속도 및 압력의 크기를 알면 유체가 곡관에 미치는 힘을 알 수 있다.

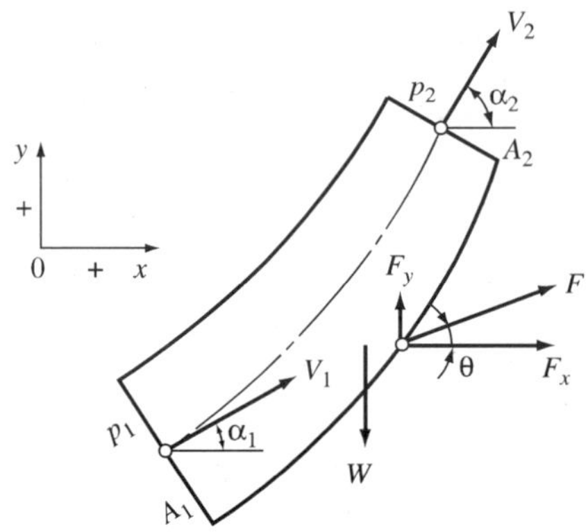

◈ 그림 4.3

그러므로 곡관에 작용하는 힘의 크기는 다음과 같다.

$$F = \sqrt{F_x^2 + F_y^2}\ ,\ \tan\theta = \frac{F_y}{F_x} \tag{4.5}$$

식 (4.3), (4.4)를 적용함에 있어서 관제면(control surface)을 관의 내벽으로 잡으면 p_1, p_2는 절대압력을 사용하고, 관의 외벽으로 잡으면 계기압력을 사용해야 한다.

4.2.2 직관(straight pipe)인 경우

그림 4.4와 같이 곧은 관속을 유체가 정상적으로 흐르고 있다. 1, 2 사이의 유체가 관에 그 진행방향으로 작용하는 힘 F는 식 (4.3)과 (4.4)에서 α_1, α_2가 0이므로 다음과 같다.

$$F = \rho Q(V_1 - V_2) + A_1 p_1 - A_2 p_2 \tag{4.6}$$

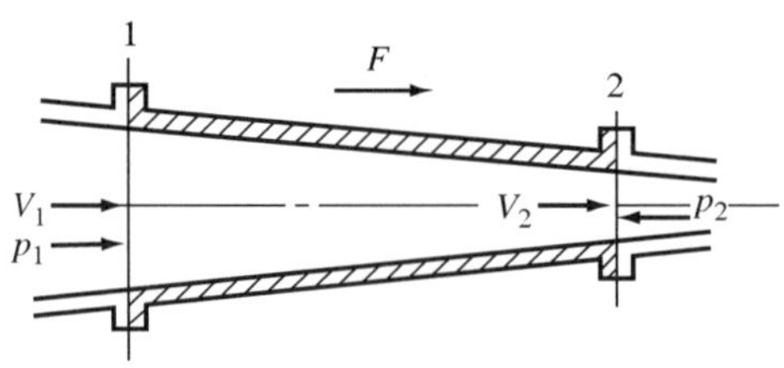

◈ 그림 4.4

4.2.3 Elbow인 경우

직각의 곡관으로서 횡단면이 동일한 경우에는 (그림 4.5 참조)

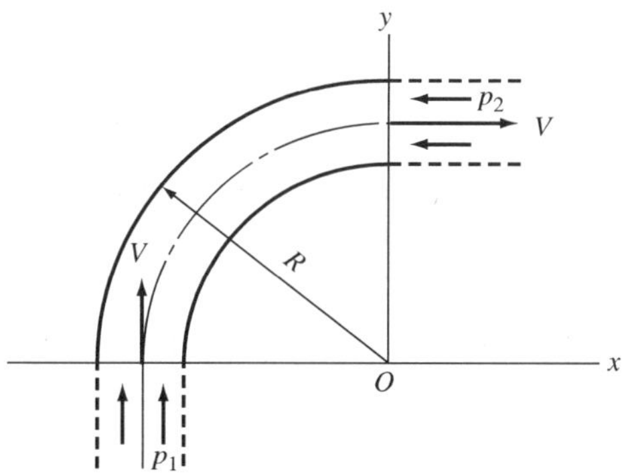

◈ **그림 4.5**

$$V_1 = V_2 = V$$
$$A_1 = A_2 = A$$
$$\alpha_1 = 90°$$
$$\alpha_2 = 0$$

이므로, 관의 곡률반경을 R로 하면

$$F_x = -(\rho Q V + A p_2) \tag{4.7}$$

$$F_y = \rho Q V + A p_1 \tag{4.8}$$

$$M = -AR(p_1 - p_2) \tag{4.9}$$

로 된다. 점성을 고려하지 않으면 $p_1 = p_2$이므로 $|F_x| = |F_y|$, $M = 0$으로 되어 합력의 작용선은 원점을 통과하고, 점성을 고려하게 되면 $p_1 > p_2$로 되어서 약간 달라진다.

예제 4.1 그림 4.6에서 R_x를 구하는 운동방정식을 구하라.

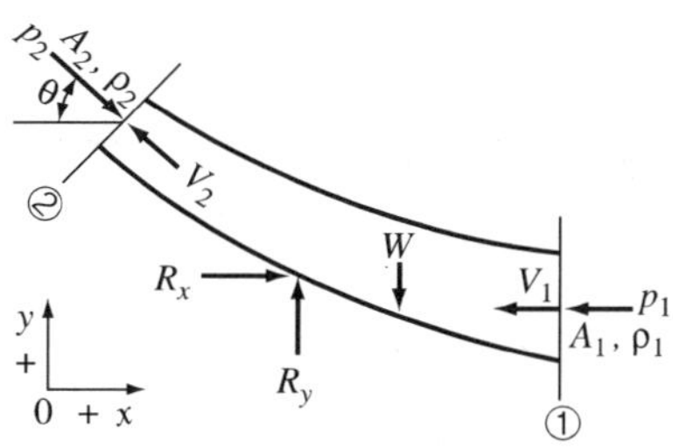

◈ **그림 4.6**

풀이

식 (4.3)을 응용하면

$$\rho Q(-V_2\cos\theta + V_1) = -p_1A_1 + p_2A_2\cos\theta + R_x$$

가 된다.

$$\therefore\ R_x = \rho Q(V_1 - V_2\cos\theta) + p_1A_1 - p_2A_2\cos\theta$$

참고

그림 4.6에서 $R_y = \rho QV_2\sin\theta + p_2A_2\sin\theta + W$이다.

예제 4.2 그림 4.6에서 $p_1 = 20\ \mathrm{N/cm^2}$, $p_2 = 8\ \mathrm{N/cm^2}$, $d_1 = 50$ cm, $d_2 = 40$ cm, $\theta = 60°$이고 980 N/s의 물이 관 속을 흐른다. R와 α를 구하라. 단, 유체자중은 무시한다.

풀이

중량 유량 $\dot{G} = \gamma Q = 980\ \mathrm{N/s}$, $\gamma = 9{,}800\ \mathrm{N/m^3}$에서

$$Q = 0.1\ \mathrm{m^3/s}$$

$$V_1 = \frac{Q}{A_1} = \frac{4\times 0.1}{\pi\times 0.5^2} = 0.51\ \mathrm{m/s}$$

$$V_2 = \frac{Q}{A_2} = \frac{4\times 0.1}{\pi\times 0.4^2} = 0.8\ \mathrm{m/s}$$

$$R_x = 20\times 10^4\times\frac{\pi\times 0.5^2}{4} - 8\times 10^4\times\frac{\pi\times 0.4^2}{4}\times\cos 60° - 100(0.8\cos 60° - 0.51)$$

$$= 29228\ \mathrm{N}$$

$$R_y = 0.1\times 10^3\times 0.8\sin 60° + 8\times 10^4\times\frac{\pi\times 0.4^2}{4}\times\sin 60° = 8776\ \mathrm{N}$$

$$R = \sqrt{29228^2 + 8776^2} = 30517\ \mathrm{N} = 30.517\ \mathrm{KN}$$

$$\alpha = \tan^{-1}\frac{R_y}{R_x} = \tan^{-1}\frac{8776}{29228} = 16.7°$$

4.3 분류가 날개에 작용하는 힘

오리피스나 노즐에서 분사되는 유체가 면에 부딪히면 방향이 바뀌어져 면에 접하여 흐른다. 유체의 방향이 변했다면 외력의 작용이 있는 것이므로 운동량 방정식을 적용하게 되는데 다음과 같은 가정이 일반적으로 통용된다.

① 벽면과 분류(jet) 사이의 마찰은 무시한다.
② 유체의 자중은 무시한다(위치에너지를 무시).
③ 분류 단면적의 크기는 일정하다(정상류에서).
④ 분류정압은 대기압과 같다.

4.3.1 고정된 직각평판에 작용하는 경우

그림 4.7과 같이 분류가 고정평판에 수직으로 충돌할 때 평판이 받는 힘 F는 다음과 같이 구할 수 있다.

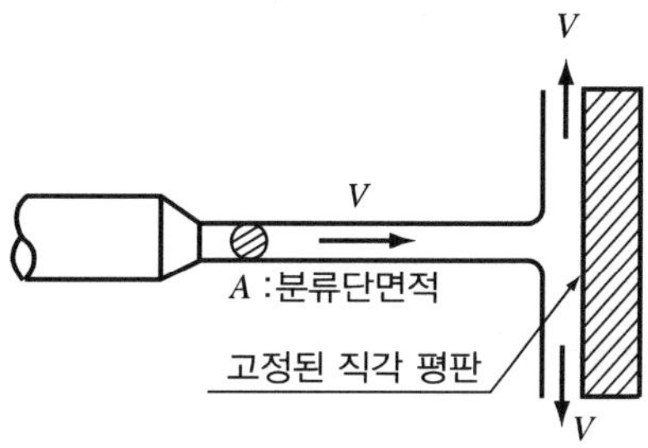

그림 4.7

식 (4.3), (4.4)에서 $\alpha_1 = \alpha_2 = 0°$, $V_1 = V$, $V_2 = 0$ 그리고 이 경우 관제면을 평판의 외벽으로 잡으면 p_1, p_2는 계기압력을 사용해야 하므로 $p_1 = p_2 = 0$($\because$ 분류정압은 대기압)이다.

그러므로

$$F = \rho Q V = \rho A V^2 \tag{4.10}$$

이 된다. 여기서 Q는 분류의 절대유량 $Q = AV$를 사용한다.

한편, 평판이 고정되어 있으므로 분류가 한 일은 0이다.

4.3.2 움직이는 직각평판에 작용하는 경우

그림 4.8과 같이 직각평판이 분류로부터 힘을 받아 u로 움직이고 있는 경우를 생각한다. 이 때 분류가 직각평판에 작용하는 힘 F는

$$F = \rho Q(V - u) = \rho A(V - u)^2 \tag{4.11}$$

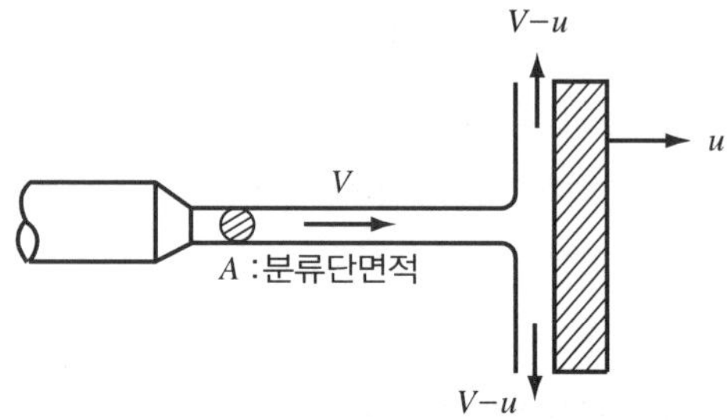

그림 4.8

로 계산한다. 이 경우에 Q는 분류의 상대유량 $Q=A(V-u)$를 사용해야 한다. 한편, 분류가 직각평판에 한 일은

$$P=F\cdot u=\rho Qu(V-u)=\rho Au(V-u)^2 \tag{4.12}$$

이다.

4.3.3 고정날개에 작용하는 경우

그림 4.9와 같이 분류가 고정날개(vane)에 작용하는 경우를 생각하자.

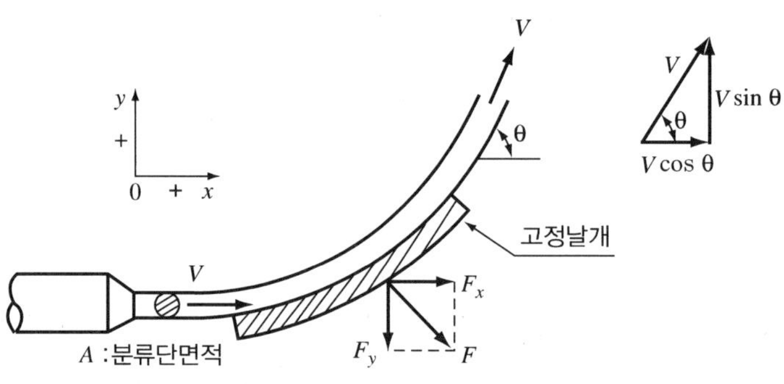

그림 4.9

식 (4.3), (4.4)에 다음과 같은 조건들을 대입하면 된다.

$$\left.\begin{aligned} V_1 &= V_2 = V \\ A_1 &= A_2 = A \\ p_1 &= p_2 = 0 \ (\because \text{계기압력}) \\ \alpha_1 &= 0^\circ \\ \alpha_2 &= 360^\circ - \theta \end{aligned}\right\} \tag{4.13}$$

그러므로

$$\left.\begin{aligned} F_x &= \rho Q V(1-\cos\theta) \\ F_y &= \rho Q V \sin\theta \end{aligned}\right\} \tag{4.14}$$

가 된다. 여기서 유량 Q는 분류의 절대유량 $Q = AV$이다.

날개가 고정되어 있으므로 분류가 날개에 한 일은 0이다.

4.3.4 분류가 움직이는 날개에 작용하는 경우

수차(water turbine)나 펌프는 움직이는 날개와 유체의 운동량변화에 의한 동력교환이 이루어지고 있는 예이다.

그림 4.10과 같이 분류의 힘에 의하여 날개가 x축 방향으로 u로 움직이고 있는 경우를 생각하자. 이때는 식 (4.14)를 수정해서 사용하면 된다.

$$\left.\begin{aligned} F_x &= \rho Q(V-u)(1-\cos\theta) \\ F_y &= \rho Q(V-u)\sin\theta \end{aligned}\right\} \tag{4.15}$$

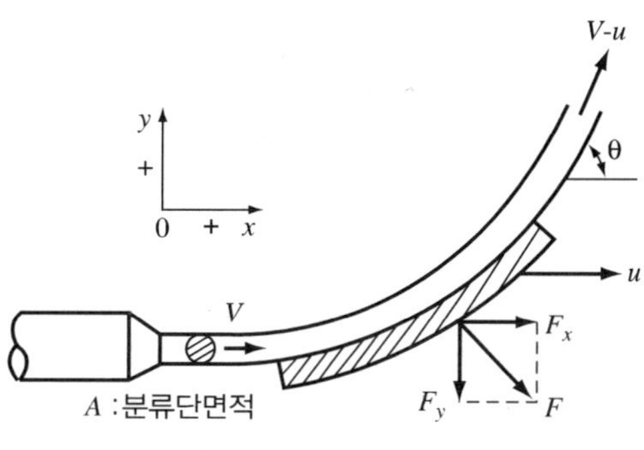

◈ 그림 4.10

여기서 유량 Q는 단일날개인 경우에는 분류의 상대유량인 $Q = A(V-u)$를, 연속날개(예 : pelton 수차)인 경우에는 분류의 절대유량인 $Q = AV$를 사용해야 한다.

분류가 날개에 한 일에 의한 동력은

$$P = F_x \cdot u = \rho Q \cdot u(V-u)(1-\cos\theta) \tag{4.16}$$

으로 계산할 수 있다.

예제 4.3 그림 4.11과 같이 노즐로부터 분류가 평판에 경사지게 부딪히고 있다. 분할된 유량 Q_1, Q_2와 평판이 유체에 작용하는 힘을 구하라.

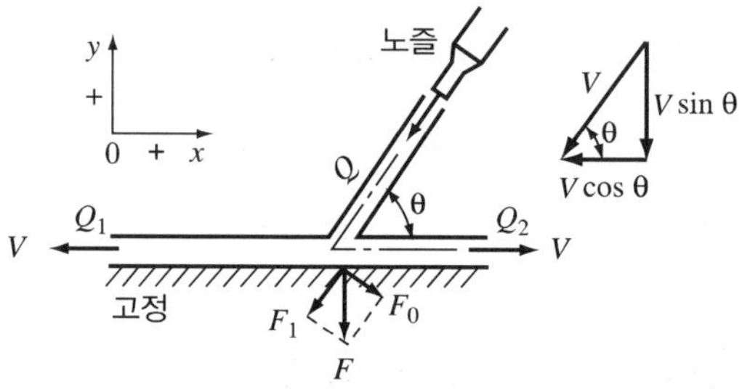

◈ 그림 4.11

풀이

(1) 분류가 평판에 작용하는 힘 : 분류의 속도를 평판과 직각인 성분과 평행한 성분으로 분해하여 생각한다. 평행한 성분은 판에 힘을 미치지 않으므로 직각인 성분 $V\sin\theta$에 대해서만 생각하면 된다.

① 평판에 작용하는 최대 힘 F는

$$F = \rho Q(V\sin\theta - 0) = \rho QV\sin\theta$$

② 이 힘 F의 분류방향분력 F_1은

$$F_1 = F\sin\theta = \rho QV\sin^2\theta$$

③ 이 힘 F의 직각방향분력 F_0은

$$F_0 = F\cos\theta = \rho QV\sin\theta \cdot \cos\theta$$

여기서 유량 $Q = Q_1 + Q_2$이며, 이제 분할유량인 Q_1, Q_2를 구하면 다음과 같다. 유체가 충돌 전과 후에 압력과 높이가 변화하지 않으므로 베르누이 방정식에 의해서 유체가 나가는 속도는 들어오는 속도 V와 같다.
x방향에 운동량 방정식을 적용하면

$$\sum F_x = 0 = \underbrace{(\rho Q_2 V - \rho Q_1 V)}_{\text{출구에서 운동량}} - \underbrace{(-\rho QV\cos\theta)}_{\text{입구에서 운동량}}$$

$$\therefore\ Q_1 - Q_2 = Q\cos\theta \qquad \text{(a)}$$

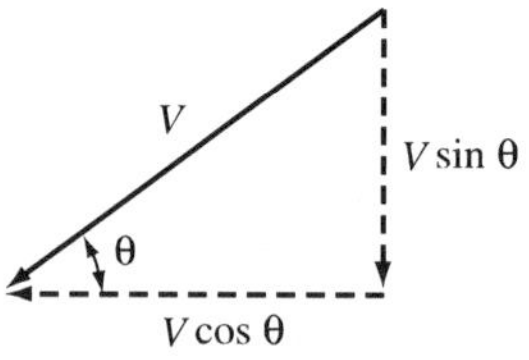

연속방정식에서

$$Q = Q_1 + Q_2 \qquad \text{(b)}$$

(a), (b) 두 식을 풀면

$$Q_1 = \frac{Q}{2}(1 + \cos\theta)$$

$$Q_2 = \frac{Q}{2}(1 - \cos\theta)$$

예제 4.4 그림 4.12와 같이 터빈 날개에 분류가 V m/s의 속도로 들어올 때 날개를 고정시키는데 필요한 x방향 성분의 힘 F_x는 어떻게 구하는가?

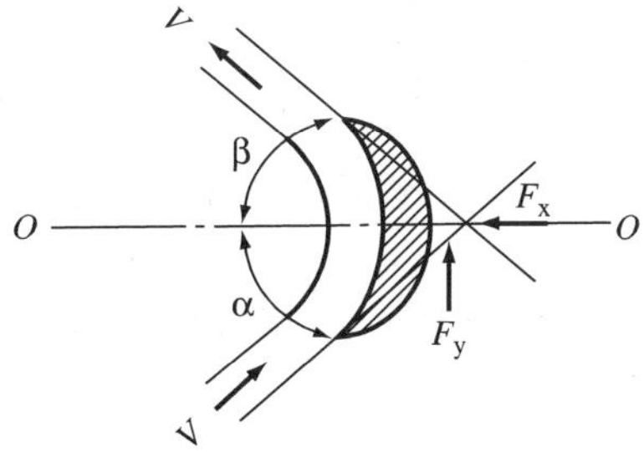

그림 4.12

풀이

식 (4.3)에 의하면

$$F_x = \rho Q(V_1 \cos \alpha_1 - V_2 \cos \alpha_2) + A_1 p_1 \cos \alpha_1 - A_2 p_2 \cos \alpha_2$$

이다. 날개의 출구 · 입구에서의 속도분포는

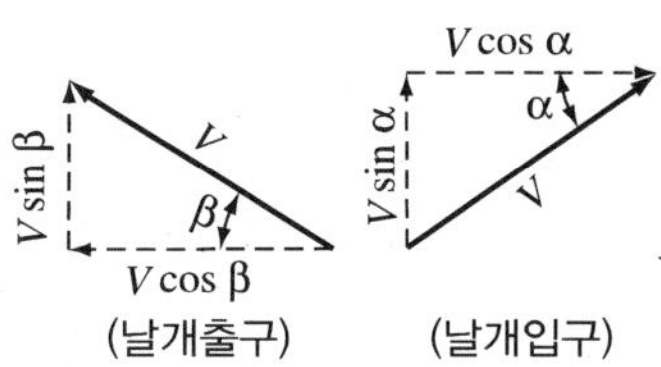

와 같으며,

$p_1 = p_2 \equiv p_0$(대기압) → 관제면(control surface)을 관의 외벽으로 잡으니, p_a는 gage pressure로는 0이다.

$$V_1 = V_2 \equiv V$$
$$\alpha_1 = \alpha$$
$$\alpha_2 = (\pi - \beta)\ (\because \text{ 방향각 바뀜})\text{이다.}$$

그러므로 이 조건들을 적용하면

$$F_x = \rho Q V(\cos \alpha + \cos \beta)$$

가 된다.

4.4 분사추진

분사추진식 선박이나 항공기에 역적-운동량방정식을 적용하면 추력(thrust force)

을 계산할 수 있다. 정지하고 있는 유체(물 또는 공기)속에서 움직이는 물체의 속도가 V_1이면 물체에 대한 정지 유체의 상대속도 크기도 V_1이다.

유체가 물체를 통과하면서 상대속도가 V_1에서 V_2로 증가되었다면 유체가 물체에 미치는 힘은 추력(F_{th})으로서

$$F_{th} = Q\rho(V_2 - V_1) = \rho Q V \tag{4.17}$$

여기서 V는 유체의 절대속도이며 입·출구에서의 유체 정압변화를 무시했다. 물체의 추진동력은

$$P = F_{th} \times V_1 = \rho Q(V_2 - V_1)V_1 \tag{4.18}$$

이다. 비행기의 경우 분류에 자체 연료가 포함되어 분사된다면 연료의 운동량변화도 고려된다.

즉, 추력은

$$F_{th} = \rho Q(V_2 - V_1) + \rho_f Q_f V_2 \tag{4.19}$$

이고, $Q_f \rho_f$는 연료(fuel)의 질량유량이다.

기계적 이론효율(η)은 입력(P_i)에 대한 출력(P_0)의 비의 값으로서 여기서 입력은 추진동력과 손실의 합으로 잡고 출력은 추진동력으로 잡는다.

$$\eta = \frac{P_0}{P_0 + \text{손실}} = \frac{F_{th}V_1}{F_{th}V_1 + \dfrac{\rho Q V^2}{2}} = \frac{1}{1 + \dfrac{V}{2V_1}} \tag{4.20}$$

어떤 물체가 힘을 받으면 가속도가 생긴다. 지금까지 비행기의 속도는 일정한 것으로 보고 추력을 계산하였으므로 비행체는 가속도운동이 아니며, 비행체가 받는 전외력은 평형을 이루고 있다.

비행체가 처음속도를 갖지 않을 때는 추력에 의해 가속된다. 속도가 점점 빨라져서 속도의 제곱에 비례하는 항력 $D = C_d A \rho \frac{U^2}{2}$(제9장 참조)가 추력 F_{th}와 크기가 같게 되면 외력은 평형을 이루고 그 때의 속도로 등속운동을 유지하게 된다(그림 4.13).

이 사실은 반대로 등속비행중의 추력을 계산하면 그 속도에 대한 비행체의 항력(Drag)을 알 수 있게 한다.

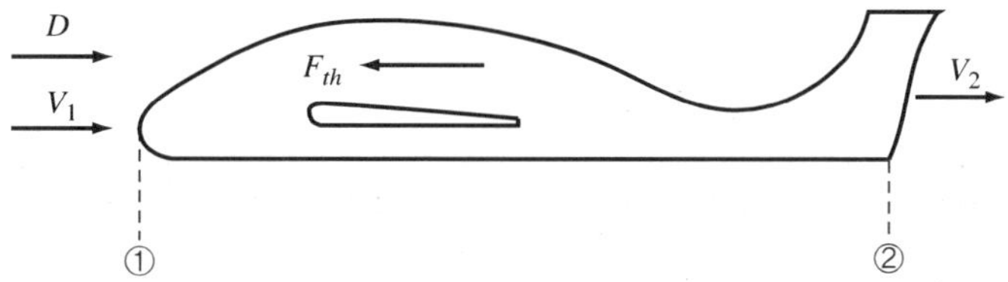

◈ 그림 4.13

4.4.1 탱크에 붙어있는 노즐에 의한 추진

그림 4.14와 같이 수면으로부터 h에 있는 노즐의 유속은

$$V = \sqrt{2gh}$$

이 탱크에 운동량방정식을 적용하면 추력 F는

$$F = \rho Q V$$

여기서 $Q = AV$이므로

$$F = \rho A V^2 = \rho A(2gh) = 2\gamma A h \tag{4.21}$$

이 힘을 반동력(reaction force)이라 하며, 정압에 의한 힘 $\gamma A h$의 2배이다.

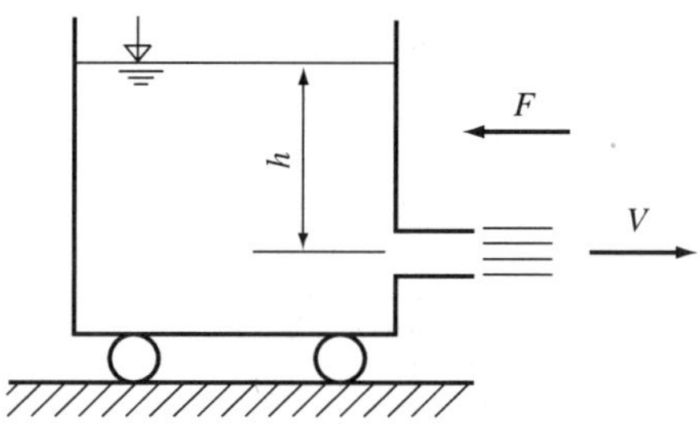

◈ 그림 4.14 탱크차의 추진

4.4.2 비행기 추진

그림 4.15와 같이 공기는 비행기 앞에 뚫려있는 흡입구로 속도 V_1으로 흡입되어 압축실로 들어가 압축된다.

압축공기가 연소실에 들어가 연료와 혼합되어 연소한 다음 팽창하여 속도를 증가시킨 후 노즐에서 V_2의 속도로 공중에 배출된다.

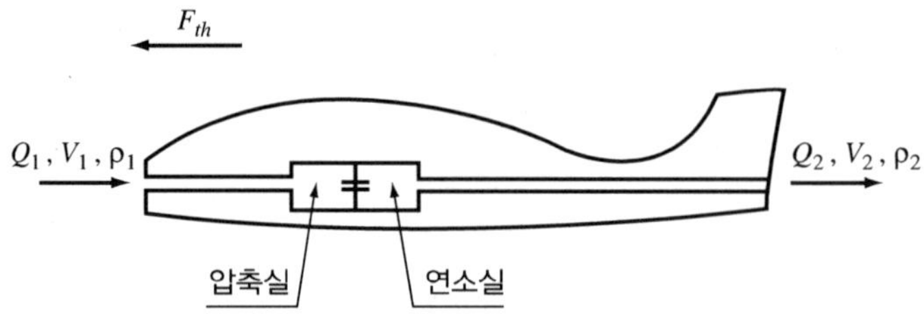

◈ **그림 4.15 비행기 추진**

이 때 비행기의 추력은

$$F_{th} = \rho_2 Q_2 V_2 - \rho_1 Q_1 V_1 \tag{4.22}$$

이다.

4.4.3 로켓 추진

그림 4.16과 같은 로켓의 추진력 F_{th}는 운동량방정식에서

$$F_{th} = \rho Q V \tag{4.23}$$

여기서 ρQ : 분사되는 유체질량
V : 분사 속도

를 나타낸다.

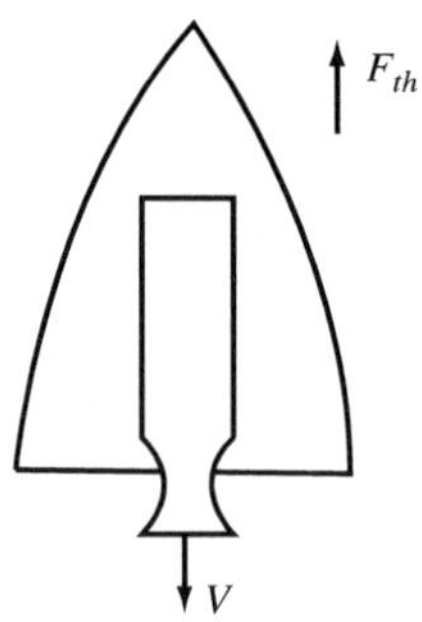

◈ **그림 4.16 로켓 추진**

4.4.4 프로펠러

그림 4.17에서 유속 V_1으로 유동하는 유체 속에 프로펠러(propeller)가 놓여 있

다. 프로펠러 회전에 의하여 유속은 V_4가 되었고, 프로펠러(2와 3 사이)를 지나는 동안 유속 V의 변화는 무시할 수 있다.

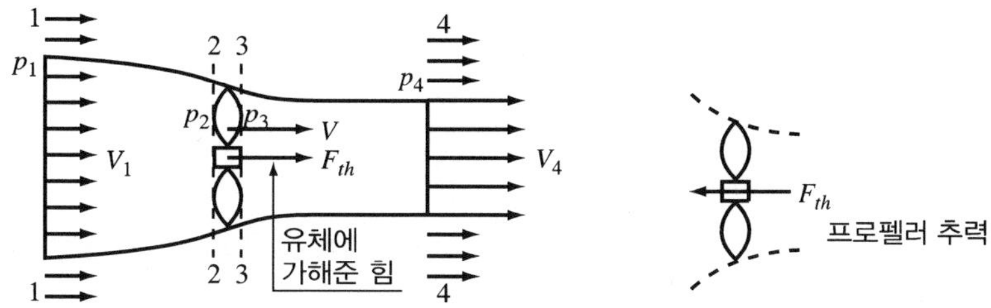

◈ **그림 4.17 유체흐름 속의 프로펠러**

운동량방정식을 적용하면 프로펠러에 의해서 유체에 가한 힘 F_{th}는

$$F_{th} = (p_3 - p_2)A = \rho Q(V_4 - V_1) \tag{4.24}$$

여기서 $Q = AV$이므로 (A는 프로펠러의 회전단면적임)

$$(p_3 - p_2) = \rho V(V_4 - V_1) \tag{4.25}$$

단면 1과 2, 그리고 3과 4에 베르누이방정식을 적용하고

$$p_1 + \frac{1}{2}\rho V_1^2 = p_2 + \frac{1}{2}\rho V^2$$

$$p_3 + \frac{1}{2}\rho V^2 = p_4 + \frac{1}{2}\rho V_4^2$$

$p_1 = p_4$을 고려하면

$$p_3 - p_2 = \frac{1}{2}\rho\left(V_4^2 - V_1^2\right) \tag{4.26}$$

식 (4.25)와 (4.26)에서 $p_3 - p_2$를 소거하고 정리하면, 프로펠러를 통과하는 유체의 평균유속 V는

$$V = \frac{V_1 + V_4}{2} \tag{4.27}$$

가 된다. 이 때 프로펠러로부터 전달된 동력은

$$P_0 = F_{th}V_1 = \rho Q(V_4 - V_1)V_1$$

한편, 프로펠러의 압력은

$$P_i = \frac{\rho Q}{2}(V_4^2 - V_1^2) = \rho Q(V_4 - V_1)V \tag{4.29}$$

식 (4.29)는 단면 1과 단면 4 사이에서 운동에너지 차를 나타낸다. 프로펠러의 이론효율은

$$\eta_{th} = \frac{P_0}{P_i} = \frac{V_1}{V} \tag{4.30}$$

항공기 프로펠러의 실제효율은 최적 조건하에서 이론효율과 같은 85% 정도의 효율을 갖지만, 배의 프로펠러는 프로펠러지름의 제한 때문에 60% 정도에도 못 미친다.

4.4.5 풍차

프로펠러와 풍차(windmill)는 사용목적이 서로 반대가 되어, 서로 상반되는 특성을 가지고 있다.

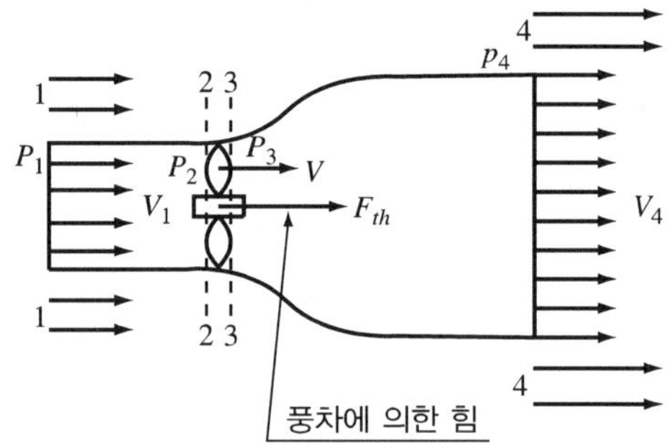

◈ 그림 4.18 유체흐름속의 풍차

그림 4.18에서 풍차를 지나는 유체의 평균속도 V는

$$V = \frac{V_1 + V_4}{2} \tag{4.31}$$

풍차의 동력 P_0는

$$P_0 = \frac{1}{2}\rho Q\left(V_1^2 - V_4^2\right) \tag{4.32}$$

풍차에 가해지는 입력 P_i는

$$P_i = \frac{1}{2}\rho Q V_1^2 \tag{4.33}$$

풍차의 효율은

$$\eta_{th} = \frac{P_0}{P_i} = \frac{(V_1^2 - V_4^2) \times V}{V_1^3} \tag{4.34}$$

가 된다.

예제 4.5 어떤 로켓이 산소연료 5 kg/s와 산소 80 kg/s를 태워 기체를 5 km/s로 방출한다. 이 기체에 의해 로켓에 생기는 추진력을 구하여라.

풀이

$\dot{m} = \rho Q = 5 + 80 = 85 \text{ kg/s}$

$\therefore\ F = \rho Q V = 85 \times 5000 = 425000 \text{ N} = 43367 \text{ kg}_f$

예제 4.6 1120 km/h로 비행하는 분사 추진 비행기의 공기 흡입량은 75 kg/s이고, 연료의 연소기체 질량이 1.35 kg/s이었다. 추진력이 3600 N일 때 분사속도를 구하라.

풀이

$$V_1 = \frac{1120 \times 1000}{3600} = 311.11 \text{ m/s}$$

$\rho_1 Q_1 = 75 \text{ kg/s}$, $\rho_2 Q_2 = 75 + 1.35 = 76.35 \text{ kg/s}$, $F = 3600$ N이므로 식 (4.22)에서

$$F = \rho_2 Q_2 V_2 - \rho_1 Q_1 V_1,\ 3600 = 76.35 \times V_2 - 75 \times 311.11$$

$$\therefore\ V_2 = 352.76 \text{ m/s}$$

예제 4.7 배가 물 위를 8 m/s로 지나간다. 배 뒤의 프로펠러를 지난 후의 물의 절대속도는 6 m/s이다. 프로펠러의 직경을 0.6 m라 하면 추력과 추진효율은 얼마인가?

풀이

$V_1 = 8 \text{ m/s}$, $V_2 = 8 + 6 = 14 \text{ m/s}$

$V = \dfrac{V_1 + V_2}{2} = 11 \text{ m/s}$, $Q = \dfrac{\pi \times 0.6^2}{4} \times 11 = 3.1 \text{ m}^3/\text{s}$

$\therefore\ F_{th} = \rho Q (V_2 - V_1) = 102 \times 3.1 \times (14 - 8) = 1897.2 \text{ kg} = 18592.6 \text{ N}$,

$\eta_{th} = \dfrac{V_1}{V} = \dfrac{8}{11} = 0.727 = 72.7\%$

4.5 운동량 모우멘트의 원리

회전유체기계의 이론은 분류와 날개 사이의 관계에 기초를 두고 있다. 고정날개에서는 동력의 교환이 일어날 수 없다.

힘과 변위가 있을 경우에만 동력이 존재하게 되므로 움직이더라도 운동량 변화에 의한 힘의 교환이 없다면 역시 동력을 생각할 수 없다. 예를 들면 회전하지 않는 물레방아나 원주 속도가 물의 낙하속도와 같게 돌고 있는 물레방아는 동력을 얻지 못한다.

앞에서 취급한 문제들은 날개가 선형으로 움직이는 경우였지만 날개가 회전운동을 하고 있을 때는 운동량방정식에 의한 힘의 작용은 회전 중심으로부터의 거리에 따라 회전력의 크기가 다르므로 미소운동량변화에 의한 접선방향 힘들에 각각의 반지름이 곱하여져 회전력이 계산된다.

그림 4.19를 보고 간단한 방법으로 회전모우멘트(T)를 생각해보자.

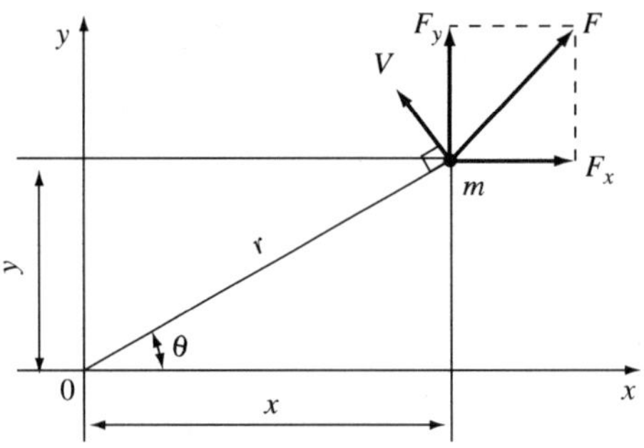

그림 4.19 운동량의 모우멘트

질량 m에 힘 F가 가해지는 원주 속도 V라고 하면

$$F_x = m\frac{d^2x}{dt^2}$$

$$F_y = m\frac{d^2y}{dt^2}$$

이고 원점을 중심으로 한 회전모우멘트는

$$T = xF_y - yF_x = m\left(x\frac{d^2y}{dt^2} - y\frac{d^2x}{dt^2}\right) = m\frac{d}{dt}\left(x\frac{dy}{dt} - y\frac{dx}{dy}\right)$$

로 표시할 수 있으므로, $x = r\cos\theta$, $y = r\sin\theta$로 치환하면

$$T = m\frac{d}{dt}\left(r^2\frac{d\theta}{dt}\right) = m\frac{d}{dt}(rV)$$

따라서, 일반적으로 다음 관계식이 성립한다.

$$T = \frac{d}{dt}(mrV) \tag{4.35}$$

(토크) = (단위시간의 운동량 모우멘트의 변화)

이것을 운동량 모우멘트의 원리(principle of momentum moment) 또는 각 운동량의 원리(principle of angular momentum)라 한다.

이 원리를 응용함에 따라 터빈(turbine)과 펌프의 회전차속을 유체가 흐를 때 축에 작용하는 토크(torque)를 쉽게 구할 수 있다.

예를 들면 그림 4.20의 회전차에 대하여 입구와 출구의 유속을 V_1, V_2, 반경을 r_1, r_2, 단위시간의 유량을 Q라 하면, 운동량 모우멘트의 원리에 따라 회전차축에 작용하는 토크는

$$\begin{aligned} T &= \rho Q\left[(rV_t)_1 - (rV_t)_2\right] = \rho Q(r_1 V_{t_1} - r_2 V_{t_2}) \\ &= \rho Q(r_1 V_1 \cos\alpha_1 - r_2 V_2 \cos\alpha_2) \end{aligned} \tag{4.36}$$

이 된다. 회전차의 입구와 출구의 속도상태만으로 회전차축에 작용하는 토크를 구할 수 있다.

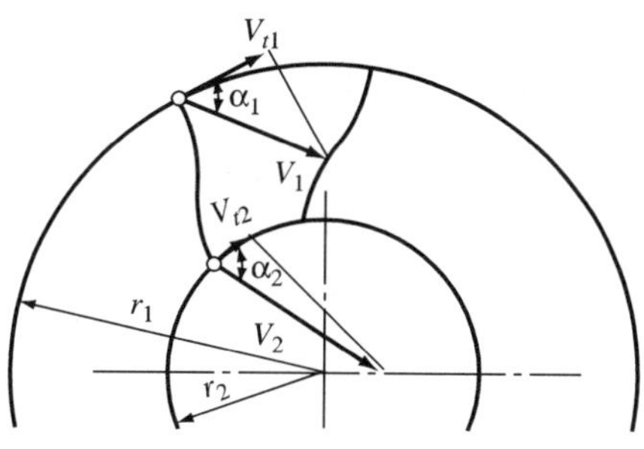

그림 4.20

회전차의 각속도를 ω라 하면 축에 전하는 동력은 다음과 같다.

$$P = T\omega \tag{4.37}$$

그림 4.21에 있어서 날개(vane)가 없는 두 개의 정지한 평행원판 사이를 유체가 자유로이 중심을 향하여 흐르는 경우를 생각해 본다.

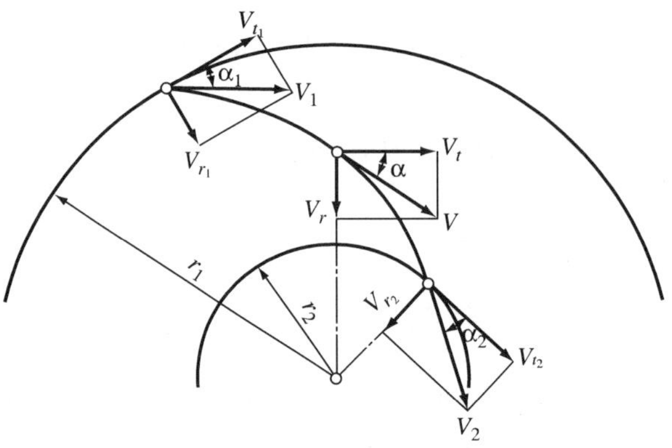

◈ **그림 4.21 자유 소용돌이 운동**

유체의 흐름에는 토크 작용이 없으므로 식 (4.36)에서 $T=0$으로 두면

$$r_1 V_1 \cos\alpha_1 = r_2 V_2 \cos\alpha_2$$

$$\therefore\ r_1 V_{t_1} = r_2 V_{t_2} = r V_t = \text{const.} \qquad (4.38)$$

이 된다. 이와 같이 유체가 외력작용을 받지 않고 자유로이 회전하는 운동을 자유 선회운동(free vortex motion)이라 한다. 이 때 윗 식으로부터 반지름이 작은 곳에서 원주 속도가 커지므로 Bernoulli의 정리에 의해 중심부에는 압력이 낮아진다.

소용돌이치는 태풍이나 물의 중심부에는 속도가 크고 압력이 낮은 것은 이 원리에 의한 것이다.

또 반지름 방향으로 흐름이 존재하는 경우 연속의 원리에 따라

$$2\pi r_1 V_1 \sin\alpha_1 = 2\pi r_2 V_2 \sin\alpha_2$$

$$\therefore\ r_1 V_{r_1} = r_2 V_{r_2} = r V = \text{const.} \qquad (4.39)$$

이 된다. 식 (4.38), (4.39)로부터

$$\frac{V_{t_1}}{V_{r_1}} = \frac{V_{t_2}}{V_{r_2}} = \frac{V_t}{V_r} = \text{const.}$$

$$\therefore\ \alpha_1 = \alpha_2 = a = \text{const.} \qquad (4.40)$$

이 되므로, 유체입자가 흐르는 궤도는 대수나선(logarithmic spiral)이 된다.

그림 4.22에서

그림 4.22(a) → 원심펌프 : 유체가 흐르면서 운동량이 증가하는 경우

$$T = \rho Q(r_2 V_{t_2} - r_1 V_{t_1})$$

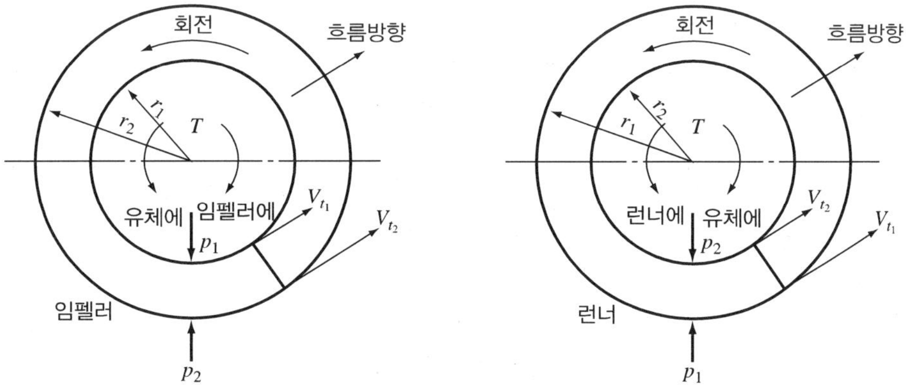

(a) 원심펌프 (b) 반동터빈

그림 4.22

그림 4.22(b) → 반동터빈 : 유체가 흐르면서 운동량이 감소하는 경우

$$T = \rho Q(r_1 V_{t_1} - r_2 V_{t_2})$$

그리고 동력은 $P = T\omega = \gamma QE$이므로 펌프에너지수두는

$$E_p = \frac{\omega}{g}(r_2 V_{t_2} - r_1 V_{t_1})$$

이다.

예제 4.8 그림 4.23과 같은 살수기(sprinkler)의 두 노즐로부터 각각 0.36 l/s의 물이 분출되고 있다. 노즐의 단면적은 각각 1.8 cm^2이다. 기계적 손실은 무시하고 살수기의 각속도(ω)를 계산하라.

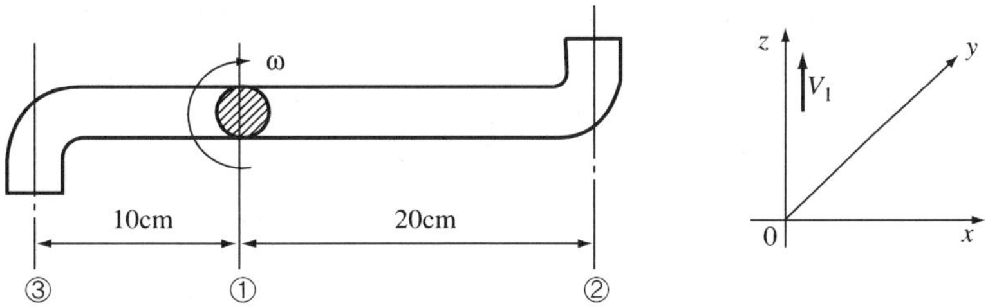

(a) (b)

그림 4.23

풀이

살수기에 공급되는 단면 ①에서의 물의 속도는 그림(b)에서 보는 바와 같이 $x \cdot y$방향 속도성

분을 갖지 않는다. 그리고 살수기는 회전력을 갖지 않고 있으므로 운동량 모우멘트는 0이다. 따라서 출구에서 물의 절대속도에 의한 운동량 모우멘트의 합도 0이 되어야 한다. 이 때 입구속도를 회전하고 있는 살수기에 대한 상대속도로 구하는 것은 복잡하므로 절대속도를 이용하는 것이 편리하다.

V_{t_2}, V_{t_3}를 출구 ②③에서의 원주방향 절대속도, V_{r_2}, V_{r_3}를 각각 노즐출구에 대한 원주방향 상대속도라 하면

$$V_{t_2} = V_{r_2} - r_2\omega = \frac{0.36\times 10^{-3}}{1.8\times 10^{-4}} - 0.2\omega = 2 - 0.2\omega$$

$$V_{t_3} = V_{r_3} - r_3\omega = \frac{0.36\times 10^{-3}}{1.8\times 10^{-4}} - 0.1\omega = 2 - 0.1\omega$$

운동량 모우멘트의 합은

$$Q\rho(r_2 V_{t_2} + r_3 V_{t_3}) = 0$$

$Q\rho \neq 0$이므로

$$0.2(2-0.2\omega) + 0.1(2-0.1\omega) = 0$$

$$\therefore\ \omega = 12\ \text{rad/s}$$

이다.

4.6 운동에너지와 운동량의 수정계수

지금까지 1차원으로 가정된 흐름의 속도는 단면에서의 속도분포가 균일한 것으로 보고 평균속도를 써 왔다. 그러나 실제로 유체는 흐름에 형태에 따라 어느 한 단면에서도 그 단면상의 위치에 따라 속도의 크기가 다르다.

평균속도는 유량을 단면적으로 나누어 구한 값으로서 정하여 질 것이고, 반대로 유량을 구할 때는 흐름 단면적에 평균속도(V)를 곱하여 구하면 오차는 없다. 즉, 단면 A를 통과하는 유체의 속도를 변수 u라 하면 미소단면적 dA에 그 때의 속도 u를 곱하여 전단면에 걸쳐 합한 것은 유량이다.

식으로 표시하면

$$Q = AV = \int_A u\,dA,\quad A = \int_A dA$$

의 관계가 있다. 그런데 평균속도를 제곱하거나 3 제곱하여 써야 할 경우는 뜻이 달라진다. 즉, 평균을 제곱하면 제곱을 평균한 것과 같지 않다는 사실에서 명백하다.

단위시간 동안 단면을 통과하는 질량이 가지는 운동에너지 E_k는

$$E_k = \int_A dm \frac{u^2}{2} = \int (\rho u dA) \cdot \frac{u^2}{2} = \int_A \left(\frac{1}{2} \rho u^3 dA \right)$$

평균속도로 구하는 운동에너지 E_k'는

$$E_k' = \frac{\rho Q V^2}{2} = \frac{1}{2} \rho A V^3$$

인데 일반적으로 $E_k \neq E_k'$이므로 $\alpha E_k' = E_k$로 놓으면 α는

$$\alpha = \frac{E_k}{E_k'} = \frac{1}{A V^3} \int_A u^3 dA = \frac{1}{A} \int_A \left(\frac{u}{V} \right)^3 dA \tag{4.41}$$

식 (4.41)에서 α를 운동에너지 수정계수라 하며, 보통 층류일 때는 $\alpha = 2$, 난류일 때는 1.01 ~ 1.10의 값을 취한다.

같은 방법으로 운동량의 수정계수(β)를 구하면 다음과 같다.

$$\beta = \frac{1}{A V^2} \int_A u^2 dA = \frac{1}{A} \int_A \left(\frac{u}{V} \right)^2 dA \tag{4.42}$$

여기서 보통 층류일 때는 $\beta = 4/3$, 난류일 때는 $\beta =$ 1.01 ~ 1.05, 속도가 균일한 단면에서는 $\beta = 1$의 값을 취한다 (층류, 난류는 제5장 참조).

연습문제

1. 어떤 야구선수가 질량 0.3 kg인 야구공이 40 m/s의 속도로 날아오는 것을 배트로 쳐서 50 m/s로 날려 보냈을 때 다음을 구하라.

① 야구공의 운동량변화량 (kg · m/s)

② 공을 배트로 충격한 시간이 0.1 s이었다면 배트가 공에 준 힘 (N)

2. 그림과 같은 축소관에서 R_y를 구하기 위한 운동량방정식을 구하라.
단, W는 1과 2 사이의 유체의 무게이다.

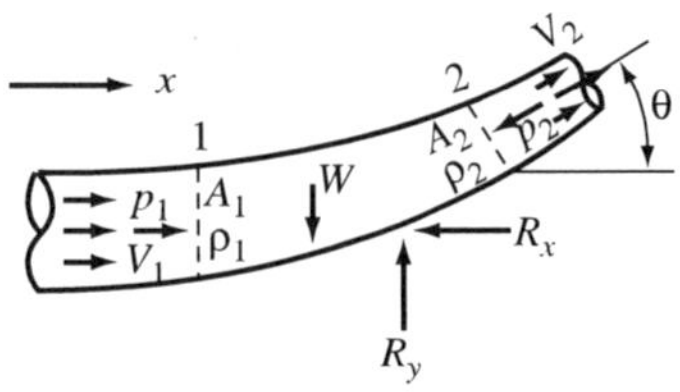

3. 그림과 같은 날개가 20 m/s로 움직이고 있다. 이 때 노즐로부터 절대속도 40 m/s인 물분류가 분출되어 날개에 들어오고 있다. 분류가 날개를 떠나는 순간에 절대속도의 x, y 방향성분을 구하라.
단, 날개각은 150°이다.

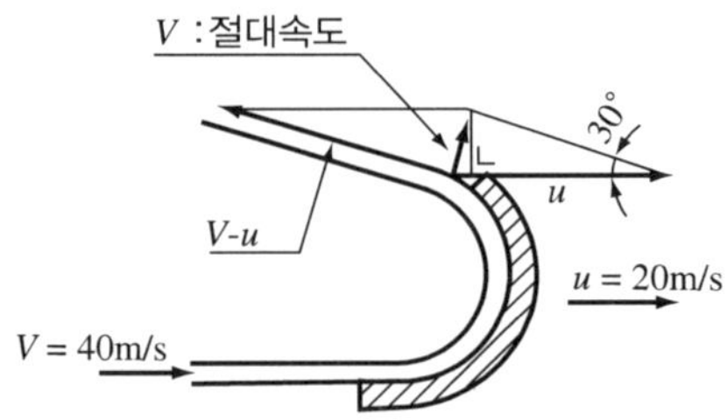

4. 그림과 같이 평판이 $u =$ 10 m/s로 움직이고 있다. 노즐에서 20 m/s의 속도로 분출된 분류가 평판에 수직으로 충돌할 때 평판이 받는 힘을 구하라.
단, 분류의 단면적은 $A =$ 0.01 m^{2}이다.

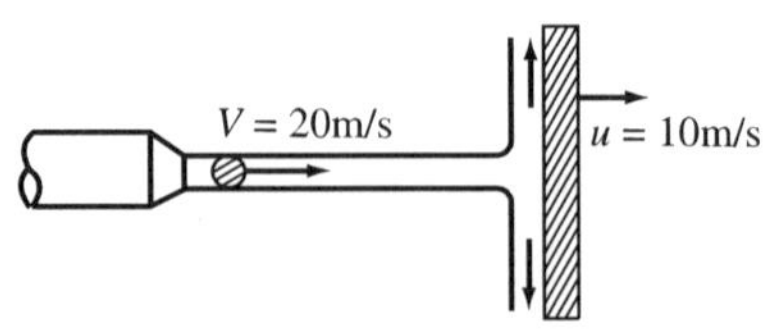

5. 그림에서 60 m/s인 물분류가 15 m/s로 움직이는 날개에 부딪혀 얻어진 동력이 135 kW라 할 때 날개각 α를 구하라.
단, 분류의 지름은 60 mm이다.

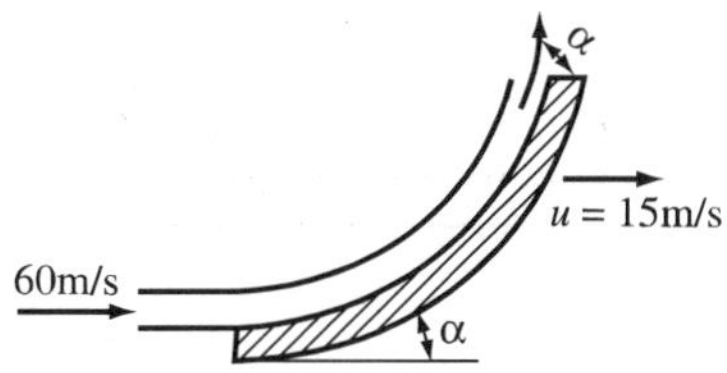

6. 그림에서 보듯이 지름 4 cm인 분류가 40 m/s로 고정평판과 45° 각도로 충돌하고 있다. 이 때 판이 받는 힘을 구하라.

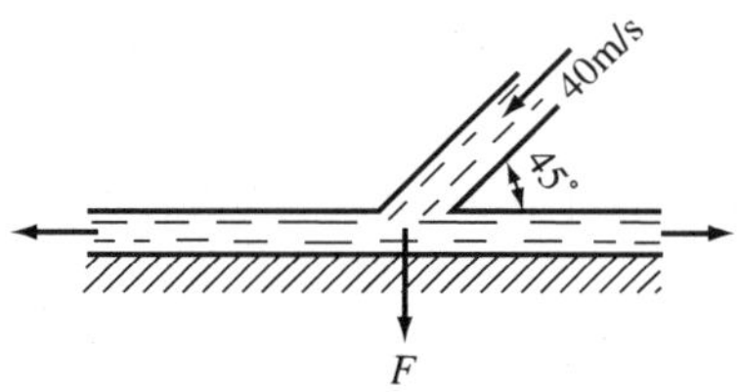

7. 지름 10 cm인 180° U자형 곡관에 압력이 0인 물이 6 m/s로 흐르고 있다. U자형 곡관을 고정시키는 데 필요한 힘을 구하라.

8. 50 m/s인 물분류가 30 m/s으로 움직이는 단일 날개에 분사될 때 단위시간당 운동변화를 일으키는 질량을 구하라.
단, 물의 밀도 $\rho = 1000\ kg/m^3$이고 분류의 단면적은 $100\ cm^2$이다.

9. 이동날개에 분류를 분출시켜 분류방향으로 160 kg_f의 힘을 가하였더니 이 때 날개는 분류방향으로 20 m/s의 속력으로 이동되었다. 얻어진 동력을 구하라.

10. 그림과 같이 물분류가 터빈에 붙어 있는 베인에 분사되고 있다. 이 때 물로부터 베인에 전달된 동력을 구하라.
단, 물의 비중량 $\gamma = 9800\ N/m^3$이다.

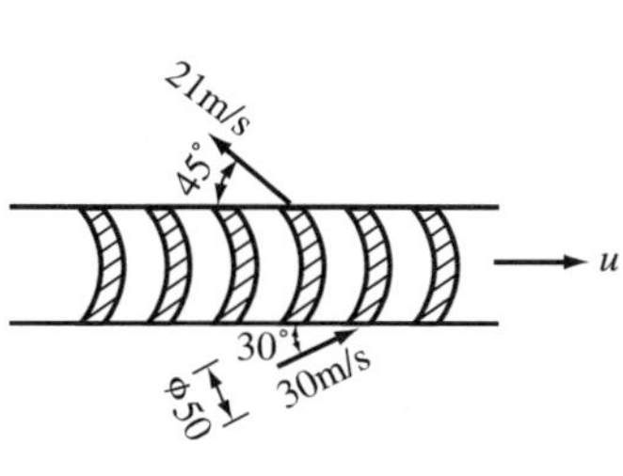

11. 다음 그림에서 탱크차가 받는 추력을 구하라.
단, 노즐의 단면적은 0.01 m^2이다.

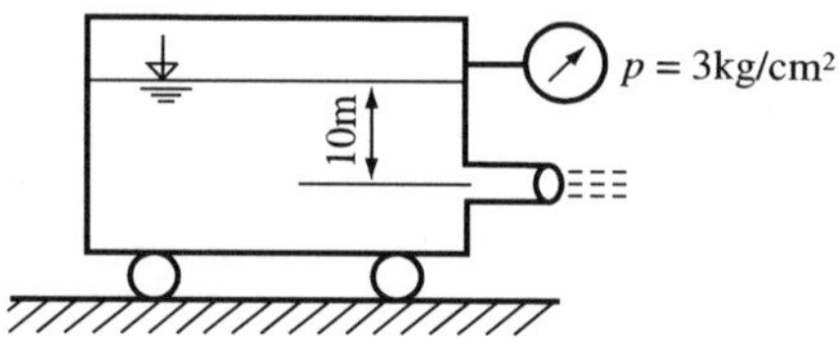

12. 프로펠러의 지름이 2.4 m인 비행기가 100 m/s로 $\rho =$ 0.04 kg/m^3인 잔잔한 공기 속을 비행하고 있다. 프로펠러를 지나는 평균유속이 125 m/s일 때 비행기의 추력과 효율을 구하라.

13. 1000 km/h로 비행하는 분사추진 비행기의 공기흡입량은 40 kg/s이고, 분사속력이 비행기에 대하여 500 m/s이었다. 연료의 무게를 무시할 때 추력을 구하라.

14. 비행속도 800 km/h인 제트기가 500 m/s의 속력으로 배기가스를 분출할 때 제트기의 추진력을 구하라.
단 흡기량은 25 kg/s로서 배기에는 연소가스가 2.5% 증가한다.

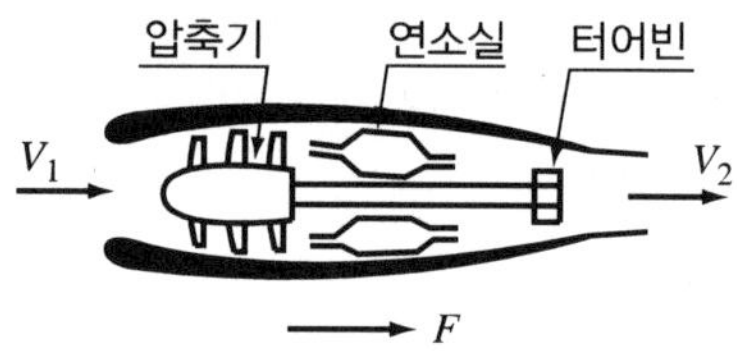

15. 그림에서 보듯이 모터보트가 2 m/s로 흐르는 강물에 대하여 10 m/s로 거슬러 올라가고 있다. 이때는 앞 부분에서 물을 흡입하여 뒤쪽으로 0.2 m^3/s로 물을 단면적 0.01 m^2인 노즐을 통하여 배출한다면 발생하는 추진력은 얼마인가? 단, 물의 비중량은 9800 N/m^3이다.

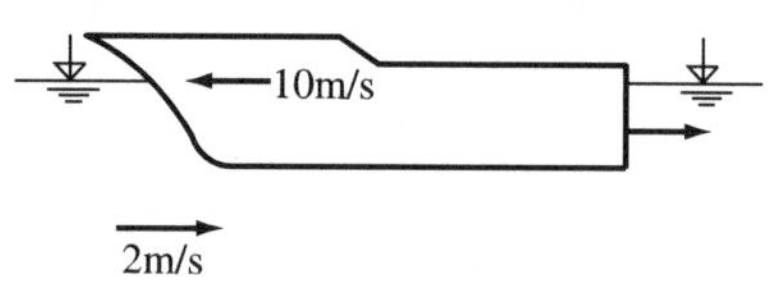

16. 프로펠러의 전후방의 속도를 각각 V_1, V_4라 하면 프로펠러를 지나는 평균유속 V는 어느 것인가?

① $V = \sqrt{\dfrac{V_1 - V_4}{2}}$　　② $V = \sqrt{\dfrac{V_1 + V_4}{2}}$

③ $V = \dfrac{V_1 - V_4}{2}$　　④ $V = \dfrac{V_1 + V_4}{2}$

17. 그림과 같은 스프링클러에서 물이 10 l/s로 흐르고 있다. 이 때 스프링클러의 시동회전력을 구하라. 단, 노즐지름은 5 cm이다.

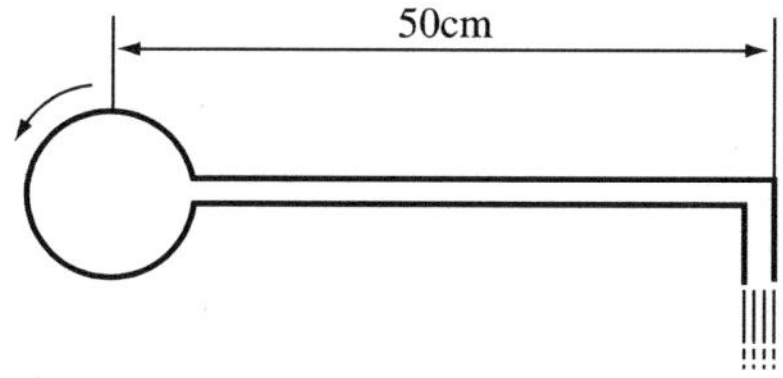

18. 다음 중 운동량의 단위는 어느 것인가?

① kg · s/m ② kg · m/s ③ kg · s^2/m ④ kg · m/s^2

19. 운동량 수정계수는 어느 것인가?

① $\frac{1}{A}\int_A \left(\frac{u}{V}\right) dA$ ② $\frac{1}{A}\int_A \left(\frac{u}{V}\right)^2 dA$

③ $\frac{1}{A}\int_A \left(\frac{u}{V}\right)^3 dA$ ④ $\frac{1}{A}\int_A \left(\frac{u}{V}\right)^4 dA$

20. 그림에서 유량 0.012 m^3/s인 물분류가 노즐로부터 분출되어 65 rpm으로 회전하는 수차날개에 부딪치고 있다. 물분류에서 수차로 전달된 동력을 구하라.

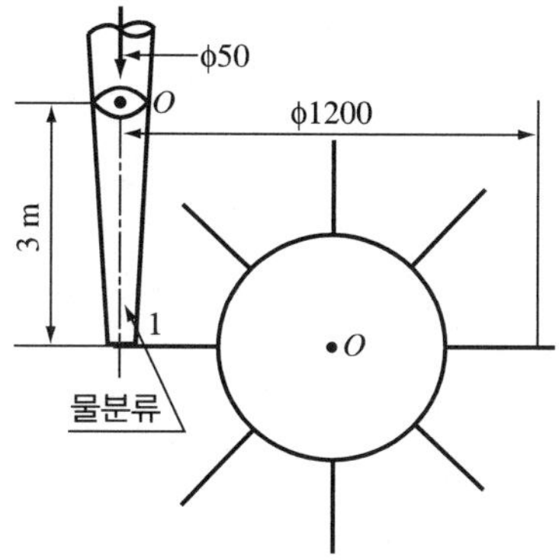

CHAPTER 05

실제유체의 흐름

Fluid Mechanics

실제유체는 점성과 압축성 효과를 가지므로 제3, 4장에서 다룬 이상유체보다는 흐름의 조건이 매우 복잡하다.

제5장에서는 먼저 압축성을 무시한 액체흐름의 점성효과에 대한 여러 가지 현상들을 설명하고, 압축성유체는 제10장에서 공부하기로 한다.

점성은 유체상호간 또는 고체벽면 사이에 전단력을 유발하게 하고 전단력은 에너지의 손실을 초래하므로 흐름의 형태와 관로형상에 따른 여러 가지 경우에 손실을 예측하고 설계에 대비하는 것은 매우 중요하다. 그러나 여기서는 이론적으로 복잡한 것은 피하고 실험에 의한 자료를 이용하여 손실수두, 압력강하를 구하는데 중점을 두었다.

5.1 유체마찰

완전유체의 흐름에 있어서는 유체에 점성이 없다고 가정했으므로 유체마찰(fluid friction)은 생각할 필요가 없었다. 따라서, 완전유체의 흐름에서는 에너지의 손실이 일어나지 않는 것으로 생각할 수 있었으나 실제의 유체에는 반드시 어느 정도의 점성이 있다. 이 사실은 유체가 흐를 때 유체마찰에 의한 저항이 나타나는 것으로도 알 수 있다.

이 유체마찰의 현상은 다른 조건이 동일하다고 가정하면, 점성이 큰 유체일수록 현저하다. 즉, 마찰저항(frictional resistance)에 이겨내면서 유체를 유동시키는 데는 어느 정도의 에너지를 소비하지 않으면 안된다. 그런데 이 에너지는 결국 열의 형태로 변화하고, 흐름의 에너지로서는 다시 회수할 수 없는 것이므로, 이것을 마찰손실(frictional loss)이라고 한다.

유체마찰의 한 예로서 오리피스로부터 유체가 유출하고 있는 경우에 완전유체가 오리피스로부터 유출하는 때를 생각하면 속도계수 C_v는 당연히 1.0이다. 그러나 실제의 유체, 예를 들면 물이 유출하는 경우에는 이미 설명한 바와 같이 C_v가 거의 1.0 보다 조금 작은 값으로 된다.

이와 같이 C_v가 1.0 보다 작다고 하는 것은 오리피스로부터 물이 유출할 때, 극히 작은 것이나마 에너지의 손실이 일어나고, 그것 때문에 속도가 조금 감소하는 것을 의미한다.

실제의 흐름은 일반적으로 고체의 도벽(guide wall)에 따라서 흐르고 있으며, 벽면에 닿는 유체의 미립자는 벽면에 부착되어 전혀 흐르지 않는 것으로 생각할 수 있다.

다시 말하면, 벽면에 따르는 유체의 상대속도는 0이다. 그러나 벽면으로부터 조금 떨어진 점에서는 유체미립자는 어떤 속도를 가지고 흐르고 있지 않으면 안되므로 벽면에 부착한 미립자와 조금 떨어진 흐름 속에 있는 미립자와의 사이에는 속도의 차가 생긴다. 이 사실은 벽에 따라 흐르는 유체의 층과 층 사이에 미끄럼(slip)이 일어나고 있음을 의미한다.

그리고. 이때에 식 (1.1)로 표시되는 전단력에 상당하는 저항을 일으키며, 그 저항에 이겨가면서 유체가 유동하기 위해서는 항상 에너지의 손실을 동반한다. 이것이 층상운동(laminar motion)에서의 유체마찰의 상태이다.

유체미립자간의 상대속도가 더욱 커지면 유선이 흐트러지고 결국 흐름 속에 무수한 난류(turbulent flow)가 발생한다. 이 경우 벽에 가까운 흐름에서는 저항이 클 뿐만 아니라, 이들 난류가 전면적으로 일어나기 때문에 에너지 손실이 한층 더 심해지는데, 이것을 난류운동에 있어서의 유체마찰의 상태라 한다.

유체마찰이라는 것은 유체미립자 상호간의 상대운동 때문에 일어나는 것이며, 미립자간의 상대운동은 많은 경우에 유체의 주된 부분과 고체도벽과의 사이에 상대운동이 원인이 되어 발생하므로 정지하고 있는 유체 속을 물체가 움직이는 경우에도 같은 현상이 일어난다. 예를 들면, 물속에서 얇은 원판이 그 축을 중심으로 회전하는 경우에 일어나는 마찰저항도 그 일종이다 (단, 배와 같은 형태를 가지는 물체가 물 속을 움직일 때 생기는 저항 중에는 마찰에 의한 저항 외에 형상 여하에 의하여 생기는 소위 형상저항(form resistance)이 포함되어 있다).

고체와 고체 사이에 일어나는 마찰을 고체마찰(solid friction), 유체미립자간의 마찰을 유체마찰(fluid friction)이라 한다.

고체마찰은 2개의 물체가 서로 접해 있을 때, 어느 외력의 작용을 받아 그 중의 하나가 다른 하나의 표면을 미끄러지거나 또는 미끄러지려고 하는 때에 그 접촉면에 일어나는 저항력이다. 이에 비해 유체마찰의 경우는 도벽과 이것에 접하고 있는 유체미립자 사이에는 미끄럼이 일어나지 않고, 그 유체의 다른 부분이 상대적으로 운동할 때 일어나는 저항력이다. 즉, 유체마찰은 유체와 고체와의 접촉면에 일어나지 않고 유체 자산의 사이에서 일어나므로 내부마찰(internal friction)이라고도 한다.

이상의 설명과 같이 고체마찰과 유체마찰은 전혀 성질이 다른 것이며, 비교해 보면 다음과 같은 큰 차이가 있다.

(1) 고체마찰의 크기는 접촉면의 대소에 직접 관계하지 않으나, 유체마찰의 크기는 대체로 접촉면의 넓이에 정비례한다.
(2) 고체마찰의 크기는 두 고체간의 압력에 정비례한다. 그러나 유체마찰에 의한 저항이 많은 경우는 압력에 관계없다(단, 기체의 흐름에서 압력의 크기가 상당히 변화하는 경우에는 관계있다).

같은 유체마찰이라도 흐름이 층상운동인가 난류운동인가에 따라서 마찰저항이 다르며, 그 차이점은 다음과 같다.

■ 층상운동(laminar motion)

① 평균유속에 정비례한다.
② 흐름이 닿은 벽면의 조활에 거의 관계없다.
③ 유체의 점성계수 μ에 정비례하므로 온도에 의해서 많은 영향을 받는다.

■ 난류운동(turbulent motion)

① 평균유속의 약 2제곱에 비례한다.
② 흐름에 접하는 벽면의 조활에 의해서 크게 다르다.
③ 유체의 점성계수 μ에 의해서 영향을 받으나 층상운동의 경우처럼 심하지는 않다.

5.2 관마찰의 성질

Reynolds는 그림 5.1과 같은 실험장치에 의하여 반듯한 관속을 물이 흐르는 경우에 유체마찰, 즉 관마찰(pipe friction) 때문에 생기는 에너지 손실을 측정하여 그 결과로부터 층상운동과 난류운동의 두 경우에서 에너지 손실과 평균유속과의 관계가 다름을 분명히 하고, 또 층상운동으로부터 난류운동으로 변화할 때의 평균 유속, 즉 임계속도(critical velocity)에 관하여도 설명을 하고 있다.

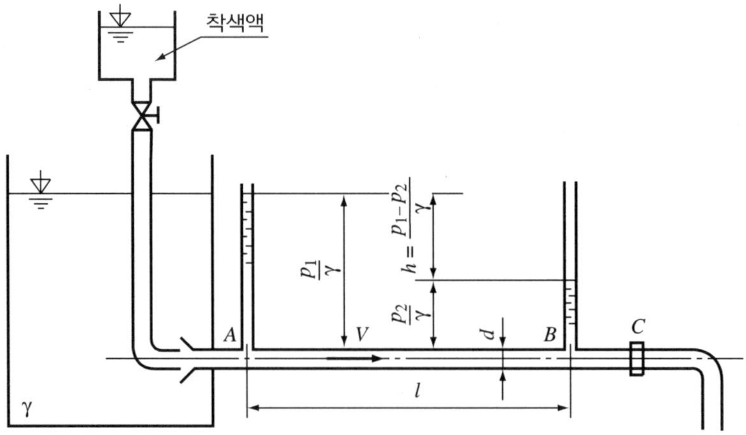

◈ **그림 5.1** Reynolds의 실험

위의 실험장치는 내경 d가 약 12 mm의 비교적 가늘고 반듯한 관을 수평으로 놓은 것이며, 적당한 길이 l만큼 떨어진 두 단면 A, B에서 압력차를 잴 수 있도록 되어 있다(설명의 편의상 A 및 B에 유리관을 세워서 압력수두를 잰 경우를 표시한다). 흐름의 평균유속 V의 크기는 밸브(valve)나 콕(cock) C의 열림을 가감함에 따라서 적당히 취할 수가 있다. 또, 유속 V의 크기는 그 때의 유량 Q를 측정하여, 흐름의 단면적 $\pi d^2/4$으로 Q를 나눔으로써 계산할 수가 있다.

단면 A 및 B에 있어서 평균유속 및 압력의 크기를 각각 V_1, V_2 및 p_1, p_2로 하면 수평으로 놓은 관에 대한 Bernoulli의 식 (3.20)으로부터 다음의 관계가 성립한다.

$$\frac{V_1^2}{2g}+\frac{p_1}{\gamma}=\frac{V_2^2}{2g}+\frac{p_2}{\gamma}$$

$$\therefore \quad \frac{p_1-p_2}{\gamma}=\frac{V_2^2-V_1^2}{2g}$$

이 때 직관을 사용하였으므로 흐름의 단면적 $\pi d^2/4$은 어디서나 일정하지 않으면 안된다. 단면적이 일정한 곳의 흐름에 대하여는 연속의 법칙 식 (3.10)에 의하여 평균 유속도 역시 일정하지 않으면 안된다. 즉, $V_1 = V_2 = V$이다. 이 관계를 (a) 식에 대입하면 $\frac{p_1 - p_2}{\gamma} = 0$으로 된다. 그런데, γ는 물의 단위체적의 중량으로 일정하다고 볼 수 있으므로 $p_1 - p_2 = 0$으로 된다.

Bernoulli 정리는 여러 번 설명한 바와 같이 원래 완전유체의 흐름에 대하여 유도한 것이므로, 그대로는 유체마찰에 의한 에너지 손실이 식 중에 조금도 고려되어 있지 않은 셈이다. 따라서 단면 A, B에서의 압력차 $p_1 - p_2$가 0으로 되는 것이다.

(a) 층류 (b) 난류

그림 5.2

참고 Reference

유체의 유동속도가 느리면 유체입자들은 층을 형성하듯 곧은 진로를 따라 흐르게 되나, 속도가 빠르면 매우 불규칙한 진로로 혼란하게 흐르게 된다. 전자를 일컬어 층류(laminar flow)라 하고(그림 5.2(a)), 후자를 난류(turbulent flow)(그림 5.2(b))라 한다. 흐름의 형태에 이와 같은 2종류가 있다는 것을 처음으로 밝힌 것은 Hagen이다. 그의 첫 논문에 의하면 원관 속의 흐름은 유속의 변화에 따라 층류인 경우와 난류인 경우가 있다는 것을 밝히고 있다(1839년).
그는 그 후에 층류에서 난류로 변화하는 것은 유속에만 딸린 것이 아니고, 점성도 관계가 있다는 것을 밝혔고(1854년), 다시 원관의 지름도 관계된다는 사실을 알아냈다(1869년).
그 후 Reynolds는 그림 5.1과 같은 실험장치에 의하여 유리관 속을 흐르는 물의 속도를 여러 가지로 바꾸어 실험하였다.

그러나 실제 이와 같은 장치로 측정한 결과는 결코 $p_1 - p_2 = 0$이 아니고, 상류의 단면 A에 있어서의 압력은 하류의 단면 B에 있어서의 압력보다 언제나 약간 높다. 즉,

$$p_1 - p_2 > 0$$

이다. 이것은 유체마찰에 의해서 에너지가 손실되기 때문이고, 실험결과에 의하면 $(p_1 - p_2)$의 값은 A, B간의 거리가 멀어질수록 커지고, 또한 평균유속 V가 증가할수록 현저하게 증가한다.

그림 5.1에 표시된 장치에서 Reynolds는 거리 l 및 관의 내경 d를 일정하게 하

고, A, B 두 점에 세운 유리관 내의 水柱의 높이 차, 즉 압력차에 상당하는 水柱 높이 $h = \dfrac{p_1 - p_2}{\gamma}$를 평균유속 V(m/s)의 여러 가지 값에 대하여 측정하였다. 그리고 h의 값을 세로축에, V의 값을 가로축에 잡으면, 그림 5.3과 같이 된다. 그림에서 평균유속 V가 원점 O로부터 C_l점에 상당할 때까지 증가하는 동안은 손실수두 h가 직선 OC_l에 따라서 증가한다.

그런데 C_l점에 해당하는 속도 이상에서부터는 유리관 내의 수면이 상하로 동요하여 손실수두 h의 증가는 불규칙하게 되어 흐름의 상태가 다분히 불안정임을 나타내고, C_h점에 상당하는 속도 이상으로 빠르게 하면 흐름은 다시 안정되지만 OC_l간의 직선과는 전혀 다른 곡선에 따라 손실수두가 심하게 증가한다.

Reynolds의 연구에 의하면 OC_l간의 직선에 상당하는 유속에서는 흐름이 층상운동을 하고, C_l점에 상당하는 유속에 달했을 때 난류운동이 시작되어 C_h부터는 확실한 난류운동을 한다. 즉, C_l점에 상당하는 유속이 소위 임계속도이다. 또 Reynolds에 의하면 속도를 점차 높여갈 때는 대체적으로 D점까지 직선을 그리며, D점의 부근에서 갑자기 곡선으로 변하고 반대로 높은 속도를 점차 감소시켜 갈 때는 D를 통과하지 않고 C_l점까지 동일곡선을 그린다고 한다. 즉, 증가할 때와 감소할 때는 별도의 곡선을 그리는 것으로 알려져 있다.

Reynolds는 C_l점에 상당하는 유속을 하임계속도(lower critical velocity) 또 D점에 상당하는 유속을 상임계속도(higher critical velocity)라 부른다. Reynolds는 평균속도 V와 손실수두 h와의 관계를 한층 명확히 하기 위하여, V와 h와의 대수 $\log V$와 $\log h$와를 각각 가로 세로 좌표로 한 도표를 그렸다.

그 결과 그림 5.4와 같이 원점 O로부터 C_l점까지는 경사 θ_1이 45°의 직선을 그리고, C_h점부터는 θ_2가 60° 가량의 직선으로 옮아 간다. 단, C_l 및 C_h는 각각 그림 5.3에 있어서 C_l, C_h점에 상당하는 점이며, C_l과 C_h와의 사이는 역시 불명확하다.

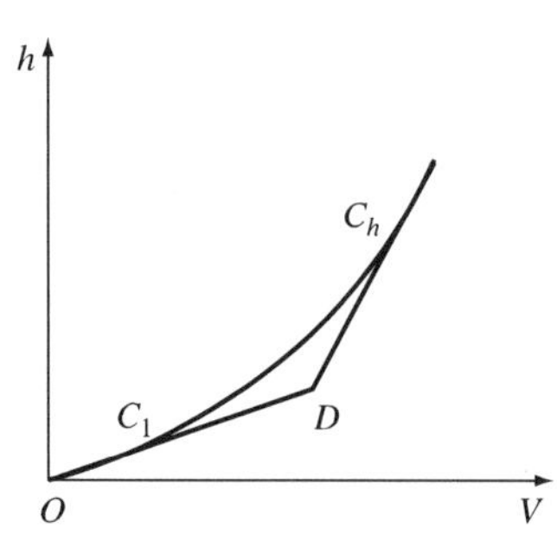

그림 5.3

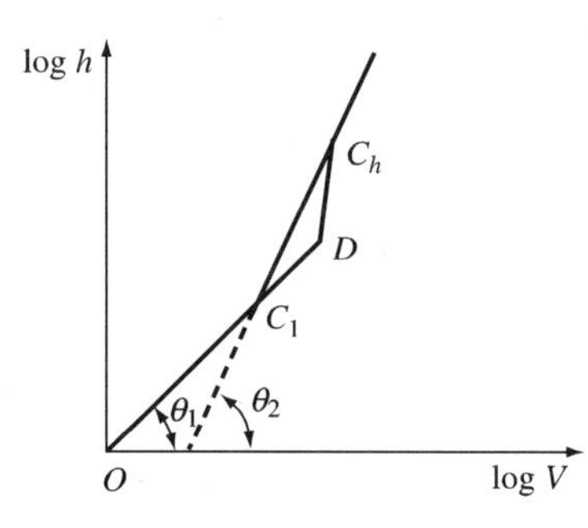

그림 5.4

일반적으로 직선은

$$y = mx + b$$

으로 표시된다. 그림 5.4의 경우에 대해서 이 식을 생각하면 $x = \log V$, $y = \log h$, $m = \tan\theta_1$, 또는 $\tan\theta_2$이고 b는 상수이다.

따라서

$$\log h = n \log V + 상수 \tag{5.1}$$

로 쓸 수가 있다. 단, n은 $m = \tan\theta_1$ 또는 $\tan\theta_2$에 상당하는 값이다.

식 (5.1)의 양변의 역대수를 하면

$$h = k V^n \tag{5.2}$$

로 되어 k는 식 (5.1)에 있어서 상수의 역대수이므로 역수상수이다.

그림에 있어서 원점 O와 C_l점과의 사이에 상당하는 층상운동의 경우에는 $n = \tan\theta_1 = \tan 45° = 1$이다. 그러므로 식 (5.2)는

$$h = \frac{p_1 - p_2}{\gamma} = k' V \tag{5.3}$$

로 쓸 수가 있다. 즉, 층상운동의 경우에는 h는 평균유속 V에 정비례한다.

다음에 C_h점에 상당하는 속도보다 큰 평균유속의 경우에는 난류운동으로 되어 $\theta_2 = 60°$로 한 경우에는 $n = \tan\theta_2$는 약 1.73으로 되나 많은 경우 n은 이보다 크고 특히 내벽이 커진 주철관 등에서는 거의 $n = 2$로 된다. 따라서, 편의상 이것을 2라 가정하면 난류운동의 경우에 대하여 식 (5.2)는

$$h = \frac{p_1 - p_2}{\gamma} = k'' V^2 \tag{5.4}$$

로 쓸 수가 있다.

5.3 레이놀즈수

1 일반적인 표현방법

레이놀즈는 그림 5.1과 같은 장치에 의한 실험을 통하여 층류, 난류의 구분이 속도(U)만에 의해서 결정되는 것이 아니고 유체의 점성계수(μ), 밀도(ρ), 관의 직경

(d)에도 관계됨을 알았다. 이들 변수에 의한 무차원함수를 정의하였는데 이 함수를 레이놀즈수(Re)라 부르며, 이에 대한 일반식은 다음과 같다.

$$Re = \frac{\rho UL}{\mu} = \frac{UL}{\nu} \tag{5.5}$$

여기서

ρ : 유체의 밀도
U : 유체의 특성속도
L : 특성길이
μ : 유체의 점성계수
ν : 유체의 동점성계수

2 물리적의미

$$\text{레이놀즈수} = \frac{\text{단위체적당의 관성력}}{\text{단위체적당의 점성력}}$$

증명

$$\text{관성력} = m \cdot a = \rho L^3\left(\frac{L}{T^2}\right) = \rho L^2\left(\frac{L}{T}\right)^2 = \rho L^2 U^2$$

$$\text{점성력} = \tau \cdot S_w = \left(\mu\frac{du}{dy}\right) \cdot S_w = \mu\left(\frac{U}{L}\right) \cdot L^2$$

$$\therefore \frac{\text{관성력}}{\text{점성력}} = \frac{\rho L^2 U^2}{\mu\left(\frac{U}{L}\right)L^2} = \frac{\rho UL}{\mu} = \frac{UL}{\nu}$$

3 표현방법

(1) 원관인 경우

식 (5.5)의 경우

$U = V$ (유체의 평균속도)
$L = d$ (관의 직경)

을 대입하면 된다.

$$Re = \frac{\rho Vd}{\mu} = \frac{Vd}{\nu} \tag{5.6}$$

(2) 원관 이외의 관인 경우

식 (5.5)의

$$U = V$$
$$L = D_h \text{(수력직경 ; hydraulic diameter)}$$

를 대입하면 된다.

$$Re = \frac{\rho V D_h}{\mu} = \frac{V D_h}{\nu} \tag{5.7}$$

여기서 $D_h = 4R_h$ 이며, R_h 는 수력평균반경(hydraulic mean radius) 혹은 수력평균깊이(hydraulic mean depth)라 하고 $R_h = \dfrac{A}{l_w}$ 로 구한다 [A 는 흐름의 단면적, l_w 는 젖은 길이(wetted length)[1]임].

예를 들면,

① 원관인 경우

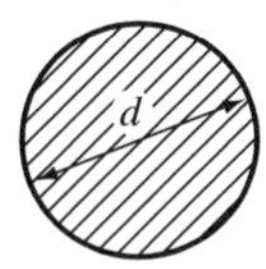

$$A = \frac{\pi d^2}{4} \qquad l_w = \pi d$$

그러므로 $R_h = \dfrac{d}{4}$, $D_h = d$ 이다.

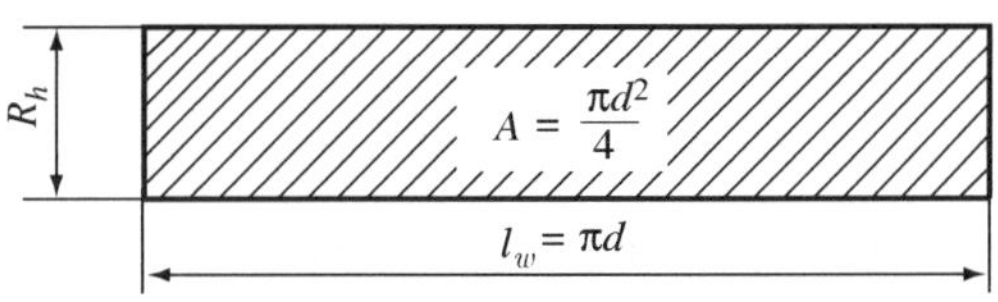

② 사각형 관로인 경우

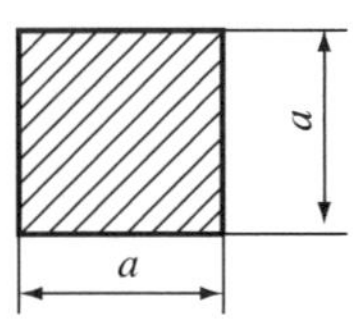

$A = a^2$

$l_w = 4a$

그러므로 $R_h = \dfrac{a}{4}$, $D_h = a$ 이다.

③ 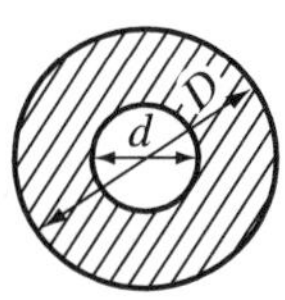

과 같은 관에 빗금 친 부분에만 유체가 흐르는 경우

$$A = \frac{\pi}{4}(D^2 - d^2) \qquad l_w = \pi(D + d)$$

---

[1] 또는 접수길이라고도 한다.

그러므로 $R_h = \frac{(D-d)}{4}$, $D_h = (D-d)$이다.

그 외에 Re에 대한 몇 가지 예는 공부하면서 들기로 하겠다(개수로 흐름, 평판 위의 흐름 등).

4 용 도

(1) 층류, 난류의 구분

① 원관인 경우

무차원수인 Re가 작을 때에는 흐름은 층류인데, Re가 크게 되면 난류로 변하며, 이 때 천이점의 Re를 임계 Reynolds 수(critical Reynolds' number) Rec라 한다.

층류에서 난류로 천이할 때의 Rec를 상임계 Reynolds 수라 하고, 그 상한치는 $1200 < Rec < 14000$의 범위에 있다는 것을 Reynolds가 밝혔으나, 공학에 있어서는 $2700 < Rec < 4000$의 범위를 사용한다. 이렇게 Rec가 분명한 범위를 갖지 못하는 이유는 실험조건, 즉 관입구의 형상이나 저장유체의 안정도 또는 관 벽면의 거칠기에 따라 다소 유동적이기 때문이다. 또, 흐름이 난류에서 층류로 천이할 때의 Rec를 하임계 Reynolds 수라 하고, 그 하한치는 $2100 < Rec < 4000$의 범위에 있으며, Schiller의 실험에 의하면 $Rec = 2320$이다. 그래서 대체로 공학에서는 $Re < 2320$이면 층류, $Re > 2320$이면 난류로 구분하며, 보통 임계 Reynolds 수라고 하면, 이 하임계 Reynolds 수를 말하는 것인데, $Rec = 2320$은 원관 속의 흐름에 대한 값이다.

Rec는 유체와 접하는 경계형상과 관계가 깊으며, $Rec = 2320$은 입구구간[2] (entrance region=inlet length)을 지나 흐름이 안정된 곳에서 측정한 값이다.

(2) 역학적 상사의 판별

자유표면이 없는 유체흐름에서 Re가 같으면, 두 흐름은 역학적 상사를 이룬다.

$$(Re)_p = (Re)_m \tag{5.8}$$

역학적 상사에 대하여 자세한 사항은 제8장에서 다룬다.

---

[2] 입구길이 또는 입구장이라고도 한다.

예제 5.1 직경 4 cm의 수평원관에 평균속도 0.5 m/s로 0°C 물이 흐르고 있다. 레이놀즈수를 구하고 층류, 난류를 판별하라.

풀이

0°C 때의 물 $\nu = 0.017887$ stokes $= 1.7887 \times 10^{-6}$ m²/s이므로

$$Re = \frac{Vd}{\nu} = \frac{0.5 \times 0.04}{1.7887 \times 10^{-6}} = 11180$$

Re가 4000보다 크므로 난류이다.

예제 5.2 직경 5 cm의 원관에 20°C 물이 흐르고 있다. 난류로 흐를 수 있는 최소유량을 구하라.

풀이

20°C 물의 동점성계수는 $\nu = 1.0064 \times 10^{-6}$ m²/s이므로

$$Re = \frac{Vd}{\nu} = 4000$$

에서

$$V = \frac{4000 \times 1.0064 \times 10^{-6}}{0.05} = 0.0805 \text{ m/s}$$

$$\therefore \ Q = AV = \frac{\pi \times 0.05^2}{4} \times 0.0805 = 15.8 \times 10^{-5} \text{ m}^3\text{/s}$$

5.4 원관 속의 층류

층상운동에 대한 기초식이며, Newton의 점성법칙으로 불리는 $\tau = \mu \dfrac{du}{dy}$ 로부터 원형단면인 직관속의 유체의 층상운동은 이론적으로 취급할 수 있다.

그림 5.5와 같은 흐름이 Newton의 점성법칙을 적용시키면 다음과 같다.

$$\tau = -\mu \frac{du}{dy} \tag{a}$$

그림 5.5와 같은 관에서 거리 l만큼 떨어져 있는 두 단면에 작용하는 압력의 크기가 각각 일정하다고 가정하고, 이들을 p_1 및 p_2라 하면, 두 단면의 압력차는 $p_1 - p_2$이다. 임의 반경 y되는 원통형의 단면적 πy^2에 $p_1 - p_2$가 작용하는 힘은 이 압력차와 단면적과의 곱 $(p_1 - p_2)\pi y^2$로 쓸 수 있다.

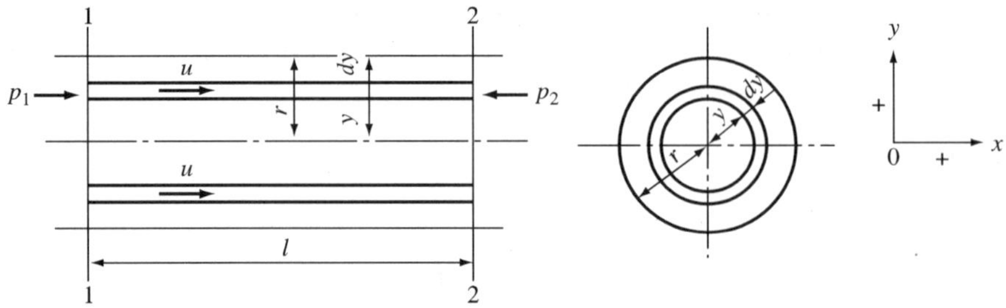

그림 5.5

또, 원통형체적의 측면을 형성하고 있는 원통 면적 $2\pi y \times l$ 위에 단위면적당 τ의 비율로 점성력이 작용하는 것으로 가정하면, 전면적에 대하여 $2\pi y l \tau$되는 저항이 작용하는 것으로 된다.

그러므로 압력차에 의하여 유체를 흐르게 하는 힘과 이 저항력과는 크기가 같고 방향은 반대일 것이다. 즉,

$$(p_1 - p_2)\pi y^2 = 2\pi y l \tau$$

로 쓸 수 있다. 이 식의 양변을 πy로 나누고, $\Delta p = p_1 - p_2$로 하여, τ를 구하면

$$\tau = \frac{\Delta p}{l} \times \frac{y}{2} \tag{b}$$

로 된다. 또한, 식(b)는 관의 길이 방향을 x로 하면 $\dfrac{d\tau}{dy} = \dfrac{dp}{2dx}$로 쓸 수도 있다.

식 (b)로부터 전단응력은 $y = 0$(관중앙)에서 $\tau = 0$이고, $y = \tau$(관벽)에서 τ_{max}임을 알 수 있다.

전단응력 분포곡선은 그림 5.6과 같다. 여기서 $\tau_{max} = \dfrac{\Delta p}{2l} \cdot r$임을 알 수 있다.

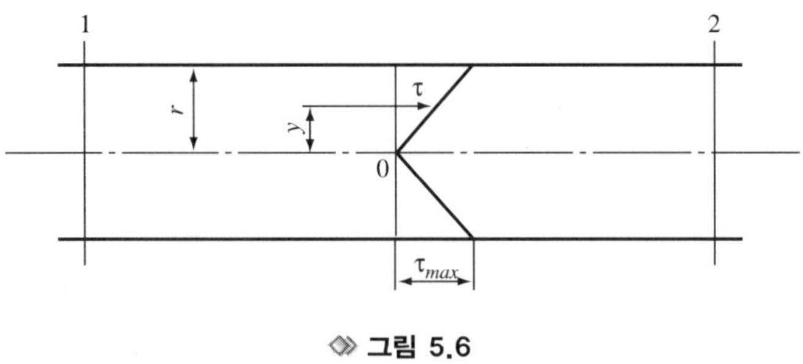

그림 5.6

식 (a)와 (b)로부터 τ를 소거하면

$$-\mu\frac{du}{dy}=\frac{\Delta p}{l}\times\frac{y}{2}$$

로 된다. 이것으로부터

$$\frac{du}{dy}=-\frac{\Delta p}{l}\cdot\frac{y}{2\mu}$$

의 미분방정식을 얻는다. 이 식의 좌변은 반경 방향의 단위 길이에 대한 속도차이다.

그러므로 미소 거리 dy에 대한 속도차 du는

$$du=-\frac{\Delta p}{l}\times\frac{y}{2\mu}dy$$

로 된다. 따라서 중심으로부터 r만큼 떨어진 관벽에 부착한 유체층과 중심으로부터 임의 거리 y에 있는 층과의 사이에 일어나는 속도차 u는 이 미소속도차 du를 거리 r로부터 y까지에 대하여 정적분하면 얻어진다.

즉, 식의 양변을 적분하면

$$\int_r^y du=-\frac{\Delta p}{l}\times\frac{1}{2\mu}\int_r^y ydy=\frac{\Delta p}{2\mu l}\int_y^r ydy=\frac{\Delta p}{2\mu l}\left[\frac{1}{2}y^2\right]_y^r$$

로 된다. 따라서

$$u=\frac{\Delta p}{4\mu l}(r^2-y^2) \tag{5.9}$$

식 (5.9)는 원형단면의 직관 속에 있는 유체가 층상운동을 하는 경우, 그 횡단면의 속도분포를 나타내는 식이며, 분명히 포물선을 표시하고 있다. 그러나 실제로는 이와 같은 속도분포는 관입구를 흘러들어간 후 소위 입구 길이(inlet length)를 흐른 뒤가 아니면 일어나지 않는다.

또 식 (5.9)에서 $y=r$로 놓으면, 그 때의 u는 관벽에 접한 유체미립자를 표시하고 0이다. $y=0$으로 놓으면 관의 중앙을 흐르는 최대속도 u_{max}이 얻어진다. 즉,

$$u_{max}=\frac{r^2}{4\mu}\cdot\frac{\Delta p}{l} \tag{5.10}$$

이다. 이와 같이 해서 y의 여러 가지 값에 대한 u의 값을 구하면, 그림 5.7에서 보는 바와 같이 포물선이 얻어진다. 한편,

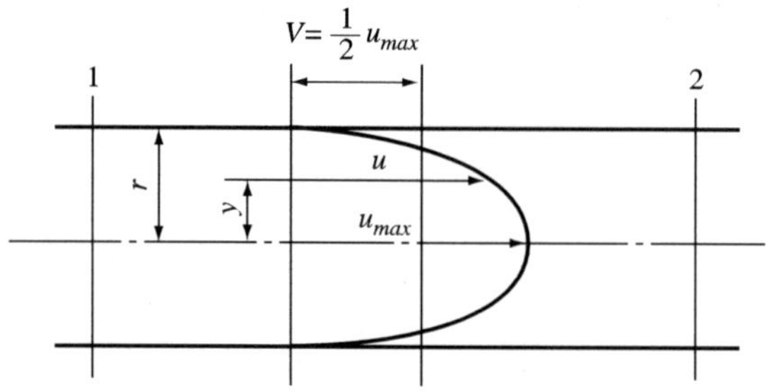

◈ 그림 5.7

$$\frac{u}{u_{max}} = 1 - \left(\frac{y}{r}\right)^2 \tag{5.11}$$

이 되기도 한다.

다음에 그림 5.5의 우측 단면에서 반경이 y이고 두께가 dy인 극히 얇은 횡단면적 dA를 생각하면 $dA = 2\pi y dy$이다. 또, 이 면적 dA를 통해서 흐르는 속도를 u라 하면 그 유량 dQ는

$$dQ = dAu = 2\pi uydy$$

로 되고, 이 관계에 식 (5.9)에 표시되는 u의 값을 대입하면

$$dQ = \frac{\pi \triangle p}{2\mu l}(r^2 - y^2)ydy$$

로 된다. 그러므로 관을 흐르는 전유량 Q는 $y=0$에서 $y=r$까지의 범위에 걸쳐서 dQ를 적분함으로써 얻어진다. 즉,

$$Q = \int_0^r dQ = \frac{\pi \triangle p}{2\mu l}\int_0^r (r^2 - y^2)y \cdot dy = \frac{\pi \triangle p}{2\mu l}\left[r^2\frac{y^2}{2} - \frac{y^4}{4}\right]_0^r$$

$$= \frac{\pi \triangle p}{2\mu l}\left[\frac{r^4}{2} - \frac{y^4}{4}\right] = \frac{\pi r^4}{8\mu} \cdot \frac{\triangle p}{l} \tag{5.12a}$$

이 결과에 의하여 유량은 관의 단위 길이에 대한 압력차(압력구배) $\frac{\triangle p}{l}$에 비례하고, 또 관의 반경의 4승에 비례함을 알 수 있다. 여기에 $r = \frac{d}{2}$을 대입하면

$$Q = \frac{\pi d^4}{128\mu} \cdot \frac{\triangle p}{l} \tag{5.12b}$$

가 된다.

이 식 (5.12)를 특히, 하겐-포아젤 방정식(Hagen-Poiseuille's equation)이라 한다.

이 식은 두 사람이 각각 별도로 하겐은 1839년에 포아젤은 1840년에 실험적 방법에 의하여 결정하였다.

그리고 관 속의 평균유속 V는 식 (5.12) 및 연속의 원리로부터

$$V = \frac{Q}{A} = \frac{\pi r^4}{8\mu} \cdot \frac{\Delta p}{l} \times \frac{1}{\pi r^2} = \frac{r^2}{8\mu} \cdot \frac{\Delta p}{l} \tag{5.13}$$

이 값과 식 (5.10)으로 주어진 최대유속 u_{max}를 비교하면

$$V = \frac{u_{max}}{2}$$

즉, 평균유속은 최대속도의 $\frac{1}{2}$이 된다(그림 5.7 참조). 이 사실은 포물선이 회전해서 생기는 체적이 같은 높이의 원통 체적의 $\frac{1}{2}$인 사실로서도 증명할 수가 있다.

원형단면관의 흐름에서 속도가 큰 중앙 부분의 면적이 비교적 작고 관벽에 가까운 낮은 속도로 흐르는 환상면적이 비교적 크므로 평균유속은 의외로 작게 되는 것이다.

또, 평균유속의 식 (5.13)으로부터 관을 흐르는 동안에 생기는 압력강하 $(p_1 - p_2)$ 및 이에 해당하는 손실수두 h를 구하면 다음과 같이 된다.

$$\Delta p = \frac{8\mu l Q}{\pi r^4} \tag{5.14}$$

여기에 $Q = AV = \pi r^2 V$를 대입하면

$$\Delta p = \frac{8\mu}{r^2} l V$$

이 된다.

$$h = \frac{\Delta p}{\gamma} = \frac{8\mu l V}{r^2 \gamma} \tag{5.15}$$

또, $\mu = \nu\rho = \nu\frac{\gamma}{g}$를 대입하면

$$h = \frac{8\nu l V}{g r^2} \tag{5.16}$$

이로부터 원관 내의 층상운동에서 생기는 손실수두 h는 평균유속 V, 관의 길이 l 및 동점성계수 ν에 정비례하고, 반경 r의 제곱에 반비례함을 알 수 있다. 이것은 프랑스인 Poiseuille가 1845년에 발견한 것으로 Poiseuille 법칙이라 부른다.

위에서 유도한 식 (5.12), (5.13), (5.14), (5.15), (5.16) 등의 관계는 층상운동에 대한 마찰저항의 연구에 기초를 두고 있는 것이며, 실험결과와 잘 일치한다.

Engler의 점도계(Engler's viscometer)는 그 일례이다. 이것은 그림 5.8과 같은 원통형 용기의 밑바닥에 가느다란 관을 붙인 것으로, 이 가느다란 관으로부터 액체가 유출하는 시간을 측정한다. 계수 μ, 또는 ν의 값이 큰 액체일수록 저항이 커서 평균유속이 작게 되므로, 같은 양의 유출에도 긴 시간이 필요하게 된다. 따라서 유출에 요하는 시간을 측정함으로써 μ 또는 ν를 결정할 수가 있다.

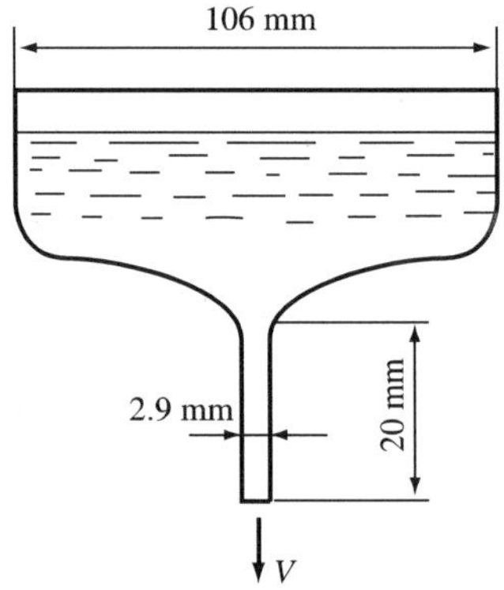

그림 5.8

예제 5.3 동점성계수 $2.4\times10^{-4}\,m^2/s$이고, 비중 $s=0.88$인 40°C 엔진 오일을 1 km 떨어진 곳으로 원관을 통하여 송유하려 한다. 관의 직경 100 mm이고 유량이 $0.02\,m^3/s$이라 하면 1 km 거리에서의 손실수두는 얼마인가?
또, 송유하는 데 필요한 최소 펌프동력은 얼마인가?

풀이

레이놀즈수를 구해보면

$$Re = \frac{Vd}{\nu} = \frac{4Qd}{\pi d^2 \nu} = \frac{4\times0.02\times0.1}{\pi\times0.1^2\times2.4\times10^{-4}} = 1061$$

이 물체는 층류로 흐르므로 하겐-포아젤 방정식을 이용할 수 있다. 그런데 곧고 긴 원관에서 길이 l만큼 떨어진 두 단면에 베르누이 방정식을 적용하면 속도수두와 위치수두는 두 단면에서 각각 같으므로

$$h = \frac{p_1 - p_2}{\gamma} = \frac{\Delta p}{\gamma}$$

또는

$$\Delta p = \gamma h$$

이다. 하겐-포아젤 방정식에서

$$h = \frac{128\nu l Q}{\pi d^4 \mathrm{g}} = \frac{128 \times 2.4 \times 10^{-3} \times 0.02}{\pi \times 0.1^4 \times 9.8} = 199.6 \text{ m}$$

펌프동력은 $P = h \times \gamma Q$ 또는 $P = \Delta P \times Q$로 계산된다.

$$P = 199.6 \times 9800 \times 0.88 \times 0.02 = 34427 \text{ W}$$

예제 5.4 지름 50 mm, 길이 800 m인 매끈한 원관을 써서 매분 135 l의 기계유를 송유할 때 오일펌프의 압력을 얼마로 해야 하는가?
단, 기름의 비중을 0.92, 점성계수를 0.56 poise로 한다.

풀이

관의 내경을 d, 유량을 Q라 하면 평균유속 V는

$$V = \frac{Q}{\frac{\pi}{4}d^2} = \frac{\frac{0.135}{60}}{\frac{\pi}{4} \times (0.05)^2} = 1.146 \text{ m/s}$$

다음에 Re를 구해보자.

$$1 \text{ poise} = 1 \text{ g/cm} \cdot \text{s} = 100 \text{ g/m} \cdot \text{s} = \frac{1}{98} \text{ kg} \cdot \text{s/m}^2$$

이므로

$$\mu = 0.005714 \text{ kg} \cdot \text{s/m}^2$$

그런데 비중이 0.92이므로 밀도는

$$\rho = \frac{\gamma}{\mathrm{g}} = \frac{0.92 \times 1000}{9.80} = 93.88 \text{ kg} \cdot \text{s}^2/\text{m}^4$$

이 된다. 따라서 동점성계수 ν는

$$\nu = \frac{0.005714}{93.88} = 0.00006086 \text{ m}^2/\text{s}$$

$$\therefore \; Re = \frac{Vd}{\nu} \equiv \frac{1.146 \times 0.05}{6.086 \times 10^{-5}} = 942 < 2320$$

따라서 이 기름의 흐름은 층류이다.
그러므로 식 (5.14)에 의하여

$$\Delta p = \frac{8\mu l}{\pi r^4} Q = \frac{8 \times 5.714 \times 10^{-3} \times 800}{3.14 \times (0.025)^4} \left(\frac{0.135}{60} \right)$$

$$= 67083 \text{ kg/m}^2$$

5.5 평행평판 사이의 층류

그림 5.9와 같이 2개의 평행평판 사이를 점성유체가 층류의 상태로 흐를 때를 생각해 보자. 평판의 폭은 b라 하고, $\triangle p = p_1 - p_2$라 한다.

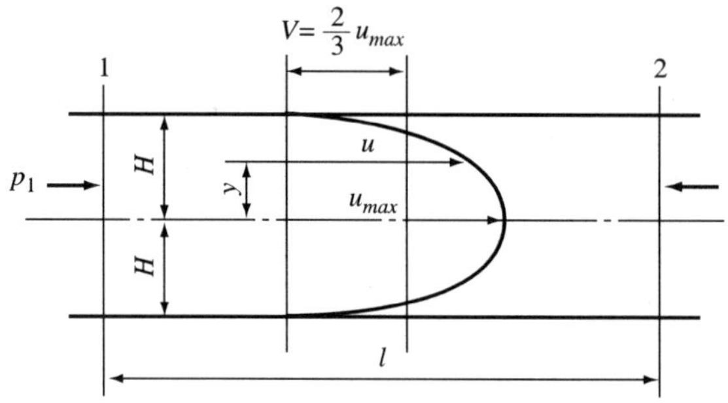

그림 5.9

그림 5.9에서

$$\triangle p \cdot 2y \cdot b = \tau \cdot 2bl$$

이며, 이 식의 양변을 정리하면

$$\tau = \frac{\triangle p}{l} \cdot y \qquad \text{(a)}$$

로 된다. 또한 이 식은 판의 길이방향을 x로 하면 $\frac{d\tau}{dy} = \frac{dp}{dx}$로 쓸 수도 있다.

위의 식 (a)와 Newton의 점성법칙인 $\tau = -\mu \frac{du}{dy}$와 등치시켜서 풀면,

$$u = \frac{\triangle p}{2\mu l}(H^2 - y^2) \qquad (5.17)$$

이 된다.

$$u_{max} = \frac{\triangle p}{2\mu l} H^2 \qquad (5.18)$$

$$\left.\begin{aligned} V &= \frac{2}{3} u_{max} \\ V &= \frac{\triangle p}{3\mu l} H^2 \end{aligned}\right\} \qquad (5.19)$$

$$Q = AV = 2HbV = \frac{2\triangle p H^3}{3\mu l} b \qquad (5.20)$$

단위폭의 평판에 대한 유량을 q라 하면

$$q = \frac{2\triangle pH^3}{3\mu l} \tag{5.21}$$

$$\triangle p = \frac{3\mu lq}{2H^3} \tag{5.22}$$

$$h = \frac{\triangle p}{\gamma} = \frac{3\mu lq}{2H^3\gamma} \tag{5.23}$$

각종 증명방법은 원관속의 층류흐름을 참조하기 바란다.

5.6 난류의 속도분포

층류는 이론적 해석이 실험과 일치하여 완전성을 가지지만 난류해석은 매우 복잡하고 어려울 뿐 아니라 이론적 해석이 실제의 다양한 실험결과와 잘 일치하지 않으며 오늘날까지의 여러 가지 이론을 모두가 완전한 것은 없다. 그러나 실제유체흐름의 대부분은 난류이기 때문에 이 흐름의 특성규명은 불가피하다.

난류의 운동에 의한 불규칙성은 뉴턴의 점성법칙이 의미를 잃게 되며 운동방정식 또한 흐름방향 이외의 속도성분으로 인하여 간단하지 못하므로 난류에 대한 이론적 전개는 층류와는 근본적으로 다른 각도에서 이루어지게 된다. 즉, 와동(eddy motion)에 관한 순환(circulation)의 이론과 경계층(boundary layer)의 개념, 박리(separation)현상, 차원해석법에 의한 무차원 함수간의 관계를 실험적 자료와 결부시키는 일 등으로 전단응력 및 속도분포 상황을 체계적으로 설명하려고 노력해 왔다.

이 분야에는 독일의 공학자 Prandtl(1875 ~ 1953)이 1925년 획기적인 난류이론의 창조에 기여한 바가 크다.

난류의 평균유속을 V라 하고, x, y방향의 속도변동을 u', V'라 한다(그림 5.10). x축과 평행한 단위면적을 단위시간에 지나는 유체질량 $\rho V'$이다. 이 유체 $(\rho V')$의 x방향의 속도 변동에 u'에 상당하는 운동량은 $\rho u'\,V'$이고 운동량이 단위면적을 지나 윗층으로 이동함으로 인하여 이 윗층을 x방향으로 당기려고 하는 힘은 운동량의 법칙에 의하여

$$\tau = -\rho\overline{u'\,V'} \tag{5.24}$$

이 된다. u'가 +, V'가 −(또는 u'가 −, V'가 +)일 때의 τ를 +로 하면 윗 식과 같이 −를 붙일 필요가 있다.

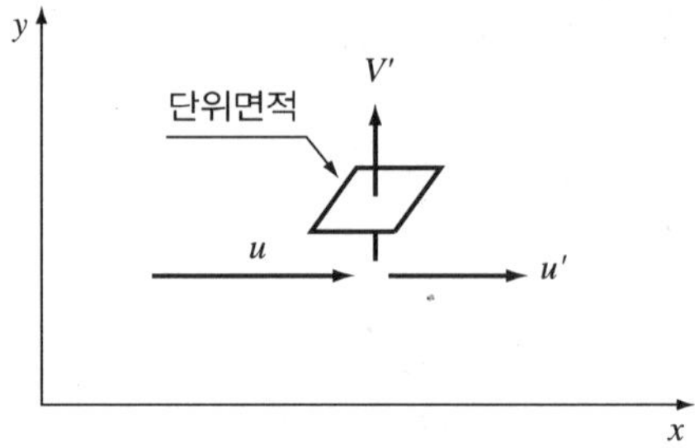

◈ 그림 5.10

이 흐름의 혼합에 의하여 생기는 전단응력을 Reynolds의 응력이라고 한다. 이 전단응력을 층류의 경우와 같이

$$\tau = \varepsilon \frac{du}{dy} \tag{5.25}$$

로 표시하면, 점성마찰과 Reynolds의 응력의 양자가 존재할 때 전단응력은

$$\tau = \mu \frac{du}{dy} - \rho \overline{u' V'} = (\mu + \varepsilon) \frac{du}{dy} \tag{5.26}$$

이 된다. ε을 와류점성계수(eddy viscosity)라고 한다.

그림 5.11에 있어서 벽으로부터 임의의 거리 y점의 유속을 u라 하고, 그 층 내의 유체미립자가 y방향으로 뛰는 거리는 l_1이라고 하면

$$u' \propto l_1 \frac{du}{dy}$$

로 생각할 수가 있다 또 y방향의 속도변동 V'도

$$V' \propto u'$$

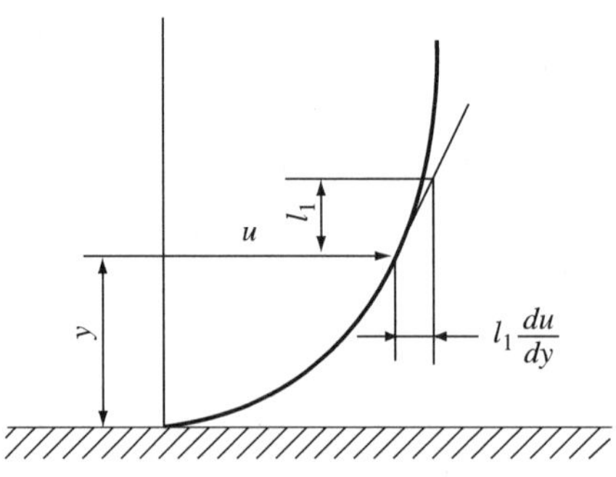

◈ 그림 5.11 혼합거리

라고 하면 식 (5.24)는

$$\tau = \rho l^2 \left| \frac{du}{dy} \right| \frac{du}{dy} \tag{5.27}$$

이 되고, 이것을 식 (5.25)와 비교하면

$$\varepsilon = \rho l^2 \left| \frac{du}{dy} \right|$$

이다. 윗 식의 l을 Prandtl은 혼합거리(mixing length)라 명하고, l은 벽에서의 거리 y에 비례한다고 생각하였다.

즉, $l = ky$라 하면 식 (5.27)은

$$\tau = \rho (ky)^2 \left| \frac{du}{dy} \right| \frac{du}{dy} \tag{5.28}$$

이 된다.

매끈한 평면을 따라 흐르는 난류의 경우, 흐름의 마찰응력은 y와 관계없이 일정하다고 생각할 수 있으므로, 이것을 τ_0라 한다. 그러나 벽 가까이에서는 흐름의 혼합작용이 수행되기 어려우므로 식 (5.26)의 ε은 거의 0으로서 점성마찰응력만이 되고, 그림 5.12와 같이 층류의 얇은 층 δ_0가 된다.

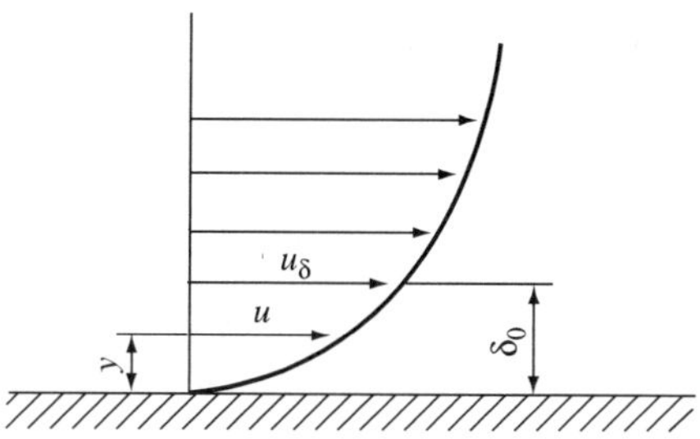

그림 5.12 층류저층

이 층을 층류저층(laminar sublayer)이라고 하는데, 이 층은 매우 얇으므로 층 내의 속도분포는 거의 직선으로 간주할 수 있다. 따라서

$$\tau_0 = \mu \frac{du}{dy} = \mu \frac{u}{y} \ (y \leq \delta_0)$$

$$\therefore \ \frac{\tau_0}{\rho} = \nu \frac{u}{y} \tag{5.29}$$

이 된다. $\sqrt{\dfrac{\tau_0}{\rho}}$ 는 속도의 차원을 가지며 마찰속도(frictional velocity)라 하고, u_*로

표시한다. 따라서 윗 식은

$$\frac{u}{u_*} = \frac{u_* y}{\nu} \tag{5.30}$$

이 된다. $y = \delta_0$ 때 $u = u_\delta$라 두면 윗 식은

$$\frac{u_\delta}{u_*} = \frac{u_* u_\delta}{\nu} = Re_\delta \tag{5.31}$$

이 되며, Re_δ는 Reynolds 수이다.

또 벽에서 상당히 떨어진 곳에서는 식 (5.26)의 μ는 거의 0이 되고, 흐름의 혼합에 의한 Reynolds의 마찰응력만이 있게 된다. 식 (5.28)에 있어서 $\tau = \tau_0$, $\sqrt{\frac{\tau_0}{\rho}} = u_*$라 두면, 다음과 같은 식을 얻게 된다.

$$\frac{du}{u_*} = \frac{dy}{ky} \tag{5.32}$$

$$\therefore \frac{u}{u_*} = \frac{1}{k}\log y + c \tag{5.33}$$

윗 식에 있어서 $y = \delta_0$일 때 $u = u_\delta$로 하고, 식 (5.31)을 써서 변형하면

$$c = \frac{u_\delta}{u_*} - \frac{1}{k}\log\delta_0 = Re_\delta - \frac{1}{k}\log\delta_0 \quad .$$

가 된다. 이것을 식 (5.33)에 대입하여

$$\frac{u}{u_*} = \frac{1}{k}\log\frac{y}{\delta_0} + Re_\delta \tag{5.34}$$

이 된다. 또 식 (5.31)에서 $\delta_0 = \frac{Re_\delta \nu}{u_*}$이므로 이것을 윗 식에 대입하면

$$\frac{u}{u_*} = \frac{1}{k}\log\frac{yu_*}{\nu} + A \tag{5.35}$$

단,

$$A = Re_\delta - \frac{1}{k}\log Re_\delta$$

가 된다. 실험치에서 $\frac{u}{u_*}$와 $\log\left(y\frac{u_*}{\nu}\right)$의 관계를 프롯트함으로써 윗 식의 k, A가 정해진다. 매끈한 원관 속의 흐름에 대해서는 $k = 0.40$, $A = 5.5$가 되므로 윗 식은

$$\frac{u}{u_*} = 5.5 + 5.75 \log \frac{yu_*}{\nu} \tag{5.36}$$

이 되는데 이것을 Prandtl-Nikuradse의 법칙이라고 한다. 또 평판에 따르며 흐르는 흐름에서는 $k = 0.417$, $A = 5.84$가 된다.

Prandtl은 원관(반지름 r_0) 속의 난류의 속도분포로서

$$\frac{u}{u_{max}} = \left(\frac{y}{r_0}\right)^n \tag{5.37}$$

인 식을 유도하였다. u_{max}는 관 중심의 최대유속이다.

윗 식의 n은 Re수에 따라 다르며, $Re < 10^5$에서는 $n = \frac{1}{7}$로써(이것을 *Kármán*-Prandtl의 난류속도분포에 대한 $\frac{1}{7}$승근법칙(seventh root's law)이라고 한다) Re가 커짐에 따라서 n은 작아진다.

난류의 속도분포는 유체미립자의 혼합작용의 결과로서 그림 5.13에 표시된 바와 같이 층류에 비해서 역시 균일화하고, 평균속도 V와 최대속도 u_{max}의 비 $\frac{V}{u_{max}}$는 층류에서는 0.5이지만, 난류에서는 0.8 ~ 0.88이 된다.

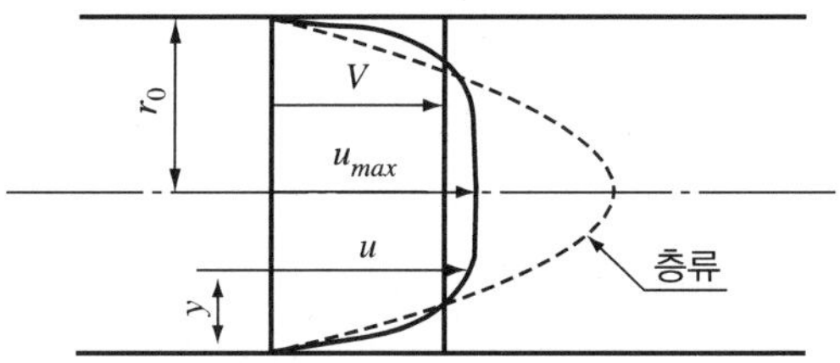

◈ 그림 5.13 난류의 속도분포

5.7 경계층

그림 5.14(a)에 표시된 바와 같이 유체의 흐름 가운데 물체를 놓았을 때 물체표면에 극히 가까운 곳에서는 유속이 매우 작아진다. 이 상황은 흐르고 있는 물의 표면에 가벼운 분말(알루미늄분말이나 또는 톱밥 등)을 띄워서 그 흐름을 관찰함으로써 직접 눈으로 볼 수 있다.

또, 물체표면에 가까운 부분의 흐름에 대한 속도분포를 상세하게 측정하면 그림 5.14(b)에서 보는 바와 같이 물체표면에서는 유체가 점성으로 인하여 벽에 부착하여 속도는 0이 되고, 표면의 얇은 층 δ의 사이에서 속도가 급격히 크게 되며, 이 층

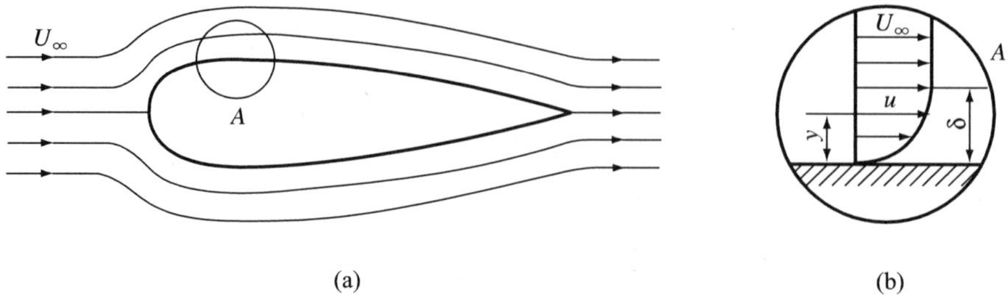

◈ 그림 5.14 경계층

밖에서는 고른(일정한) 속도 U_∞가 된다. 따라서 U_∞를 자유흐름속도(free stream velocity)라고 한다.

Prandtl은 이 층을 경계층(boundary layer)이라 명명하였다.

경계층 안에서는 속도구배 $\dfrac{du}{dy}$가 크므로 유체의 점성이 크게 영향을 미치지만 경계층 밖에서는 속도구배가 작으므로 점성을 무시한 이상유체로 다룰 수가 있다.

경계층의 두께의 정의로서는 그림 5.15(a)와 같이 층 밖의 일정한 속도 U_∞의 99%의 속도에 달하는 점까지의 거리 δ를 잡는 경우가 많다. 또,

$$U_\infty \delta_1 = \int_0^\delta (U_\infty - u)dy \tag{5.38}$$

에 의하여 정의되는 δ_1을 경계층의 변위두께(displacement thickness)라고 할 때, $\delta = (3 \sim 8)\delta_1$이다.

윗 식의 δ는 $u = U_\infty$가 되는 점의 y의 값이다. 이 δ_1은 그림 5.15(b)에 있어서 두 음영부의 면적을 같게 하는 위치이고, 경계층이 되므로 인하여 층 밖의 유선은 평균해서 δ_1만큼 벽에서 멀리 배제되는 것이 된다.

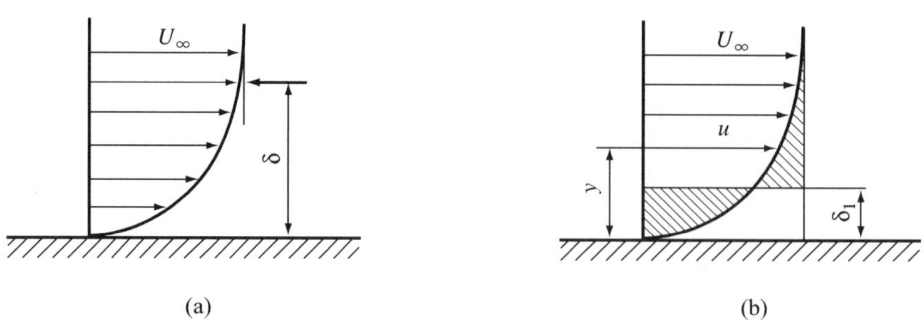

◈ 그림 5.15 경계층의 두께

경계층 안의 흐름에 대한 속도분포에도 층류와 난류가 있다. 그림 5.16과 같이 균일한 흐름 U_∞ 속에 평판을 놓을 때 평판의 앞쪽에서 차차 경계층이 발달하는데

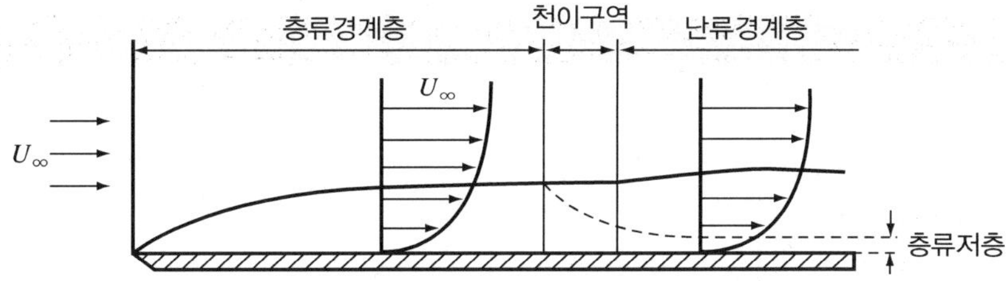

그림 5.16 평판표면의 경계층

처음에는 층류경계층이고, Re수, $U_\infty x/\nu$가 증가함에 따라 난류 경계층으로 변화한다(층류, 난류경계층에 대한 흐름의 해석은 제9장 참조).

여기서 x는 평판의 선단으로부터 떨어진 거리이다. 또, 임계 레이놀즈수 $Rec = 5 \times 10^5$이다.

연습문제

1. 하임계 레이놀즈수란 어느 것인가?

① 층류에서 난류로 바뀌는 레이놀즈수
② 난류에서 층류로 바뀌는 레이놀즈수
③ 균속도 유동에서 비균속도 유동으로 바뀌는 레이놀즈수
④ 비균속도 유동에서 균속도 유동으로 바뀌는 레이놀즈수

2. 15°C인 물이 직경 30cm의 관 속을 0.27 m^3/s의 유량으로 흐르고 있다. 이 때 레이놀즈수를 구하여라.
단, 15°C에서 물의 동점성계수는 $\nu = 1.141 \times 10^{-3}\ m^2/s$이다.

3. 원관에서 유체가 층류로 흐를 때 전단응력은?

① 전단면에서 일정하다.
② 관벽에서 0이고, 중심까지 선형적으로 증가한다.
③ 관중심에서 0이고, 관벽까지 직선적으로 증가한다.
④ 포물선 모양이다.

4. 원관에서 유체가 층류로 흐를 때 속도분포는?

① 전단면에서 일정하다.
② 관벽에서 0이고, 중심까지 선형적으로 증가한다.
③ 관 중심에서 0이고, 관벽까지 직선적으로 증가한다.
④ 2차 포물선으로 관벽에서 속도는 0이고, 관 중심에서 속도는 최대속도이다.

5. $\nu = 1.006 \times 10^{-6}\ m^2/s$인 물이 직경 5 cm의 원관에 흐르고 있다. 층류로 흐를 수 있는 최대 평균속도(m/s)를 구하라.

단, 임계 레이놀즈수는 2100이다.

6. 온도 66°C, 절대압력 380 kPa인 이산화탄소(CO_2)가 1.5 m/s로 5 cm인 관 속을 흐르고 있을 때 유동상태를 구하라.
단, 이산화탄소의 기체상수 $R = 187.8\ N \cdot m/kg\ K$, 점성계수 $\mu = 1.772 \times 10^{-5}\ kg/m \cdot s$이다.

7. 0.001 m^3/s의 유량으로 직경 5 cm, 길이 400 m인 수평원관 속을 비중 $s = 0.86$인 기름이 흐르고 있다. 압력강하가 2 kg_f/cm^2이면 기름의 점성계수($kg_f \cdot s/cm^2$)를 구하라.

8. $\mu = 1.1 \times 10^{-4}\ kg_f \cdot s/m^2$인 물이 직경 1 cm인 수평원관 속에서 층류로 흐르고 있다. 이 때 1000 m 길이에서 압력강하 $\Delta p = 0.2\ kg_f/cm^2$일 때 유량($cm^3/s$)을 구하라.

9. $9\ m^3$/min의 유량으로 직경이 10 cm인 관속을 중유($s=$ 0.92, $\mu=$9.8 poise)가 흐르고 있다. 거리가 10 km 떨어진 곳에 수송하려면 필요한 동력(kW)을 구하라.

10. 지름 200 mm인 수평원관 내에 어떤 액체가 흐르고 있다. 관벽에서의 전단응력이 150 Pa이다. 관의 길이가 30 m일 때 압력강하(kPa)를 구하라.

11. 점성계수 0.42 pa·s이고, 비중 0.92인 유체가 평균속도 1.2 m/s로 직경 250 mm 관속을 흐르고 있다. 중심선에서부터 60 mm인 곳의 전단응력과 속도를 구하라.

12. 점성계수 0.12 pa·s인 유체가 250 mm 관속에 층류로 흐르고 있다. 벽면에서의 전단응력이 48 Pa이라 할 때 중심선에서 30 mm 떨어진 곳의 속도구배를 구하라.

13. 비중 0.88인 유체가 레이놀즈수 1200으로 250 mm 관속을 흐르고 있다. 벽면에서 40 mm인 곳의 속도가 2.5 m/s일 때 유량과 벽면에서의 속도구배를 구하라.

14. 지름 20 cm인 원관에 비중 0.9, 점성계수 0.52 poise인 유체가 평균속도 0.48 m/s로 흐르고 있다. 층류, 난류를 판별하라.

15. 20°C, 1.9 l/s 의 물이 75 mm 직경의 관속에 흐르고 있다. 흐름은 층류인가 난류인가 판별하라.

16. 직경 10 mm인 원관에 최대속도(u_{max}) 0.12 m/s인 층류흐름이 있다. 유량(l/s)을 구하라.

17. 비중 1.02인 유체가 직경 50 mm의 원관을 평균속도 1 m/s의 층류로 흐르고 있다. 매초 당 단면을 통과하는 유체가 가지는 운동에너지(N·m/s)를 구하라.

18. 절대압력 200 kPa, 온도 40°C의 공기가 직경 100 mm 관에서 층류로 흐를 수 있는 최대유량을 구하라.

19. 6 l/s 의 물(20°C)을 층류로 흐를 수 있게 하는 최소 관직경을 구하라.

20. 70 mm 원관에 흐르는 유체가 140 mm 원관에 연결되어 흐르고 있다. 70 mm 관에서의 레이놀즈수가 20000일 때 140mm 관에서의 레이놀즈수를 구하라.

21. 점성계수 1 Pa·s인 기름이 직경 0.3 m인 원관 속에 흐르고 있다. 관 중심에서 최대속도는 4.5 m/s이고 속도분포는 포물선일 때 벽면에서의 전단응력을 구하라.

22. 동점성계수 $1 \times 10^{-4}\ m^2/s$이고 비중 0.9인 기름이 평균속도 1.5 m/s로 50 mm 원관 속에서 흐르고 있다. 50 m 관길이에 걸쳐 9 m의 손실수두가 일어났다면 속도를 3 m/s로 증가시켰을 때 손실수두를 구하라.

23. $6\ l/s$ 의 유체가 80 mm 관 속을 흐르면서 벽면에서의 전단응력이 45 Pa로 알려졌다. 이 유체의 점성계수를 구하여라.

CHAPTER 06

관로의 흐름

Fluid Mechanics

관로에서의 유체유동의 문제들(주어진 특성의 관들을 통과하는 유량의 예측, 그 속에서의 에너지 변환들의 계산 등)은 실제의 공학 전반에 널리 분포되어 있고, 그것들은 여러 가지 기본원리들을 비교적 단순하고 통제된 성질의 (본질적으로 1차원의) 유체유동에 적용하는 기회를 준다. 관로의 흐름은 단지 유동이 관 속을 완전히 채운 유동만을 다룬다.

실제의 관유동 문제들의 해결은 에너지방정식, 연속방정식, 그리고 유체마찰의 원리들과 방정식들의 적용에 연유한다. 관내유동에 대한 저항은 관의 긴 구역에 의해서 뿐만 아니라, 곡관(bend pipe)과 밸브(valve)들과 같이 비교적 큰 크기의 난동을 발생시켜서 에너지를 소실하게 하는 관부속품(pipe fitting)에 의하여서도 나타난다.

6.1 원관의 입구구간

그림 6.1과 같은 나팔 모양의 입구로 된 관로에 유체가 유입할 때 관 입구의 흐름은 단면 전체에 걸쳐서 거의 고른 속도 분포 V를 가지고, 관벽에는 극히 얇은 경계층을 이룰 뿐이다. 그러나 흐름이 하류로 진행함에 따라 경계층 δ의 두께는 증가하여 어느 거리 L에 이르면 관의 반지름 $r_o\left(=\dfrac{d}{2}\right)$와 일치한다. 이 때 관의 전단면에 걸친 속도분포로, 관마찰에 의한 압력손실의 비율 및 관 단면을 지나는 유체가 가진 운동에너지 등은 일정한 상태에 이르게 된다.

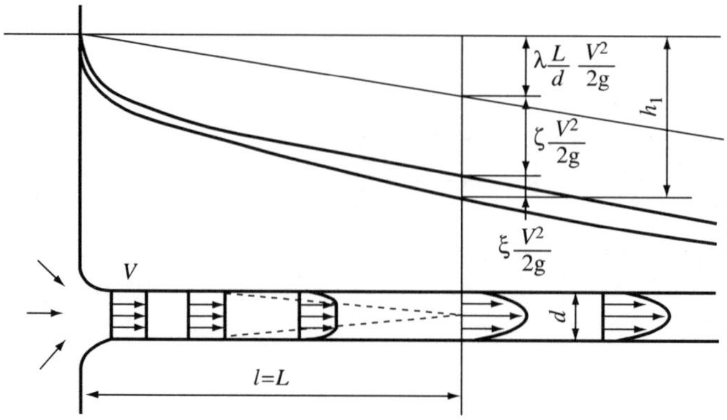

그림 6.1 입구구간의 흐름

이 거리 L을 입구구간(inlet length) 또는 조주거리[1]라고 한다. 관마찰, 속도분포의 실험식은 이 입구구간의 하류에 대하여 적용된다.

L의 값에 대해서는 다음과 같은 식이 발표되어 있다. 단, $Re = \frac{Vd}{\nu}$ 이다.

■ 층류일 때

$$L = 0.065(Re)d \tag{6.1}$$

(1891년 Boussinesq의 이론, 1922년 Nikuradse의 실험)

$$L = 0.029(Re)d \tag{6.2}$$

(1922년 Schiller의 이론)

■ 난류일 때

$$L = 20d \tag{6.3}$$

(1921년 Latzko의 이론)

$$L = (25 \sim 40)d \tag{6.4}$$

(1927년 Kirstein, Nikuradse의 실험)

반지름 r_o인 원관의 단면을 단위시간에 흐르는 유체의 운동에너지 E는 관단면 전체에서

$$E = \int_o^{r_o} 2\pi r \cdot dr \cdot u \cdot \frac{\rho u^2}{2} \tag{6.5}$$

[1] 또는, 입구장(entrance region)이라고도 하다.

이다. 여기에서 u는 임의의 반지름 r인 점의 유속이다. 층류 또는 난류의 속도분포의 식을 써서 윗 식을 계산하면

$$E = \zeta \cdot \pi r_o^2 V \frac{\rho V^2}{2} \tag{6.6}$$

이 된다. 여기서 V는 평균유속을 표시하고, 입구구간의 하류에 있어서 층류인 경우 ζ의 이론치는 2, 난류인 경우의 실험치의 평균은 1.09로서 Reynolds 수가 커짐에 따라서 이 값은 다소 적어진다.

이 에너지에 상당하는 속도수두는 관 속의 유량을 Q라고 할 때 식 (6.6)에서

$$\frac{E}{\gamma Q} = \zeta \frac{V^2}{2\mathrm{g}} \tag{6.7}$$

으로 변형되고, 유체가 관로에 유입되어 입구구간 L에 도달했을 때 이만큼의 속도수두를 가져야 하기 때문에 이 사이에 압력수두는 그만큼 감소한다. 즉, 입구구간에 있어서의 압력수두의 감소는 마찰에 의한 압력손실을 포함하지 않을 때 다음과 같이 된다.

$$\frac{\triangle p}{\gamma} = \zeta \frac{V^2}{2\mathrm{g}} \tag{6.8}$$

그러나 실제에 있어서는 그 외의 부가적 압력손실이 있기 때문에 ζ의 값은 약간 커진다. 이것을 ξ라 하면 식 (6.8)은 다음과 같이 된다.

$$\frac{\triangle p}{\gamma} = \xi \frac{V^2}{2\mathrm{g}} \tag{6.9}$$

ξ의 값은 포물선 속도분포를 가질 때 다음과 같다.

■ 층류

Hagen의 실험 : $\xi = 2.7$

Boussinesq의 계산 : $\xi = 2.24$

Schiller의 계산 : $\xi = 2.16$

Atkinson과 Goldstein의 계산 : $\xi = 2.41$

■ 난류

Hagen의 실험 (나팔 모양의 입구가 없을 때) : $\xi = 1.4$

또 이 입구구간 사이에 있어서도 다음 절에 설명할 관마찰에 의한 압력손실은 따로 고려하지 않으면 안된다.

예제 6.1 내경이 2"이고, 입구모양이 나팔형인 곧은 원관 속을 비중이 0.92인 기름이 56 l/min로 흐르고 있다. 기름이 입구구간에 도달했을 때 감소된 압력수두를 구하라. 단, 관마찰에 의한 압력손실은 제외되고, 기름의 점성계수는 0.8×10^{-3} lb·s/ft² 이다.

풀이

Re를 구하기 위하여 먼저 V를 계산해야 한다.

$$V = \frac{Q}{A} = \frac{0.03532 \times \dfrac{56}{60}}{3.1416 \times \dfrac{(2/12)^2}{4}} = 1.51 \text{ ft/s}$$

다음에 동점성계수 ν를 구한다.

$$\nu = \frac{\mu}{\rho} = \frac{\mu g}{\gamma} = \frac{0.8 \times 10^{-3} \times 32.2}{62.4 \times 0.92} = 0.449 \times 10^{-3} \text{ ft}^2/\text{s}$$

따라서 Reynolds 수는

$$Re = \frac{1.51 \times \dfrac{2}{12}}{0.449 \times 10^{-3}} \fallingdotseq 560$$

$Re = 560 < 2320$이므로 흐름은 층류이다. 따라서 식 (6.1)에 의하여

$$L = 0.065(Re)d = 0.065 \times 560 \times \frac{2}{12} = 6.07 \text{ ft}$$

입구구간이 6.07 ft에 도달했을 때의 부가압력손실을 포함한 압력수두의 감소는 식 (6.9)에 Hagen의 실험치 $\xi = 2.7$을 적용하여

$$\frac{\Delta p}{\gamma} = 2.7 \times \frac{1.51^2}{2 \times 32.2} = 0.096 \text{ ft}$$

가 된다.

6.2 관마찰

비압축성유체가 관 속을 흐를 때 Bernoulli 방정식은

$$\alpha_1 \frac{V_1^2}{2g} + \frac{p_1}{\gamma} + z_1 = \alpha_2 \frac{V_2^2}{2g} + \frac{p_2}{\gamma} + z_2 + h \tag{6.10}$$

으로 표시되며, 속도수두의 보정계수 α는 1보다 조금 더 큰 값을 가지지만 실제 문제에서는 이 영향을 고려할만한 정밀도가 필요치 않기 때문에 보통 1로 쓰인다. 따라서 실제 영향을 미치는 것은 손실수두 h의 값이다.

그림 6.2와 같은 내경 d인 관로 속을 평균유속 V로서 유체가 흐르고 있을 때 임의의 거리 l만큼 떨어진 두 점의 압력을 p_1, p_2라고 하면, 유체마찰에 의한 압력수두의 손실 h는 다음 식으로 표시된다.

$$\left.\begin{aligned} \Delta p = p_1 - p_2 = \lambda \frac{l}{d}\frac{\gamma V^2}{2g} \\ \text{또는} \qquad h = \frac{\Delta p}{\gamma} = \lambda \frac{l}{d}\frac{V^2}{2g} \end{aligned}\right\} \tag{6.11}$$

이것을 Weisbach-Darcy의 식이라 부르고, λ를 관마찰계수라 한다.

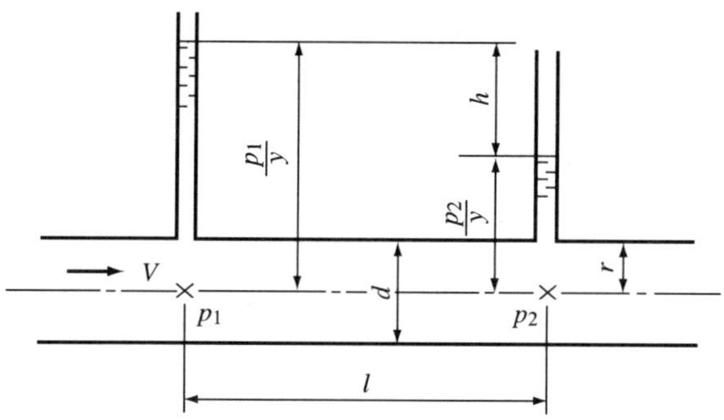

◈ 그림 6.2 관마찰손실

층류인 경우에는 식 (5.14)와 식 (6.11)에서

$$\lambda = 64\frac{\mu}{\rho V d} = \frac{64}{Re} \tag{6.12}$$

이 된다. 난류인 경우에는 일반적으로 Reynolds 수 Re와 관벽의 조도의 함수가 되지만, 매끈한 관에서는 Re만의 함수가 되며, 이에 대한 합리적인 실험식을 처음으로 만든 것은 Blasius이다.

1913년 Blasius는 Saph와 Schoder의 실험 결과($Re = 1.4 \times 10^3 \sim 1.04 \times 10^5$)를 기초로 하여 다음과 같은 실험식을 만들었다.

$$\lambda = 0.3164 Re^{-\frac{1}{4}} \quad (Re = 3 \times 10^3 \sim 10^5) \tag{6.13}$$

그러나 그는 이 식이 Re의 어느 범위까지 적용될 것인지에 대한 의문으로 인하여 다음과 같은 일반식을 제안하였다. 즉,

$$\lambda = a + bRe^{-n} \tag{6.14}$$

그 후 표 6.1에 표시하는 바와 같은 여러 가지 실험치가 연구가들에 의하여 구해졌으나 실용가치가 있는 것은 Nikuradse의 것이다. 즉,

$$\lambda = 0.0032 + 0.221Re^{-0.237} \ (Re = 10^5 \sim 3 \times 10^6) \tag{6.15}$$

❖ 표 6.1

연구자명	a	b	n
Lees(1915)	0.0072	0.6104	0.35
Jakob & Erk(1924)	0.00714	0.6104	0.35
Schiller & Hermann(1930)	0.0054	0.396	0.3
Nikuradse(1932)	0.0032	0.221	0.237

또 Kármán이 Reynolds의 응력에서 $Re = Ud/\nu$로 유도한 것을 Prandtl 이 $Re = Vd/\nu$로 수정하고, Nikuradse가 실험치와 맞도록 상수를 정한 Kármán-Nikuradse의 식(또는 Prandtl의 식이라고도 한다)은 다음과 같으며 난류 전반에 적용된다.

$$\lambda = \frac{1}{(2.03\log Re\sqrt{\lambda} - 0.8)^2} \ (Re = 3 \times 10^3 \sim 3 \times 10^6) \tag{6.16}$$

식 (6.12), (6.13), (6.15) 및 (6.16)을 그림 6.3에 표시한다. 실험치도 이들 식과 일치한다.

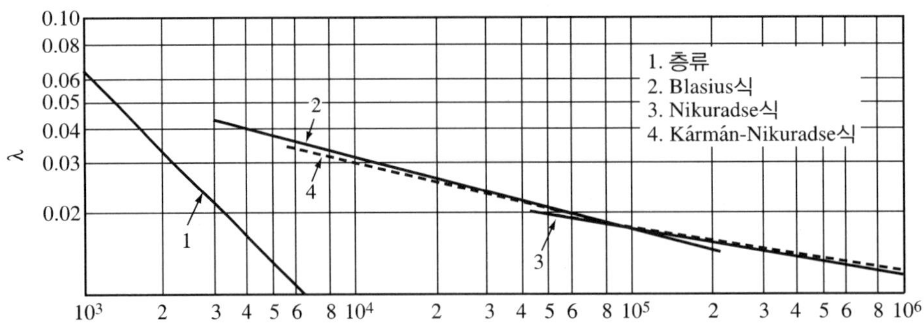

◇ 그림 6.3 관마찰 계수(매끈한 관)

Nikuradse는 평균지름이 ε인 고른 모래를 매끈한 원관벽에 뜸뜸이 붙여서 관벽을 거칠게 한 후 관마찰에 대한 실험을 하였다. 그 결과 그림 6.4(stanton 선도)에 표시된 바와 같이 관마찰 계수 λ는 Reynolds 수 Re와 모래알 지름 ε[이것을 절대조도(absolute roughness)라 한다]의 관지름 d에 대한 비의 값 ε/d[이것을 상대조도(relative roughness)라 한다]의 함수가 된다.

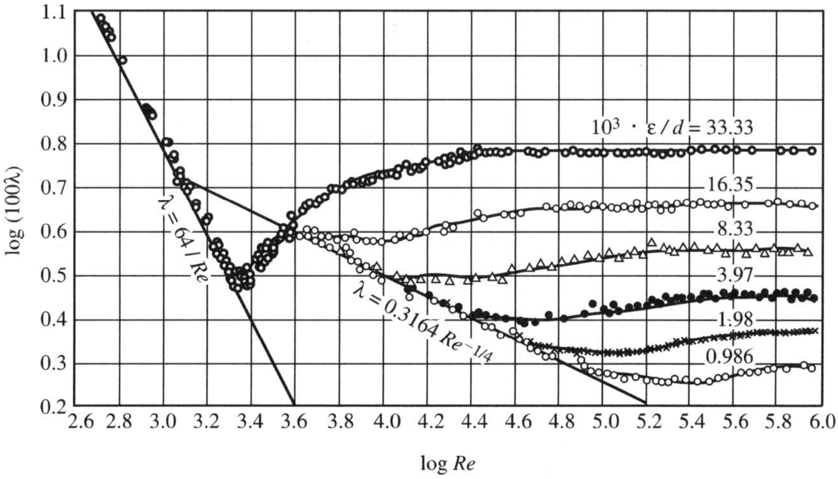

그림 6.4 관마찰계수(거칠은 관)

관속의 흐름이 층류인 경우 및 층류저층 δ_0이 절대조도 ε보다 두꺼울 때는 λ가 매끈한 관인 경우와 같다. 그러나 δ_0이 ε보다 얇아짐에 따라 λ의 실험치는 매끈한 원관에 대한 λ의 곡선으로부터 떨어지게 되어 $Re > 900\dfrac{\varepsilon}{d}$인 범위가 되면, Re의 영향은 받지 않게 되고, 다만 $\dfrac{\varepsilon}{d}$만의 함수가 되며, 다음 식으로 표시된다.

$$\lambda = \frac{1}{\left(1.74 - 2\log\frac{2\varepsilon}{d}\right)^2} \tag{6.17}$$

또 이때의 속도분포는 실측의 결과

$$\frac{u}{u_*} = 8.48 + 5.75\log\frac{y}{\varepsilon} \tag{6.18}$$

$$\frac{U-u}{u_*} = 3.75 \tag{6.19}$$

이 된다.

예제 6.2 그림 6.2에서 식 (6.11)이 성립됨을 증명하라.

풀이

그림 6.2의 1, 2 단면에 Bernoulli 정리를 적용하면

$$\frac{V_1^2}{2\,g}+\frac{p_1}{\gamma}+z_1=\frac{V_2^2}{2\,g}+\frac{p_2}{\gamma}+z_2+h \quad \cdots\cdots \text{①}$$

여기에 조건 [i) 단면이 일정하므로 $V_1 = V_2$, ii) 수평관이므로 $z_1 = z_2$]를 대입하면 식 ①은

$$h=\frac{p_1-p_2}{\gamma}=\frac{\Delta p}{\gamma} \quad \cdots\cdots \text{②}$$

다음은 그림 6.2에서

$$\Delta p\cdot\pi r^2=\tau_0\cdot 2\pi r l$$

$$\tau_0=\frac{\Delta p}{2l}\cdot r$$

여기서 τ_0 : 관벽에서의 전단응력

그런데 $r=\dfrac{d}{2}$이므로

$$\tau_0=\frac{\Delta p}{4l}\cdot d \quad \cdots\cdots \text{③}$$

식 ③은

$$4\tau_0=\frac{\Delta p}{l}\cdot d$$

가 되며, 이 식의 양변을 $\dfrac{\gamma V^2}{2g}$(동압)으로 나누면

$$\frac{4\tau_0}{\dfrac{\gamma V^2}{2g}}=\frac{\Delta p}{l}\cdot d\cdot\frac{2g}{\gamma V^2} \quad \cdots\cdots \text{④}$$

가 된다.

여기서 $\dfrac{4\tau_0}{\dfrac{\gamma V^2}{2g}}=\lambda$(관마찰계수)로 하면 Weisbach-Darcy의 식인

$$\Delta p=p_1-p_2=\lambda\frac{l}{d}\frac{\gamma V^2}{2g} \qquad h=\frac{\Delta p}{\gamma}=\lambda\frac{l}{d}\frac{V^2}{2g} \quad \cdots\cdots \text{(6.11)'}$$

이 유도된다.

예제 6.3 석유를 매분 150 l의 비율로 내경 90 mm인 파이프를 통하여 25 km 떨어진 곳으로 수송할 때, 압력손실수두를 구하라. 또 이에 요구되는 동력을 구하라. 단, 원유의 점성계수는 0.10 kg · s/m², 비중은 0.960이다.

풀이

관 속을 흐르는 원유의 평균유속은

$$V = \frac{Q}{\pi d^2/4} = \frac{150}{1000 \times 60} \cdot \frac{4}{\pi (0.09)^2} = 0.393 \text{ m/s}$$

Reynolds 수는

$$Re = \frac{\gamma V d}{\mu g} = \frac{0.393 \times 0.09 \times 960}{0.10 \times 9.80} = 34.6$$

이 값은 임계 Reynolds 수 2320보다 작으므로 흐름은 층류이다. 따라서 관마찰계수 λ는 식 (6.12)에 의하여

$$\lambda = \frac{64}{Re} = \frac{64}{34.6} = 1.85$$

압력손실 Δp는 식 (6.11)에 의하여

$$\Delta p = \lambda \frac{l}{d} \frac{\gamma V^2}{2g} = 1.85 \times \frac{25 \times 10^3}{0.09} \times \frac{960}{2 \times 9.80} \times 0.393^2 = 3.88 \times 10^6 \text{ kg/m}^2$$

소요동력은

$$P = \frac{\Delta p \times Q}{75} = \frac{3.88 \times 10^6 \times 150 \times 10^{-3}}{60 \times 75} = 129 \text{ PS}$$

이다.

예제 6.4 지름이 25 mm인 매끈한 원관을 통하여 25°C인 물을 매초 1 l의 비율로 송수한다. 관의 길이 5 m에 대한 손실수두를 구하라.

풀이

관 속의 평균유속은

$$V = \frac{1000}{(\pi/4) \times (2.5)^2} = 204 \text{ cm/s}$$

20°C 때의 물의 ν는 0.01 cm²/s이므로 Reynolds 수 Re는

$$Re = \frac{Vd}{\nu} = \frac{204 \times 2.5}{0.01} = 51000$$

이것은 임계 Reynolds 수 2320보다 크므로 흐름은 난류이다. 또 Re의 범위는 Blasius의 공식에 적용되므로

$$\lambda = 0.3164 Re^{-0.25} = 0.3164 \times 51000^{-0.25} = 0.0211$$

따라서 손실수두 h는

따라서 손실수두 h는

$$h = \lambda \frac{l}{d}\frac{V^2}{2g} = 0.0211 \times \frac{5}{0.025} \times \frac{2.04^2}{2\times 9.80} = 0.896 \text{ m}$$

이다.

6.3 관마찰계수의 실용식

관벽의 돌기가 밀접한 상태일 때는 식 (6.17)의 ε, 식 (6.23)의 k'는 표 6.2의 값을 쓰면 된다. 그러나 보통의 철관 등에 있어서는 관벽의 돌기의 간격이 다르거나, 또는 작은 돌기 사이에 큰 것들이 섞여 있는 경우가 많기 때문에 이때의 관마찰계수 λ는 식 (6.13)이나 다음과 같은 실험식으로 구할 수 있다.

$$\lambda = 0.0096 + 5.7\sqrt{k/d} + \sqrt{2.88/Re} \tag{6.20}$$

이것은 Mises의 식(1914년)으로서 식 중 d의 단위는 m이다. 또 Scobey의 실험식(1920년)은 다음과 같다.

$$\lambda = cd^{-\frac{1}{4}} \tag{6.21}$$

여기서 d의 단위는 m이고, 콘크리트관에 적용되며, 정수 c의 값은 다음과 같다.

(1) 매끈하게 연결된 내면이 매끈한 콘크리트관 : $c = 0.156$
(2) 연결된 콘크리트관으로서 수년간 사용한 것 : $c = 0.218$
(3) 특히 조심성 없이 연결된 관 : $c = 0.029$

란다아는 신품의 용접관 및 인발강관에 대하여 실험한 결과 다음 식을 얻었다.

$$\lambda = 0.016 + 1.13Re^{-0.44} \tag{6.22}$$

또 Hopf 및 Fromn(1923년)은 그림 6.5(a) 및 (b)의 경우에 대하여 각각 다음과 같은 실험식을 만들었다.

$$\lambda = 0.01\left(\frac{k'}{d}\right)^{0.314} \tag{6.23}$$

$$\lambda = \xi\lambda_0 \tag{6.24}$$

단, λ_0은 매끈한 관의 마찰계수이다. k'의 값은 표 6.2에 표시되어 있다.

(a) (b)

그림 6.5

표 6.2

관의 종류	ε (m)	k (m)	k' (m)
유리관, 동관, 황동관, 연관	–	$(0.02 \sim 0.1) \times 10^{-1}$	–
고무관	–	0.6 ~ 1.2	–
가스관, 인발강관, 용접강관	–	2 ~ 5	1.5
잘 깍은 목관	–	2.5 ~ 5	–
아스팔트칠 철관	–	3 ~ 6	1.5
보통 목관	–	5 ~ 10	–
삼(마)으로 만든 호스	–	8	–
매끈한 시멘트관	$(3 \sim 8) \times 10^{-4}$	7.5 ~ 15	2.5
신품 주철관	3.4 ~ 10	10 ~ 20	2.5
녹슨 주철관	10 ~ 15	20 ~ 40	5
조잡한 시멘트관	10 ~ 20	20 ~ 40	7
조잡한 목관	10 ~ 25	20 ~ 40	7
리벳이 붙은 관	–	20 ~ 40	–
고급 벽돌로 쌓은 관로	12 ~ 25	20 ~ 40	10
잘 다듬은 돌로 쌓은 관로	15 ~ 30	20 ~ 40	10
붉은 녹이 슨 주철관	15 ~ 30	25 ~ 50	7
돌 축대 모양의 관로	80 ~ 150	200 ~ 400	–

ξ의 값은 아스팔트를 칠한 경우 1.2 ~ 1.5, 목관인 경우 1.5 ~ 2.0이다.

그러나 일반 실용관의 실험결과에는 식 (6.23), (6.24)의 중간치를 나타내는 것이 다수 있고, 또 파상관이라도 Reynolds 수가 큰 경우라거나 피치와 산 높이와의 비 t/s가 적은 경우 및 침전물이 붙어 있을 때는 $\lambda=$일정치가 되는 경향이 있다.

그림 6.6에 표시한 겹치기이음(butt joint)을 한 관의 λ는 그림 6.7의 (a), (b), (c)와 같다.

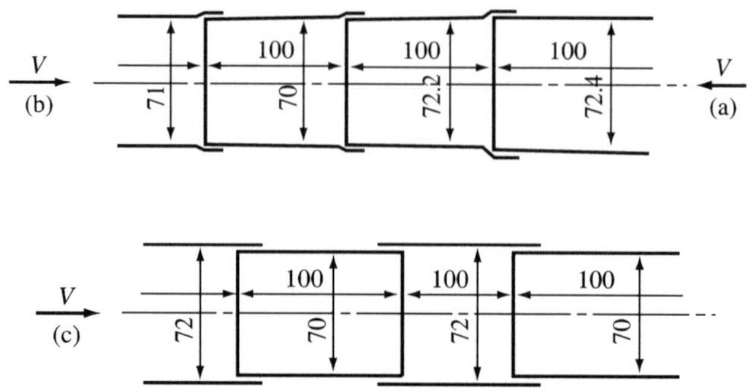

◈ 그림 6.6

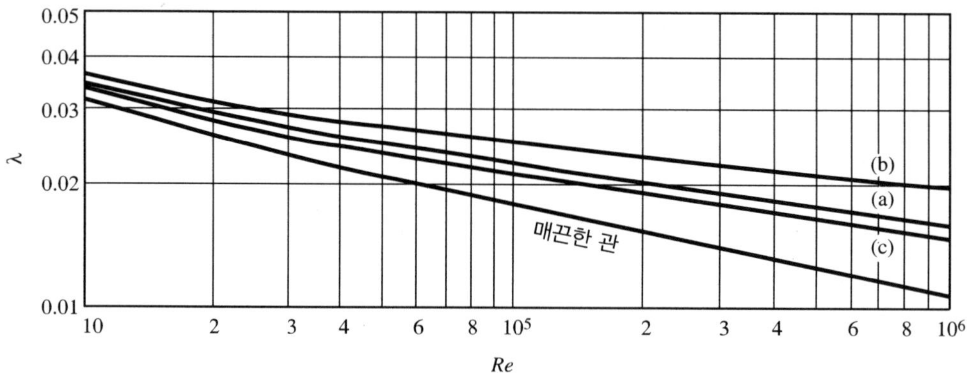

◈ 그림 6.7

그림 6.8은 최근 미국에서 널리 이용되고 있는 Moody 선도로서 시중에서 판매하고 있는 신품의 매끈한 관에 대한 λ와 Re와의 관계를 표시한다.

그림 6.9는 Moody 선도에 사용되는 관벽의 조도 ε/d의 값은 잡는 방법과 관의 종류 및 관의 지름과의 관계를 표시한다.

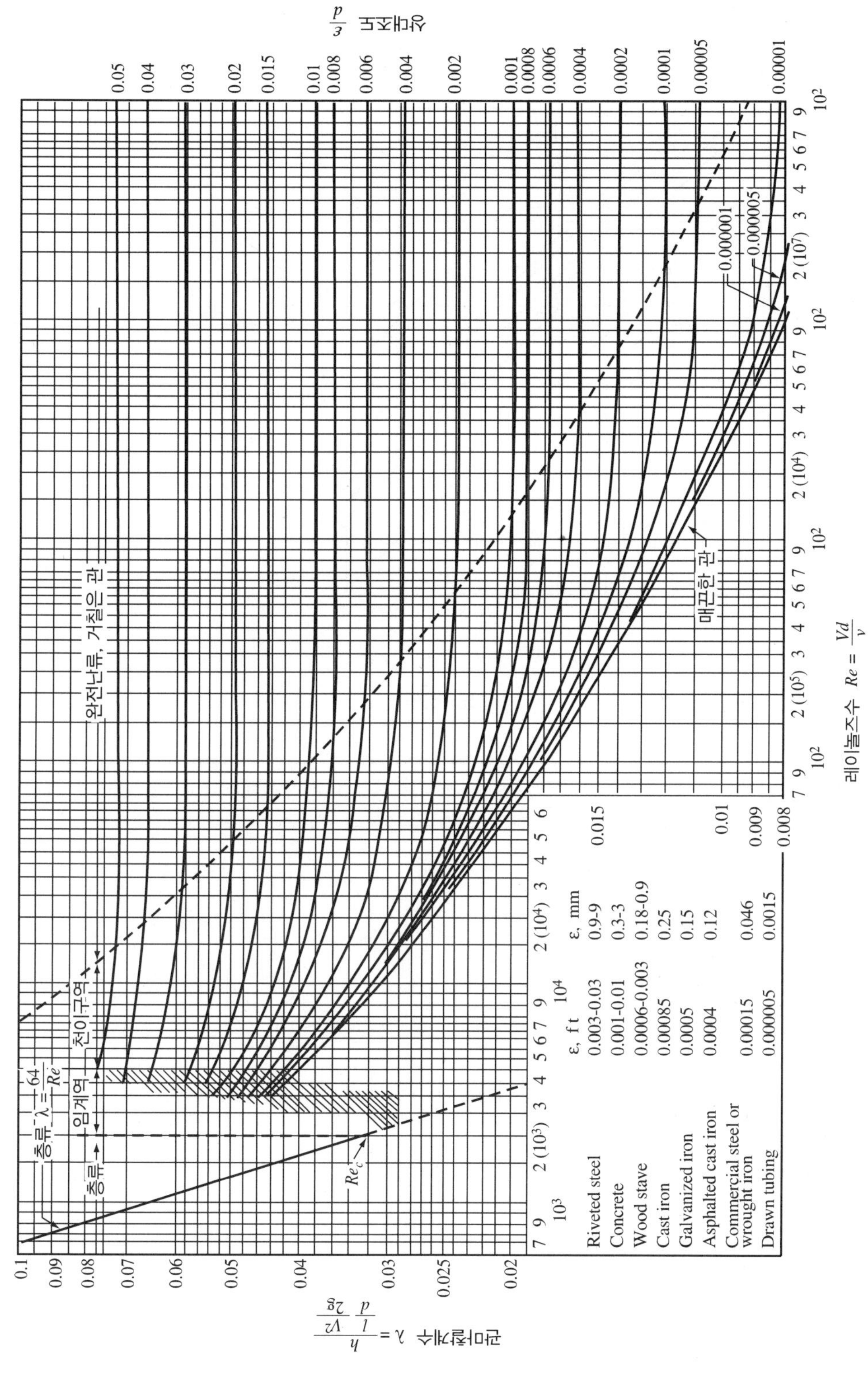

◈ **그림 6.8** Moody 선도

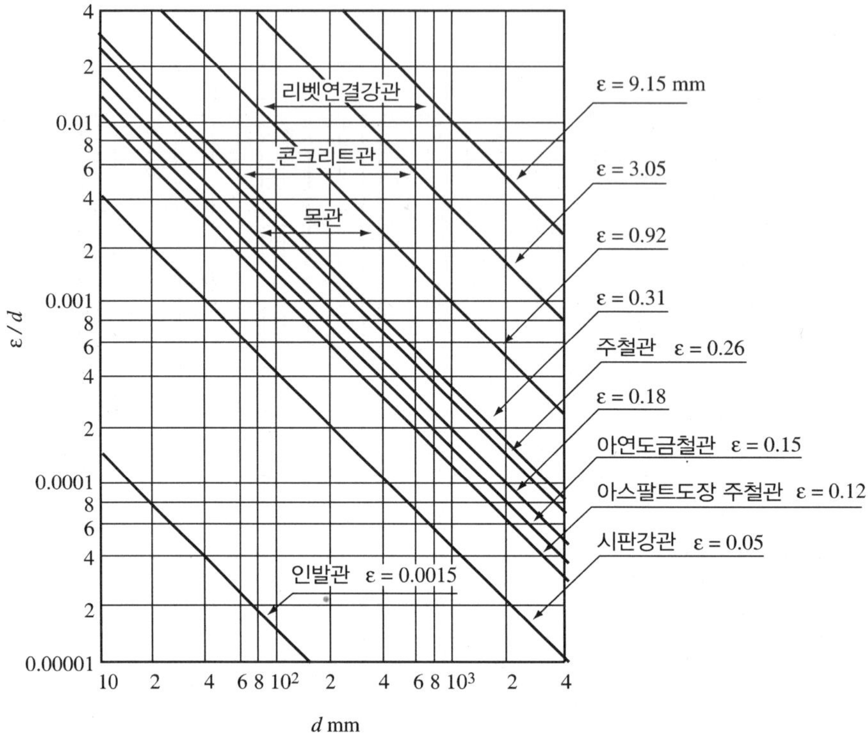

◈ **그림 6.9**

예제 6.5 내경이 305 mm, 길이가 500 m인 주철관을 통하여 동점성계수가 0.52 stokes인 기름을 0.1825 m^3/s로 수송할 때의 압력수두손실을 구하라.

풀이

$$V = \frac{0.1825}{\dfrac{\pi}{4}(0.305)^2} = 2.5 \text{ m/s}$$

$$Re = \frac{Vd}{\nu} = \frac{2.5 \times 0.305}{0.52 \times 10^{-4}} = 1.46 \times 10^4$$

그림 6.7에서 $\dfrac{\varepsilon}{d} = 0.00084$, 이 값과 위의 Re에 대한 λ의 값은 Moody 선도(그림 6.8)에서 $\lambda = 0.03$을 얻는다.

식 (6.11)에 이들을 대입하면 수두손실은

$$h = \frac{\Delta p}{\gamma} = \lambda \frac{l}{d} \cdot \frac{V^2}{2g} = 0.03 \times \frac{500}{0.305} \times \frac{2.5^2}{2 \times 9.8} = 15.7 \text{ m}$$

이다.

예제 6.6 저장탱크에서 언덕 위까지 직선 코스로 설치한 6" 콘크리트관을 통하여 기름을 수송하려고 한다. 언덕의 연직높이는 20 m, 파이프의 길이는 1500 m이며, 파이프 내의 정압은 아래쪽이 9 kg/cm^2, 높은 쪽이 3.5 kg/cm^{2}이다. 기름의 수송유량을 구하라. 단, 기름의 비중은 0.86, 동점성계수는 3.8×10^{-2} stokes, 절대조도는 $\varepsilon=$ 2.30 mm로 한다.

풀이

에너지방정식 (6.11)에서

$$V_1=V_2=V\text{m/s}$$
$$\gamma=0.86\times10^3\ \text{kg/m}^3$$
$$p_1=9\ \text{kg/cm}^2=9\times10^4\ \text{kg/m}^2$$
$$p_2=3.5\times10^4\ \text{kg/m}^2$$
$$h_2-h_1=20\ \text{m}$$
$$l=1500\ \text{m}$$
$$d=6''=0.152\ \text{m}$$
$$\therefore\ \frac{9\times10^4}{0.86\times10^3}=\frac{3.5\times10^4}{0.86\times10^3}+20+\lambda\frac{1500}{0.152}\times\frac{V^2}{2\text{g}}$$
$$\therefore\ V=\left(\frac{4.45\times10^{-3}}{\lambda}\times 2\text{g}\right)^{\frac{1}{2}}\ \cdots\cdots\ ①$$

λ의 값은 콘크리트관에 쓰이는 Scobey의 식, 즉 식 (6.21)에 $d=$ 0.152 m, $c=$ 0.029를 대입하면

$$\lambda=0.029\times0.152^{-\frac{1}{4}}=0.0464$$

이 값을 식 ①에 대입하면

$$V=\left(\frac{4.45\times10^{-3}}{0.0464}\times2\times9.80\right)^{\frac{1}{2}}=1.38\ \text{m/s}\ \cdots\cdots\ ②$$

이때의 Re는

$$Re=\frac{Vd}{\nu}=\frac{1.38\times0.152}{3.8\times10^{-6}}=5.52\times10^4$$

이 Re와 $\frac{\varepsilon}{d}=\frac{2.30}{152}\fallingdotseq 0.015$에 대한 λ의 값은 그림 6.8에서 $\lambda=$ 0.0444가 된다. 따라서 정확한 V의 값은 식 ②에 이것을 대입하여

$$V=\left(\frac{4.45\times10^{-3}}{0.0444}\times2\times9.80\right)^{\frac{1}{2}}=1.40\ \text{m/s}$$

따라서 유량 Q는

$$Q=AV=\frac{\pi}{4}\times0.152^2\times1.40=2.53\times10^{-2}\ \text{m}^3/\text{s}=1.52\ \text{m}^3/\text{min}$$

이다.

예제 6.7 동점성계수가 0.9×10^{-5} stokes인 기름을 4000 gal/min(미국)로 단철의 원관을 통하여 수평수송한다. 관의 길이 100 m의 손실수두를 0.75 m가 되도록 하자면 원관의 내경을 얼마로 하면 좋겠는가? 단. 1 gallon(미국) = 3.785 l 이다.

풀이

유량 Q는

$$Q=4000\times3.785\times10^{-3}\left(\frac{\mathrm{m}^3}{\mathrm{min}}\right)=0.252\ \mathrm{m^3/s}$$

$$\Delta p=\lambda\frac{l}{d}\frac{\gamma V^2}{2\mathrm{g}},\quad Q=\frac{\pi}{4}d^2V$$

위의 두 식에서 V를 소거하면

$$d^5=\lambda\frac{8lQ^2}{\mathrm{g}\pi^2\left(\frac{\Delta \mathrm{p}}{\gamma}\right)}=\lambda\frac{8\times100\times0.252^2}{9.80\times\pi^2\times0.75}=0.6996\lambda\cdots\cdots\cdots ①$$

철관의 마찰계수는 대체로 0.03에 가까운 값이 되며 0.02보다 작다든지 또는 0.05 보다 큰 경우는 드물다. 따라서 문제에서 λ의 값이 주어지지 않을 때에는 $\lambda=0.03$으로 가정하면 된다. 즉,

$$d^5=0.6996\times0.03=0.020988$$

$$\therefore d\fallingdotseq0.462\ \mathrm{m}$$

이때의 Re는

$$Re=\frac{Vd}{\nu}=\frac{Q}{\left(\frac{\pi}{4}\right)d^2}\cdot\frac{d}{\nu}=\frac{4Q}{\pi d\nu}=\frac{4\times0.252}{\pi\times0.9\times10^{-5}\times0.462}=7.7166\times10^4$$

$$\frac{\varepsilon}{d}=\frac{0.046}{462}=0.0001$$ (단, 철관의 절대조도는 0.046 mm이다.)

이 Re와 ε/d에 대한 λ의 값은 Moody 선도(그림 6.8)에서 $\lambda=0.0195$가 된다.
이 λ의 값을 식 ①에 대입하면

$$d^5=0.6996\lambda=0.6996\times0.0195=0.01364$$

$$\therefore d\fallingdotseq0.425\ \mathrm{m}$$

이때의 Re와 ε/d의 값은 각각

$$Re=8.3884\times10^4,\quad\frac{\varepsilon}{d}=0.00011$$

다시 이 Re와 ε/d에 대한 λ를 그림 6.8에서 구하면 $\lambda=0.0193$을 얻는다. 이것은 앞서 구한 $\lambda=0.0195$와 거의 같으므로

$$d=0.425\ \mathrm{m}=425\ \mathrm{mm}$$

를 구하는 내경으로 정할 수 있다.

6.4 원관 이외의 관마찰

단면이 원형이 아닌 관의 관마찰을 생각할 경우에는 관의 단면적을 A, 그 단면의 젖은 길이를 l_w, 관의 길이 l 사이의 압력손실을 Δp, 관단면의 평균유속을 V라 하고, 흐름은 관측과 평행인 것으로 생각하여 관벽 위의 평균 횡응력 τ를 $\tau = f\gamma\frac{V^2}{2g}$으로 표시하되 ($f$는 표면마찰계수)

$$A\Delta p = l_w l\tau = \frac{l_w l f\gamma V^2}{2g}$$

이것으로부터, $f = \frac{\lambda}{4}$로 놓으면

$$\Delta p = \frac{fl}{A/l_w}\gamma\frac{V^2}{2g} = f\frac{l}{R_h}\gamma\frac{V^2}{2g} = \frac{\lambda}{4}\frac{l}{R_h}\gamma\frac{V^2}{2g} \tag{6.25}$$

$$Re = \frac{4R_h V}{\nu} \tag{6.26}$$

윗 식 가운데 A/l_w는 수력평균반경(hydraulic mean radius) 또는 수력평균 깊이(hydraulic mean depth)라 불리우는 양이고 식 (6.25)를 Fanning의 식이라고 한다.

이 Fanning의 식에 포함된 $4R_h$ 대신 d를 대입하면 Darcy-weisbach의 식 (6.11) 식이 된다. 원관의 관마찰에 대하여 Fanning의 식을 쓸 때는 식 (6.11)의 관마찰계수 λ를 $\frac{1}{4}$로 해야 한다. 왜냐하면 $R_h = \frac{\pi}{4}\frac{d^2}{\pi d} = \frac{d}{4}$이기 때문이다.

λ는 원관의 경우와 같이 $Re\left(=\frac{4R_h V}{\nu}\right)$와 $\frac{\varepsilon}{4R_h}$과의 함수이고, 근사하게 원관에 대한 Moody 선도 등을 쓸 수 있으나($d = 4R_h$로 하여), 단면의 모양에 따라서도 λ의 값은 다소 영향을 받는다.

예제 6.8 내경 20 cm인 원관 안에 외경이 18 cm인 원관이 동심으로 들어 있다. 이 2원관 사이를 평균 유속 2 m/s인 물이 흐르고 있을 때 관의 길이 10 m 사이에서 생기는 손실수두를 구하라. 단 마찰계수는 Darcy의 식을 쓰기로 한다.

풀이

이 관의 단면적은 $\frac{\pi}{4}(20^2 - 18^2)\text{cm}^2$이다. 물이 젖는 둘레의 길이는 $\pi(20+18)$ cm이므로 수력평균깊이 R_h는

$$R_h = \frac{\frac{\pi}{4}(20^2 - 18^2)}{\pi(20+18)} = 0.5 \text{ m}$$

$$\therefore\ d = 4R_h = 4\times 0.5 = 2\ \text{cm} = 0.02\ \text{m}$$

Darcy의 공식에 의하면

$$\lambda = 0.02 + \frac{0.0005}{d} = 0.02 + \frac{0.0005}{0.02} = 0.045$$

따라서 손실수두 h는

$$h = 0.045\times\frac{10}{0.02}\times\frac{2^2}{2\times 9.80} = 4.6\ \text{m}$$

이다.

예제 6.9 절대압력 1 kg/cm², 온도 16°C인 공기를 평균 3 m/s로서, 300 mm × 450 mm인 직4각형 닥트를 통하여 수평거리 1000 m인 곳에 수송하려고 한다. 압력손실을 구하라. 단, 닥트의 안벽은 매끈한 것으로 한다.

풀이

$$4R_h = \frac{2ab}{a+b} = \frac{2\times 0.30\times 0.45}{0.30+0.45} = 0.36\ \text{m}$$

16°C일 때 공기의 동점성계수는

$$\nu = 0.150\ \text{cm}^2/\text{s} = 0.150\times 10^{-4}\ \text{m}^2/\text{s}$$

이므로

$$Re = \frac{4R_h V}{\nu} = \frac{3\times 0.36}{0.150\times 10^{-4}} = 7.20\times 10^4$$

따라서 흐름은 난류이다. 타원단면이나 닥트와 같은 관로에 대한 λ는 흐름이 난류이고, 단면의 가로, 세로의 비가 극히 작거나 큰 범위(실제로는 1 : 3과 3 : 1 사이의 범위)일 때는 원관의 λ와 일치한다. 그 외의 경우에는 원관의 λ보다 조금 큰 값이 된다.

본문에 대해서는 $\frac{b}{a} = \frac{0.45}{0.30} = 1.5$로서 $1:3 < \frac{b}{a} < 3:1$이므로 원관에 대한 $\lambda \sim Re$의 관계와 일치한다고 볼 수 있다. 안벽은 매끈하므로 Stanton 선도에서 $Re = 7.20\times 10^4$일 때 $\lambda = 0.019$이다.

또 공기의 비중량 γ는

$$\gamma = \frac{p}{RT} = \frac{1.0\times 10^4}{29.27(273+16)} = 1.18\ \text{kg/m}^2$$

따라서 압력손실은

$$\Delta p = \lambda\frac{l}{4R_h}\frac{\gamma}{2g}V^2 = 0.019\times\frac{1000}{0.36}\times\frac{1.18}{2\times 9.80}\times 3^2 = 28.6\ \text{kg/m}^2$$

$$\therefore\ \Delta p = 0.00286\ \text{kg/cm}^2$$

이다.

6.5 관로의 부차적 손실

관로에 사용되는 밸브(valve), 엘보우(elbow), 유니온(union) 등의 부속품이나 단면의 변화, 곡관(bend pipe) 등에 의하여 생기는 손실을 부차적손실[2)](minor loss)이라고 한다.

이것은 긴 관로일 때는 대체로 무시할 수 있으나, 짧은 관로에서는 관마찰손실과 함께 중요하고, 미치는 영향을 무시할 수 없다. 일반적으로 부차적 손실수두는 다음과 같은 식으로 표시된다.

$$h_s = \zeta \frac{V^2}{2g} \tag{6.27}$$

V는 수두손실이 생기는 곳의 영향을 받지 않는 단면에 있어서의 평균유속이고, 손실이 생기는 곳의 전후에서 평균유속이 변화할 때는 일반적으로 큰 쪽의 유속을 사용한다. 여기서 ζ는 부차적손실계수이다.

6.5.1 원관의 단면변화에 의한 손실

흐름의 진행방향으로 관의 단면적이 변화할 경우, 연속방정식과 Bernoulli 방정식에서 추정할 수 있듯이 평균유속은 증감하고, 압력의 변화가 생긴다.

즉, 운동에너지와 압력에너지의 교환이 있게 된다.

흐름의 방향으로 단면적이 작아져 갈 때는 압력에너지가 운동에너지로 변화하지만 그 교환은 비교적 쉽게 이루어지고 손실도 매우 작기 때문에 무시될 경우가 많다. 이에 비하여 흐름의 방향으로 단면적이 커질 경우에는 운동에너지가 압력에너지로 변환하게 되며, 이 변환은 쉽게 이루어지지 않을 뿐만 아니라 손실도 크기 때문에 무시할 수 없을 때가 많다.

일반적으로 단면적의 변화가 급격하지 않을 때는 축소, 확대에 대하여 다같이 손실은 미소하고, 단면적의 변화가 급격한 관에 있어서는 손실도 커진다.

1 단면적이 급변하는 경우

(1) 확대될 때

흐름의 단면적이 A_1에서 A_2로 갑자기 넓어질 때(그림 6.10), 흐름의 주류는 확대

---

2) 충돌손실(shock loss) 또는 부분적 손실이라고도 한다.

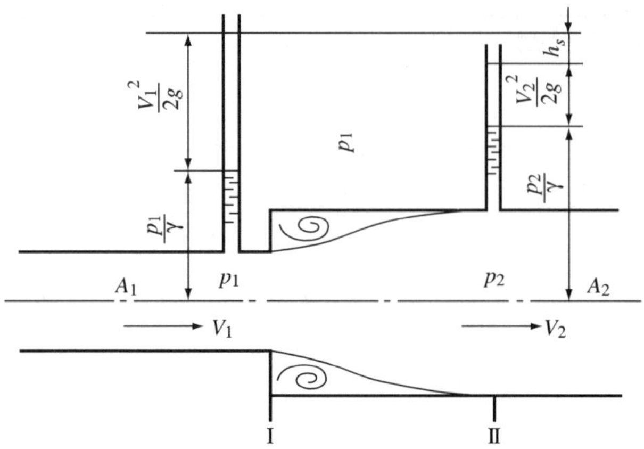

◈ **그림 6.10 관로가 급히 넓어질 때(급확대관)**

관의 I의 벽면에서 유리하여 어느 정도 하류로 간 다음에 다시 벽면에 접하게 된다.

이 확대관의 처음 부분에서는 분류가 주위의 유체를 교란시켜서 와동을 이루어 손실을 초래한다.

그림 6.10에서 I, II 부분의 평균유속을 V_1, V_2, 압력을 각각 p_1, p_2라 하고, 급확대에 의한 손실수두 h_s를 고려하여 Bernoulli 방정식을 세우면

$$\frac{p_1}{\gamma}+\frac{V_1^2}{2g}=\frac{p_2}{\gamma}+\frac{V_2^2}{2g}+h_s$$

$$\therefore h_s=\frac{V_1^2-V_2^2}{2g}-\frac{p_2-p_1}{\gamma} \tag{6.28}$$

다음에 I, II 사이의 흐름에 대하여 운동량의 법칙을 적용하면

$$(p_1-p_2)A_2=\frac{\gamma Q}{g}(V_2-V_1)$$

이 된다. 단, $Q=A_1V_1=A_2V_2$ 이므로 윗 식에 대입하면

$$\frac{p_2-p_1}{\gamma}=\frac{Q}{A_2}\frac{V_1-V_2}{g}=\frac{V_2(V_1-V_2)}{g} \tag{6.29}$$

이 된다. 식 (6.28)에 대입하여

$$h_s=\frac{(V_1-V_2)^2}{2g}=\left(1-\frac{A_1}{A_2}\right)^2\frac{V_1^2}{2g} \tag{6.30}$$

을 얻는다. 실제로는 윗 식을 수정해서

$$h_s = \xi \frac{(V_1 - V_2)^2}{2g} \tag{6.31}$$

또는

$$h_s = \zeta \frac{V_1^2}{2g} \tag{6.32}$$

단,

$$\zeta = \xi \left(1 - \frac{A_1}{A_2}\right)^2$$

이 된다.

식 (6.31)을 Borda-Carnot의 수두손실이라 하고, 이 때 ξ의 실험치는 $\frac{A_2}{A_1} = 11$일 때 $\xi = 1.04$, $\frac{A_2}{A_1} = 2.25$일 때 $\xi = 0.95$로서 거의 1에 가깝다.

그림 6.11과 같은 관로 출구에 있어서는 $V_2 \fallingdotseq 0$이므로 윗 식은

$$h_s = \xi \frac{V_1^2}{2g}$$

이 된다.

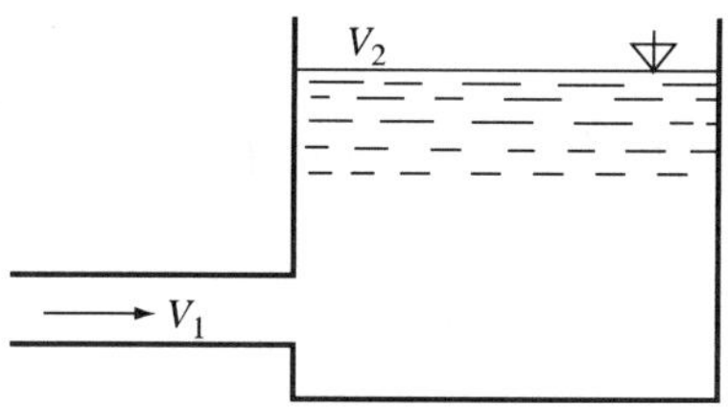

그림 6.11 관로의 출구

이 손실을 적게 하기 위해서는 출구를 나팔모양으로 넓히면 된다. 이 급확대의 응용으로서는 수 개의 챔버를 병렬로 만들고, 작은 틈 사이로 액체를 차례로 분출시켜 운동에너지를 줄임으로써 액체의 누유성을 감소시키는 미궁충진(labyrinth packing)이 있다.

(2) 좁아질 때

관로가 갑자기 좁아질 때 (그림 6.12) 흐름은 유체의 관성으로 인하여 일단 단면적 A_1에서 A_c(유속 V_c)까지 수축한 연후에 하류쪽 A_2 단면으로 확대 유동하게 된다.

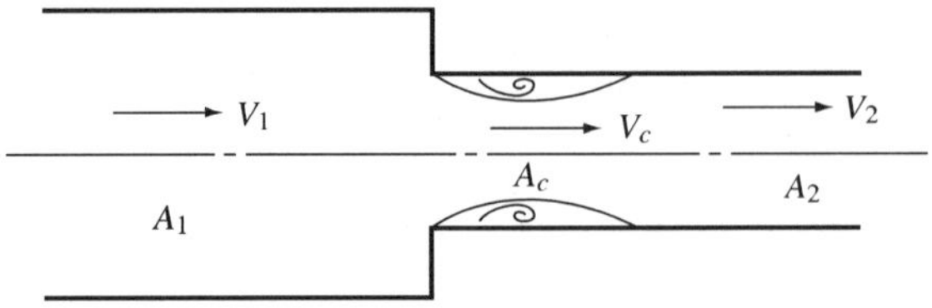

그림 6.12 급축소관의 흐름

흐름은 가속($V_1 \rightarrow V_c$)될 때에는 손실이 극히 작고, 감속($V_c \rightarrow V_2$)될 때에는 전항의 급확대의 경우와 같은 수두손실이 일어난다.

즉, 식 (6.30)과 같이 해서

$$h_s = \frac{(V_c - V_2)^2}{2g} = \left(\frac{A_2}{A_c} - 1\right)^2 \frac{V_2^2}{2g} = \left(\frac{1}{C_c} - 1\right)^2 \frac{V_2^2}{2g} \tag{6.33}$$

이 된다.

단. $C_c = \dfrac{A_c}{A_2}$ 으로서 이것을 수축계수(coefficient of contraction)라 하고, A_c를 층류단면적이라고 한다.

식 (6.33)을

$$h_s = \zeta \frac{V_2^2}{2g} \tag{6.34}$$

으로 놓을 때 Weisbach의 실험결과에 따른 ζ의 값과 이것으로부터 구한 C_c의 값은 표 6.3과 같다.

표 6.3

$\dfrac{A_2}{A_1}$	0.1	0.2	0.3	0.4	0.5	0.6	0.7	0.8	0.9	1.0
C_c	0.61	0.62	0.63	0.65	0.67	0.70	0.73	0.77	0.84	1.00
ζ	0.41	0.38	0.34	0.29	0.24	0.18	0.14	0.039	0.036	0

또 넓은 벽에 붙인 관로 입구의 여러 가지 모양에 대한 ζ의 값은 그림 6.13과 같다.

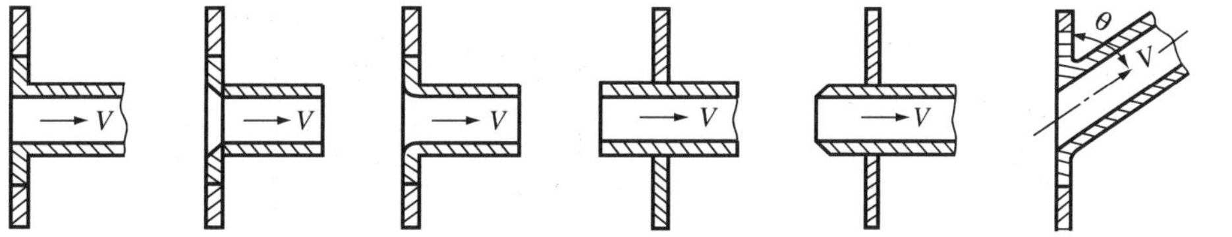

◈ 그림 6.13

2 단면적이 완만하게 변하는 경우

(1) 확대관

관로의 단면적이 점차 확대될 때 그림 6.14의 손실수두를 급확대 때의 식 (6.31)과 같이

$$h_s = \xi \frac{(V_1 - V_2)^2}{2g} \tag{6.35}$$

으로 표시하면 ξ의 값은 그림 6.17과 같이 된다.

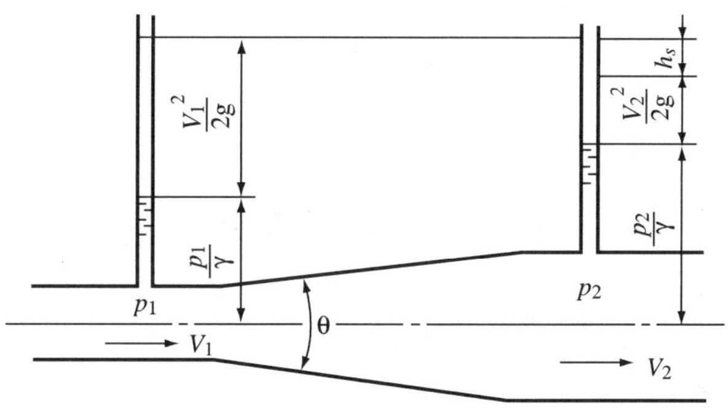

◈ 그림 6.14 관로가 점차 넓어질 때

그림에서 관의 확대각도 θ가 커지면 손실이 갑자기 커지는 이유는 다음과 같다. 확대관에 있어서는 $V_1 > V_2$이므로 Bernoulli의 정리에 의하여 $p_1 < p_2$가 되고, 유체는 압력의 상승구배에 역행하여 흐르게 된다. 이것은 마치 초속도가 주어진 공이 오르막 길을 굴러가는 것과 같은 것으로서(그림 6.15) 그 운동 에너지를 도중에서 잃어버려 정지하게 되면, 그 후에는 중력의 작용에 의하여 굴러 떨어지려는 것과 흡사하다.

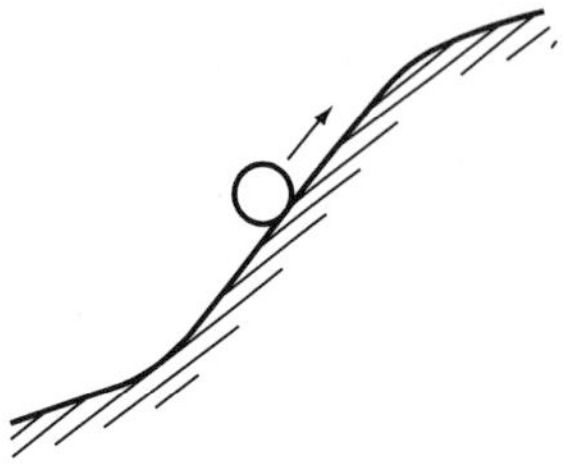

◈ 그림 6.15

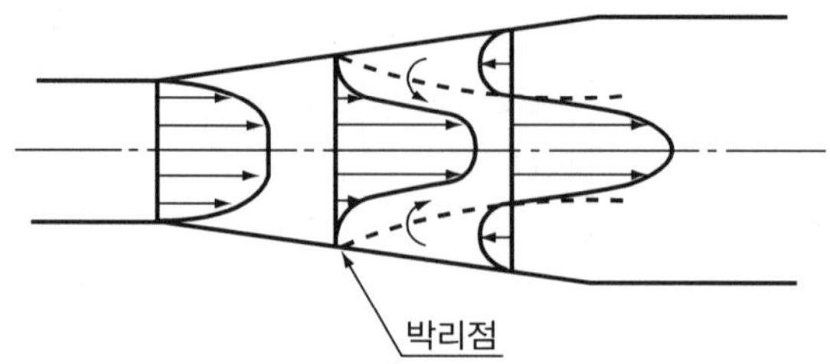

◈ 그림 6.16 확대관 속의 속도분포

관벽과 가까운 유체는 관과의 마찰에 의하여 차차 운동에너지를 잃게 되어 종말에는 정지하게 된다. 그 후로는 압력의 역구배[3]로 인하여 일어나는 역류에 의하여 흐름은 벽에서 박리(separation)[4]하게 된다(그림6.16). 이와 같은 흐름의 박리에 수반되는 교란에 의하여 손실수두는 급격히 증가한다.

이 박리현상이 일어난 후의 하류구역의 흐름을 후류(wake)라 한다.

확대관은 흐름의 운동에너지를 압력에너지로 변환하는 장치로서도 사용된다. 이때 확대관 속의 흐름에 Bernoulli의 정리를 적용하면 다음과 같은 식을 얻는다.

$$\frac{p_1}{\gamma}+\frac{V_1^2}{2g}=\frac{p_2}{\gamma}+\frac{V_2^2}{2g}+h_s$$

$$\therefore \quad \frac{p_2-p_1}{\gamma}=\frac{V_1^2-V_2^2}{2g}-h_s \tag{6.36}$$

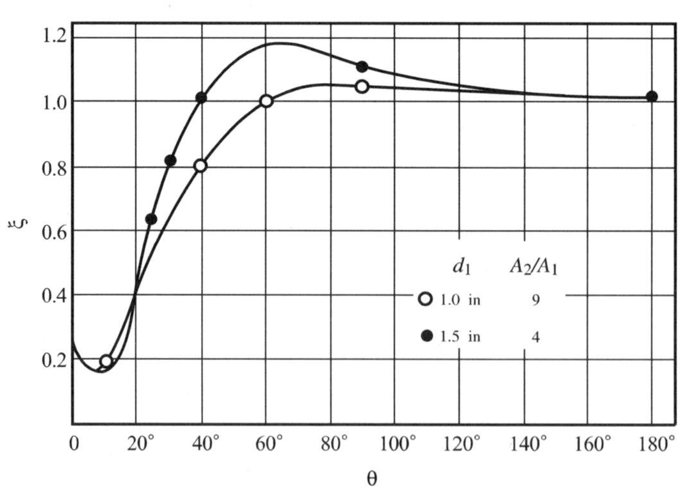

◈ 그림 6.17 확대관의 손실계수

3) 역압력구배(adverse pressure gradient)라 한다.

4) 박리현상은 급확대관에서 많이 일어난다.

그런데 손실을 무시할 때의 p_2를 p_{2th}라 하면

$$\frac{p_{2th}-p_1}{\gamma}=\frac{V_1^2-V_2^2}{2g} \tag{6.37}$$

이 되므로 확대관의 압력회수효율은

$$\eta=\frac{p_2-p_1}{p_{2th}-p_1}=1-\frac{h_s}{\dfrac{V_2^2-V_1^2}{2g}} \tag{6.38}$$

이 된다. 윗 식에 식 (6.35)를 대입하면

$$\eta=1-\xi\frac{V_1-V_2}{V_1+V_2}=1-\xi\frac{1-\dfrac{A_1}{A_2}}{1+\dfrac{A_1}{A_2}} \tag{6.39}$$

이 된다.

(2) 축소관

관로의 단면적이 점차 좁아지는 경우에는 흐름 방향으로 압력이 내려가기 때문에 무리가 생기지 않으며, 따라서 관마찰 이외의 손실은 거의 일어나지 않는다.

6.5.2 밸브와 콕에 의한 손실

관로 속의 유량 또는 흐름의 방향을 제어(control)하기 위하여 각종 밸브가 사용되는데, 그 수두손실은 밸브가 달린 부분에서 흐름의 단면적이 변화하기 때문에 생기며, 그 크기는

$$h_s=\zeta\frac{V^2}{2g} \tag{6.40}$$

으로 표시된다. 단, V는 관로 속에서 밸브의 영향을 받지 않는 곳에 있어서의 평균유속이다.

1 슬루우스 밸브(sluice valve)

슬루우스 밸브(그림 6.18)에 있어서는 주로 밸브선단의 직후에 있어서의 흐름의 단면적이 급확대되므로 인하여 수두손실이 생긴다.

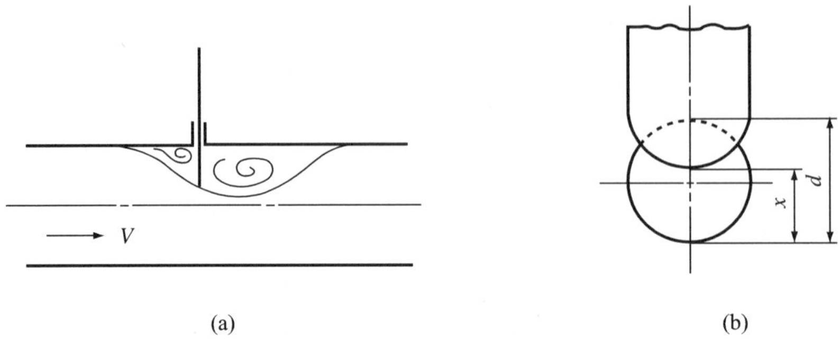

◈ 그림 6.18 슬루우스 밸브

x/d가 적을수록 손실수두는 커져서 관로의 유량이 감소한다. 표 6.4는 손실계수 ζ의 값을 나타낸 것이다.

❖ 표 6.4 슬루우스 밸브의 ζ의 값

호칭구경(in)	x/d					
	1/8	1/4	3/8	1/2	3/4	1
1/2	374	53.6	18.26	7.74	2.204	0.808
3/4	308	40.3	10.15	4.23	0.920	0.280
1	211	34.9	9.91	3.54	0.882	0.233
2	146	22.5	7.15	3.22	0.739	0.175
4	67.2	13.0	4.62	1.93	0.412	0.164

2 글로브 밸브(glove valve)

그림 6.19의 글로브 밸브에 있어서도 x/d_1이 커질수록 ζ는 작아지지만 (표 6.5) 만개하였을 때도 ζ는 6~8의 값을 갖는다.

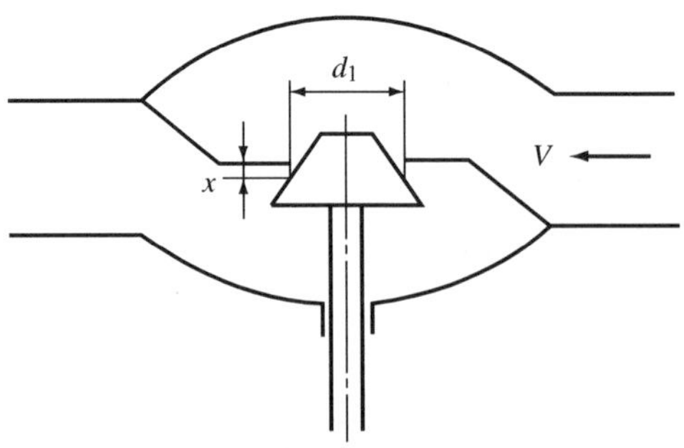

◈ 그림 6.19 글로브 밸브

❖ **표 6.5 글로브 밸브의 ζ의 값(d_1 = 1 in)**

x/d_1	1/4	1/2	3/4	1
ζ	16.3	10.3	7.63	6.09

3 나비 너트 밸브(butterfly valve)

이 밸브에 있어서는 밸브판의 경사각 θ가 커지면 밸브 직후의 단면적의 급증이 현저해져서 손실계수 ζ가 커진다(표 6.6).

원형 나비 너트 밸브에서 $\theta = 0$일 때는

$$\zeta \fallingdotseq \frac{t}{d_0} \tag{6.41}$$

이다. 단, t, d_0는 밸브 원판의 두께와 지름이다.

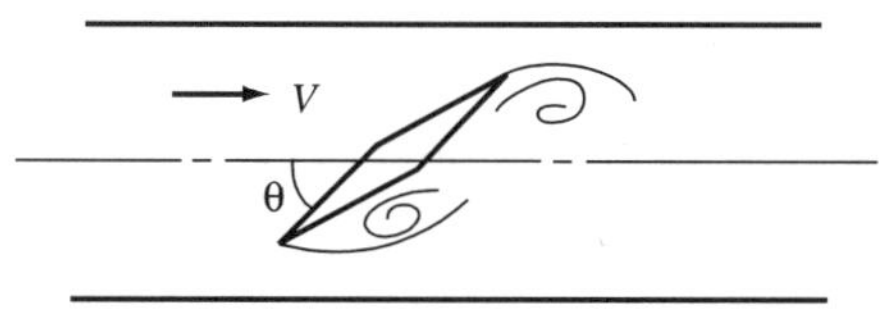

◈ **그림 6.20 나비 너트 밸브**

❖ **표 6.6 나비 너트 밸브의 ζ의 값**

$\theta°$	5	10	15	20	25	30	40	50	60	70
ζ (원형)	0.24	0.52	0.90	1.54	2.51	3.90	10.8	32.6	118	751
ζ (4각형)	0.28	0.45	0.77	1.34	2.16	3.54	9.3	24.9	77.4	368

4 콕(cock)

콕(그림 6.21)에 있어서도 각 θ의 증가와 함께 흐름의 단면적의 변화가 현저해지고, 손실계수 ζ는 커진다(표 6.7).

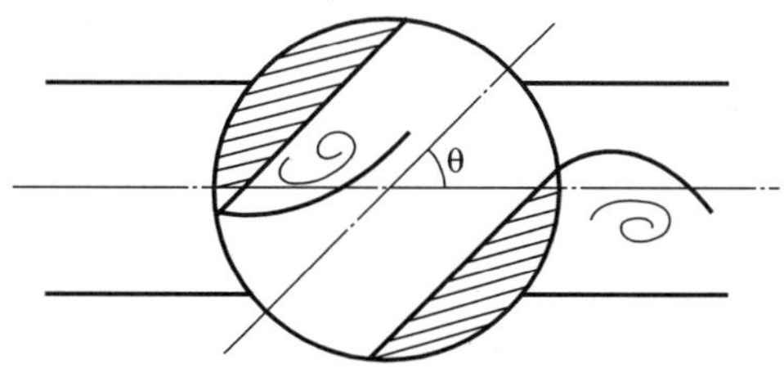

◈ **그림 6.21 콕**

✤ 표 6.7 원형 콕의 ζ의 값

$\theta°$	5	10	15	20	30	40	50	55	60
ζ	0.05	0.29	0.75	1.56	5.47	17.3	52.6	106	206

6.5.3 흐름의 방향이 변화할 때의 손실

1 곡관(bend pipe)

곡관(그림 6.22)에 있어서는 수두손실 이외에 흐름의 방향변화에 의한 손실도 생기는데 전 손실수두는 다음과 같은 식으로 표시된다.

$$h_b = \zeta_b \frac{V^2}{2g} = \left(\zeta + \lambda \frac{l}{d}\right) \frac{V^2}{2g} \tag{6.42}$$

단, ζ_b는 전손실계수, ζ는 흐름이 굽음으로써 생기는 손실계수, λ는 관마찰계수, l은 곡관의 중심선의 길이이다.

ζ_b 또는 ζ의 값은 실험치로 측정되어 있으나, θ가 크고, l/d가 적을수록 손실은 커진다.

흐름의 방향변화로 인하여 생기는 손실의 주원인은 그림 6.22의 단면 AB에 표시된 바와 같이, 중심선을 따라서 흘러온 속도가 큰 유체는 그 관성으로 인하여 직진하려다가 아래 벽에 충돌하여 좌, 우 두 갈래로 갈라져서 벽을 따라 흐르게 되고, 상부에서 다시 서로 충돌하여 합쳐진 후에 관 중심을 향하게 된다.

유체는 이와 같은 2중 나선운동을 하면서 관로를 따라 흐르게 되고, 흐름의 충돌 등으로 인하여 그만한 손실을 가져오게 된다. 따라서 이와 같은 나선상의 유체운동을 방지하기 위해서는 벤드(bend) 부분에 안내깃을 설치하면 수두손실을 매우 적게 할 수 있다.

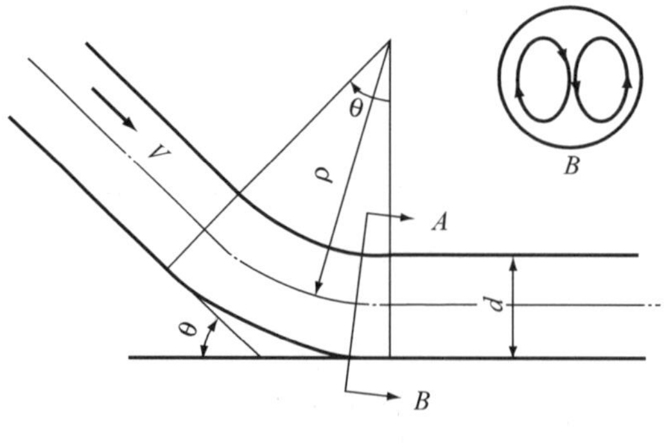

그림 6.22 곡관

2 엘보우(elbow)

곡관의 곡율반지름 $\rho = 0$인 때가 엘보우인데, 만곡부에서 흐름이 벽으로부터 박리하기 때문에 곡관보다도 손실이 크다(표 6.8). 특히, $\theta = 90°$인 경우를 엘보우라 한다.

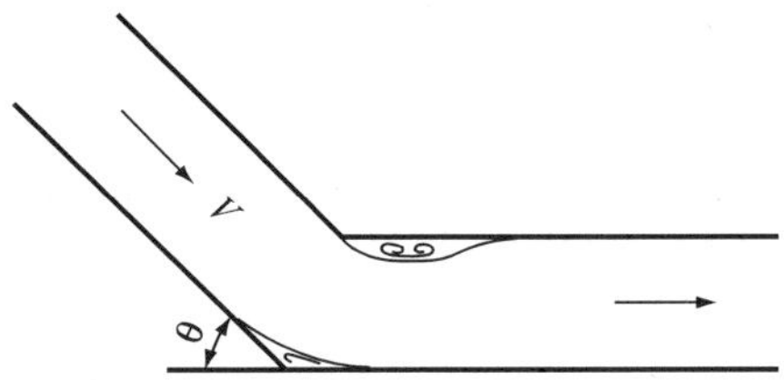

그림 6.23 엘보우

표 6.8 엘보우의 ζ의 값

$\theta°$		5	10	15	22.5	30	45	60	90
ζ	매끈할 때	0.016	0.034	0.042	0.066	0.130	0.236	0.471	1.129
	거칠 때	0.024	0.044	0.062	0.154	0.165	0.320	0.684	1.265

예제 6.10 내경 30 cm의 원관과 45 cm인 원관이 직접 연결되어 있을 경우 이 작은 관에서 큰 관으로 향하여 매초 230 l의 물이 지나간다. 연결 부분의 손실수두를 구하라.

풀이

식 (6.30)에 있어서 $\xi = 1$(그림 6.17에 의하면 $d_2/d_1 = 45/30 = 1.5$, $\theta = 180°$일 때 $\xi = 1$)

$$\frac{A_1}{A_2} = \left(\frac{30}{45}\right)^2 = 0.448$$

$$V_2 = \frac{Q}{\frac{\pi d_1^2}{4}} = \frac{4 \times 0.230}{\pi \times 0.30^2} = 3.255 \text{ m/s}$$

$$\therefore\ h_s = \xi\left(1 - \frac{A_1}{A_2}\right)^2 \frac{V_1^2}{2g} = 1.0(1 - 0.448)^2 \times \frac{3.255^2}{2 \times 9.80} = 0.164 \text{ m} = 164 \text{ mmAq}$$

이다.

예제 6.11 내경 450 mm인 원관과 내경 300 mm인 원관이 직접 연결되어 있을 때, 이 큰 관에서 작은 관으로 향하여 매초 230 l의 물을 보낸다. 연결 부분의 수두손실을 구하라.

풀이

식 (6.33)의 C_c는 표 6.3에 의하면 $\frac{A_2}{A_1}=\left(\frac{300}{450}\right)^2=0.048$일 때, $C_c=0.66$, 또 $\zeta=0.26$이다. V_2를 구하면

$$V_2=\frac{4Q}{\pi d_2^2}=\frac{4\times 0.230}{\pi\times 0.30^2}=3.255 \text{ m/s}$$

따라서 수두손실은 식 (6.34)에 의하여

$$h_s=0.26\times\frac{3.225^2}{2\times 9.80}=0.140 \text{ m}=140 \text{ mmAq}$$

이다.

예제 6.12 큰 탱크로부터 그림 6.24와 같은 배관으로서 내경 100 mm인 신품 주철관을 통하여 급수하고 있다. 밸브가 완전히 열렸을 때 이 관로를 흐르는 물의 양을 구하라. 또 밸브를 3/4까지 닫을 때 유량은 얼마나 감소하는가? 여기에서 밸브는 슬루우스 밸브로 하고, 마찰손실계수는 Darcy의 공식에 의하여 계산한다.

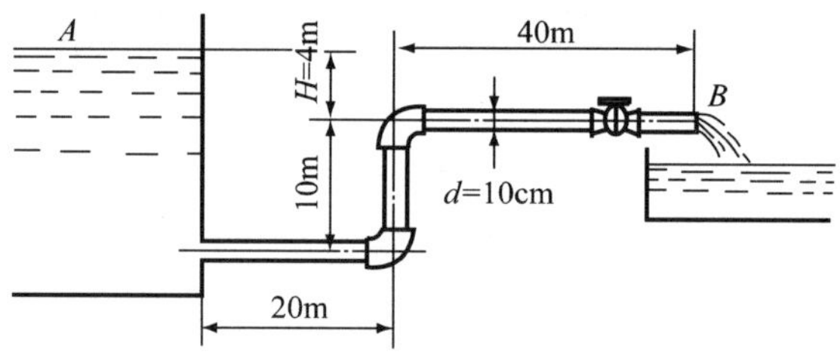

그림 6.24

풀이

탱크의 수면 A와 관로의 출구 B 사이에 여러 손실을 고려하여 Bernoulli의 식을 쓰면

$$H=\frac{V^2}{2g}+\zeta_1\frac{V^2}{2g}+2\zeta_2\frac{V^2}{2g}+\zeta_3\frac{V^2}{2g}+\lambda\frac{l}{d}\frac{V^2}{2g} \cdots\cdots ①$$

단, ζ_1은 입구손실계수로서 그림 6.13(a)에 의하면 0.50, ζ_2는 엘보우의 손실계수로서 표 6.8에서 $\theta=90°$때 1.129, ζ_3는 슬루우스 밸브의 손실계수로서, 표 6.4에서 $x/d=1$, 호칭구경 100 mm에 대하여 약 0.169이다. 또 관마찰계수 λ는 Darcy의 식에서 (예제 6.8 참조)

$$\lambda=\frac{1}{1000}\left(20+\frac{1}{2d}\right)=\frac{1}{1000}\left(20+\frac{1}{2\times 0.10}\right)=0.025$$

길이는 그림에서 $l=20+10+40=70$ m이다.
이것들을 식 ①에 대입하면

$$4=\left(1+0.50+1.129\times 2+0.169+0.025\times\frac{70}{0.10}\right)\frac{V^2}{2g}=21.4\times\frac{V^2}{2g}$$

이 되므로 여기에서 V를 구하면

$$V=\sqrt{\frac{4\times 2\times 9.80}{21.4}}=1.91\text{ m/s}$$

그러므로 유량은

$$Q=\frac{\pi}{4}d^2V=0.7854\times(0.10)^2\times 1.91=0.0151\text{ m}^3/\text{s}$$

다음에 밸브를 3/4까지 닫았을 때 ζ_3는 표 6.4에서 약 13.0이므로 앞서와 같은 방법으로 V를 구하면, 식 ①에서

$$4=\left(1+0.50+2\times 1.129+13+0.025\times\frac{70}{0.10}\right)\frac{V^2}{2g}$$

그러므로 $V=$ 1.51 m/s가 되고, 이때의 유량 Q_c는

$$Q_c=\frac{\pi}{4}\times 0.10^2\times 1.51=0.0119\text{ m}^3/\text{s}$$

따라서 $\frac{Q_c}{Q}=0.788$, 즉 완개 때에 비해서 약 21% 감소한다.

6.6 복합관로에서의 흐름

지금까지 다루어 온 크고 작은 관로들이, 복합적으로 결합된 유로에 대한 문제는 매우 복잡하며 더욱이 다지관이나 관로망 등에 관한 문제는 시행착오법(error and try method)에 의한 근사적인 해답을 구할 수밖에 없다. 그리고 문제의 복잡성을 덜기 위하여 상대적으로 작은 양이면 부차적 손실을 무시하거나 속도수두를 무시할 때도 있다. 속도수두를 무시하면 E.L.과 H.G.L.은 일치하게 된다.

6.6.1 직렬관

1 직렬관(series pipes)

크기가 다른 2개 이상의 관로가 한 줄로 연결된 것을 직렬관이라고 한다. 그림 6.25와 같이 두 저수지를 연결한 관로를 통하여 물이 흐르는 경우 A저수지의 물이 관로를 통한 다음 B저수지의 물이 되었다면 물이 흐르면서 갖게 된 손실수두는 두 저수지의 수위차 H이다.

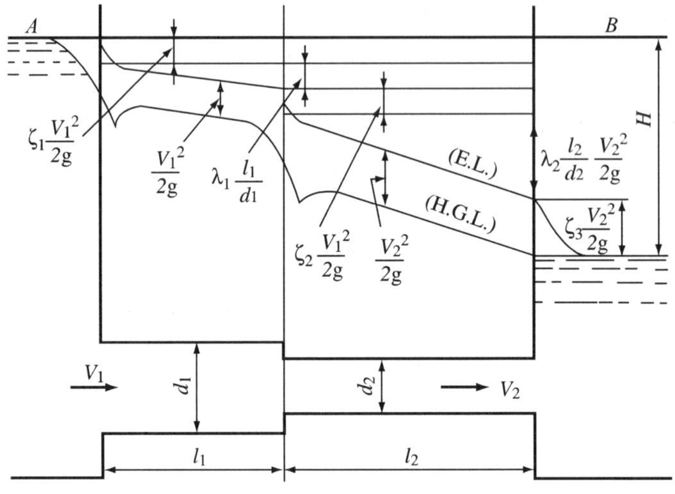

◈ 그림 6.25

그림에서

$$H = \zeta_1 \frac{V_1^2}{2g} + \lambda_1 \frac{l_1}{d_1}\frac{V_1^2}{2g} + \zeta_2 \frac{V_2^2}{2g} + \lambda_2 \frac{l_2}{d_2}\frac{V_2^2}{2g} + \zeta_3 \frac{V_2^2}{2g} \tag{6.43}$$

이 식에서 $\frac{A_2}{A_1} = \alpha$라 하면 표 6.3에서 α에 대한 ζ_2값을 알 수 있고, $V_1 = \alpha V_2$, $\zeta_1 = 0.5$, $\zeta_3 = 1$이므로

$$H = \frac{V_2^2}{2g}\left(0.5\alpha^2 + \lambda_1 \frac{l_1}{d_1}\alpha^2 + \zeta_2 + \lambda_2 \frac{l_2}{d_2} + 1\right)$$

이다. 여기서 λ_1, λ_2를 알면 주어진 수면차에 대한 속도 V_2를 구할 수 있고 유량도 구할 수 있다. 반대로 유량이 주어진 양이라 하면 필요한 수면차 H를 계산 할 수 있다.

V_2와 λ_1, λ_2가 주어지지 않았다면 무디선도를 이용하는 시행착오법을 써서 λ_1과 λ_2를 가정하고 V_2를 구한다. 즉, 가정된 λ값에 의하여 구해진 V_2로 레이놀드 수 Re를 계산하고 이 Re와 상대조도 ε/d으로 무디선도에서 λ를 구하여 가정한 값과 비교하는 것이다.

다시 식 (6.43)에서 l_1과 l_2가 큰 값이면 부차적손실을 무시하고, 전 손실수두는 관 마찰에 의한 손실수두만의 합으로 표시될 것이다.

예제 6.13 그림 6.25에서 d_1, d_2가 각각 200 mm, 100 mm, l_1, l_2가 800 m, 120 m, λ_1, λ_2가 0.03, 0.02라고 하면 수면의 높이차가 60 m일 때 유량 Q를 구하라.

풀이

$\dfrac{A_2}{A_1}=\dfrac{1}{4}$ 이므로 표 6.3에서 $\zeta_2=0.36$로 보고 $V_1=\dfrac{V_2}{4}$ 이므로 식 (6.43)에서

$$60=\frac{V_2^2}{2g}\left(0.5\times\frac{1}{16}+0.03\times\frac{800}{0.2}\times\frac{1}{16}+0.36+0.02\times\frac{1200}{0.1}+1\right)$$

$$V_2^2=60\times2\times9.8\times\frac{1}{249}=4.72$$

$$\therefore V_2=2.17 \text{ m/s}$$

$$\therefore Q=\frac{\pi}{4}\times0.1^2\times2.17=0.017 \text{ m}^3/\text{s}=17\ l/\text{s}$$

이다.

2 등가길이(equivalent length)

① **부차적손실을 관마찰로 환산** : 이것은 부차적손실을 곧은 관로에서의 손실에 해당하는 관 길이로 나타내는 것이다.

즉, Weisbach-Darcy의 식을 이용하면

$$\lambda\frac{Le}{d}\cdot\frac{V^2}{2g}=\zeta\frac{V^2}{2g}$$

$$\therefore Le=\frac{\zeta d}{\lambda} \tag{6.44}$$

여기서 Le를 등가길이라 한다. Le를 실제의 관 길이에 더하여 주므로서 부차적손실을 고려하게 되는 것이다.

즉,

$$\lambda\frac{l}{d}\frac{V^2}{2g}+\zeta\frac{V^2}{2g}=\lambda\frac{l+Le}{d}\frac{V^2}{2g}$$

이 된다.

② 직렬관에서 크기가 다른 관로를 하나의 관로로 통일해서 생각할 수 있는 등가길이는 다음과 같이 구할 수 있다.

직경 d_1, 길이 l_1인 관에서의 손실수두와 같은 크기의 손실수두를 갖는 직경 d_2인 관에서의 길이를 l_{1e}라 하면 다음 관계식이 성립한다.

$$h = \lambda_1 \frac{l_1}{d_1}\frac{V_1^2}{2g} = \lambda_2 \frac{l_{1e}}{d_2}\frac{V_2^2}{2g}$$

$$l_{1e} = l_1 \frac{\lambda_1}{\lambda_2}\frac{d_2}{d_1}\left(\frac{V_1}{V_2}\right)^2$$

연속방정식에서 $\left(\frac{V_1}{V_2}\right)^2 = \left(\frac{d_2}{d_1}\right)^4$ 되므로

$$l_{1e} = l_1 \frac{\lambda_1}{\lambda_2}\left(\frac{d_2}{d_1}\right)^5 \tag{6.45}$$

이다. 따라서 직경 d_1인 관에서의 손실수두는 직경 d_2인 관 길이에 등가길이 l_{1e}를 더하여 손실을 구함으로써 포함하게 된다.

예제 6.14 예제 6.13에서 관 길이 l_2에 가할 관 길이 l_1의 등가길이 l_{1e}를 구하라.

풀이

$$l_{1e} = l_1 \frac{\lambda_1}{\lambda_2}\left(\frac{d_2}{d_1}\right)^5 = 800 \times \frac{0.03}{0.02} \times \left(\frac{1}{2}\right)^5 = 37.5\ \text{m}$$

6.6.2 병렬관

관로가 한 점에서 여러 개로 갈라졌다가 다시 하나의 관로로 합쳐진 것을 병렬관 또는 평행관(parallel pipes)이라고 한다.

그림 6.26과 같이 A점에서 유체가 가지는 기계적 에너지는 어느 경로로 가거나 같으며, 다시 B점에서 유체도 어느 경로를 통하여 흘러 왔던 같은 에너지를 갖는 유체로 된다. 즉, 경로에 관계없이 단위중량의 유체가 손실로 잃는 에너지는 같아야 하므로 각 관로의 손실수두는 같다.

따라서 병렬관에서는 다음과 같은 방정식이 성립한다.

$$h_1 = h_2 = h_3 = \left(\frac{p_A}{\gamma} + z_A\right) - \left(\frac{p_B}{\gamma} + z_B\right) \tag{6.46}$$

$$Q = Q_1 + Q_2 + Q_3 \tag{6.47}$$

식 (6.46)에서 부차적손실을 무시하고, 손실수두를 유량으로 표현하면

$$h_1 = h_2 = h_3 = \lambda_1 \frac{l_1}{d_1}\frac{V_1^2}{2g} = \lambda_2 \frac{l_2}{d_2}\frac{V_2^2}{2g} = \lambda_3 \frac{l_3}{d_3}\frac{V_3^2}{2g}$$

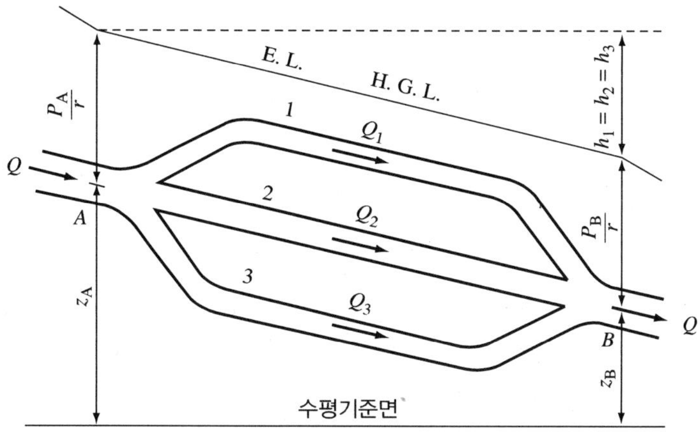

◈ **그림 6.26 병렬관**

$$\frac{8\lambda_1 l_1}{\pi^2 d_1^5} Q_1^2 = \frac{8\lambda_2 l_2}{\pi^2 d_2^5} Q_2^2 = \frac{8\lambda_3 l_3}{\pi^2 d_3^5} Q_3^2$$

여기서 각항의 계수를 각각 a^2, b^2, c^2이라 놓으면 방정식은 다음과 같이 간단히 표현된다.

$$aQ_1 = bQ_2 = cQ_3 \tag{6.48}$$

따라서 관 특성 (λ, d, l)이 주어지면 a, b, c는 결정되고 총유량을 알면 식 (6.47), (6.48)을 연립방정식으로 풀어서 Q_1, Q_2, Q_3를 각각 구할 수 있다. 또한, 위의 사실을 응용하여 기존 관로에 병렬관을 연결하면 유량을 증가시킬 수도 있다.

예제 6.15 그림 6.27과 같은 병렬관에서 ①, ② 관로의 마찰계수는 0.03으로 같고 총유량 Q는 0.04 m^3/s일 때 각 관로의 유량 Q_1, Q_2를 구하라.

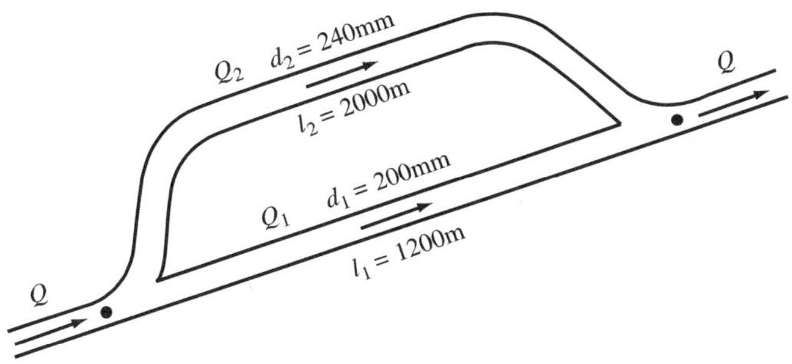

◈ **그림 6.27**

풀이

$$0.03 \times \frac{1200}{0.2} \times \frac{V_1^2}{2g} = 0.03 \times \frac{2000}{0.24} \times \frac{V_2^2}{2g}$$

정리하여

$$V_2 = 0.6\sqrt{2}\,V_1$$

$$Q_2 = \left(\frac{0.24}{0.2}\right)^2 \times 0.6\sqrt{2}\,Q_1 \cdots\cdots ①$$

또,

$$Q_1 + Q_2 = 0.04 \cdots\cdots ②$$

식 ①, ②를 연립하여 풀면

$$Q_1 = \frac{0.04}{1+\left(\frac{6}{5}\right)^2 \times 0.6\sqrt{2}} = 0.018\ \mathrm{m^3/s}$$

$$\therefore\ Q_2 = 0.04 - 0.018 = 0.022\ \mathrm{m^3/s}$$

이다.

예제 6.16 직경 300 mm, 길이 1200 mm인 관로가 표고차 20 m인 두 저장용기에 연결되어 있고 유량은 0.08 $\mathrm{m^3/s}$이다. 만일 길이 500 m인 같은 크기와 재료로 된 관을 기존 관로에 병렬로 접속시키면 유량은 얼마나 변하겠는가?

풀이

단일관로일 때 손실수두와 유량관계에서

$$20 = a(0.08)^2,\quad a = 32.5$$

유량변화에 따른 마찰계수의 변화를 무시하면 a는 관 길이에 비례하므로 병렬된 부분이 갖는 a값은

$$3125 \times \frac{500}{1200} = 1302$$

나머지 단일관로 부분이 갖는 a값은

$$3125 \times \frac{700}{1200} = 1823$$

병렬접속관을 통하는 유량을 Q_B라 하면

$$24 = 1823Q^2 + 1302Q_B^2 \cdots\cdots ①$$

기존관로를 통하는 유량을 Q_A라 하면

$$24 = 1824Q^2 + 1302Q_A^2 \cdots\cdots ②$$

이다. 식 ①, ②를 연립시키면 $Q_A = Q_B$이고 $Q_A + Q_B = Q$이므로 $Q = 0.106\ \mathrm{m^3/s}$ 이다. 따라서 병렬관의 설치로 32.5%의 유량 증가를 가진다.

6.6.3 분지관

한 점으로부터 여러 갈래의 관로가 각각 저장용기에 연결된 것을 분지관(branching pipes)이라 한다. 그림 6.28과 같은 3 수조 문제에 대하여 흐름방향을 알아보면 다음 3가지 중 어느 하나로 생각할 수 있다.

① A에서 B와 C로 흐른다.
② A에서 C로 흐르고 B에는 흐름이 없다.
③ A와 B에서 C로 흐른다.

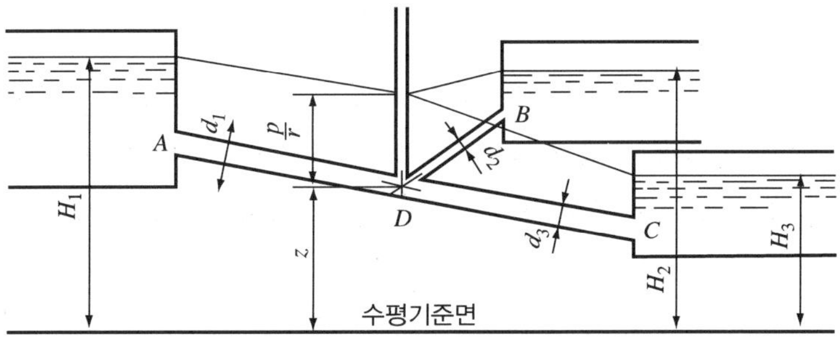

그림 6.28

위 경우들을 유량관계식으로 나타내면

① $Q_A = Q_B + Q_C$
② $Q_A = Q_C$, $Q_B = 0$
③ $Q_A + Q_B = Q_C$

그림 6.28에 표시하는 것은 3 탱크의 문제이며, 유체의 수송관설계에서 간혹 생기는 문제이다.

예컨대 가장 높은 위치에 수면이 있는 탱크(유체가 기체일 때는 가장 압력이 높은 탱크) A를 주관(main pipe) ADC 및 지관(branch pipe) BD에 의하여 낮은 위치에 수면이 있는 탱크 B 및 C와 연락하는 경우이다. 이 때 임의의 기준수평면에서 A, B, C의 각 탱크 속의 수면 및 관로의 분기점 D에 세운 유리관 내의 수면까지의 높이를 각각 H_1, H_2, H_3 및 $\left(z+\frac{p}{\gamma}\right)$로 하고, 또 관로 AD, BD 및 CD의 내경과 길이를 각각 d_1, d_2, d_3와 l_1, l_2, l_3로 하여 각 관로에서의 유량을 대략 계산할 수 있다.

물이 탱크 A와 B에서 탱크 C로 흐르고, 관로의 마찰계수 λ가 같고 마찰 이외의 손실이 없는 것으로 가정하면 관로 AD, BD 및 DC에서의 마찰손실수두 h_1, h_2 및 h_3은 각각

$$h_1 = H_1 - \left(z + \frac{p}{\gamma}\right) = \lambda \frac{l_1}{d_1} \frac{V_1^2}{2g} \tag{a}$$

$$h_2 = H_2 - \left(z + \frac{p}{\gamma}\right) = \lambda \frac{l_2}{d_2} \frac{V_2^2}{2g} \tag{b}$$

$$h_3 = \left(z + \frac{p}{\gamma}\right) - H_3 = \lambda \frac{l_3}{d_3} \frac{V_3^2}{2g} \tag{c}$$

로 된다.

이들 세 식 중에는 $\frac{p}{\gamma}$, V_1, V_2 및 V_3의 4개의 미지수가 있다. 따라서 문제를 풀기 위해서는 다시 제 4의 식이 필요하다. 이 제 4의 식은 연속의 식이며, 탱크 C에 유입하는 유량이 탱크 A와 B에서 유출하는 유량의 합친 것과 같다는 것을 표시하는 것이다. 즉,

$$\frac{\pi}{4} d_3^2 V_3 = \frac{\pi}{4} d_1^2 V_1 + \frac{\pi}{4} d_2^2 V_2$$

$$\therefore \; d_3^2 V_3 = d_1^2 V_1 + d_2^2 V_2 \tag{d}$$

그리고, 식 (a)에 (c)를 더함으로써

$$H_1 - H_3 = \lambda \left(\frac{l_1}{d_1} \frac{V_1^2}{2g} + \frac{l_3}{d_3} \frac{V_3^2}{2g} \right) \tag{e}$$

로 된다. 또 식 (b)에 식 (c)를 더해서

$$H_2 - H_3 = \lambda \left(\frac{l_2}{d_2} \frac{V_2^2}{2g} + \frac{l_3}{d_3} \frac{V_3^2}{2g} \right) \tag{f}$$

의 관계를 얻는다. 그리하여 식 (d), (e) 및 (f)로부터 각 관로에서의 유량을 산출할 수가 있다.

여기서 주의할 것은, 위의 풀이는 물이 탱크 A 및 B에서 C로 흐른다는 것을 가정한 결과인 것이다. 그러나 관로의 치수와 각 탱크 속의 수면의 위치 여하에 따라서는 탱크 B에서 유출하는 대신 관로 DB에 의하여 B로 유입하는 수도 있다. 즉 이것은 $\left(z + \frac{p}{\gamma}\right)$가 H_2보다 크냐 작으냐에 따라 정해진다.

따라서 탱크 B의 수면이 분기점 D보다 높은 경우에는 먼저 관로 BD 중의 흐름의 방향을 결정해야 한다. 그러려면 $\left(z+\dfrac{p}{\gamma}\right)=H_2$로 가정하고, 즉 관로 BD에는 흐름이 없는 것으로 가정하여 구한 $\dfrac{p}{\gamma}$에 대한 유속 V_1 및 V_3를 식 (a), (c)로부터 계산하여 다시 관로 AD와 DC에서의 유량 $\dfrac{\pi}{4}d_1^2V_1$ 및 $\dfrac{\pi}{4}d_3^2V_3$를 구하여 그 중 어느 것이 큰가를 알면 관로 BD 내의 흐름의 방향을 알게 된다. 계수 λ는 최초에 가정해야 하지만 만약 정확한 값이 필요하면 먼저 적당히 가정하여 평균유속을 계산하고 그 유속으로써 λ의 더 정확한 값을 계산하며, 다시 이와 같은 계산을 반복한다.

예제 6.17 그림 6.29에서 다음 값들이 주어질 때 각 관로의 유량을 구하라.

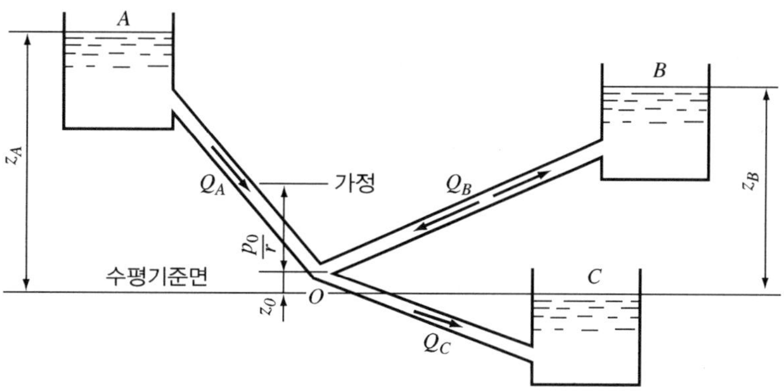

그림 6.29

$z_A=30$ m, $d_A=30$ cm, $l_A=1000$ m, $\lambda_A=0.02$
$z_B=12$ m, $d_B=25$ cm, $l_B=800$ m, $\lambda_B=0.03$
$z_C=0$, $d_C=40$ cm, $l_C=600$ m, $\lambda_C=0.024$

풀이

$z_0+\dfrac{p_0}{\gamma}=10$ m로 가정하면

$$20=0.02\times\frac{1000}{0.3}\times\frac{V_A^2}{2\times9.8},\quad V_A=2.4248,\quad Q_A=0.1714\cdots\cdots ①$$

$$2=0.03\times\frac{800}{0.25}\times\frac{V_B^2}{2\times9.8},\quad V_B=0.6390,\quad Q_B=0.0313\cdots\cdots ②$$

$$10=0.024\times\frac{500}{0.4}\times\frac{V_C^2}{2\times9.8},\quad V_C=2.3333,\quad Q_C=0.2932\cdots\cdots ③$$

$Q_A+Q_B<Q_C$이므로 가정을 조금 더 작게 잡아야 함을 알 수 있고 위의 3가지 경우 중 ③의 경우에 해당한다는 것도 알 수 있다.

$z_0 + \dfrac{p_0}{\gamma} = 6\text{ m}$로 가정하면

$$24 = \frac{200}{3} \times \frac{V_A^2}{19.6}, \quad V_A = 2.6563, \quad Q_A = 0.1878$$

$$6 = \frac{240}{2.5} \times \frac{V_B^2}{19.6}, \quad V_B = 1.1068, \quad Q_B = 0.0543$$

$$6 = 36 \times \frac{V_C^2}{19.6}, \quad V_C = 1.8074, \quad Q_C = 0.2271$$

$0.1878 + 0.0543 > 0.2271$이므로 아직 만족스럽지는 못하다. 다음에는 가정을 보간법에 의해 약간 크게 잡아 $z = p_0/\gamma = 6.6\text{ m}$로 가정하면

$$23.4 = \frac{200}{3} \times \frac{V_A^2}{19.6}, \quad V_A = 2.6229, \quad Q_A = 0.1854$$

$$5.4 = \frac{240}{2.50} \times \frac{V_B^2}{19.6}, \quad V_B = 1.0500, \quad Q_B = 0.0515$$

$$6.6 = 36 \times \frac{V_C^2}{19.6}, \quad V_C = 1.8956, \quad Q_C = 0.2382$$

$0.1854 + 0.0515 \fallingdotseq 0.2382$이므로 위 가정에 만족하면 유량은 확정된다. 그리고 너무 정확하게 계산을 되풀이 할 필요가 없는 것은 위의 식 자체가 근사적인 식이기 때문이다.

6.6.4 관로망

도시의 상수도 구조나 대형 생산공정의 배관구조는 매우 복잡하다. 마치 그물처럼 복잡하게 얽힌 배관을 관로망(pipe networks)이라 부르며, 그 해석도 매우 복잡하고 수치계산을 반복하여 근사해를 얻을 수밖에 없다.

복잡한 수치계산의 반복은 전자계산기의 출현으로 상당히 쉬워졌으며, 기본 원리가 간단하므로 아날로그컴퓨터를 이용하면 간단히 해답을 얻을 수 있다고 한다. 관로망의 해답을 쉽게 이해하기 위하여 여기서는 간단한 병렬관에 대한 관로망 방식의 해답을 설명하기로 한다.

그림 6.30과 같은 단순회로망에서 A와B 사이의 손실수두는 경로에 관계없이 일정하다.

$$h_{L(ABC)} = h_{L(ADC)}$$

또는

$$h_{L(ABC)} - h_{L(ADC)} = 0$$

이 관계식을 일반적으로 생각하면 하나의 폐회로를 순환하는 손실수두의 총합은 0

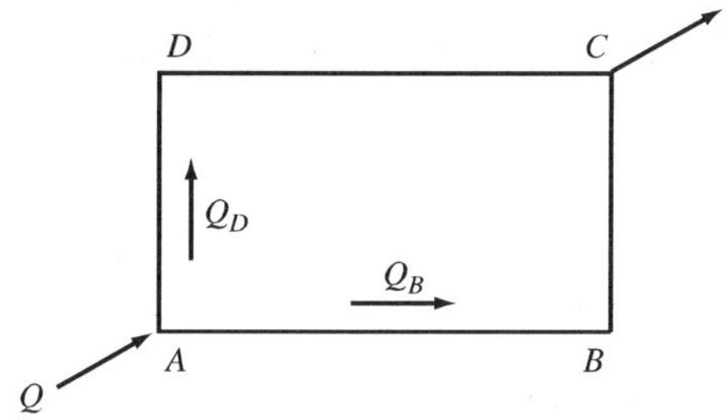

◈ 그림 6.30 관로망

이다. 이 때 흐름방향과 반대방향으로는 손실수두를 (−)로 잡는다. 그리고 손실수두와 유량의 관계식[5]은 $h_L = kQ^n$로 한다.

지금 어느 한 관로의 가정된 유량을 Q, 실제의 참유량을 Q_0, 보정유량을 $\triangle Q$라 하면

$$Q_0 = Q + \triangle Q$$
$$kQ_0^n = k(Q + \triangle Q)^n = k(Q^n + nQ^{n+1} \triangle Q + \cdots)$$

여기서 $\triangle Q$는 Q에 비하여 작다고 보고 2차항 이후의 항을 무시하면 위 회로의 손실수두 식에서

$$k_B(Q_B^n + nQ_B^{n-1} \triangle Q) - k_D(Q_D^n + nQ_D^{n-1} \triangle Q) = 0$$
$$\triangle Q = -\frac{k_B Q_B^n - k_D Q_D^n}{n(k_B Q_B^{n-1} - k_D Q_D^{n-1})}$$

따라서 일반적으로는 다음 방정식이 성립됨을 알 수 있다.

$$\triangle Q = -\frac{\Sigma k_i Q_i^n}{\Sigma n k_i Q_i^{n-1}} = \frac{\Sigma h_{Li}}{n\Sigma\left(\dfrac{h_{Li}}{Q_i}\right)}$$

윗 식에서 $\triangle Q$가 0이 되기 위해서는 $\Sigma h_{Li} = 0$이 되어야 하며, 실제로 0이 아니더라도 $\triangle Q$가 만족할 만큼 작은 값이면 그 때의 가정된 유량을 참유량으로 보는 것이다.

이 방법을 하디-크로스(Hardy Cross)의 근사해법이라 한다. 그리고 윗 식을 사용할 때 유의할 점은 분자의 손실수두합을 구할 때 음의 손실수두가 있으나 분모는 항상 양수로 된다는 점이다.

---

5) Hazen-Williams 공식에 의하면 $n = 1.85$이다.

예제 6.18 그림 6.31과 같은 단순관로망에서 각 관로의 유량을 구하라. 단, $n=2$이다.

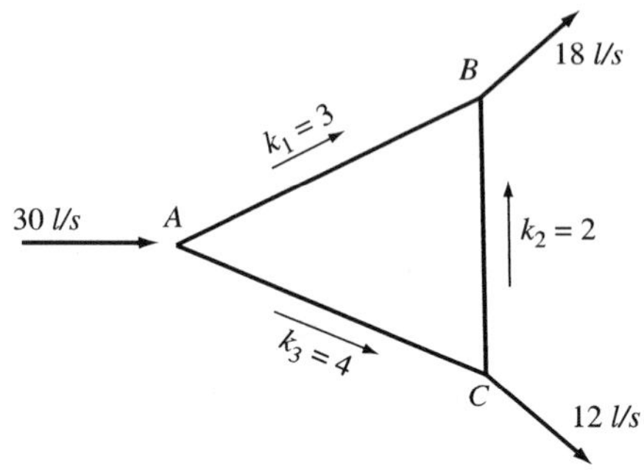

그림 6.31

풀이

i) 각 관로의 유량을 가정하고 보정유량을 계산하면 표 6.9에서 3번째 보정유량은 만족할 만큼 작으므로 3번째 가정된 유량을 각 관로의 참유량으로 본다.

표 6.9

가정	관로	가정된 유량	$k_i Q_i^n$	$nk_i Q^{n-1}$	$\triangle Q$
1	AB	15	$3\times 15^2=675$	$2\times 3\times 15=90$	$\triangle Q=-\dfrac{\Sigma k_i Q_i^n}{\Sigma nk_n Q_i^{n-1}}$
	BC	−3	$-2\times 3^2=-18$	$2\times 2\times 3=12$	$=-\left(\dfrac{-243}{222}\right)$
	CA	−15	$-4\times 15^2=-900$	$2\times 4\times 15=120$	
			$\Sigma k_i Q_i^n=-243$	$\Sigma nk_i Q_i^{n-1}=222$	$=1.09$
2	AB	16.09	$3\times(16.09)^2=776.66$	$2\times 3\times 16.09=96.54$	$\triangle Q=-\left(\dfrac{-4.59}{215.46}\right)$
	BC	−1.91	$-2\times(1.91)^2=-7.3$	$2\times 2\times 1.91=7.64$	
	CA	−13.91	$-4\times(13.91)^2=773.95$	$2\times 4\times 13.91=111.28$	$=0.02$
			−4.59	215.46	
3	AB	16.11	$3\times(16.11)^2=778.6$	$2\times 3\times 16.11=96.66$	$\triangle Q=-\left(\dfrac{-0.27}{215.34}\right)$
	BC	−1.89	$-2\times(1.89)^2=7.14$	$2\times 2\times 1.89=7.56$	
	CA	−13.89	$-4\times(13.89)^2=771.73$	$2\times 4\times 13.89=111.12$	$=0.00013$
			0.27	215.34	

ii) 이 문제의 경우는 특별히 다음과 같이 병렬관의 해법을 적용하여도 간단히 유량을 계산할 수 있다. AB, CB, AC관로의 유량을 각각 Q_1, Q_2, Q_3라 하면

$$\Sigma h_{Li}=3Q_1^2-2Q_2^2-4Q_3^2=0 \cdots\cdots ①$$

$$Q_1+Q_2=18 \cdots\cdots ②$$

$$Q_3-Q_2=12 \cdots\cdots ③$$

식 ②, ③의 Q_1, Q_2의 값을 식 ①에 대입하여 Q_2를 구하면

$$3(18-Q_2)^2-2Q_2^2-4(12+Q_2)^2=0$$

$$3(Q_2^2-204Q_2)-396=0$$

$Q_2 ≒ -69.89$ 또는 1.89

Q_2가 69.89될 수 없으므로 $Q_2=1.89$

$$Q_1=16.11(l/s)$$

$$Q_2=13.89(l/s)$$

이다.

6.7 곧은 관로와 상당구배

6.7.1 곧은 관로

유체를 어느 장소에서 다른 장소로 수송할 때는 관을 길게 연결한 관로(pipe line)가 사용된다. 특히 높은 곳에 펌프로 양수한다거나, 수력발전소 또는 수도 등에 있어 압력수를 공급할 때, 그리고 가스(gas), 수증기, 압축공기 등을 수송할 때는 반드시 관로에 의하지 않으면 안된다.

유체역학에서 관로의 흐름으로써 취급되는 것은 관의 단면을 유체가 충만하여 흐르는 때이며, 관단면의 일부만을 유체가 흘러 자유표면을 가진 경우는 원형단면의 관이라 할지라도 수로(open channel)의 흐름으로써 취급한다.

관로로서 가장 많이 사용되는 것은 주철관(cast iron pipe), 용접강관(welded steel pipe), 병접강관(riveted steel pipe), 각종 재료의 인발관(solid drawn pipe) 등이며, 이들 관은 보통 적당한 길이로 제작되어 설치 현장에서 접속된다. 이 외에도 목관, 콘크리트관, 연관 등이 특수한 용도에 사용된다.

앞에서도 설명한 바와 같이 우리가 취급하는 관로 내의 흐름은 거의 난류운동(turbulent motion)을 하고 있으며, 흐름의 도중에 단면적의 변화, 유량의 변화 등을 생각할 수 있으나 우리에게 가장 필요한 것은 관로의 직경이 균일하고 곧은 관로를 동일 유량의 유체가 흐르는 경우이다.

관로에 의하여 유체를 수송함에 있어서는 관벽의 마찰저항을 반드시 이겨내야 하므로 많은 에너지가 소비된다. 이 에너지는 결국 열로 변하여 이미 압력이나 운동에너지로 회수할 수 없으므로 마찰손실이라고 한다.

관로의 흐름에서 생기는 마찰손실의 양을 결정하는 일은 매우 중요하다. 예컨대 수도에서 물을 공급할 때 필요한 관로의 직경, 펌프를 운전하는 데 필요한 동력, 수력 발전소에서의 수압관(penstock)의 직경, 수차의 출력(output), 광산에서 압축 공기용 관로의 직경, 또는 냉·난방용 관로의 직경 등을 결정할 때, 먼저 이 마찰손실을 계산해야 된다. 따라서 관로에서의 마찰손실을 계산하기 위한 적당한 식을 구하는 일은 실제 유체역학에서 가장 중요한 목적이라고 할 수 있다.

곧은 관이라 하더라도 관로의 입구, 출구에서 마찰손실 이외의 손실수두가 일어나고, 또 일반적으로 관로 도중에 직경이 변화하고 곡관이나 밸브가 있기 때문에 부차적 손실이 발생한다.

이들 일체의 손실수두를 Σh_L로 표시하면 Bernoulli의 식은 다음과 같다.

$$\frac{V^2}{2g}+\frac{p}{\gamma}+z+\Sigma h_L=H\ (\text{일정}) \tag{6.49}$$

긴 관로에서는 관벽에서의 마찰손실 수두 h가 다른 원인에 의한 손실수두에 비교하여 현저하게 크므로 이 h만을 고려에 넣고 다른 원인에 의한 손실은 무시하여 계산하는 것이 보통이다. 또 과히 길지 않은 관로의 문제라 할지라도 마찰 이외에 발생하는 손실수두를 일일이 계산하는 번잡을 피하고, 그 대신 마찰손실 h를 구할 때 계수 λ를 조금 크게 선정하여 계산하기도 한다.

간단한 예로 그림 6.32에 표시하는 바와 같이 내경 d가 일정한 수평관로를 생각하면 위치수두 z는 일정하고, 또 단면적 $\frac{\pi}{4}d^2$이 일정하므로 평균속도 V도 일정하다.

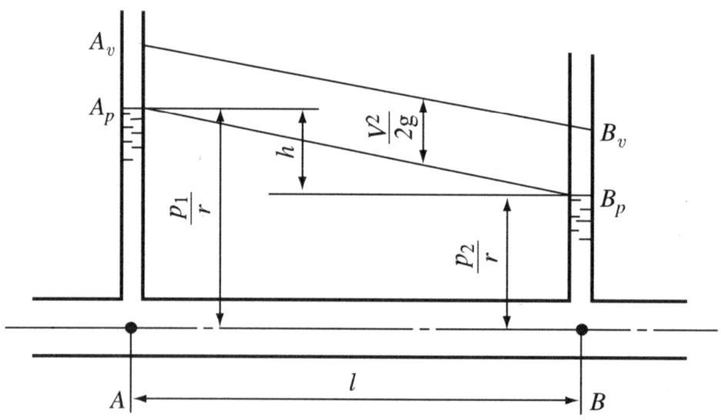

◈ 그림 6.32

따라서, Bernoulli의 식은

$$\frac{p}{\gamma}+h=H\ (\text{일정})$$

여기서, h는 마찰손실수두이며, 이것은

$$h = \lambda \frac{l}{d} \frac{V^2}{2g} \tag{A}$$

이다. 즉, 손실수두 h는 흐름의 거리 l에 정비례하여 증가한다. 그러므로 압력수두 $\frac{p}{\gamma}$는 일정하지 않고 손실수두가 증가한 만큼 감소한다.

그림 6.32에 대하여 단면 A와 B에 유리관을 세우면 그 안의 수면은 단면의 압력 p_1 및 p_2에 상당하는 높이 $\frac{p_1}{\gamma}$ 및 $\frac{p_2}{\gamma}$만큼 상승하여 그 높이의 차 $h = \frac{p_1}{\gamma} - \frac{p_2}{\gamma}$가 손실수두를 표시한다(이것은 관로 내의 유체는 물의 경우이며, 만약 공기, 수증기 등과 같은 기체에 대하여는 두 유리관의 상단을 U자관에 연결하여 수은 기타 적당한 액체의 수두차로 표시한다). 그리하여 관벽에 의한 마찰손실 이외의 손실을 무시하였을 때 유리관 내의 수면을 연결한 선, 즉 압력을 표시하는 선은 A_pB_p 직선으로 된다. 이 A_pB_p선은 수력구배선이다.

이 직선 위에 속도수두 $\frac{V^2}{2g}$을 더한 A_vB_v 직선은 유체의 전에너지를 표시하는 에너지선이다. 즉, 손실수두가 증가한 만큼 에너지가 감소되는 것을 표시하고 있다.

다음에 식 (A)에 $V = \frac{Q}{\frac{\pi}{4}d^2}$를 대입하면

$$h = \lambda \frac{lQ^2}{\left(\frac{\pi}{4}\right)^2 2g} \frac{1}{d^5} \tag{6.50}$$

로 된다.

일반적으로 λ는 같은 관로에 있어서도 유속 V의 값 여하에 따라서 변화하지만, 지금 λ가 일정하고 또 l과 Q도 일정하다고 하면

$$h \propto \frac{1}{d^5} \tag{6.51}$$

로 되어, 마찰에 의한 손실수두가 대략 관로 직경의 5승에 역비례하는 것을 표시한다. 그러므로 관의 내경 d를 조금만 가늘게 하여도 저항이 격심하여짐을 알 수 있다. 이 사실은 관로의 경제적 치수를 결정할 때 고려되어야 할 중요할 조건이다.

관로의 직경 d는 다만 그 가격으로 생각하면 가급적 작게 하는 것이 이익이다. 그러나, 관로를 흐르는 동안에 마찰손실수두는 식 (6.51)과 같이 d의 5승에 대략 역비례하므로 관로의 경제적 치수는 그 손실 등의 가격과 관로의 설비비에 대한 이자와 상당비의 합계가 최소로 되도록 결정한다.

관로의 경제적 직경을 계산하는 식도 있지만 가격과 이자가 항상 변동하므로 그 실제의 응용은 곤란하다. 그러므로 대개의 경우 관로 내의 평균유속 V를 적당히 선정하여 내경 d를 산출하는 방법을 취한다.

보통 철관에서는 평균유속 V를 1.5 ~ 3 m/s로 취할 때, 대략 경제적 직경이 얻어진다. 그러나 수력발전소의 도수관과 같이 굵고 비교적 곧은 관로에서는 $V = 3 \sim 5$ m/s로 취하고, 또 수도와 같이 긴 철관에서는 $V = 0.5$ m/s 정도로 적게 취하며 일반적으로 가는 관일수록 V를 적게 한다.

6.7.2 상당구배

그림 6.33과 같이 내경이 균일하고 곧은 관로가 수평에 대하여 θ각일 때 그 임의의 단면 A 및 B에 유리관을 세우면 물은 단면의 압력 p_1 및 p_2에 상당하는 수두 $\dfrac{p_1}{\gamma}$ 및 $\dfrac{p_2}{\gamma}$만큼 상승하여 그림에서와 같이 A' 및 B'에 도달한다. 이때 A'와 B'의 수직거리 h가 AB간에서 마찰에 의하여 손실된 수두이다.

그림 6.33에서 A'와 B'를 연결하면 수평선과 각 ϕ를 이루는 직선이 생긴다. 이 선을 앞에서 설명한 바와 같이 수력구배선 또는 압력선이라 한다. 이 선을 엄밀히 말하면 AB 사이에 세운 무수의 유리관 내의 수면을 연결하여 된 선이다. 그러므로 그림과 같이 단면이 균일하고 곧은 관로에서는 손실수두 h가 거리 l에 정비례하므로 수력구배선이 직선으로 되지만 다른 일반의 경우에는 곡선이다.

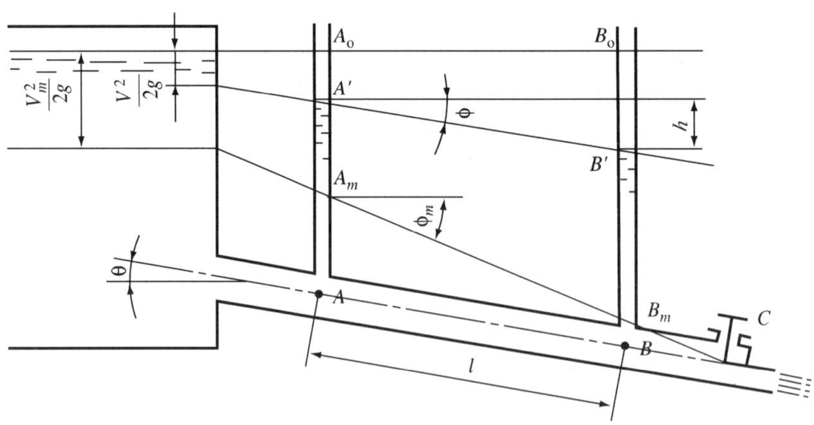

◈ 그림 6.33

그림 6.34에 표시하는 관로 ABC는 사이펀(siphon)을 이루고 있다. 이때 관로가 수직에 가까운 위치에 있는 부분에서는 수평거리가 짧은데도 관로가 길므로 단

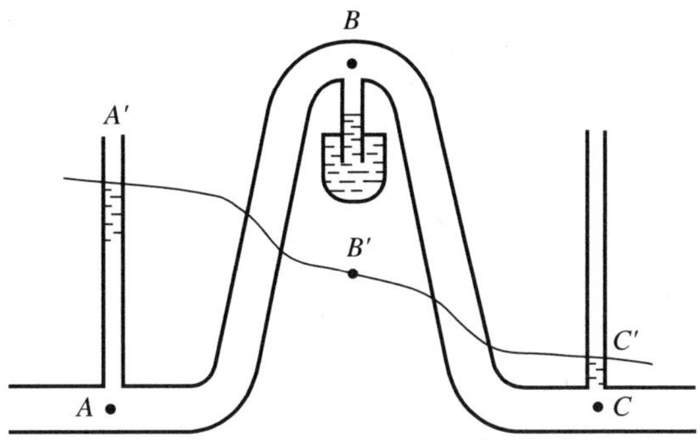

◈ 그림 6.34

위수평거리에 대한 압력의 저하가 심하다. 따라서 수력구배선은 이 부분에서 급격히 기울어지고 다른 부분에서는 기울기가 작다. 그러므로 $A'B'C'$와 같은 선으로 된다.

사이펀의 꼭대기 B에서는 수력구배선 B'가 관의 중심 B보다 낮다. 이 사실은 B에서의 압력이 대기압 p_a보다 수주의 높이 BB'에 상당한 만큼 낮은 것을 의미한다.

다음에 관이 그림 6.33과 같이 곧고 수력구배선이 수평과 ϕ각의 직선으로 되었을 때 $i = \tan\phi$의 값을 상당구배(virtual slope) 또는 유효구배라고 부른다. 이 각 ϕ는 대개는 극히 작으므로

$$\tan\phi \fallingdotseq \sin\phi = \frac{\mathrm{h}}{l} = \mathrm{i}\ (\mathrm{rad})$$

으로 할 수 있다.

이 식에 식 (A)를 대입하면

$$i = \frac{h}{l} = \frac{\lambda}{d}\frac{V^2}{2\mathrm{g}} \tag{6.52}$$

위의 식으로 알 수 있는 바와 같이 상당구배 i는 같은 관로 (길이 l, 내경 d가 동일)에서도 평균속도 V값에 따라서 크게 다르다. 즉, 만약 λ가 일정하다면(d = 일정) $i \propto V^2$이다. 다시 연속의 원리에 의하여 $Q = AV = \frac{\pi}{4}d^2 V$이므로 $i \propto Q^2$의 관계가 성립한다. 그러므로 상당구배 i는 유량 Q의 대소에 따라서라도 크게 영향되는 것을 알 수 있다.

이상의 사실을 그림 6.33에 대하여 설명하면 먼저 출구 C의 밸브를 전폐하였을 때는 확실히 $Q = 0$이며, 유리관 내의 수면은 탱크수면과 같은 높이까지 올라간다. 따라서 수력구배선은 수평 위치 A_0B_0이고 $i = 0$으로 된다.

다음에 밸브를 전개하였을 때는 유량 Q와 평균속도 V는 각각 최대치 Q_m과 V_m으로 되고, 출구 C에서의 압력은 대기압 p_a와 같게 된다. 따라서 수력구배선은 A_mB_m의 위치로 되어 $i=\tan\phi_m$은 최대값으로 된다.

이와 같이 수력구배선의 기울기 i는 유량 Q의 대소에 의하여 변화하거나 또는 반대로 수력구배선의 기울기 i의 크기에 의하여 유량 Q의 값이 결정된다고도 한다.

관로중의 유량을 실제로 결정하는 것은 관로 그 자체의 기울기 θ가 아니고 수력구배선이 수평선과 이루는 각 ϕ라는 것을 알 수 있다. 그러므로 $i=\tan\phi$를 유효구배 또는 실질적구배라고도 한다. 즉, 그림 6.35의(a)에서는 관로의 기울기 θ가 대단히 크다. 그러나 관 끝의 작은 구멍으로부터 물이 유출하므로 유량은 적다. 수력구배선의 기울기 즉, 상당구배의 $i=\tan\phi$는 작다. 반대로 (b)의 경우는 관로의 기울기 θ가 부각 즉, 위쪽을 향하여 흐르고 있다.

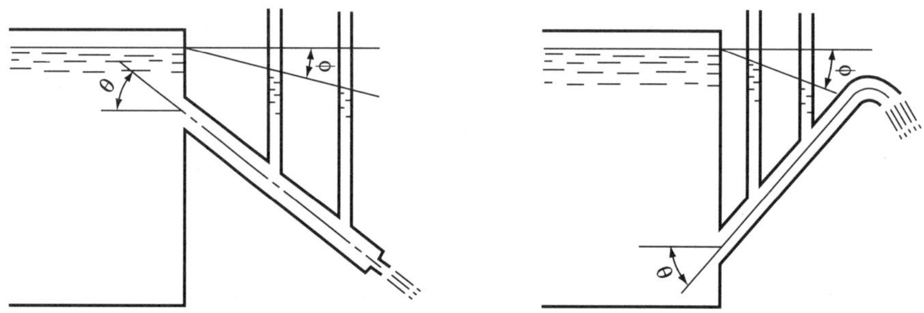

(a) (b)

그림 6.35

그러나 상당구배가 (a)의 경우보다 오히려 크므로 유량 Q도 (a)보다 크다.

다음에 식 (6.52)에서 평균유속을 구하면

$$V=\sqrt{\frac{2g}{\lambda}di} \tag{6.53}$$

로 되며, 이것을 관로의 흐름에 대한 Chezy의 식이라고 한다. 이것을 연속의 식에 대입하면

$$Q=\frac{\pi}{4}\sqrt{\frac{2g}{\lambda}}\sqrt{d^5i} \tag{6.54}$$

로 된다. 그러므로 어느 관로의 내경 d와 상당구배 i의 크기를 알면, 식 (6.53), (6.54)로 평균유속 V 및 유량 Q를 계산할 수 있다.

일반적으로 식 (6.53)과 (6.54), λ의 식으로부터 유량 Q, 평균유속 V, 내경 d, 상당구배 i간의 2개의 관계식을 얻을 수 있다. 따라서 이들 4개 값 중의 2개를 구하기 위해서는 나머지 2개가 주어져야 한다. 그런데 λ를 계산하는 Mises 공식 등은 V와 d를 포함하고 있으므로 이들의 값을 모르면 계산할 수 없다. 따라서 V또는 d의 어느 쪽인가가 미지인 많은 문제에서는 λ를 적당히 가정하지 않으면 안된다. 예컨대 V가 주어지고 d가 미지이면 λ를 Dupuit의 가정에 의하여 0.03으로 하고 식 (6.53)을 변형하여 일단 d를 계산한다. 다음에 이 d의 값을 가지고 다른 λ의 식으로 보다 정확한 λ를 구하여 이 λ로 다시 d의 보다 정확한 것을 구한다. 더욱 정확한 d를 구할 때는 이상의 방법을 반복하면 되나 대개 2회 이상 반복할 필요는 없다.

다음에 곧은 원관에 대하여 유량 Q (m^3/s), 평균유속 V (m/s), 내경 d (m) 및 상당구배 i를 계산하기 위하여 $\lambda = 0.03$으로 가정하였을 때, 이들 사이의 관계식을 구하면 다음과 같다.

연속의 식에서

$$Q = \frac{\pi}{4} d^2 V = 0.785 d^2 V$$

로 되어

$$d = \frac{1}{\sqrt{0.785}} \sqrt{\frac{Q}{V}} = 1.13 \sqrt{\frac{Q}{V}} \tag{6.55}$$

그리고

$$V = \frac{1}{0.785} \frac{Q}{d^2} = 1.27 \frac{Q}{d^2}$$

가 얻어진다.

다음에 식 (6.53)에서 $g = 9.80$ m/s^2 및 $\lambda = 0.03$을 대입하면

$$V = \sqrt{\frac{2 \times 9.80}{0.03}} \sqrt{di} = 25.6 \sqrt{di} \tag{a}$$

로 된다. 식 (a)를 변형하여

$$d = \frac{1}{25.6^2} \frac{V^2}{i} = 0.00153 \frac{V^2}{i} \tag{b}$$

가 얻어지고 다시 변형하여

$$i = 0.00153 \frac{V^2}{d}$$

가 구하여진다. 또 식 (a), (b)의 관계를 식 (6.54)에 대입하여

$$Q = 0.785d^2 \times 25.6\sqrt{di} = 20\sqrt{d^5 i} \tag{c}$$

로 된다. 그리고

$$Q = 0.785 \times (0.00153)^2 \frac{V^4}{i^2} V = 0.00000185 \frac{V^5}{i^2} \tag{d}$$

가 얻어지고, 다시 식 (c)로부터

$$i = \frac{Q^2}{20^2} \frac{1}{d^5} = 0.0035 \frac{Q^2}{d^5}$$

로 되고

$$d = \sqrt[5]{\frac{Q^2}{20^2 i}} = \frac{1}{\sqrt[5]{400}} \sqrt[5]{\frac{Q^2}{i}}$$

로 된다. 그런데

$$\log \sqrt[5]{400} = \frac{1}{5}\log 400 = \frac{26021}{5} = 0.52 = \log 3301$$

이다.

다음에 각 관로에서의 유량 Q_1, Q_2로 하고 그 합계를 Q로 하면, 식 (6.54)에 의하여

$$Q = Q_1 + Q_2 = \frac{\pi}{4}\sqrt{\frac{2g}{\lambda}}\left(\sqrt{d_1^5 i_1} + \sqrt{d_2^5 i_2}\right)$$

로 된다.

그런데 $i_1 = \frac{h}{l_1}$ 및 $i_2 = \frac{h}{l_2}$이다. 두 관로의 길이가 같아서 $l_1 = l_2 = l$의 경우를 생각하면 윗 식은

$$Q = Q_1 + Q_2 = \frac{\pi}{4}\sqrt{\frac{2g}{\lambda}\frac{h}{l}}\left(\sqrt{d_1^5} + \sqrt{d_2^5}\right)$$

로 된다. 다시 $d_1 = d_2 = d$의 경우를 생각하면

$$Q = \frac{\pi}{4}\sqrt{\frac{2g}{\lambda}\frac{h}{l}}\, 2\sqrt{d^5} \tag{e}$$

로 된다.

내경 d, 길이 l의 두 개의 관로에 의하여 물을 수송하는 대신 내경 D의 한 개의 관로로 같은 유량 Q를 수송한다면, 식 (6.54)에 의하여

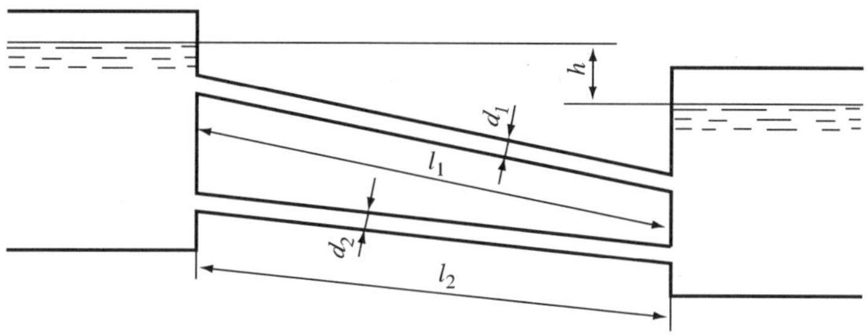

◈ 그림 6.36

$$Q=\frac{\pi}{4}\sqrt{\frac{2g}{\lambda}}\sqrt{D^5 i}=\frac{\pi}{4}\sqrt{\frac{2g}{\lambda}}\cdot\sqrt{\frac{h}{l}}\sqrt{D^5} \tag{f}$$

로 된다.

관로 한 개의 경우와 두 개의 경우에 대하여 Q 및 $i=\frac{h}{l}$가 같은 값이라고 가정하면 식 (e)와 식 (f)에서

$$\sqrt{D^5}=2\sqrt{d^5}$$

따라서

$$D=2^{\frac{2}{5}}d=1.32d$$

다음에 내경 d의 관로 두 개 대신 같은 단면적을 가진 한 개의 관로를 사용한다면 (내경 D')

$$\frac{\pi}{4}D'^2=2\times\frac{\pi}{4}d^2$$

따라서

$$d=\frac{1}{\sqrt[5]{400}}\sqrt[5]{\frac{Q^2}{i}}=\frac{1}{3311}\sqrt[5]{\frac{Q^2}{i}}=0.302\sqrt[5]{\frac{Q^2}{i}}$$

로 된다. 식 (d)에서

$$i=\sqrt{0.00000185\frac{V^5}{Q}}=0.00136\sqrt{\frac{V^5}{Q}}$$

또

$$V=\sqrt{\frac{1}{0.00000185}Qi^2}=\sqrt[5]{540000Qi^2}$$

그런데

$$\log \sqrt[5]{540000} = \frac{1}{5}\log 540000 = \frac{1}{5} \times 5.7324 = 1.1465 = \log 14.0$$

$$\therefore\ V = 14.0\sqrt[5]{Qi^2}$$

로 된다.

이상 계산한 결과를 정리하면

$$V = 25.6\sqrt{di} = 1.27\frac{Q}{d^2} = 14.0\sqrt[5]{Qi^2} \tag{6.56}$$

$$Q = 0.785d^2 V = 20\sqrt{d^5 i} = 0.00000185\frac{V}{i^2} \tag{6.57}$$

$$d = 0.00153\frac{V^2}{i} = 1.14\sqrt{\frac{Q}{V}} = 0.302\sqrt[5]{\frac{Q^2}{i}} \tag{6.58}$$

$$i = 0.00153\frac{V^2}{d} 0.0025\frac{Q^2}{d^5} = 0.00136\sqrt{\frac{V^5}{Q}} \tag{6.59}$$

이들의 식에 의하여 $\lambda = 0.03$으로 가정하였을 때에 대한 V, Q, d 및 i의 최초의 근사치가 얻어진다.

연습문제

1. 관에서 레이놀즈수가 1600일 때 관 마찰계수 λ를 구하라.

2. 직경이 10 cm인 원관에 기름($s = 0.85$, $\nu = 1.27 \times 10^{-4}$ m^2/s) 이 0.01 m^3/s의 유량으로 흐르고 있다. 이 때 관 마찰계수 λ를 구하라.

3. 지름 d인 관에 액체가 가득차 흐를 때 수력 반경 R_h를 구하라.

4. 0.01539 m^3/s의 유량으로 직경 30 cm인 주철관 속을 기름($\mu = 0.0105$ kg$_f \cdot$s/m^2, $s = 0.85$) 이 흐르고 있다. 길이 3000 m에 대한 손실수두를 구하라.

5. 길이가 400 m이고 지름이 25 m인 관에 평균속도 1.32 m/s로 물이 흐르고 있다. 관의 마찰계수가 0.0422일 때 손실수두를 구하라.

6. 유동단면이 4 cm × 4 cm인 관에 액체가 가득차 흐른다. 표면의 절대조도 $\varepsilon = 0.006$ m라 할 때 상대조도를 구하라.

7. 지름이 100 mm에서 지름 200 mm로 돌연확대되는 관에 물이 0.04 m^3/s의 유량으로 흐르고 있다. 이 때 돌연확대에 의한 손실수두를 구하라.

8. 단면적이 0.4 m^{2}에서 단면적이 0.2 m^{2}로 돌연축소하는 관이 있다. 수축계수 C_C가 0.681이면 축소부의 단면적(층류 단면적)을 구하라.

9. 문제 8에서 유량이 0.4 m^3/s라 하면 돌연축소 손실수두 h_s를 구하라.

10. 다음 그림에서 손실수두 h_L를 구하라.

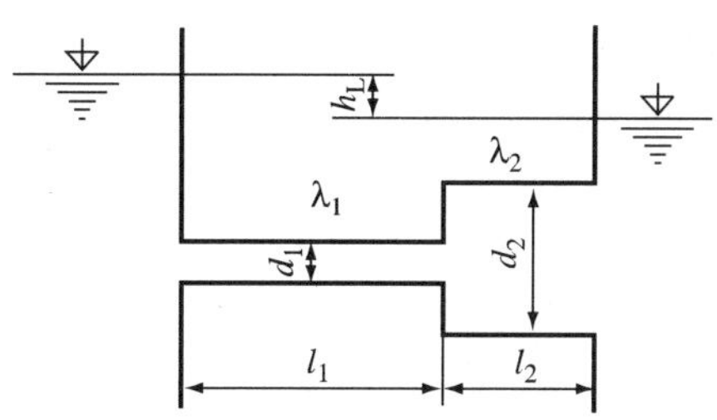

① $h_L = \lambda_1 \dfrac{l_1}{d_1} \dfrac{V_1^2}{2g} + \lambda_2 \dfrac{l_2}{d_2} \dfrac{V_2^2}{2g}$

② $h_L = 1.5\left(\dfrac{V_1^2}{2g} + \dfrac{V_2^2}{2g}\right)$

③ $h_L = \left(0.5 + \lambda_1 \dfrac{l_1}{d_1}\right) \dfrac{V_1^2}{2g} + \left(\lambda_2 \dfrac{l_2}{d_2} + 1\right) \dfrac{V_2^2}{2g}$

④ $h_L = \left(0.5 + \lambda_1 \dfrac{l_1}{d_1}\right) \dfrac{V_1^2}{2g} + \dfrac{(V_1 - V_2)^2}{2g} + \left(\lambda_2 \dfrac{l_2}{d_2} + 1\right) \dfrac{V_2^2}{2g}$

11. 부차적손실계수가 $\zeta = 5$인 밸브를 관마찰계수가 $\lambda = 0.025$이고, 직경이 2 cm인 관으로 환산한다면 관의 등가길이는 얼마인가?

12. 다음 그림과 같은 관에서 흐르는 유량을 구하라.
단, 관마찰계수는 0.027이다.

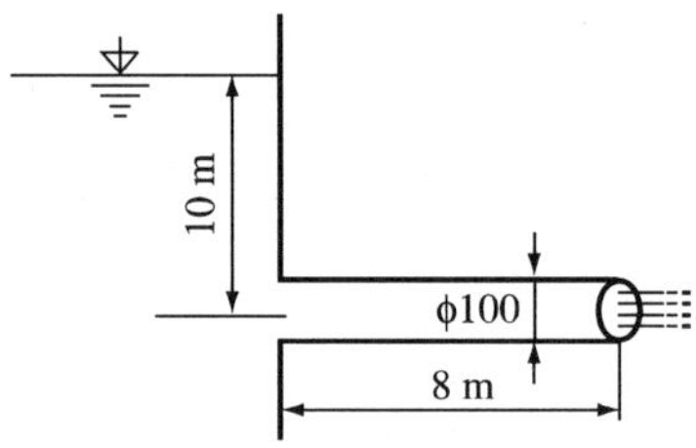

13. 직경 0.3 m인 관에 물이 0.3 m^3/s로 흐를 때 길이 300 m에 대해서 손실동력이 60 kW이다. 이 때 관마찰계수 λ를 구하라.

14. 지름이 1 cm인 원관에 어떤 액체가 흐르고 있다. 이 때 레이놀즈수가 1600이고 수두손실이 100 m당 20 m이었다. 유량은 얼마인가?

15. 유동단면이 6 cm × 12 cm인 폐수로에 액체가 가득 차 흐를 때 수력반경 R_h를 구하라.

16. 길이가 100 m이고, 유동단면이 30 cm × 40 cm인 관에 기름이 가득 차 평균속도 4 m/s로 흐르고 있다. 이 때 손실수두 h를 구하라.
단, 관마찰계수는 0.010이다.

17. 다음 그림과 같은 돌연확대관에 물이 0.2 m^3/s의 유량으로 흐르고 있다. 작은 관에서 압력 p_1이 100 kPa라 하면 직경 300 mm인 관에서 압력 p_2를 구하라. 단, 관마찰은 무시한다.

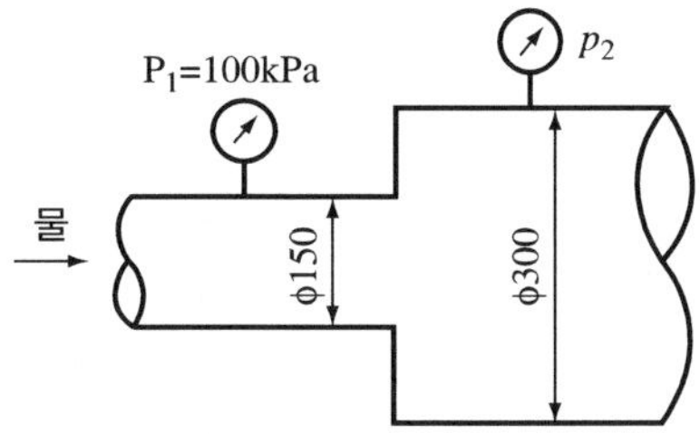

18. 지름이 10 cm, 길이 100 m인 수평원관 속을 10 l/s의 유량으로 기름($\nu = 1 \times 10^{-4}$ m^2/s, $s = 0.8$)을 수송하기 위해서는 관 입구와 관 출구 사이에 얼마의 압력차를 주면 되는가?

19. 물이 흐르고 있다. 그림에서 $Q_2 = 110\ l/s$일 때 Q_1, Q_2 및 펌프동력을 구하라.

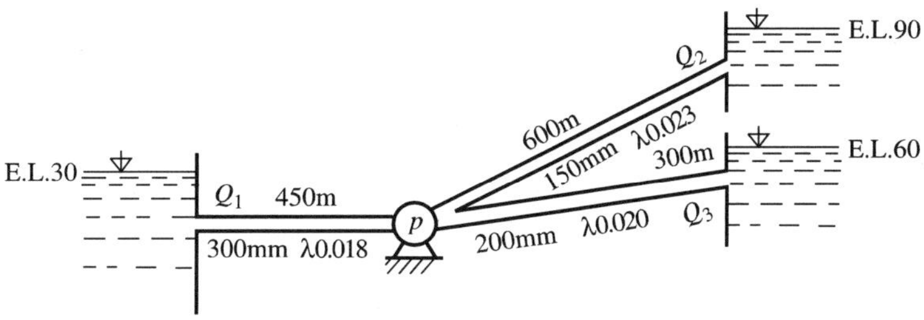

CHAPTER 07

개수로 흐름

Fluid Mechanics

강, 운하, 하수도 관개용수로, 충만되지 않은 관로 등에서의 흐름을 개수로 흐름이라 부르며, 주로 토목공학에서 많이 다룬다. 이 흐름은 자유표면을 가지며 밀폐되지 않은 공간에서의 흐름이다. 개수로는 보통 불규칙적이고 단면형상이나 수심이 변하기 때문에 위치에 따라 흐름의 특성이 다르다. 관로에서의 유체흐름에 관한 일반적인 고찰방법이 개수로에도 적용되지만 자유표면의 형상과 단면의 조건변화들은 개수로흐름의 해석적 풀이를 매우 어렵게 한다. 따라서 실용적인 공식이나 법칙들은 대부분 실험적 방법에 의해서 얻어진 것들을 사용하고 있다. 문제 해결을 논리적으로 전개하기 위하여서는 역시 흐름의 여러 형태를 구분하여야 한다. 즉, 시간과 독립인 정상류와 시간 종속적인 비정상류, 등류와 변류, 상류와 사류 등으로 구분하여 연구하게 된다. 그러나 여기서도 앞에서와 같이 정상류에 한하여 알아보기로 한다.

7.1 개수로 흐름의 일반

수로라고 부르는 것에는 개거(open channel)와 암거(closed conduit)가 있다. 개거는 하천 등과 같이 상부가 열린 수로이고, 암거는 상부가 덮힌 수로이다.

그러나 암거 속을 물이 충만하여 흐르는 것, 예컨대 수력발전소의 압력수로(pressure tunnel)와 같은 것, 즉 그 안에서 자유표면을 가지고 있지 않는 경우는 일종의 관로로 취급한다. 따라서 수로는 액체의 수송에서만 있을 수 있는 것이다. 수로는 관로에 비하여 그 벽면의 성질, 흐름의 단면형 등이 구구하여 문제가 한층 더 복잡하다. 그러나 관로에 대한 고찰방법을 수로에 응용함으로써 우리에게 필요한 정도의 흐름의 법칙을 세울 수 있고, 수로의 치수, 하천에서의 유량 등을 개산할 수 있다.

■1 개수로 흐름의 특성

① 액체의 자유표면이 대기와 접해 있다.
② 수력구배선은 자유표면과 언제나 일치한다.
③ 에너지선은 유면 위로 속도수두만큼 위에 있다.
④ 손실수두는 수평선과 에너지선의 차이이다.

■2 개수로 흐름의 형태

(1) 층류와 난류

개수로 흐름에서는 흔히 $Re = \dfrac{VR_h}{\nu}$ 와 같이 정의한다[1]. 여기서 R_h 는 수력반경이다. 이 때

층류 : $Re < 500$
천이구역 : $500 < Re < 2000$
난류 : $Re > 2000$

(2) 정상류(steady flow)와 비정상류(unsteady flow)

① **정상유동** : 유체의 흐름의 특성이 시간에 따라 변화하지 않는 흐름을 말한다.

$$\frac{\partial V}{\partial t} = 0,\ \frac{\partial \rho}{\partial t} = 0,\ \frac{\partial p}{\partial t} = 0$$

② **비정상유동** : 유체의 흐름의 특성이 시간에 따라 변화하는 흐름을 말한다.

$$\frac{\partial V}{\partial t} \neq 0,\ \frac{\partial \rho}{\partial t} \neq 0,\ \frac{\partial p}{\partial t} \neq 0$$

(3) 등류(uniform flow)와 비등류(non-uniform flow)[2]

① **등류(= 균속도유동)** : 유동단면과 깊이가 일정하게 유지되어, 유속이 일정한 흐름을 말한다. 이러한 흐름은 가속되려는 힘과 마찰력이 서로 평형을 이룰 때 얻어진다.

② **비등류(= 비균속도유동)** : 유동단면과 깊이가 변화함에 따라 유속이 변하는 흐름을 말한다.

---

1) $Re = \dfrac{4VR_h}{\nu}$ 로 계산하는 경우도 있다.

2) 변류라고도 한다.

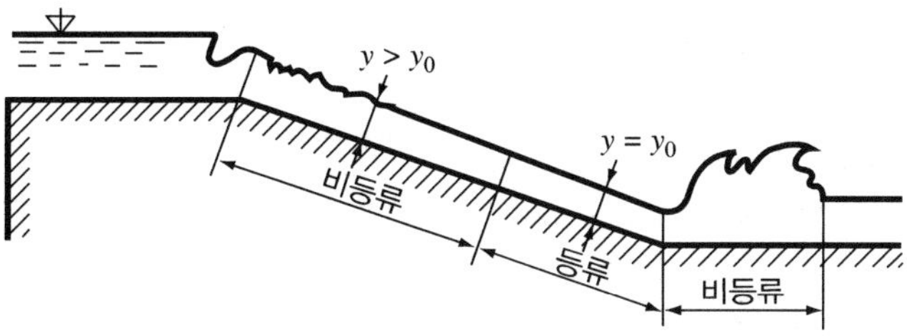

◈ **그림 7.1 등류와 비등류**

(4) 상류[3](tranquil flow)와 사류[4](rapid flow)

① **상류** : 임계수심보다 수심이 깊고, 유속이 임계유속보다 느린 흐름으로 프루우드수 $F_r < 1$일 때 일어난다. 이때는 하류에서 생긴 교란이 상류로 전달된다.

② **사류** : 임계수심보다 수심이 낮고, 유속이 임계유속보다 빠른 흐름으로 프루우드수 $F_r > 1$일 때 일어난다. 이때는 하류에서 생긴 교란이 상류로 전달되지 않는다.

7.2 정상류의 등류

이상유체 흐름은 비등류이다. 유체마찰이 없으므로 하류로 갈수록 빨라지나 실제 유체는 등류를 형성한다. 정상류의 등류(steady uniform flow)는 수로에 따라 흐름의 깊이와 경사가 일정하다. 이때의 자유표면은 수로 바닥면과 평행이며, 유량은 각 단면에서 시간에 관계없이 일정하다.

물론 단면의 모형도 등류로 흐르는 한 꼭 같아야 하며, 경사에 따라 낮아지는 위치에너지의 감소가 유체를 흐르게 하는데 소비되는 에너지이다.

그림 7.2는 흐름의 단면적 A와 수로의 밑바닥의 구배 $i = \tan\phi$가 각 단면에서 균일하고 (수심 H도 각 단면에서 균일하다) 중심선이 직선인 수로이다.

이 수로에서 길이 l의 부분을 생각하면 이때에 불변의 흐름을 하고 있다고 볼 수 있으므로 양단 단면에 작용하는 전압력 p_1 및 p_2는 서로 같으나 방향은 반대이다. 즉, 평형상태에 있다. 그러므로 길이 l의 부분이 벽면에 일어나는 마찰저항 R는 체적 $A \times l$인 물의 중량 W의 벽면에 평행하는 분력 $W\sin\phi$와 평형할 것이다. 즉,

$$R = W\sin\phi = \gamma A l \sin\phi$$

---

3) 정상류 또는 아임계흐름(subcritical flow)라고도 한다.

4) 초임계흐름(supercritical flow)라고도 한다.

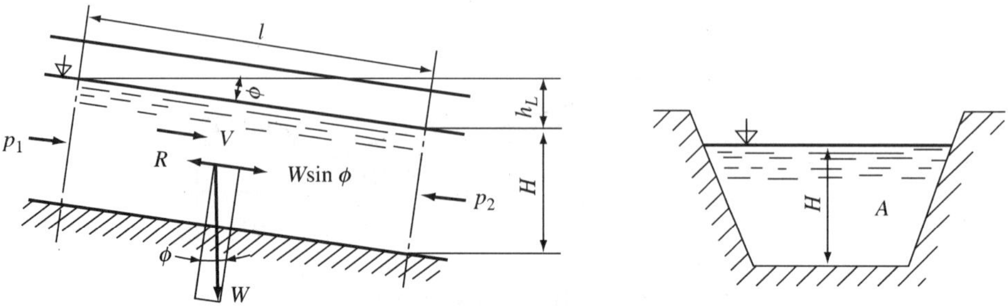

◈ 그림 7.2

단, γ는 단위체적당 물의 무게이다. 수로에서도 관로의 경우와 같이 Froude의 실험식 $R=fS_w V^2$이 성립한다면

$$\gamma A l \sin\phi = f S_w V^2 = f l_w l V^2$$

의 관계가 성립한다. 여기서 f는 표면마찰계수이며, $f=\dfrac{\lambda}{4}$이다.

단, $S_w = l_w l$이다. 윗 식에서 평균속도 V를 구하면

$$V=\sqrt{\frac{\gamma A \sin\phi}{f l_w}}=\sqrt{\frac{\gamma}{f}}\cdot\sqrt{\frac{A}{l_w}\sin\phi}$$

로 된다.

문제의 수로에서는 흐름의 자유표면, 즉 그림의 수면을 표시하는 직선을 곧 수력구배선으로 취급할 수 있다. 그리고, 이 때 수면은 수로 밑바닥과 평행이므로 거리 l을 흐르는 동안에 수면이 저하한 높이 h_L가 l에 대한 손실수두이며, 그것이 또한 하저의 구배를 표시하는 것이다.

그런데 각 ϕ는 극히 적으므로 관로의 경우와 같이

$$\tan\phi \fallingdotseq \sin\phi = \frac{h_L}{l} = i$$

로 볼 수 있다.

$\dfrac{A}{l_w}=R_h$(이것은 수력평균반경이며, l_w는 흐름의 횡단면에서 수로벽과의 접촉선의 길이 즉, 젖은 길이이다). $\sqrt{\dfrac{\gamma}{f}}=C$로 놓으면 유속의 식은

$$V = C\sqrt{R_h i} \tag{7.1}$$

로 된다. 이 식을 수로의 흐름에 대한 Chezy의 식이라 부른다.

식 (7.1)에서의 C는 일종의 마찰계수로 취급할 수 있으며, 그 차원(dimension)은

$$C = \frac{[V]}{[\sqrt{R_h i}]} = \frac{\left[\frac{L}{T}\right]}{\left[L^{\frac{1}{2}} \times (\frac{L}{L})^{\frac{1}{2}}\right]} = \left[\frac{L^{\frac{1}{2}}}{T}\right]$$

이다. 이 C의 값을 이전에는 하나의 상수로 보았다. 예를 들면 1850년도경 Eytelwein은 $C = 50\ \mathrm{m}^{\frac{1}{2}}/\mathrm{s}$로 하고 있었으나 그 후 하천, 인공수로 등에서의 흐름의 측정이 점차로 정밀하게 된 결과, 양벽 또는 하상의 성질이 흐름에 대하여 중대한 영향을 주는 것을 알게 되어, 계수 C를 결정하기 위한 여러 가지 실험식이 발표되었다. 그중에서 가장 널리 사용되는 있는 식은 다음과 같다.

7.2.1 Ganguillet와 Kutter의 공식

스위스인 Ganguillet와 Kutter는 Chezy의 식 (7.1)의 계수 C가 수력평균 반경 R_h, 수로의 구배 i, 그리고 벽면의 성질 즉, 벽면의 조활에 의하여 변화하는 것으로 생각하고 1869년경에 다음 식을 발표하였다.

$$C = \frac{23 + \frac{0.00155}{i} + \frac{1}{n}}{1 + \left(23 + \frac{0.00155}{i}\right)\frac{n}{\sqrt{R_h}}} \tag{7.2}$$

이것은 현재 가장 널리 사용되고 있는 식이며, 식 중 n은 표 7.1에 표시하는 바와 같이 수로 벽면의 조활도를 나타내는 값이다.

❖ 표 7.1

벽면의 성질	n
(1) 미끈한 판자, 시멘트의 면	0.010 ~ 0.013
(2) 거친 판자면, 다듬은 콘크리트 면	0.012 ~ 0.018
(3) 벽돌을 쌓아 올린 면	0.013 ~ 0.017
(4) 거친 콘크리트 면	0.015 ~ 0.020
(5) 거친 돌벽의 면(rubble masonry)	0.017 ~ 0.030
(6) 평평한 모래바닥의 면	0.025 ~ 0.035
(7) 돌, 풀이 있는 하천의 면	0.030 ~ 0.050

7.2.2 Bazin 공식

프랑스인 Bazin은 식 (7.2)에서의 수로의 구배 i의 영향이 적으므로, 무시할 수 있다고 생각하여 1897년경에 다음과 같은 간단한 식을 발표하였다. i가 특히 작을 때, 또는 대략 계산할 때에 적합한 식이다.

$$C = \frac{87}{1+\frac{\beta}{\sqrt{R_h}}} \tag{7.3}$$

단, 이 식에서의 β는 벽면의 조활도에 의하여 변화하는 값이며, 표 7.2에 대체의 표준을 표시한다.

✜ 표 7.2

벽면의 성질	β
(1) 미끈한 면	0.06
(2) 벽돌을 쌓아 올린(brick work) 면	0.16
(3) 거친 돌벽의 면	0.46
(4) 규칙적인 모래의 면	0.85
(5) 보통의 토사지면	1.30
(6) 작은 돌과 풀이 있는 하천면	1.75
(7) 굵은 자갈이 있는 하천면	2.00

식 (7.3)은 R_h의 증가에 따라서 β의 영향, 즉 벽면의 영향이 점차로 감소되는 것을 표시한다. 이것은 깊고 넓은 수로 $R_h = \frac{A}{l_w}$의 값이 큰 흐름에서는 수로의 밑바닥과 양쪽 벽의 상태가 흐름에 미치는 영향이 적다는 당연한 사실을 의미한다.

7.2.3 지수공식

식 (7.1)은 $V = CR_h^{\frac{1}{2}} i^{\frac{1}{2}}$의 형식으로 쓸 수 있다. 이 형식에서 V와 R_h, 그리고 i의 관계는 간단하지만 C를 구하기가 복잡하다. 지수공식(exponential formula)은 식

$$V = CR_h^{\alpha} i^{\beta}$$

의 형식으로 만들어 R_h 및 i의 지수 α 및 β를 적당히 선정함으로써 C의 값을 간단히 한 것이다. 지수공식에도 여러 가지가 있으나 그 중에서 가장 편리한 것은 아일랜드인 Manning이 1889년경에 발표한 실험식이다.

즉, 식 (7.1)에 $\left[C = \frac{1}{n} R_h^{\frac{1}{6}}\right]$[5)] 을 대입하면,

---

5) 이것을 Manning의 식이라 하며, 영국 단위계에서는 $\left[C = \frac{1.49}{n} R_h^{\frac{1}{6}}\right]$ 이다.

$$\left[V = \frac{1}{n} R_h^{\frac{2}{3}} i^{\frac{1}{2}} \right]^{6)} \tag{7.4}$$

이며 $\alpha = \frac{2}{3}$, $\beta = \frac{1}{2}$이다. 그리고, 이 식에서의 n는 표 7.1을 참고하면 된다.

Manning의 식은 원래 Kutter의 식을 변형하여 간단히 한 것이다. 그리고, $i >$ 0.002의 범위에서는 Kutter의 식으로 계산한 것과 특히 잘 일치한다. 지수공식으로서는 이외에 오스트리아인 Forchheimer의 공식이 있다.

Forchheimer는 $V = CR_h^{\alpha} i^{\beta}$에서 $\alpha = 0.7$로 하였을 뿐 Manning의 식과 거의 같다. 또, 미국인 Williams와 Hazen은 관로의 흐름에 대하여 사용하는 지수공식으로서 $\alpha = 0.63$, $\beta = 0.54$로 선정하고 C의 값을 주고 있다.

수로에서 흐름의 속도분포는 관로의 경우와 비슷하다. 즉, 벽면에 접한 유속은 0이며, 벽면에서 조금 떨어지면 유속이 급격히 증가한다. 다시 벽면에서 더 떨어지면 속도가 점차로 증가해가는 것도 관로와 같다.

따라서 벽면으로부터 멀리 떨어져 있는 수면의 중앙에서 유속이 최대일 것이다. 그러나 수면에서는 공기의 마찰저항이 있으므로 대개의 경우 중앙보다 조금 밑에 최대 유속의 부분이 있다.

그림 7.3(a)는 4각형수로의 횡단면에서의 등속곡선을 표시하며, (b)는 (a)의 중심선상의 속도분포를 표시한다. 그림 7.3(b)에 대하여 최대유속 u_{max}은 수면에서 (0.1 ~ 0.4)H의 사이에 있다. 또 평균유속 V는 (0.5 ~ 0.7)H의 사이에 있으며, 평균 0.6 H의 깊이에 있다고 보아도 좋다. 그러므로 수면에서의 유속 u_s는 평균유속 V보다 약간 크다.

또 속도분포의 형상은 흐름의 단면형에 따르거나 바람의 방향에 따라서 변화한

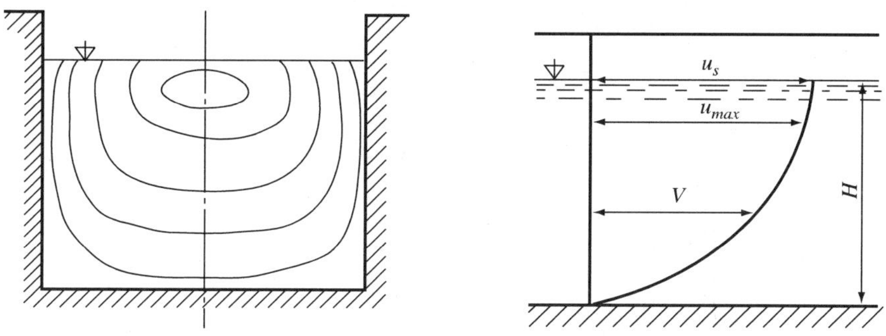

(a) (b)

그림 7.3

---

6) 이것을 Chezy-manning의 식이라 한다.

다. 수로의 단면은 일반적으로 불규칙한 것이므로 실제의 흐름의 속도분포는 대단히 복잡한 것이다.

7.3 경제적인 수로단면

Chezy의 식 $V = C\sqrt{R_h i}$ 또는 지수공식 $V = CR_h^{\alpha} i^{\beta}$에서 알 수 있는 바와 같이 수로 벽면의 성질 C와 구배 i가 주어졌을 때, 평균유속 V의 값이 최대로 되며 유량 Q가 최대치로 되려면 수력평균 반경 R_h가 최대로 되어야 한다. 그런데 $R_h = \dfrac{A}{l_w}$의 관계가 있으므로 흐름의 단면적 A가 주어졌다면 l_w의 값이 최소로 된다. 즉, 흐름과 벽과의 접촉면을 최소로 할 때에 V가 최대로 된다. 이 경우 Q는 반드시 최대치로 되지 않지만 대략 경제적인 수로라고 할 수 있다.

일반적으로 주어진 단면적 A에 대하여 최소의 l_w를 갖는 단면의 윤곽은 원형수로를 어느 정도까지 충만시켜서 흐를 때이다. 그런데 원형의 수로는 그것을 축소하거나 그 형을 유지하기도 어렵다. 따라서 이론적으로는 원형 또는 반원형의 단면이 수로단면으로서 경제적이지만 축조하기에는 4각단면(rectangular section)이 용이하고, 또, 수로벽의 수명상으로는 사다리꼴단면(trapezoidal section)이 이익이다. 그러므로 대개 작은 수로는 4각형, 큰 수로는 사다리꼴단면으로 구축한다.

7.3.1 최적직사각형단면

구형단면(사각형단면)의 경우에는 그림 7.4(a)와 같이 수심 H가 너무 크거나 (b)와 같이 폭이 너무 넓어도 단면적 A에 비교하여 $l_w = 2H + B$가 커져서 마찰저항이 증가하므로 불리하다.

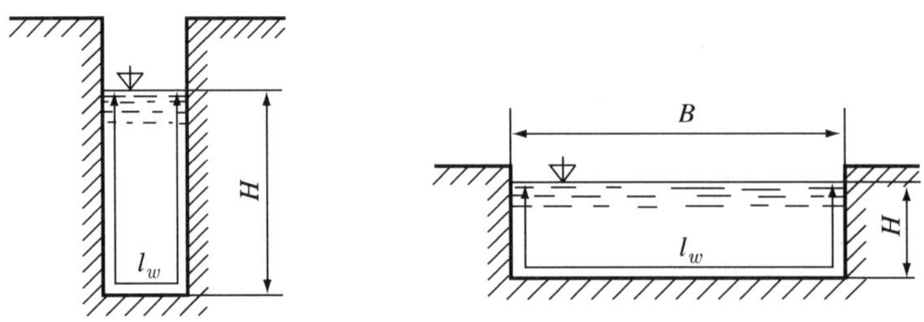

(a) (b)

그림 7.4

흐름의 단면적 $A = BH$가 주어졌을 때 $B = \frac{A}{H}$의 관계를 l_w의 식에 대입하면

$$l_w = 2H + \frac{A}{H}$$

로 된다. 이 l_w가 최소치로 되기 위하여는 $\frac{dl_w}{dH} = 0$의 조건을 만족시키도록 H를 정해야 한다. 즉,

$$\frac{dl_w}{dH} = 2 - \frac{A}{H^2} = 2 - \frac{BH}{H^2} = 2 - \frac{B}{H} = 0$$

$$\therefore B = 2H \tag{7.5}$$

4각단면중에서는 그림 7.5와 같은 정4각형의 $\frac{1}{2}$의 단면이 가장 l_w가 최소인 경제적인 수로단면이다.

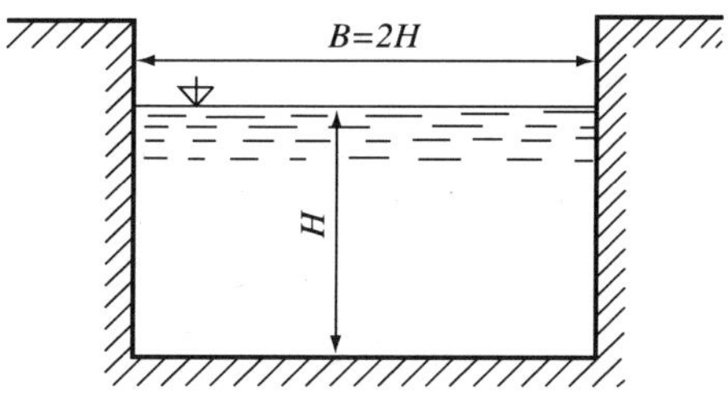

그림 7.5

7.3.2 최적사다리꼴단면

단면이 큰 인공수로에서는 단면의 유지를 고려하여 대개 사다리꼴로 만든다. 이 때 이론적으로만 생각하면, 흐름의 단면이 정6각형의 $\frac{1}{2}$의 모양일 때에 가장 유리한 수로이다. 그러나 측벽의 기울기 α(그림 7.6)는 벽의 재료 여하에 따라서 작은 값으로 하지 않으면 벽이 무너지기 쉽다. 예를 들면 모래땅에서의 수로는 $\cot\alpha > 2.0$으로 하지 않으면 양쪽 벽이 무너진다.

그림 7.6에서 단면적 A와 측벽의 기울기 α가 주어졌을 때 수로단면상의 물의 접촉선 l_w는 밑바닥의 넓이 b와 양벽의 길이 $2L$과의 합이다.

즉,

$$l_w = b + 2L$$

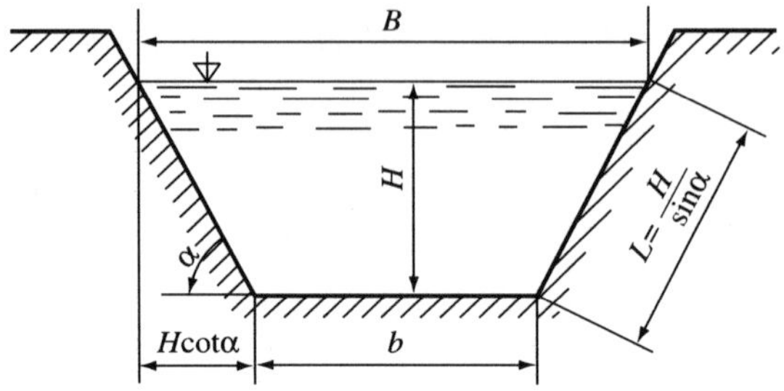

◈ 그림 7.6

이 l_w의 값이 최소로 되기 위하여서는 $\frac{dl_w}{dH}=0$의 조건을 만족시키도록 수심 H를 선정해야 한다. 이것을 풀기 위해서는 l_w를 H의 함수로 표시해야 한다. 그러므로 그림에서 다음과 같이 쓴다.

$$A=(b+L\cos\alpha)\mathrm{H}=\mathrm{bH}+\frac{\mathrm{H}^2}{\tan\alpha} \tag{a}$$

그런데

$$l_w=b+2L=b+\frac{2H}{\sin\alpha}$$

$$\therefore\ b=l_w-\frac{2H}{\sin\alpha} \tag{b}$$

식 (b)를 식 (a)에 대입하면

$$A=Hl_w-\frac{2H^2}{\sin\alpha}+\frac{H^2}{\tan\alpha}$$

로 된다. 따라서

$$l_w=\frac{A}{H}+\frac{2H}{\sin\alpha}-\frac{H}{\tan\alpha}$$

$$\therefore\ \frac{dl_w}{dH}=-\frac{A}{H^2}+\frac{2}{\sin\alpha}-\frac{1}{\tan\alpha}=0 \tag{c}$$

식 (c)에서 수심 H를 구하면

$$h=\sqrt{\frac{A}{\frac{2}{\sin\alpha}-\frac{1}{\tan\alpha}}}=\sqrt{\frac{A\sin\alpha}{2-\cos\alpha}} \tag{7.6}$$

로 된다. 따라서, 이 관계에 맞도록 흐름의 단면을 만들면 경제적인 수로를 얻을 수 있다.

그림 7.6에서 $B = b + 2L\cos\alpha$이다.

이 식에 L의 값과 식 (a)에서 구한 b의 값을 대입하면

$$B = \left(\frac{A}{H} - \frac{H}{\tan\alpha}\right) + \frac{2H}{\sin\alpha}\cos\alpha = \frac{A}{H} + \frac{H}{\tan\alpha}$$

로 된다. 이 식에 식 (7.6)에서 구한 A를 대입하면

$$B = \frac{H^2(2 - \cos\alpha)}{H\sin\alpha} + \frac{H}{\tan\alpha} = \frac{H}{\sin\alpha}(2 - \cos\alpha + \cos\alpha) = \frac{2H}{\sin\alpha}$$

로 된다. 그런데 그림에서 $\dfrac{H}{\sin\alpha} = L$이므로

$$B = 2L \tag{7.7}$$

이다.

그림 7.7에 대하여 수면의 중앙 O에서 측벽에 수직선을 내려 그으면 그 길이 ρ는

$$\rho = \frac{B}{2}\sin\alpha$$

로 된다. 그런데 식 (7.7)로부터 이론상 경제적인 단면은 $B = 2L$이므로

$$\rho = L\sin\alpha = H$$

로 된다. 그러므로 경제적 단면은 O를 중심으로 하여 수심 H와 같은 값의 반경 ρ로 그린 반원에 접하는 사다리꼴로 해야 한다는 것을 알 수 있다.

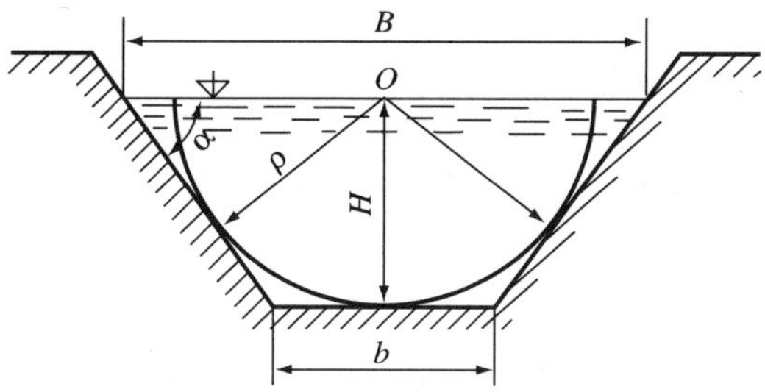

◈ 그림 7.7

또, 수심 H외에 측벽의 기울기 α를 임의로 정할 수 있을 때는 l_w가 H와 α의 함수로써 주어진다. 따라서 l_w가 최소치로 되려면 $\dfrac{\partial l_w}{\partial H} = 0$으로 됨과 동시에 $\dfrac{\partial l_w}{\partial \alpha} = 0$의 조건에도 만족하도록 α를 정해야 한다. 즉,

$$\frac{\partial l_w}{\partial \alpha} = \frac{\partial}{\partial \alpha}\left(\frac{A}{H} + \frac{2H}{\sin\alpha} - \frac{H}{\tan\alpha}\right)$$

$$= 0 + \frac{2H(-\cos\alpha)}{\sin\alpha} - \frac{H(-\sec^2\alpha)}{\tan^2\alpha}$$

$$= H\left\{\frac{-2\cos\alpha}{\sin^2\alpha} + \frac{\dfrac{1}{\cos^2\alpha}}{\dfrac{\sin^2\alpha}{\cos^2\alpha}}\right\}$$

$$= \frac{H}{\sin^2\alpha}(1 - 2\cos\alpha) = 0$$

으로 된다. 따라서

$$1 - 2\cos\alpha = 0$$

의 관계에서 $\cos\alpha = \frac{1}{2}$, 또는 $\alpha = 60°$로 된다. 그런데 식 (7.7)에서

$$2L = B = b + 2L\cos\alpha = b + L$$

이다. 그러므로 $b = L$로 된다.

이 조건에 맞는 흐름의 단면은 반지름 H의 원에 외접하는 정 6각형의 $\frac{1}{2}$이라야 한다.

7.3.3 최적원형단면

원형단면의 수로는 하수도의 암거 등에 사용되는 수가 있다.

그림 7.8에 대하여 내경을 D로 하고 l_w가 중심에서 이루는 각을 θ로 하면, 흐름의 단면적 A와 접수길이 l_w는 기하학적으로

$$A = \frac{D^2}{8}(\theta - \sin\theta)$$
$$l_w = \frac{D}{2}\theta$$

이다. 따라서 수력평균반경 R_h는

$$R_h = \frac{A}{l_w} = \frac{D}{4}\left(1 - \frac{\sin\theta}{\theta}\right)$$

로 된다. 그런데 평균유속 V가 최대로 되려면 수력평균반경 R_h이 최대로 되어야

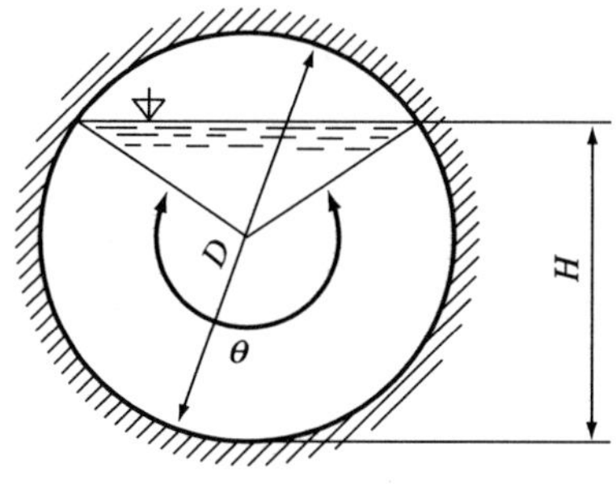

◈ 그림 7.8

한다. 따라서 $\frac{dR_h}{d\theta} = 0$의 조건을 만족시키도록 θ를 선정해야 한다. 즉,

$$\frac{dR_h}{d\theta} = \frac{d}{d\theta}\left[\frac{D}{4}\left(1 - \frac{\sin\theta}{\theta}\right)\right] = \frac{D}{4}\left(-\frac{\theta\cos\theta - \sin\theta}{\theta^2}\right) = 0$$

이것으로부터 $\theta\cos\theta - \sin\theta = 0$ 또는 $\theta\cos\theta = \sin\theta$로 되어 $\theta = \tan\theta$로 된다. 이 관계에서 θ 라디안(rad)이 꼭 $\tan\theta$로 되도록 각도를 구하면 다음과 같이 된다.

$$\theta = 257\frac{1}{2}{}^\circ$$

내경 D가 주어진 원형단면에서도 흐름의 단면적 A를 임의로 취할 수 있을 때, Q의 최대치는 반드시 최대유속인 때에 이루어지지는 않는다.

연속의 식과 Chezy의 식에서 Q를 구하면

$$Q = AV = AC\sqrt{R_h i} = AC\sqrt{\frac{A}{l_w}i} = C\sqrt{i}\sqrt{\frac{A^3}{l_w}}$$

으로 된다. 가령 C와 i가 일정하다면 Q의 최대치를 얻기 위해서는 $\frac{d\left(\frac{A^3}{l_w}\right)}{d\theta} = 0$의 조건을 만족하도록 θ를 정하면 된다. 이것에서

$$\frac{d\left(\frac{A^3}{l_w}\right)}{d\theta} = \frac{3A^2}{l_w}\frac{dA}{d\theta} - \frac{A^3}{l_w^2}\frac{dl_w}{d\theta} = 0$$

또는

$$\frac{3}{l_w}\frac{dA}{d\theta} - \frac{A}{l_w^2}\frac{dl_w}{d\theta} = 0$$

$$\therefore\ 3l_w\frac{dA}{d\theta} - A\frac{dl_w}{d\theta} = 0$$

그런데 $A = \frac{D^2}{8}(\theta - \sin\theta)$, $l_w = \frac{D}{2}\theta$이다.

따라서

$$3 \times \frac{D}{2}\theta\left[\frac{D^2}{8}(1-\cos\theta)\right] - \frac{D}{2} \times \frac{D^2}{8}(\theta - \sin\theta) = 0$$

또는

$$3\theta(1-\cos\theta) - (\theta - \sin\theta) = 0$$

$$\therefore\ 2\theta - 3\theta\cos\theta + \sin\theta = 0$$

이 식을 만족하는 θ의 값을 구하면

$$\theta = 308°$$

로 된다.

위에서 구한 각 θ는 흐름의 깊이 H가 내경 D의 약 0.95의 경우에 해당하고 이때 유량은 대략 최대이다. 계산에 의하면, 단면을 충만하여 흐를 때와 비교하면 유량은 오히려 약 5% 증가한다. 한편, 유속은 $H = 0.8D$에서 최대이다. 이것은 그림 7.9의 정4각형 암거(1변의 길이 S)에서 그림 7.9(a)는 수로의 단면을 완전히 충만하여 흐를 때, 그림 7.9(b)는 극히 조금이지만 흐름의 상부에 자유표면이 있을 때이다. 이 그림 (a), (b)에서 흐름의 단면적은 거의 같으나 l_w의 길이는 그림 (a)의 4S에 대하여 그림 (b)는 약 3S이다.

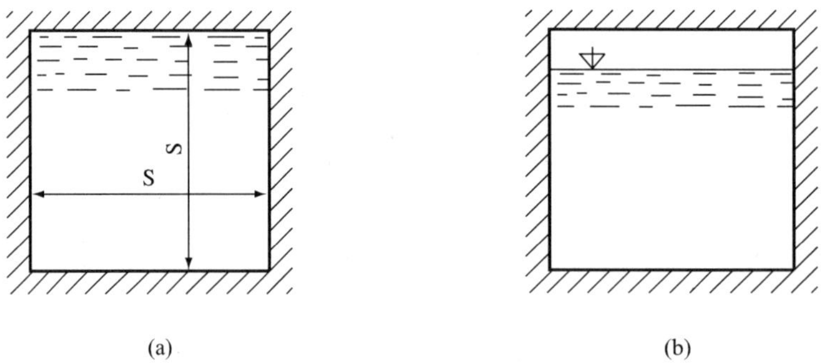

그림 7.9

이와 같이 그림 (b)의 흐름에서는 l_w가 짧고 마찰저항이 적으므로 단면적이 조금 작은데도 유량 Q는 오히려 크다.

하수도 등에서 유량변화가 심할 경우, 유량이 적을 때도 상당한 유속으로 오물을 흘려보내고, 또 수로의 강도도 좋은 형상으로 하기 위하여 그림 7.10과 같은 난형

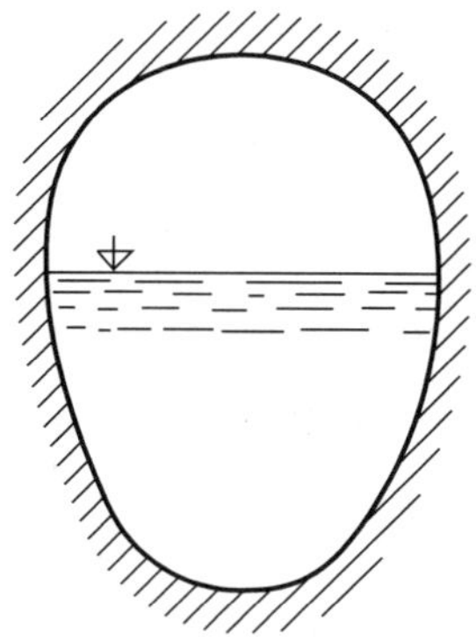

◈ 그림 7.10

(egg-shape)의 단면으로 하는 일이 있다. 이외에 암거로서 철도의 터널(tunnel)과 같은 단면으로 할 때도 있다.

7.4 비에너지, 상류와 사류

개수로 흐름은 일정수로 형상에서도 속도는 일정하지 않다. 일반적으로 단면마다 속도가 다르며 수로 바닥면과 수면에서의 속도가 다른 것도 마찬가지이다. 운동에너지를 평균속도로 나타내고 싶다면 $V^2/2g$에 알맞은 보정계수 α를 곱하여 이용할 수 있고, 만일 단면에서 속도가 일정하면 α는 1이고 수로특성에 따라 1 또는 2를 얻을 수도 있다. α를 미리 예측할 수 없는 경우에는 보통 1로 잡고 충분한 자료에 의해 예측될 수 있으면 적당한 α를 가정해도 될 것이다.

그림 7.11을 참고하여 단위중량이 가지는 에너지를 생각해 보자. 임의의 수평기

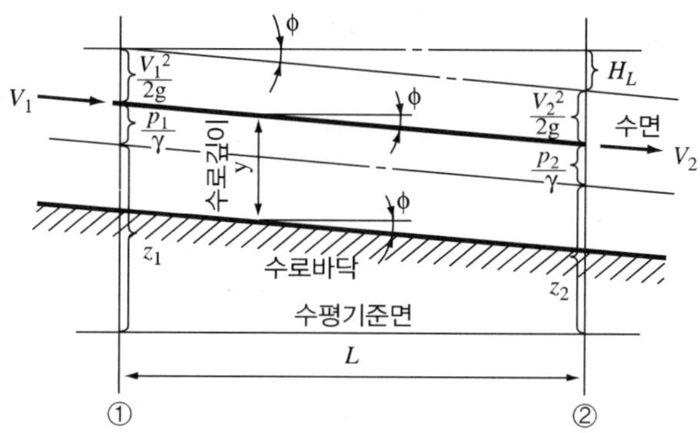

◈ 그림 7.11 개수로의 등류흐름

준면을 이번에는 수로 바닥면으로 잡고 $\alpha = 1$이라 하면 에너지는

$$E = y + \frac{V^2}{2g} \tag{7.8}$$

이며, 이 때 E를 비에너지(specific energy)라 부르고 개수로해석에 편리하게 이용된다. 등류에서 E는 일정하고 비등류(non-uniform flow)에서는 E가 증가 또는 감소한다. $V = \frac{Q}{A}$로 바꾸어 쓰면

$$E = y + \frac{1}{2g}\left(\frac{Q}{A}\right)^2 \tag{7.9}$$

단위폭당의 단면적은 $A = y$이고 q가 단위 폭에서의 유량이라고 하면

$$E = y + \frac{1}{2g}\left(\frac{q}{y}\right)^2 \tag{7.10}$$

식 (7.10)에서 q를 일정한 값이라고 할 때 E를 y의 함수로 보고 그래프를 그린 것이 그림 7.12이다. 45°의 대각선은 여러 가지 y값에 대한 위치에너지를 나타내는 선이고, 이 선과 곡선사이의 수평거리는 운동에너지이다.

그림 7.12를 보면 일정 유량 q에 대하여 비에너지 E에는 최소값이 존재한다. 이 때의 깊이 y는 단일값으로서 임계 깊이(critical depth) y_c라 부르고 이때의 흐름을 임계흐름(critical flow)이라 한다. 비에너지 E가 최소 아닌 다른 어떤 값에서는 자연적으로 두 개의 y값이 존재하게 된다. 이 두 개의 y값을 공액깊이(alternate depth)라 한다.

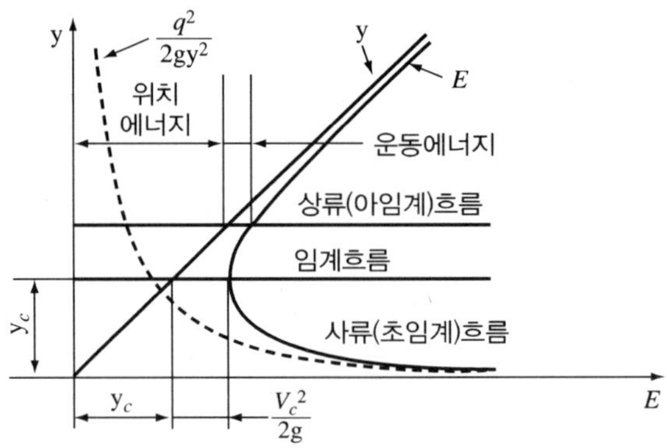

그림 7.12 비에너지선도 (q가 일정)

만일 깊이가 임계 깊이보다 작으면 연속의 원리에 의하여 임계속도보다 커야 되고 이때의 흐름은 사류(supercritical 또는 rapid flow)라 부른다. y가 임계 깊이보다 크면 속도는 임계속도보다 작을 것인데 이때의 흐름은 상류 (subcritical 또는 tranquil flow)라 부른다. 폭이 큰 사각형단면에 대해서는 최소 비에너지 E_{min}와 임계 깊이 y_c간의 관계가 쉽게 구하여진다.

식 (7.10)의 E를 y에 관하여 미분하고 y_c를 구하면

$$\frac{dE}{dy} = 1 - \frac{q^2}{gy^3} = 0$$

$$\therefore\ y_c = \left(\frac{q^2}{g}\right)^{\frac{1}{3}},\quad q^2 = gy_c^3,\quad V_c = \sqrt{gy_c} \tag{7.11}$$

여기서 V_c는 임계유속(criticalvelocity)이라 한다.

이제, 최소 비에너지는 식 (7.10)에 $y = y_c$, $q^2 = gy_c^3$을 대입하면 다음과 같이 얻을 수 있다.

$$E_{min} = y_c + \frac{gy_c^3}{2gy_c^2} = \frac{3}{2}y_c \tag{7.12}$$

앞에서는 유량 q가 일정한 경우이지만, 이번에는 E를 상수로 보고 q를 y의 함수로 정리하면,

$$q^2 = (E - y)2gy^2 \tag{7.13}$$

가 되므로 그림 7.13과 같이 된다.

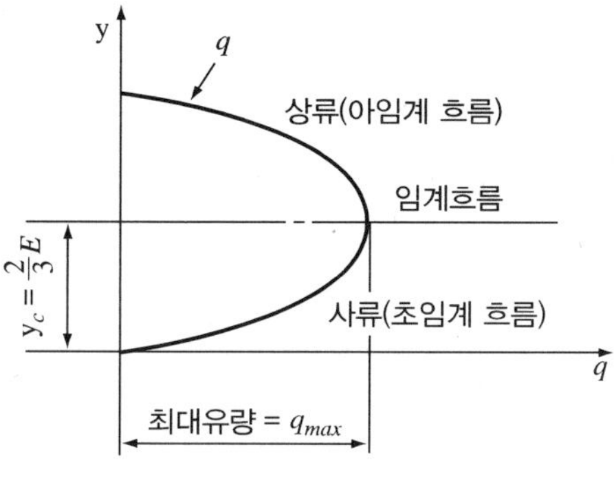

그림 7.13 비에너지선도(E가 일정)

q가 최대가 될 때의 수심 y_c를 구하면

$$\frac{dq}{dy} = \frac{2g}{q}(2Ey - 3y^2) = 0$$

$$\therefore \ y_c = \frac{2}{3}E \tag{7.14}$$

이 된다. 식 (7.14)와 식 (7.12)를 비교하면, 비에너지최소(유량일정), 또는 유량최대(비에너지일정)의 상태는 다같이 동일한 임계상태임을 알 수 있다.

상류와 사류를 그림으로 나타내어 보면 그림 7.14와 같다.

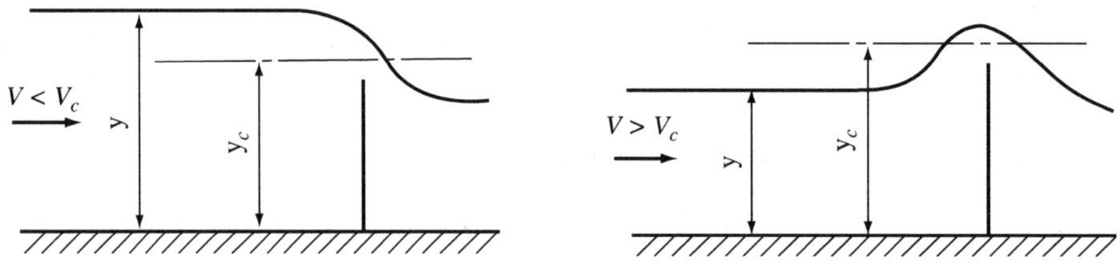

(a) 상류 (b) 사류

그림 7.14

한편, 이들 관계를 속도와 관련지어 생각하면 식 (7.11)에서 $\frac{q^2}{gy_c^3} = \frac{V_c^2}{gy_c} = 1$이다. 따라서 깊이에 의해서 결정되는 속도에 따라 흐름을 다음과 같이 구분한다.

$$\left.\begin{array}{l} ① \ V > \sqrt{gy} \text{ 이면 사류} \\ ② \ V = \sqrt{gy} \text{ 이면 임계흐름} \\ ③ \ V < \sqrt{gy} \text{ 이면 상류} \end{array}\right\} \tag{7.15}$$

특히, 속도가 $V_c = \sqrt{gy}$일 때의 V_c가 임계유속이었으며, 한편 $\sqrt{gy}$는 중력파[7]의 전파속도와 같으므로 상류에서는 하나의 물결이 발생된 지점으로부터 상류로 거슬러 올라갈 수 있지만, 사류에서는 상류로 이동하지 못하고 떠내려간다.

예제 7.1 폭 3 m, 깊이 1.5 m인 수로에서 유량이 13.5 m^3/s이다. 상류 또는 사류임을 결정하고 같은 비에너지를 갖는 다른 흐름에서의 깊이를 구하라.

[7] 유체표면의 단위물결로 생각한다.

풀이

유량이 13.5 m^3/s이므로 속도는 $V = 3$ m/s이다.

식 (7.15)에서

$$\frac{V^2}{gy} = \frac{3^2}{9.6 \times 1.5} \fallingdotseq 0.6 < 1$$

이므로 흐름은 상류이다.

비에너지 E가 일정하면 식 (7.10)에서

$$y_1 + \frac{1}{2g}\left(\frac{q}{y_1}\right)^2 = y_2 + \frac{1}{2g}\left(\frac{q}{y_2}\right)^2$$

인데 q는 단위폭당의 유량이므로

$$q = \frac{13.5}{3} = 4.5\ m^3/s$$

따라서 사류로 흐를 때의 깊이는

$$1.5 + \frac{4.5^2}{2g \times 1.5^2} = y^2 + \frac{4.5^2}{2g \times y_2^2}$$

$$1.96 = y_2 + \frac{1.033}{y_2^2}$$

$$y_2^2 - 1.96y_2^2 + 1.033 = 0$$

$$\therefore\ y_2 = 1.09$$

7.5 수력도약

7.4절에서 아는 바와 같이 유량이 일정할 때 같은 비에너지를 갖는 깊이가 서로 다른 두 종류의 흐름이 있을 수 있었다. 이 두 가지 흐름들은 어떤 조건에 의해 갑자기 한 흐름에서 다른 종류의 흐름으로 변할 수가 있는데 흐름의 깊이가 임계 깊이보다 작은데서 갑자기 변하여 임계 깊이보다 크게 되고 속도는 작아지는 현상을 수력도약(hydraulic jump)이라 한다.

수력도약의 전후에서는 깊이의 증가가 있고 속도의 감소가 있으며 손실에너지가 존재하게 된다. 깊이의 변화에는 사류에서 상류로 변하는 것을 의미하고 상류의 조건에 따른 하류조건과 손실에너지 계산 등은 연속방정식, 에너지방정식, 운동량방정식 등의 적용으로 간단히 유도되며, 이 때 계산의 편의를 위해 수력도약 전후의 짧은 간격에 수평방향으로만 힘이 작용되는 것으로 가정한다.

도약후의 깊이 y_2를 도약전의 속도 V_1과 깊이 y_1으로 나타내기 위해서 사각형단면의 수로에 대하여 생각해보자. 그림 7.15와 같이 ①②단면에서의 유체정압에 의

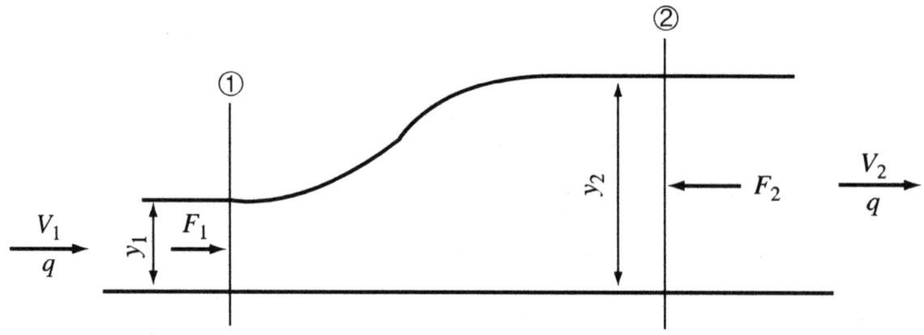

◈ **그림 7.15 수력도약**

한 힘의 크기를 F_1, F_2라 하면

$$F_1 = \frac{\gamma y_1^2}{2}, \qquad F_2 = \frac{\gamma y_2^2}{2} \tag{7.16}$$

이고 역적운동량 방정식을 적용하면

$$F_1 - F_2 = \frac{\gamma}{2}\left(y_1^2 - y_2^2\right) = \frac{\gamma q}{g}(V_2 - V_1) \tag{7.17}$$

이다. 여기서 q는 단위폭당의 유량이며 속도 $V = \dfrac{q}{y}$ 관계가 있으므로

$$y_1^2 - y_2^2 = \frac{2q^2}{g}\left(\frac{1}{y_2} - \frac{1}{y_1}\right)$$

$$y_2^2 + y_1 y_2 - \frac{2q^2}{g y_1} = 0 \tag{7.18}$$

y_2에 주목하여 2차방정식의 근의 공식을 적용하면

$$y_2 = \frac{y_1}{2}\left(-1 + \sqrt{1 + \frac{8q^2}{g y_1^3}}\right) \tag{7.19a}$$

$$y_2 = -\frac{y_1}{2} + \sqrt{\frac{2V_1^2 y_1}{g} + \frac{y_1^2}{4}} \tag{7.19b}$$

$$\frac{y_2}{y_1} = \frac{1}{2}\left(-1 + \sqrt{1 + \frac{8q^2}{g y_1^3}}\right) \tag{7.19c}$$

식 (7.19b)를 보면 도약후의 깊이 y_2는 도약전의 깊이 y_1과 속도 V_1의 함수임을 알 수가 있다. 그리고 도약이 있었다면 $y_2 > y_1$이므로 식 (7.19c)의 우변이 1보다 클 때이다. 따라서 $\dfrac{q^2}{g y_1^3} > 1$, $V_1 > \sqrt{g y_1}$ 일 때 수력도약이 일어날 수 있다는 것은 이미 예측한 바와 같다.

수력도약에 의한 손실수두는 에너지방정식에 의하여

$$H_L = E_1 - E_2 = \left(y_1 + \frac{q^2}{2gy_1^2} \right) - \left(y_1 + \frac{q^2}{2gy_2^2} \right)$$

$$= \frac{q^2}{2g} \left(\frac{1}{y_1^2} - \frac{1}{y_2^2} \right) + (y_1 - y_2)$$

이다. 그런데 식 (7.18)에서 $q^2/g = y_1 y_2 (y_1 + y_2)/2$이므로

$$H_L = E_1 - E_2 = \frac{(y_2 - y_1)^3}{4y_1 y_2} \tag{7.20}$$

식 (7.20)은 손실수두가 수력도약 전후의 깊이만의 함수임을 보여주고 있다.

7.6 중력파의 전파속도

자유표면을 가지는 액체에 있어서 표면에 발생한 단일 파동의 한 방향으로의 이동속도는 연속방정식과 베르누이방정식을 적용하여서 간단히 구할 수 있다. 그림 7.16(a)에서는 파동의 이동방향을 나타내고 있고, 그림 (b)는 방정식을 적용하는데 편리하게 생각하기 위해서 파동을 고정시키고 유체가 상대적으로 움직이고 있는 것으로 보게 한 것이다.

연속방정식에 의하여

$$Vy = (V + dV)(y + dy) \quad \text{또는} \quad \frac{dV}{V} + \frac{dy}{y} = 0 \tag{a}$$

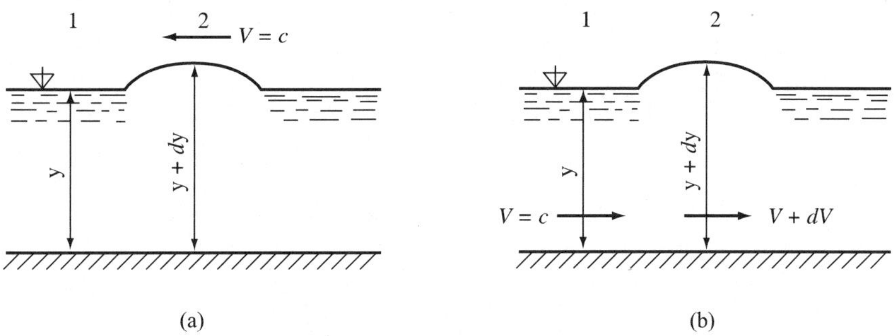

그림 7.16 표면파의 전파속도

1과 2단면 사이에 베르누이 방정식을 세우면

$$\frac{V^2}{2g} + y = \frac{(V + dV)^2}{2g} + (y + dy)$$

또는

$$VdV + gdy = 0 \tag{b}$$

방정식 (a)와 (b)를 결합하여 구한 속도 V를 파동의 전파속도 c로 놓으면

$$c = \sqrt{gy} \tag{7.21}$$

식 (7.21)의 속도를 중력파의 전파속도라 부르는데 액체표면에 발생한 파동의 전파속도는 중력가속도 g와 유체의 깊이 y에 관계되므로 이 파동을 중력파(gravity wave)라고도 한다.

연습문제

1. 수력반경 R_h를 구하라.

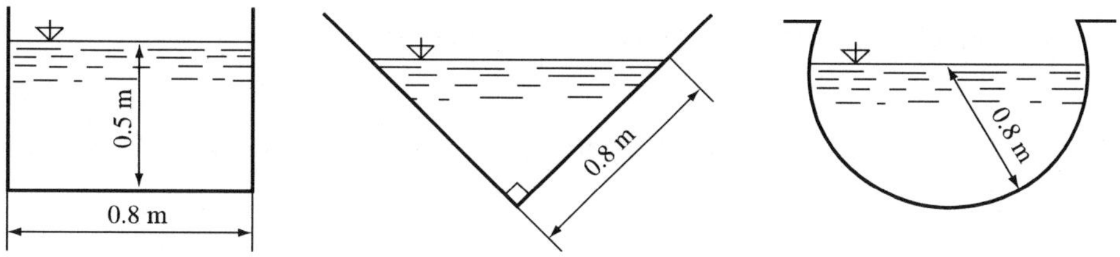

(a) (b) (c)

2. 폭 4 m인 사각형 단면의 수로에 깊이 1 m의 등류흐름이 있다. 기울기 1 : 1000이고 만닝수 $n=0.012$일 때의 유량을 구하라.

3. 1000 m에 대하여 1 m의 기울기로 직경 2m의 원형 단면수로에 깊이 1.4 m로 일정하게 물이 흐르고 있다. $n=0.012$일 때 유량을 구하라.

4. 폭 4 m인 사각형 단면수로에 깊이 1.6 m의 등류로 물이 흐른다. 1000 m 거리에 대한 1 m의 경사일 때 벽면에서의 평균전단응력을 구하라.

5. 직경 3 m인 원형 단면수로에 깊이 1 m의 등류로 물이 흐르고 있다. 기울기가 10000분의 1일 때 벽면에서의 전단응력을 구하라.

6. 마찰계수 0.03에 대응하는 체지계수를 구하라.

7. 어떤 개수로 흐름에 있어서 깊이가 1 m이고 비에너지가 2.5 m이다. 같은 유량에 대하여 비에너지가 3.2 m되기 위한 깊이들은 얼마로 예측되는가?

8. 12 m^2/s의 물이 폭 4 m인 사각형 단면수로에 1 m 깊이로 흐르고 있다. 아임계흐름인가, 초임계흐름인가 구하라.

9. 10 m^3/s의 물이 5 m폭의 사각형 단면에 1.2 m/s로 흐르고 있을 때는 아임계흐름인가, 초임계흐름인가 구하라.

10. 9 m3/s의 물이 폭 4 m인 직사각형 단면수로에 흐르고 있다. 기울기가 0.002이고 $n=0.012$일 때의 흐름은 아임계흐름인가, 초임계흐름인가 구하라.

11. 폭 2.4 m인 직사각형 수로에서 비에너지 1.5 m로 흐를 수 있는 최대유량을 구하라.

12. 직사각형 수로에 8 m^3/s의 물을 흐르게 하는데 기울기가 0.0015, $n = 0.015$일 때의 최적단면 치수를 결정하라.

13. 문제 12에서 $n = 0.02$일 때의 최적치수와 비교하여라.

14. 3 m 폭의 직사각형 단면수로에 15 m^3/s의 유량이 흐르고 있을 때의 임계 깊이와 임계속도를 구하라.

15. 5 m폭의 직사각형 단면수로에 50 m^3/s의 유량이 흐르고 있다. 이 흐름은 상류인가, 사류인가? 또 비에너지를 구하라.

16. 1.2 m 폭의 직사각형 단면수로에 0.8 m^3/s의 유량이 흐르고 있을 때의 비에너지가 1.75 m인 흐름의 깊이 들을 구하라.

17. 폭 3 m인 직사각형 단면수로에 비에너지 2.8 m로 흐를 수 있는 최대유량을 구하라.

18. 직사각형 단면수로에 12.8 m^3/s의 물이 흐른다. 수로의 폭이 2.8 m이고 깊이가 0.7 m이다. 수력도약(hydraulic jump)이 일어난 후의 깊이를 구하라.

19. 문제 18의 경우에 수력도약으로 인한 비에너지의 손실수두를 구하라.

CHAPTER 08

차원해석과 상사법칙

Fluid Mechanics

현대공학에서 모형의 사용과 모형연구의 신뢰도는 쉴 새 없이 증가되어 왔다. 항공공학자는 풍동에서의 모형실험들로부터 데이터(data)를 얻으며, 조선공학자들은 선박모형을 예인수조(towing basin)에서 실험하며 기계공학자들은 터빈과 펌프의 모형들을 실험하고 이 실험들로부터 원척기계들의 성능을 예측하며, 토목공학자는 그의 설계문제들에 대한 더욱 신뢰할 수 있는 해답을 얻기 위하여 수력구조물들, 하천들과 강어귀의 모형들을 사용한다. 모형사용의 정당성은 경제적인 점이다. 그런데 같은 실험결과치를 얻기 위해서는 원형(proto type)과 모형(model type) 사이에 일정한 상사법칙이 적용되어야 한다. 여기서는 이러한 상사법칙과 현대유체역학의 또 하나의 유용한 도구이며, 상사법칙과 밀접하게 관계되어 있는 차원해석에 대해서 알아보고자 한다.

8.1 차원해석

차원해석(dimensional analysis)이란, 어떤 물리적인 현상을 등식으로 표시할 때 등식 중의 좌변과 우변의 차원은 모두 동차가 되어야 한다(Fourier의 차원동차성의 원리)는 원리를 기초로 하여 이것을 응용한 해석법을 말한다.

어떤 물리현상이 매우 복잡해서 해석적으로 이 현상을 표시하는 이론식을 유도하기가 매우 힘들 때 이 차원해석법에 의하여 이 현상을 표시하는 대략식의 형태를 간편하게 추정할 수가 있다. 여기에서 불비한 점은 실험에 의하여 보충한다.

또 관계되는 인자가 많은 복잡한 현상의 실험결과를 정리할 때, 이 현상을 지배하는 소수의 변수군(상기한 각 인자의 조합으로 성립)을 앎으로서 실험치를 간편하게 정리할 수가 있다. 이외에 방정식의 음미, 단위의 변환에도 이용된다.

역학적 현상에 있어서는 길이, 질량, 시간, 힘, 속도, 운동량, 에너지 등의 여러 가지 양으로서 이루어지는데 이들 량가운데 기본이 되는 단위는 길이 L, 질량 M, 시간 T의 3가지로서, 다른 양들은 모두 이 3개의 기본단위에 대한 멱수(power)로서 표시할 수가 있다. 이렇게 해서 표시된 것을 차원이라고 한다. 또 기본적 차원을 질량 M대신에 힘 F를 써서 F, L, T의 계로 표시하기도 한다.

전자에 대한 여러 가지 양의 차원을 다음 표 8.1에 보기로 든다.

✤ 표 8.1

양	차 원	양	차 원
길이	L	토크	ML^2T^{-2}
질량	M	에너지, 일	ML^2T^{-2}
시간	T	동력	ML^2T^{-3}
면적	L^2	표면 장력	ML^{-1}
체적	L^3	모멘트	ML^2T^{-2}
속도	LT^{-1}	압력, 응력	$ML^{-1}T^{-2}$
가속도	LT^{-2}	압력 구배	$ML^{-2}T^{-2}$
각속도	T^{-1}	밀도	ML^{-3}
운동량	MLT^{-1}	점성계수	$ML^{-1}T^{-1}$
힘	MLT^{-2}	동점성계수	L^2T^{-1}
탄성계수	$ML^{-1}T^{-2}$		

8.2 관로의 실험식

8.2.1 관로의 유량

관로의 유동을 보기로 들어 그 실험식을 세우는 방법을 생각해 보자. 길이가 l인 원관에 대하여 그 양단의 압력차 $(p_1 - p_2)$를 Δp라고 할 때, 실험에 의하면 압력구배 $\Delta p/l$은 유체의 밀도 ρ, 점성계수 μ, 평균유속 V 및 원관의 지름 d와 관계가 있다고 한다.

즉, $\Delta p/l$은 ρ, μ, V 및 d의 함수란 뜻이므로

$$\frac{\Delta p}{l} = f(\rho,\ \mu,\ V,\ d) \tag{8.1}$$

으로 표시할 수 있다. 이것을 간단히 해서 다음과 같이 표시한다.

$$\frac{\triangle p}{l} = k\rho^a \mu^b V^c d^d \tag{8.2}$$

단, k는 무차원상수이다. 식 (8.2)를 기본차원 M, L, T로서 표시하면

$$\mathrm{ML^{-2}T^{-2}} = (\mathrm{ML^{-3}})^a (\mathrm{ML^{-1}T^{-1}})^b (\mathrm{LT^{-1}})^c \mathrm{L}^d$$

이 되고, 이 양변의 M, L, T에 대한 지수방정식을 세우면

$$\left.\begin{aligned} &\mathrm{M}:\ 1 = a + b \\ &\mathrm{L}\ :-2 = -3a - b + c + d \\ &\mathrm{T}\ :-2 = -b - c \end{aligned}\right\} \tag{8.3}$$

윗 식에서 a, c, d를 b의 함수로 놓고 풀면

$$\left.\begin{aligned} a &= 1 - b \\ c &= 2 - b \\ d &= -1 - b \end{aligned}\right\} \tag{8.4}$$

이 된다. 이 값을 식 (8.2)에 대입하면

$$\begin{aligned} &\frac{\triangle p}{l} = k\rho^{1-b}\mu^b V^{2-b} d^{-1-b} \\ \therefore\ &\frac{\triangle p}{l} = k\frac{\rho V^2}{d}\left(\frac{\mu}{\rho V d}\right)^b \end{aligned} \tag{8.5}$$

이것이 차원해석에 의하여 구한 실험식이다.

Hagen-poiseuille의 실험결과에 의하면 윗 식에서 $k = 32$, $b = 1$로 놓아

$$\frac{\triangle p}{l} = 32\frac{\rho V^2}{d}\left(\frac{\mu}{\rho V d}\right)^1 = 32\frac{\mu V}{d^2} \tag{8.6}$$

가 된다. 이것으로부터 유량 Q는

$$Q = \frac{\pi d^2}{4} V = \frac{\pi}{128}\frac{\triangle p d^4}{\mu l} \tag{8.7}$$

이 된다.

8.2.2 유체저항

속도가 U인 균일한 흐름 속에 놓은 물체가 받는 항력 D의 표시식을 차원해석에

의하여 구해보자. 항력 D에 영향을 미치는 인자로서는 유체의 밀도 ρ, 유속 U, 점도 μ 및 물체의 길이 l을 생각할 수가 있다. 따라서 D는 이 변수들의 함수가 될 것이다. 즉,

$$D = f(\rho,\ U,\ \mu,\ l)$$

윗 식의 함수의 꼴은 변하지 않으나, 지금 다음과 같은 꼴로 된다고 가정한다.

$$D = k\rho^a U^b \mu^c l^d \tag{8.8}$$

k는 무차원 상수이다. 윗 식이 성립되자면 좌우 양변의 차원이 일치해야 한다. M, L, T의 기본단위를 사용하여 윗 식의 차원을 비교하면

$$\mathrm{MLT^{-2}} = (\mathrm{ML^{-3}})^a(\mathrm{LT^{-1}})^b(\mathrm{ML^{-1}T^{-1}})^c\mathrm{L}^d$$

이 된다. 지수방정식을 만들면

$$\left.\begin{aligned} &\mathrm{M} : 1 = a + c \\ &\mathrm{L}\ : 1 = -3a + b - c + d \\ &\mathrm{T} : -2 = -b - c \end{aligned}\right\}$$

이 연립방정식에서 a, b, d를 c의 함수라 두고 풀면

$$a = 1 - c,\ \ b = 2 - c,\ \ d = 2 - c \tag{8.9}$$

식 (8.9)를 식 (8.8)에 대입하면

$$D = k\rho^{1-c}U^{2-c}\mu^c l^{2-c} = k\rho U^2 l^2 \left(\frac{\mu}{\rho U l}\right)^c \tag{8.10}$$

이 된다. 윗 식에서 l^2은 물체의 투영면적 A에 비례하고, $\dfrac{\rho Ul}{\mu} = \dfrac{Ul}{\nu} = Re$이므로 윗 식은 일반적으로

$$D = C_D A \frac{\rho U^2}{2} \tag{8.11}$$

단,

$$C_D = f(Re)$$

로 쓸 수가 있다. 이와 같이 해서 항력의 식을 유도할 수 있게 되고, 또 항력계수 C_D가 Re의 함수란 것을 추정할 수 있으므로 실험에 의하여 구한 C_D를 Re의 함수로서 정리할 수가 있다.

8.2.3 관마찰

관마찰에 의한 압력손실 Δp(수두손실 $h=\Delta p/\gamma$)는 관로의 길이 l, 평균유속 V, 관내경 d, 유체의 점성계수 μ, 밀도 ρ, 관내벽의 절대조도 ε의 함수로 생각할 수 있다. 즉,

$$\Delta p=\gamma h=f(l,\ V,\ d,\ \mu,\ \rho,\ \varepsilon)$$

윗 식을 다음과 같이 가정한다.

$$\Delta p=kl^a V^b d^c \mu^d \rho^e \varepsilon^f \tag{8.12}$$

그러나 간단한 실험에 의하여 $\Delta p \propto l$의 관계가 확인되어 있으므로 $a=1$이라 한다. 윗 식의 양변의 차원을 비교하면

$$\begin{aligned}\mathrm{ML^{-1}T^{-2}} &= \mathrm{L}^a(\mathrm{LT^{-1}})^b\mathrm{L}^c(\mathrm{ML^{-1}T^{-1}})^d(\mathrm{ML^{-3}})^e\mathrm{L}^f\\ &= \mathrm{M}^{d+e}\mathrm{L}^{1+b+c-d+3e+f}\mathrm{T}^{-b-d}\end{aligned}$$

$$\left.\begin{aligned}&\mathrm{M}:\ 1=d+e\\ &\mathrm{L}:\ -1=1+b+c-d-3e+f\\ &\mathrm{T}:\ -2=-b-d\end{aligned}\right\}$$

$$\therefore b=2-d,\ e=1-d,\ c=1-d-f$$

이들을 식 (8.12)에 대입하면

$$\Delta p = klV^{2-d}d^{-1-d-5}\mu^d\rho^{1-d}\varepsilon^f = 2k\frac{l}{d}\cdot\frac{\rho V^2}{2}\left(\frac{\mu}{Vd\rho}\right)^d\left(\frac{\varepsilon}{d}\right)^f$$

$$\therefore\ h=\frac{\Delta p}{\gamma}=2k\left(\frac{1}{Re}\right)^d\left(\frac{\varepsilon}{d}\right)^f\frac{l}{d}\cdot\frac{V^2}{2\mathrm{g}} \tag{8.13}$$

따라서 일반적으로

$$h=\lambda\frac{l}{d}\cdot\frac{V^2}{2\mathrm{g}} \tag{8.14}$$

이 되고, 이 때 관마찰계수 λ는 Reynolds 수 Re와 상대조도 ε/d의 함수가 된다.

$$\lambda=f\left(Re,\ \frac{\varepsilon}{d}\right)$$

예제 8.1 액체 속의 음속 a는 액체의 밀도 ρ, 압축률 β, 중력가속도 g와 관계가 있다. a의 식을 차원해석으로 결정하여라.

풀이

$$a = k\rho^{\mathrm{a}}\beta^{b}\mathrm{g}^{c} \cdots\cdots ①$$

차원방정식을 만들면

$$\mathrm{LT}^{-1} = (\mathrm{ML}^{-3})^{\mathrm{a}}(\mathrm{M}^{-1}\mathrm{LT}^{2})^{b}(\mathrm{LT}^{-2})^{c} = \mathrm{M}^{\mathrm{a}-b}\mathrm{L}^{-3\mathrm{a}+b+c}\mathrm{T}^{2b-2c}$$

$$\mathrm{M}: 0 = \mathrm{a} - b$$

$$\mathrm{L}: 1 = -3\mathrm{a} + b + c$$

$$\mathrm{T}: -1 = 2b - 2c$$

첫째, 셋째 식에서

$$\mathrm{a} = b,\quad c = \frac{1}{2} + b$$

이것을 둘째 식에 대입하여

$$1 = -3b + b + \frac{1}{2} + b \qquad \therefore\ b = -\frac{1}{2}$$

$$\therefore\ \mathrm{a} = -\frac{1}{2},\quad b = -\frac{1}{2},\quad c = 0 \cdots\cdots ②$$

식 ②를 식 ①에 대입하면

$$a = k\left(\frac{1}{\rho K}\right)^{\frac{1}{2}}$$

여기서 $K = \dfrac{1}{\beta}$ 이며, 유체의 체적탄성계수이다.

8.3 버킹함의 Π 정리

버킹함의 Π 정리(Buckingham's Π theorem)에 의하면, 자연의 어떤 물리적 현상을 나타내는 n개의 물리량에 기본차원수가 m개일 때 물리현상을 $(n-m)$개의 독립무차원수 Π로 나타낼 수 있다. 즉, 어떤 문제의 물리량이 A_1, A_2, $\cdots$, A_n일 때 이 물리량 사이에

$$f(A_1, A_2, A_3, \cdots, A_n) = 0 \tag{8.15}$$

와 같이 주어지면 $(n-m)$개의 독립무차원수 Π를 써서, 식 (8.15)를 다음과 같은 무차원수로 나타낼 수 있다.

$$f(\Pi_1,\ \Pi_2,\ \Pi_3,\ \cdots,\ \Pi_{n-m}) = 0 \tag{8.16}$$

이 때 Π는 n개 물리량 중에서 m개의 기본차원수만큼 택한 반복변수(repeating variable)와 남은 $(n-m)$개의 물리량 중 하나와 조합하여 구한다.

예를 들어, 기본차원이 M, L, T인 경우 반복변수를 A_1, A_2, A_3로 택하면 독립 무차원수 Π는 다음과 같이 쓸 수 있다.

$$\left.\begin{aligned} \Pi_1 &= A_1^{x_1},\ A_2^{y_1},\ A_3^{z_1},\ A_4 \\ \Pi_2 &= A_1^{x_2},\ A_2^{y_2},\ A_3^{z_2},\ A_5 \\ &\vdots \\ \Pi_{n-m} &= A_1^{x_{n-m}},\ A_2^{y_{n-m}},\ A_3^{z_{n-m}},\ A_n \end{aligned}\right\} \tag{8.17}$$

윗 식에 A_1, A_2, A_3, $\cdots$, A_n의 차원을 대입하여 M, L, T의 지수가 0이 되도록 한다. 그리고 나서 x, y, z를 구하면 Π_1, Π_2, $\cdots$, Π_{n-m}이 결정된다. 주의하여야 할 것은 기본차원수가 2개이면 반복변수도 2개를 택해야 한다.

특히 반복변수는 다음과 같은 방법으로 선정하는 것이 바람직하다.

(1) 종속변수(구하고자 하는 물리량)는 반복변수로 택하지 않는다.
(2) 반복변수는 문제에서 나타낸 m개의 기본차원을 포함하여야 한다.
(3) 문제에서 주어진 물리량 가운데 중요한 물리량을 반복변수로 택한다.

이 때 가능한 한 아래의 변수에서 각각 하나씩만 택한다.

① 크기를 대표하는 변수 (예 : d, L, A)
② 유동변수 (예 : V, Q, p)
③ 유체의 성질 (예 : ρ, μ, γ)

예제 8.2 평균유속 V로 유동하는 비압축성 유체 속에서 구가 받는 항력 D는 구의 지름 d, 유체속도 V, 밀도 ρ, 점성계수 μ와 관계가 있다. Π 정리를 사용하여 이들 사이의 관계식을 구하라.

풀이

문제에서 주어진 물리량의 차원은 아래의 표와 같다.

물리량	D	d	V	ρ	μ
차 원	MLT^{-2}	L	LT^{-1}	ML^{-3}	$ML^{-1}T^{-1}$

이 물리량의 함수관계는

$$f(D, d, V, \rho, \mu)=0$$

문제에서 주어진 물리량의 개수는 $n=5$, 기본차원수는 $m=3$(M, L, T)이므로 독립무차원수 Π는 $n-m=5-3=2$개다.

문제에서 D는 구하고자 하는 물리량, 즉 종속변수이므로 반복변수로 택해서는 안된다.

따라서 구의 지름 d(크기를 대표하는 변수), 유체속도 V(유동변수), 밀도 ρ(유체의 성질)를 반복변수로 택하고, 이 반복변수와 남은 물리량 2개 (D, μ)와 각각 결합하여 두 개의 Π를 구한다. 즉,

$$\begin{aligned}\Pi_1 &= d^{x_1}V^{y_1}\rho^{z_1}D \\ &= (\mathrm{L})^{x_1}(\mathrm{LT}^{-1})^{y_1}(\mathrm{ML}^{-3})^{z_1}\mathrm{MLT}^{-2} \\ &= \mathrm{M}^0\mathrm{L}^0\mathrm{T}^0\end{aligned}$$

$$\left.\begin{array}{ll}\mathrm{M}: & z_1+1=0 \\ \mathrm{L}: & x_1+y_1-3z_1+1=0 \\ \mathrm{T}: & -y_1-2=0\end{array}\right\} \begin{array}{l}x_1=-2 \\ y_1=-2 \\ z_1=-1\end{array}$$

$$\therefore\ \Pi_1=\frac{D}{\rho V^2 d^2}$$

$$\begin{aligned}\Pi_2 &= d^{x_2}V^{y_2}\rho^{z_2}\mu \\ &= (\mathrm{L})^{x_2}(\mathrm{LT}^{-1})^{y_2}(\mathrm{ML}^{-3})^{z_2}\mathrm{ML}^{-1}\mathrm{T}^{-1} \\ &= \mathrm{M}^0\mathrm{L}^0\mathrm{T}^0\end{aligned}$$

$$\left.\begin{array}{ll}\mathrm{M}: & z_1+1=0 \\ \mathrm{L}: & x_2+y_2-3z_2-1=0 \\ \mathrm{T}: & -y_2-1=0\end{array}\right\} \begin{array}{l}x_2=-1 \\ y_2=-1 \\ z_2=-1\end{array}$$

$$\therefore\ \Pi_2=\frac{\mu}{\rho V d}$$

따라서 위에서 주어진 물리량의 함수관계는 다음과 같은 무차원수의 함수로 나타낼 수 있다.

$$f(\Pi_1, \Pi_2)=0 \text{ 또는 } f\left(\frac{D}{\rho V^2 d^2}, \frac{\mu}{\rho V d}\right)=0$$

윗 식에서 $\dfrac{D}{\rho V^2 d^2}$에 대하여 풀면 $\dfrac{D}{\rho V^2 d^2}=f_1\left(\dfrac{\mu}{\rho V d}\right)$

일반적으로 함수의 형태인 f_1는 실험적으로 결정되어진다.

8.4 상사법칙

유체역학에서는 유동현상을 연구할 때 모형(model)을 사용하는 경우가 많다. 모형을 사용하면 실형(prototype)에 비하여 시간과 제작비가 적게 들어 경제적이지만 모형을 사용하는 것도 해석적인 방법에 비하면 비경제적이다. 그러므로 해석적인 방법으로 해결되지 않을 때만 모형실험을 하는 것이 보통이다. 이와 같이 모형실험을 할 때 모형과 실형 사이에는 상사법칙(the law of similarity)을 만족해야 한다. 이 상사법칙에는 ① 기하학적 상사, ② 운동학적 상사, ③ 역학적 상사 등 세 가지가 있다.

8.4.1 기하학적상사(geometric similarity)

실형과 모형은 동일한 모양이 되어야 하고, 실형과 모형 사이에 서로 대응하는 모든 치수의 비는 같아야 한다. 즉,

$$\text{길이}: \frac{L_m}{L_p} = L_r$$

$$\text{넓이}: \frac{A_m}{A_p} = \left(\frac{L_m}{L_p}\right)^2 = L_r^2 \tag{8.18}$$

여기서, 하첨자 m과 p는 각각 모형과 실형을 나타낸다.

8.4.2 운동학적상사(kinematic similarity)

실형과 모형 사이에 흐르는 유체유동이 상사할 때 즉, 유선이 기하학적으로 상사할 때를 말하며, 실형과 모형 사이에 서로 대응하는 점에서의 속도비, 가속도비, 유량비 등이 같으면 운동학적 상사이다.

$$\text{속 도}: \frac{V_m}{V_p} = \frac{L_m/T_m}{L_p/T_p} = \frac{L_m}{L_p} \div \frac{T_m}{T_p} = \frac{L_r}{T_r}$$

$$\text{가속도}: \frac{a_m}{a_p} = \frac{L_m/T_m^2}{L_p/T_p^2} = \frac{L_m}{L_p} \div \frac{T_m^2}{T_p^2} = \frac{L_r}{T_r^2}$$

$$\text{유 량}: \frac{Q_m}{Q_p} = \frac{L_m^3/T_m}{L_p^3/T_p} = \frac{L_m^3}{L_p^3} \div \frac{T_m}{T_p} = \frac{L_r^3}{T_r} \tag{8.19}$$

8.4.3 역학적상사(dynamic similarity)

기하학적, 운동학적 상사를 이룬 실형과 모형 사이에 서로 대응하는 점에서의 힘(점성력, 중력, 압력, 관성력, 표면장력, 탄성력 등)의 방향이 서로 평행하고 크기의 비가 같을 때 두 형은 역학적 상사가 존재한다고 말한다.

예를 들면, 실형과 모형사이에 각종 힘의 비로 정의된 무차원수인 레이놀즈수, 프루우드수, 웨버수 등이 같을 때 역학적인 상사를 만족한다. 이러한 역학적인 상사를 만족시키는 무차원수는 표 8.2와 같다.

✣ 표 8.2 무차원수

명 칭	정 의	물리적의미	중요성
레이놀즈수 (Reynolds' number)	$Re = \dfrac{\rho UL}{\mu}$	$\dfrac{\text{관성력}}{\text{점성력}}$	모든 유체유동 (자유표면이 없는 유동)
프루우드수 (Froude number)	$Fr = \dfrac{U}{\sqrt{Lg}}$	$\dfrac{\text{관성력}}{\text{중력}}$	자유표면유동
오일러수(Euler number) 압력계수 (pressure coefficient)	$E_u(=C_p) = \dfrac{\Delta p}{\dfrac{\rho U^2}{2}}$	$\dfrac{\text{압축력}}{\text{관성력}}$	압력차에 의한 유동
웨버수(Weber number)	$W_e = \dfrac{\rho U^2 L}{\sigma}$	$\dfrac{\text{관성력}}{\text{표면장력}}$	표면장력이 중요한 유동
마하수(Mach number)	$M = \dfrac{U}{a}$	$\left(\dfrac{\text{관성력}}{\text{탄성력}}\right)^{\frac{1}{2}}$	압축성 유동

여기서

$$\text{관성력} = ma = (\rho L^3)\left(\frac{U^2}{L}\right) = \rho U^2 L^2$$

$$\text{압축력} = \Delta pA = \Delta pL^2$$

$$\text{점성력} = \mu A\frac{du}{dy} = \mu L^2\left(\frac{U}{L}\right) = \mu UL$$

$$\text{중력} = mg = \rho L^3 g$$

$$\text{탄성력} = KA = KL^2$$

$$\text{표면장력} = \sigma L$$

이고 L은 물체의 특성길이이며, U는 특성속도이다.

유체의 흐름 가운데 발생되는 힘들의 어떠한 것들은 상황에 따라서 ① 작용하지 않거나, ② 크기를 무시할 수 있거나, 또는 ③ 다른 힘들과 대립되어서 양자의 효과가 감소되는 경우가 있다.

각각의 새로운 상사법칙의 문제에 있어서 유체현상의 현명한 이해로 어떻게 문제들을 무관계한, 무시할 수 있는 또는 보상하는 힘들의 소거에 의하여 만족스럽게 간단화할 수 있는가를 결정하는 것이 필요하다. 이와 같은 해석에 포함된 논법은 어떠한 간단하고 되풀이 되는 공학적인 예들을 인용함으로써 가장 잘 설명된다. 다음에 몇 가지 역학적 상사법칙들을 소개한다.

1 Reynolds 상사법칙

그림 8.1의 관례적인 익형(airfoil)에 의하여 대표되는 고전적인 저속도의 유체에 잠긴 물체의 문제에 있어서 표면장력현상은 없고, 압축성(탄성적) 효과는 무시할 수 있으며 중력은 유동장에 영향을 미치지 않는다.

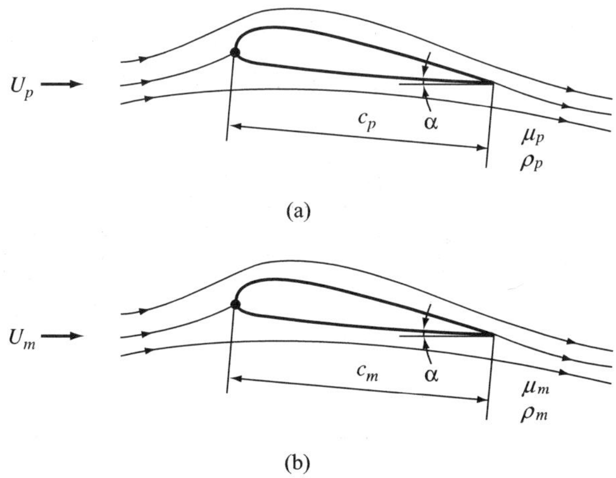

그림 8.1

만약 모형과 원형이 기하학적으로 상사하고 그들의 접근유동에 대하여 상사하게 방향지어져 있다면 Reynolds 수 또는 관성력의 점성력에 대한 비가 같을 때, 즉

$$\left(\frac{Ul}{\nu}\right)_p = (Re)_p = (Re)_m = \left(\frac{Ul}{\nu}\right)_m \tag{8.20}$$

일 때 모형과 원형 사이에 역학적 상사가 얻어진다. 방정식은 모형과 원형의 유체들에 관한 제약이 없으므로, 후자는 공기 중을 운동할 수 있으며, 전자는 수중에서 실험될 수 있다. 만약 모형과 원형의 Reynolds 수들이 같을 수 있다면 역학적 상사가 이루어질 것이다. 실제적인 이유로 모형과 원형에 있어서 같은 유체가 사용된다면 곱 (Ul)이 양 경우에 같아야 한다. 이것은 모형둘레의 속도들은 원형 둘레의 속도들보다 클 것이라는 것을 의미한다.

항공공학의 연구에 있어서 모형은 흔히 가변밀도 (또는 압력) 풍동[variable density(or pressure) wind tunnel] 중의 압축공기로서 실험된다. 여기서 $\nu_m < \nu_p$이고, 모형을 지나는 큰 속도들을 필요로 하지 않는다. 일단 Reynolds 수들의 등치가 모형과 원형에서 얻어진다면, 어떠한 해당하는 힘들(양력 또는 항력과 같은)의 비는 관계있는 어떠한 다른 해당하는 힘들의 비와 같을 것이다. 그러므로 (항력에 대하여) 다음과 같다.

$$\left(\frac{D}{\rho U^2 l^2}\right)_p = \left(\frac{D}{\rho U^2 l^2}\right)_m \tag{8.21}$$

이것으로부터 원형의 항력은 모형에서의 항력과 속도측정들로부터 직접 예측할 수 있다. 만약 Reynolds 수가 모형과 원형에서 같다면, 척도효과(scale effect)에 대한 수정이 필요하지 않다

전술한 논리의 많은 것이 또한 폐통로를 지나는 비압축성유체의 유동에 적용될 수 있다. 그림 8.2의 수축부의 원형과 모형을 지나는 유동들을 생각하자.

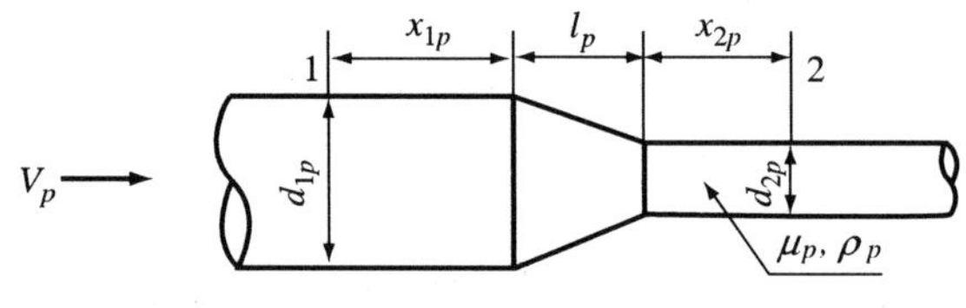

(a)

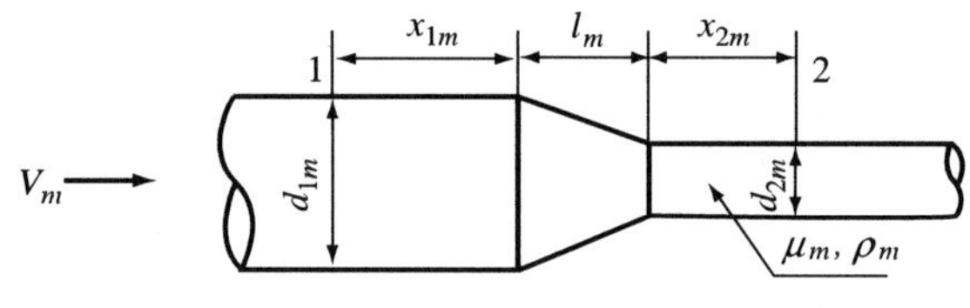

(b)

그림 8.2

기하학적 상사에 대하여 $\left(\frac{d_2}{d_1}\right)_p = \left(\frac{d_2}{d_1}\right)_m$, $\left(\frac{l}{d_1}\right)_p = \left(\frac{l}{d_1}\right)_m$, $\left(\frac{x_1}{d_1}\right)_p = \left(\frac{x_1}{d_1}\right)_m$, $\left(\frac{x_2}{d_2}\right)_p = \left(\frac{x_2}{d_2}\right)_m$ 그리고 두 통로의 조도형식이 모든 상세에 이르기까지 상사하여야 한다.

표면장력효과와 탄성효과는 존재하지 않고, 중력은 유동장에 영향을 미치지 않는다. 따라서

$$\left(\frac{Vd_1}{\nu}\right)_p = (Re)_p = (Re)_m = \left(\frac{Vd_1}{\nu}\right)_m \tag{8.22}$$

일 때 역학적 상사가 얻어지고, 이것으로부터

$$\left(\frac{p_1 - p_2}{\rho V^2}\right)_p = \left(\frac{p_1 - p_2}{\rho V^2}\right)_m \tag{8.23}$$

이 되고, 모형측정들로서 원형압력강하 $(p_1 - p_2)$의 예측이 허용된다. d_{1p}, d_{1m}, V_p와 V_m이 알려져 있으므로 더욱 모형유량과 원형유량과의 비를 추론할 수 있다. $Q_p = \left(\frac{\pi}{4}\right)d_{1p}^2 V_p$ 그리고 $Q_m = \left(\frac{\pi}{4}\right)d_{1m}^2 V_m$이므로 따라서 $\frac{Q_m}{Q_p} = \left(\frac{d_{1m}^2}{d_{1p}^2}\right)\left(\frac{V_m}{V_p}\right)$이다. 만약 $\frac{d_{1m}}{d_{1p}} = \frac{1}{5}$이고 물이 모형과 원형 모두에 사용되었다면 식 (8.20)에 의하여 $\frac{V_m}{V_p} = 5$이고 $\frac{Q_m}{Q_p} = \frac{1}{5}$이다.

여기서 다시 유체들이 같은지 아닌지의 문제가 아니고, 역학적 상사는 모형과 원형에서의 Reynolds 수들의 등치[1])로써 보증된다.

2 Froude 상사법칙

널리 공학적인 흥미가 있는 또 하나의 예는 액체의 표면 위를 운동하는 물체 (그림 8.3의 선박과 같은) 둘레의 유동장의 모형제작이다. 여기서 기하학적 상사는 적당하게 중요성을 두어서 $(d/l)_p = (d/l)_m$이 되도록 주의 깊게 치수를 준 모형에 의하여 얻어진다. 액체의 압축성은 이와 같은 문제들에서는 중요하지 않고, 표면장력은 또한 모형이 아주 작지 않으면 무시할 수 있다. 그러나 액체 속을 지나는 선박의 운동은 액체표면에 물의 파동을 생기게 하고, 이 파동은 중력의 영향 하에 운동한다. 그러므로 선박의 항력은 파동 발생에서 소산된 에너지[이것은 명백히 이해할

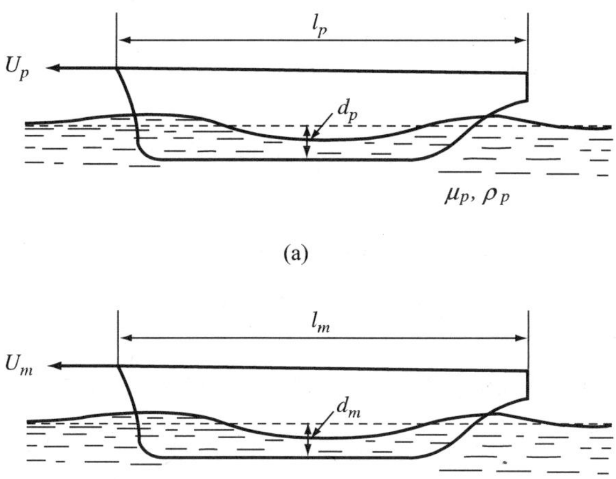

(a)

(b)

그림 8.3

1) Reynolds 수들의 등치는 이 예에 있어서 확립유동이 수축부의 상류에 존재하지 않는 한 역학적 상사를 생기게 할 수 없을 것이다. 이것은 가정되었다.

수 있고, 특성적인 파동의 양상(pattern)을 가져온다]의 영향과 선체에 대한 액체의 마찰작용 영향의 합이다.

만약 마찰효과들을 무시할 수 있다고 가정하면[2], 역학적 상사는 다음에 의하여 특정지어진다.

$$\left(\frac{U}{\sqrt{lg}}\right)_p = (Fr)_p = (Fr)_m = \left(\frac{U}{\sqrt{lg}}\right)_m \tag{8.24}$$

이것으로부터 (그림 8.1의 유체 중에 잠긴 물체에 대해서와 같이) 다음과 같이 된다.

$$\left(\frac{D}{\rho U^2 l^2}\right)_p = \left(\frac{D}{\rho U^2 l^2}\right)_m \tag{8.21}$$

이것은 만약 모형이 $(Fr)_p = (Fr)_m$으로서 실험되고 항력이 측정된다면 원형의 항력은 해당하는 속도에 대하여 예측할 수 있다는 것을 의미한다. U_p는 식 (8.24)로부터 $U_m\sqrt{l_p/l_m}$이다.

훌륭한 설계의 선박선각에 대하여, 항력에 대한 파형과 마찰작용의 기여는 같은 정도이고, 어느 것도 무시할 수 없다. 여기서 현상들은 Froude 수와 Reynolds 수의 양자와 관계를 가지며, 역학적 상사를 위하여 다음의 두 연립 방정식들을 요구한다.

$$\left(\frac{U}{\sqrt{gl}}\right)_p = (Fr)_p = (Fr)_m = \left(\frac{U}{\sqrt{gl}}\right)_m \tag{8.24}$$

$$\left(\frac{Ul}{\nu}\right)_p = (Re)_p = (Re)_m = \left(\frac{Ul}{\nu}\right)_m \tag{8.20}$$

g를 모형과 원형에 대하여 같게 취하고 이 방정식들을 풀면 (U를 소거함으로써) $\dfrac{\nu_p}{\nu_m} = \left(\dfrac{l_p}{l_m}\right)^{\frac{3}{2}}$을 주고, 일단 모형척도가 선택된 다음에는 액체들의 점성계수들 사이에 특정한 관계가 요구된다는 것을 지시한다. 이것은 ① 적합한 점성계수의 액체가 모형실험에 대하여 발견되어야 하며, ② 만약 모형과 원형에 대하여 같은 액체가 사용되면, 모형은 원형과 같은 크기이어야 한다.

적합한 점성계수의 액체가 존재하지 않고, 원척의 모형은 명백히 실제적이 못되므로 공학자는 두 방정식들 사이에서 선택을 강요당한다. 왜냐하면 모형과 원형에 대하여 같은 액체를 가질 때 양 식은 동시에 만족될 수 없기 때문이다. 이것은 모형

---

2) 저항의 대부분이 파형과 관계되는 비유선형물체에 대하여 그러하므로.

을 $(Fr)_p = (Fr)_m$ $[(Re)_p \gg (Re)_m$으로 된다]이 되도록 조작하고, 다음에 실험 결과들을 Reynolds 수에 의존하는 실험적 데이터로서 보정[3)]함으로써 행하여진다.

William Froude는 1870년경 영국에서 선박모형실험에 대한 이 기교를 창시하였다. 그러나 같은 방정식들과 원리들이 중력과 점성작용의 종합된 작용에 의하여 지배되는 어떠한 유동장에 대하여도 적용된다. 하천, 항만, 수력구조물과 개유동 문제들의 모형들은 일반적으로 좋은 예이다. 그러나 이와 같은 모형들은 표면조도와 복잡한 경계형상의 변화들에 의하여 생기는, 적당하게 규정되지 못한 마찰저항 때문에 선박모형보다 조작하고 해석하는 것이 상당히 어렵다.

3 Mach 상사법칙

압축성유체유동에서의 상사의 한 예는 그림 8.4의 탄환이다. 여기서 중력과 표면장력은 유동장에 영향을 미치지 않으며, 상사법칙은 다음에 의하여 특성지어지는 저항과 탄성(압축성)의 작용들에 기인한다.

$$\left(\frac{Ul}{\nu}\right)_p = (Re)_p = (Re)_m = \left(\frac{Ul}{\nu}\right)_m \tag{8.20}$$

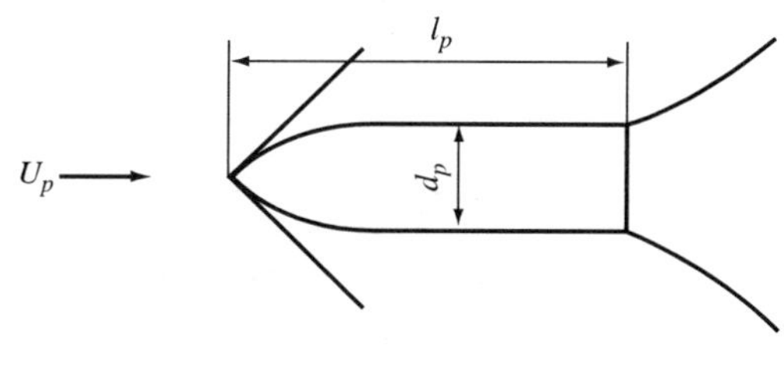

(a)

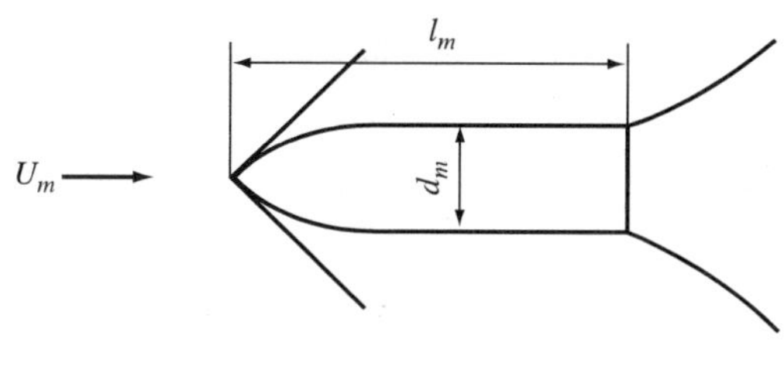

(b)

그림 8.4

---

3) 이것은 척도효과(scale effect)에 의하여 보정하는 것으로 알려져 있고, 불완전 상사측에 의하여 요구되는 보정이다. 식 (8.20)이 만족되면 척도효과가 없을 것이다.

이것은 $\frac{l_p}{l_m} = \left(\frac{\nu_p}{\nu_m}\right)\left(\frac{a_m}{a_p}\right)$을 주도록 풀어지고, 만약 역학적 상사가 완전하려면 모형척도와 점성계수들과, 모형과 원형에서 사용된 기체들 중의 음속들 사이에 어떠한 관계가 존재하여야 한다. 이 경우에는 (선박모형에 대하여 류동한 것과는 달리) 방정식을 만족하도록 허용하는 기체들이면 이용할 수 있다.

4 Euler 상사법칙 – 캐비테이션수

원형 캐비테이션을 모형으로 만들 때에는 상사법칙의 전술한 방정식들은 부적당하다. 왜냐하면 그들은 증기압 p_v를 포함하지 않았기 때문이며, 이것의 성취가 캐비테이션의 독특한 특징이다.

그림 8.5의 캐비테이션을 동반한 익형(cavitating hydrofoil)의 원형과 모형을 생각하면 모형이 p_0와 U_0를 조절할 수 있는 수동(water tunnel)중에 고정되어 있다.

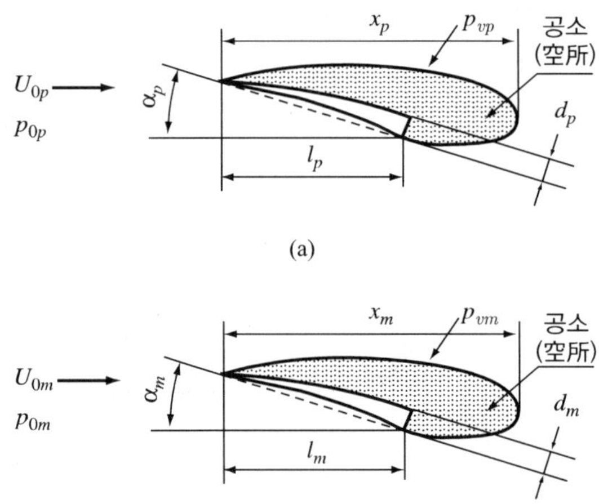

(a)

(b)

그림 8.5

기하학적 상사와 접근유동에 대한 같은 방향이 가정되었고, 완전한 역학적 상사가 요구된다. 여기서 중력은 유동장에 작은 영향을 끼칠 것이고, 유체의 압축성은 중요하지 않고 표면장력은 무시할 수 있다.[4] 따라서 역학적 상사법칙을 Reynolds 수와 적합한 형식의 Euler 수를 사용하여 즉,

$$\left(\frac{U_0 l}{\nu}\right)_p = (Re)_p = (Re)_m = \left(\frac{U_0 l}{\nu}\right)_m \tag{8.20}$$

4) 만약 캐비테이이션이 초기이면, 표면장력은 이와 같은 문제들에서 결정적인 영향을 가질 수 있으며, 액체의 기체 함량도 또한 중요하다. 이 양자를 여기서는 문제를 간단하게 하기 위하여 무시하였다.

$$\left(\frac{p_0 - p_v}{\rho U_0^2}\right)_p = \sigma_p = \sigma_m = \left(\frac{p_0 - p_v}{\rho U_0^2}\right)_m \tag{8.23}$$

일 때 얻어진다. 이 식들이 만족되면 모형과 원형에서의 공동현상이 $\left(\frac{x}{l}\right)_p = \left(\frac{x}{l}\right)_m$로 같을 것이다.

두 연립방정식의 두 번째 것은 캐비테이션에 대하여 독특한 (절대)압력들 p_0와 p_v를 포함하는 특수한 Euler 수(캐비테이션계수 σ로 알려진)들의 등치를 표시한다. 만약 이 방정식들이 적당한 액체의 사용 또는 수동의 속도들과 압력들의 조절, 또는 양자에 의하여 동시에 만족될 수 있으면(캐비테이션을 가지지 않는 유체에 잠긴 물체에 대해서와 마찬가지로)

$$\left(\frac{D}{\rho U_0^2 l^2}\right)_p = \left(\frac{D}{\rho U_0^2 l^2}\right)_m \tag{8.21}$$

그리고

$$\left(\frac{\Delta p}{\rho U_0^2}\right)_p = \left(\frac{\Delta p}{\rho U_0^2}\right)_m \tag{8.25}$$

이다. 여기서 모형과 원형에서의 Δp는 모형 또는 원형의 유동장에 있는 어떠한 두 해당하는 점들 사이에서의 압력변화들을 표시한다. 여기서 (선박모형에 대해서와 같이) 모형과 원형에서 본질적으로 같은 액체로서 연립방정식들의 모두를 만족하는 것은 실질적으로 불가능하다. 또 다시 공학자는 두 방정식들의 더 중요한 것을 선택하고 만족하게 하여야 하며, 만족되지 않은 방정식에 대하여 실험결과가 허용되도록 보정하여야 한다.

이 문제에 있어서 캐비테이션대의 존재와 범위가 유동장을 지배하고 마찰국면이 비교적으로 그다지 중요하지 않다. 따라서 실험은 모형과 원형에서 캐비테이션계수들을 같게 놓아서 수행하며 마찰현상들에 대하여 실험적인 조정을 한다.

연습문제

1. 표면장력의 차원은 어느 것인가?

① MT^{-2} ② $ML^{-1}T^{-2}$ ③ ML^{-3} ④ MLT^{-3}

2. 물리량 A, B, C가 $A=\dfrac{C}{B}$일 때 다음 중 옳은 것은?

① A의 차원이 $\dfrac{C}{B}$의 차원과 같아야만 한다.
② A, B, C의 차원이 모두 같아야 한다.
③ A와 C의 차원은 같아야 한다.
④ A, B, C의 단위는 모두 같아야 한다.

3. 무차원수가 아닌 것은 어느 것인가?

① 압력계수 ② 관마찰계수 ③ 웨버수 ④ 동점성계수

4. $f(\tau,\ V,\ d,\ \rho,\ \mu)=0$의 무차원수의 개수를 구하라.
단, 여기서 τ는 전단응력, V는 속도, d는 지름, ρ는 밀도, μ는 점성계수이다.

5. 점성계수(μ), 힘(F), 압력강하($\triangle p$), 시간(t)에서 얻을 수 있는 무차원수를 구하라.

6. 원관유동에서 중요한 무차원수는 어느 것인가?

① 레이놀즈수 ② 프루우드수 ③ 오일러수 ④ 코오시수

7. 풍동시험에서 중요한 무차원수는 어느 것인가?

① 레이놀즈수, 코오시수 ② 프루우드수, 웨버수
③ 프루우드수, 마하수 ④ 레이놀즈수, 마하수

8. 프루우드수의 정의는 어느 것인가?

① $\dfrac{\text{관성력}}{\text{압력}}$ ② $\dfrac{\text{관성력}}{\text{탄성력}}$ ③ $\dfrac{\text{관성력}}{\text{중력}}$ ④ $\dfrac{\text{관성력}}{\text{점성력}}$

9. 물 위를 2 m/s의 속도로 항진하는 길이 2.5 m의 모형선에 작용하는 조파저항이 5 kg_f이다. 길이 40 m인 실물의 배가 이것과 상사인 조파상태로 항진하자면 실물의 속도를 얼마로 하여야 하는가?

10. 두 개의 좁은 평행한 평판 사이를 흐르는 층류유동에서 중요한 힘은 어느 것인가?

① 관성력, 점성력 ② 압력, 관성력
③ 중력, 압력 ④ 점성력, 압력

11. 상사비가 1/100인 강의 모형에서 표면유속이 0.2 m/s이었다. 역학적 상사가 이루어지려면 실형의 표면유속은 얼마로 하는 것이 좋은가?

12. 길이 150 m의 배를 길이 5 m인 모형으로 실험하고자 한다. 실형의 배가 60 km/hr로 움직인다면 실형과 모형 사이에 역학적 상사를 만족하기 위해서 모형이 얼마로 움직여야 하는가?
단, 점성마찰은 무시한다.

13. 문제 12에서 모형의 항력이 9 N이면 실형의 항력은 약 얼마인가?
단, 실형과 모형은 같은 액체에서 실험한다.

14. 실형의 1/16인 모형 잠수함을 해수에서 실험한다. 실형 잠수함이 5 m/s로 움직인다면 역학적 상사를 만족하기 위해서는 모형 잠수함을 얼마로 끌어야 하는가?

15. 안지름 150 mm 파이프에 20°C의 물이 4 m/s의 속도로 흐른다. 이것과 기하학적으로 상사인 안지름 75 mm파이프에 40°C의 암모니아가 흐를 때 이 두 흐름이 역학적 상사를 이루려면 암모니아의 유속은 얼마로 하면 좋은가?
단, 물의 동점성계수는 $1.0 \times 10^{-6}\ m^2/s$, 암모니아의 동점성계수는 $0.34 \times 10^{-6}\ m^2/s$, 비중량 $\gamma = 581\ kg_f/m^3$이다.

16. 실형의 1/16인 모형 배가 물 위를 2 m/s의 속도로 움직일 때 조파항력이 10 N이었다. 역학적 상사를 만족하려면 실형 배의 물 위에서의 속도와 조파항력을 구하라.

17. 길이 300 m인 유조선을 1/25인 모형배로 실험하고자 한다. 유조선이 12 m/s로 항해한다면 역학적 상사를 얻기 위해서 모형을 얼마로 끌어야 하는가?
단, 점성마찰은 무시한다.

18. $\rho = 40\ kg/m^3$, $\mu = 0.0002\ N \cdot s/m^2$인 기체가 지름이 1.2 m인 관을 통하여 25 m/s로 흐른다. 이 때 역학적상사를 만족하는 모형관에 20°C인 물을 75 l/s로 흘려보냈다. 이 때 모형관의 지름을 구하라.
단, 20°C인 물의 동점성계수는 $\nu = 1.007 \times 10^{-6}\ m^2/s$이다.

CHAPTER

09 항력과 양력

Fluid Mechanics

점성이 없는 포텐셜흐름은 수학적으로 명확하게 취급할 수 있어서 좋다. 그러나 d'Alembert의 배리로 알려진 현상, 즉 "흐름 속에 있는 원주가 흐름방향으로 받는 힘, 즉 원주의 저항은 0"이라고 하는 이상한 결과를 가져온다는 결점이 있다. 따라서 점성을 고려한 Navier-Stokes의 운동방정식을 풀어야 되나 그것은 근사적으로밖에 풀 수가 없다.

제9장에서는 이 근사적 취급방법, 경계층이론과 차원해석의 응용을 설명하고 이것에 의해서 항력과 양력을 구하는 문제를 연구하기로 한다.

9.1 경계층 이론

유체 내에서 속도가 다른 두 부분이 접한 면에 나타나는 전단응력 τ는 $\tau = \mu \dfrac{du}{dy}$로 주어지는데 이 관계식은 물체표면에 따라서 운동하는 유체와 물체표면 사이에 작용하는 전단응력에도 적용이 된다. 그러므로 물체표면에 따라서 흐름의 방향으로 x축을, 그것에 세운 법선방향에 y축을 각각 취하고 물체표면에 따라 운동하는 유체입자의 속도를 u라고 하였을 때 $\dfrac{du}{dy}$의 물체 표면에서의 값 $\left(\dfrac{du}{dy}\right)_{y=0}$을 알면 표면에서의 전단응력 τ_0도 알 수 있게 된다.

그것을 조사하기 위해서 물체표면에서의 일을 자세하게 살펴보자.

간단하게 하기 위하여 미끄러운 평판의 표면을 따라 균일한 속도 U로 흐르고 있는 2차원 정상류를 생각했을 때 평판에 고정되어 있는 자표축(z, y)를 그림 9.1과 같이 잡고 평판에서 충분히 멀리 떨어져서 흐트러지지 않은 흐름의 속도를 U로 표시한다.

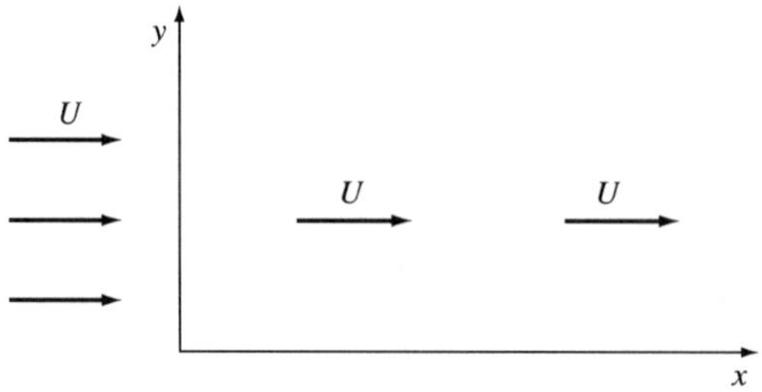

그림 9.1

평판이 무한히 얇을 때는 유체가 이상유체일 때 평판자신이 직선상 유선의 하나와 일치하고, 평판표면에 접하고 있는 유체입자는 속도 U로 평판 표면 위를 자유롭게 미끄러져 흐르기 때문에 흐름은 평판에 의해서는 조금도 흐트러지지 않는다. 그리고 이 경우에는 평판 위의 어떤 점에 있어서도 속도분포 곡선은 그림 9.2와 같이 평판에 수직인 직선이 된다. 이에 대하여 점성을 가지고 있는 실제유체의 경우에는 평판표면에 접하고 있는 유체입자는 이것에 점착되고, 이들 입자는 그 위치를 흐르는 유체입자에 전단응력을 작용하여 그 운동을 방해하고, 평판에서 어떤 거리까지는 차례로 점성의 영향이 나타나는 결과 실제유체의 경우에 속도분포곡선은 이상유체의 경우와 다르게 된다.

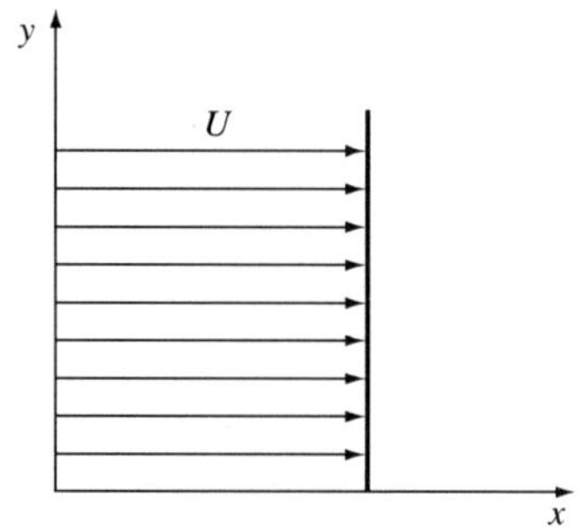

그림 9.2

그림 9.3은 실제유체의 경우에 속도분포곡선을 여러 가지 다른 점성계수 μ에 대해서 표시한 것인데, (a), (b), (c), (d)의 순서대로 μ의 값이 큰 경우이다.
이와 같은 실제유체의 경우에 속도분포곡선들은 다음과 같은 공통된 특징을 가지고 있다.

(1) 평판표면에서 멀리 떨어진 곳, 즉 $y \to \infty$ 인 곳에서는 유속 U와 같다.
(2) 평판표면, 즉 $y = 0$에서는 $u = 0$이다(점착조건).

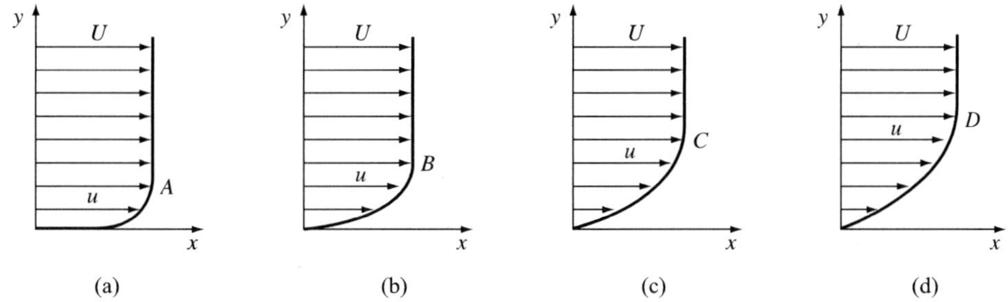

◈ 그림 9.3

물리적으로 명백한 바와 같이 점성이 클 때는 평판이 유체의 운동을 방해하려는 작용 때문에 평판에서 상당히 떨어진 곳에 있는 유체의 층도 감속되지만 점성이 작을 때는 평판이 미치는 영향은 비교적 가까운 거리에만 미칠 수가 있다.

일반적으로 평판이 유체운동을 방해하는 작용을 생각하지 않아도 좋은 곳까지의 평판에서의 거리를 δ로 표시하면

$$y = \delta \text{에서 } u \approx U$$

와 같이 되는데 점성이 큰 유체에서는 이 거리 δ가 크고, 반대로 점성이 작은 유체에서는 거리 δ가 작다. 그림 9.3에서 A, B, C, D라는 점까지의 x축에서의 거리가 각각의 경우에 거리 δ를 나타내고 있다.

이와 같은 실험적 사실을 고려하여 물이나 공기와 같이 점성이 작은 실제유체의 흐름에 있어서 점성의 영향이 어떻게 나타나는 것인지를 설명하기 위해서 Prandtl은 1904년에 경계층이론을 제창하였는데, 이 이론의 근본 가정을 요약하면 "유체의 점성이 매우 작을 때, 즉 $\mu \approx 0$일 때는 점성의 영향을 받는 유체층의 두께 δ도 또한 극히 작아져서 $\delta \approx 0$로 된다."와 같이 표현할 수가 있다. 다시 말하면 $0 \leqq y \leqq \delta$인 범위에 있는 매우 얇은 유체층 안에서만 점성이 작용하고, 그 외측 $(\delta < y < \infty)$에서는 유체의 점성을 전혀 무시해도 좋다고 하는 것이 이론의 근본 가정이다. 이와 같은 얇은 유체층을 경계층이라 하고 δ를 경계층의 두께라고 한다. 실제로는 경계층의 한계를 정하기가 곤란하므로 물체표면에서 실측하여 속도가 $0.99\,U$로 되는 점까지의 거리를 경계층의 두께라고 한다.

위에 표현한 이론의 근본 가정은 크다 작다고 하는 기준이 없기 때문에 좀 막연하다. 그래서 다음과 같이 조금 더 정확히 표현할 수가 있다.

"속도 U인 층류 속에 놓여진 물체의 앞 끝에서 표면에 따라 하류로 향하여 측정한 거리를 l이라 하고, l인 곳에서의 경계층의 두께를 δ라고 할 때 $Re_l = \dfrac{Ul}{\nu}$의 값이 1에 비해서 매우 클 때는 $\dfrac{\delta}{l}$의 값은 1에 비해서 매우 작다."

단, ν는 유체의 동점성계수이고 Re_l은 Reynolds 수이다.

이 경계층 내에서는 점성의 영향이 현저하게 나타나고, 즉 속도구배 $\frac{du}{dy}$가 매우 크고 따라서 전단응력도 크게 작용한다. 이 얇은 층의 외측 전체영역에서는 점성에 의한 영향은 거의 없고 이상유체와 같은 흐름이 된다. 이와 같은 이론은 취급이 쉬울 뿐 아니라 Reynolds 수가 큰 경우에 실제와 잘 일치한다.

실제 Prandtl이 세운 경계층이론의 기초방정식을 그림 9.1과 같은 평판에 따라 흐르는 흐름에 대해서 Blasius가 엄밀하게 풀이해서 다음의 결과를 얻었다.

$$\frac{\delta}{l} = \frac{5.2}{\sqrt{Re_l}}\left(Re_l = \frac{Ul}{\nu}\right) \tag{9.1}$$

이 식으로 Re_l가 매우 커지면 $\frac{\delta}{l}$가 매우 작아지는 것을 알 수가 있다.

경계층의 두께 δ가 어느 정도의 것인가를 구체적으로 보기 위해서 15 m/s의 속도로 흐르고 있는 20°C의 공기 중에 평판을 놓았을 때 앞 끝에서 $l = 1$ m인 곳에서 경계층의 두께를 구해보자.

20°C의 공기의 동점성계수 $\nu = 0.150$ cm^2/s이므로 Reynolds 수는

$$Re_1 = \frac{1500 \times 100}{0.150} = 10^6$$

로 된다. 그러므로 식 (9.1)에 의해서

$$\frac{\delta}{100} = \frac{5.2}{\sqrt{10^6}} = 0.0052$$

이고, 따라서

$$\delta = 0.52 \text{ cm} = 5.2 \text{ mm}$$

로 된다. 이것으로 경계층이 매우 얇은 것을 알게 된다.

이와 같이 매우 얇은 경계층을 그 표면에 가지고 있는 평판주위의 흐름 모양은 사실상 이상유체의 이론에서 얻은 것과 대체적으로 일치한다. 물론 일반적으로 점성을 가지는 실제유체의 경우는 평판표면에 전단응력이 작용하는데 비해서 이상유체의 경우는 그것이 0이라고 하는 근본적 차이가 있기는 하지만, 이상유체의 이론에서 나온 이론적 결과는 물이던지 공기와 같이 점성이 작은 실제유체의 흐름에 대해서 좋은 일차적 근사를 주고 있다.

예제 9.1 관성력과 점성력의 비가 Reynolds 수를 표시하는 것을 밝혀라.

풀이

$$관성력 = ma = \rho L^3\left(\frac{L}{T^2}\right) = \rho L^2\left(\frac{L}{T}\right)^2 = \rho L^2 U^2$$

$$점성력 = \mu\frac{\mathrm{du}}{\mathrm{dy}}S_w = \mu\left(\frac{U}{L}\right)L^2$$

여기서 L은 대표적 길이이다.

$$\therefore \ \frac{관성력}{점성력} = \frac{\rho L^2 U^2}{\mu\left(\frac{U}{L}\right)L^2} = \frac{\rho UL}{\mu} = \frac{UL}{\nu} = Re\,(\text{Reynolds 수})$$

따라서 Reynolds 수가 $10^3 \sim 10^5$와 같이 클 경우에는 점성력은 관성력에 비해서 무시할 수가 있다. 즉, 마찰이 없는 흐름으로 취급할 수 있다.

9.2 마찰항력

이상유체에서는 서로 접하고 있는 임의의 두 부분은 그 접촉면에 수직인 압력만이 상호작용을 하고 접촉면의 접선방향에는 작은 힘도 작용하지 않는다. 따라서 고체에 접하고 있는 이상유체는 고체표면의 모든 점에 있어서 그 것에 수직인 압력만이 작용하고 표면의 접선방향에는 전혀 힘을 미치지 않기 때문에 고체 표면에 따라 운동하는 이상유체의 입자는 그 운동이 방해되지 않는다. 이것은 마치 고체표면 위를 미끄러지는 물체가 전혀 마찰력을 받지 않는 것과 같다.

가령 균일한 중력장에서 그림 9.4와 같이 경사진 길을 운동하는 작은 구를 생각할 때 길과 구가 완전히 미끄러우면 최고점 A에서 초속도 0으로 떠난 구는 최초 그 운동에너지가 0이지만 미끄러 떨어짐에 따라서 운동 에너지가 커지고 최저점 B에서는 최대의 운동에너지를 얻는다. 그리고 이 최대의 운동에너지를 가지고 BC

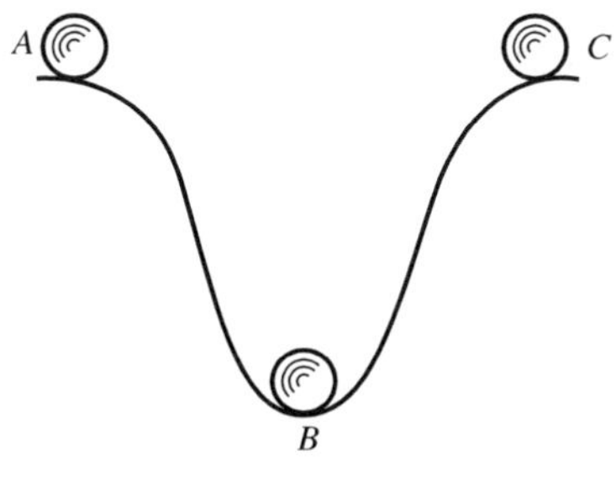

그림 9.4

로 올라가 A와 같은 높이의 C점까지 도달할 수가 있다. 이와 똑같은 현상을 물체 주위에 이상유체가 흐를 때도 볼 수 있다.

균일한 속도 U로 흐르는 유체 속에 원주를 놓았을 경우를 생각하자. 전방정체점 $A(\theta = 0$되는 점)에서 일단 정지했던 유체입자는 $\theta = 90°$ (또는 $\theta = 270°$)되는 점 B를 향하여 운동을 시작하고 점차 속도가 증가되어 B점에서 최대의 운동에너지를 얻는다. 그 운동에너지를 가지고 이번에는 압력이 높은 후방정체점 $C(\theta = 180°$되는 점)로 가서 일단 정지한다. 이 유선에 대해서 Bernoulli정리를 적용함으로써 압력분포를 얻는데 그 결과가 그림 9.5에 표시되어 있다.

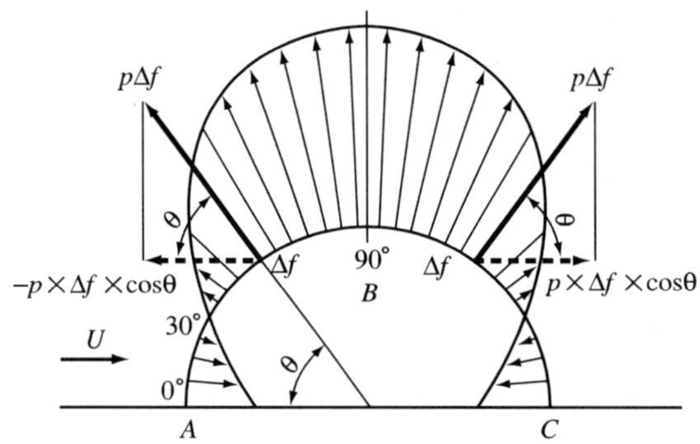

그림 9.5 원주 주위의 압력분포와 그것을 적분하여 산출하는 과정

이와 같은 이유로 원주에 작용하는 흐름방향의 힘, 즉 원주의 저항은 0으로 된다. 이것을 d'Alembert의 배리라고 한다.

그러나 점성이 있는 실제유체의 경우에는 달라진다. 이제 경계층이론에 의해서 점성이 작은 실제유체의 경우에 평판이 받는 마찰항력을 구해보자.

그림 9.6에서 θ는 속도분포곡선상의 임의점에서 접선이 평판 (x축)과 이루는 각이고, θ_0은 $y = 0$에서 속도분포곡선에 그은 접선이 평판과 만나는 각이다. 즉, θ_0는 속도분포곡선의 평판표면위에서의 기울기를 표시한다.

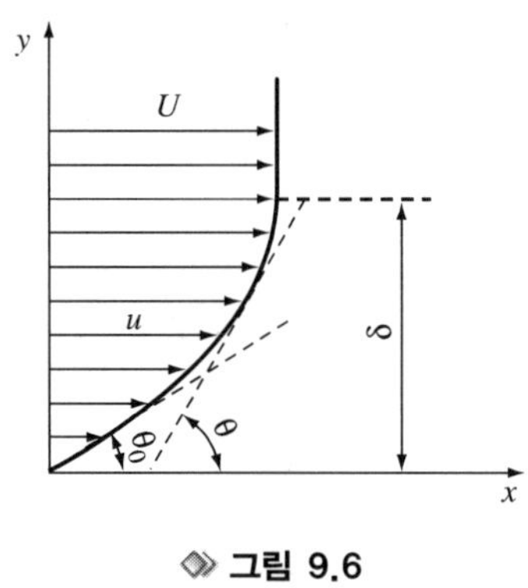

그림 9.6

그림 9.3에서 알 수 있는 바와 같이 점성계수 μ가 0에 접근함에 따라 평판표면 가까이에서 속도분포곡선은 점점 아래쪽으로 불룩해지고 θ_0가 작아진다. 즉, μ가 0에 접근함에 따라 $\tan\theta_0$도 0에 가까이 가며 속도구배 $\dfrac{du}{dy}$는 $\dfrac{1}{\tan\theta}$과 같으므로 $y=0$, 즉 평판표면 위에서의 속도구배를 $\left(\dfrac{du}{dy}\right)_0$로 표시하면 $\left(\dfrac{du}{dy}\right)_0 = \dfrac{1}{\tan\theta_0}$이다. 따라서 $\mu\to 0$일 때 $\left(\dfrac{du}{dy}\right)_0 \to\infty$로 된다. 그런데 평판표면 위에서 전단응력은 $\tau_0 = \mu\left(\dfrac{du}{dy}\right)_0$이므로 결국 $\mu\to 0$인 극한에서

$$\tau_0 = 0\times\infty$$

로 된다. 이것은 하나의 부정형인데 Prandtl은 이것이 유한한 값이 되며 $\dfrac{1}{\sqrt{Re_l}}$에 비례하는 것을 발표했고, Blasius는 엄밀한 계산에 의해서

$$\tau_0 = \frac{0.664}{\sqrt{Re_l}}\frac{1}{2}\rho U^2 \tag{9.2}$$

로 되는 것을 표시하였다. 따라서 만일 Re_l가 매우 커져도 유한한 크기의 표면 마찰응력 τ_0가 나타나며 $Re_l=\infty$로 될 때까지, 다시 말하면 이상유체($\mu=0$)로 될 때까지는 0으로 되지 않는다.

이와 같이 하여 매우 작은 점성을 가지는 실제유체의 흐름, 즉 Reynolds 수가 큰 흐름에서는 평판표면에서 상당히 떨어진 곳에서의 흐름모양은 이상유체의 그것과 매우 흡사하다. 그러나 점성이 실제로 0이 되지 않는 한 평판표면에 대해서 0이 아닌 유한한 크기의 전단응력이 작용하는 것이 된다.

따라서 Reynolds 수가 매우 클 때도 평판이 어떤 일정한 크기의 마찰항력(표면마찰력)을 받는 것을 뜻하고 있다.

이제 평판이 받는 마찰항력을 좀더 자세하게 생각하자. 식 (9.1)에서 알 수 있는 바와 같이 점성계수 μ가 충분히 작은 유체의 경우에는 평판에 따라서 그 앞 끝에서 하류 쪽으로 측정한 길이를 l라 할 때 $x=l$인 점에서의 경계층두께 δ와 l사이에는

$$\frac{\delta}{l}\propto\frac{1}{\sqrt{Re_l}}$$

인 관계가 있으나 Re_l은 l에 비례하므로 결국

$$\delta\propto\sqrt{l}$$

로 된다. 즉, 경계층의 두께는 하류로 감에 따라 점점 두꺼워진다. 그러나 경계층

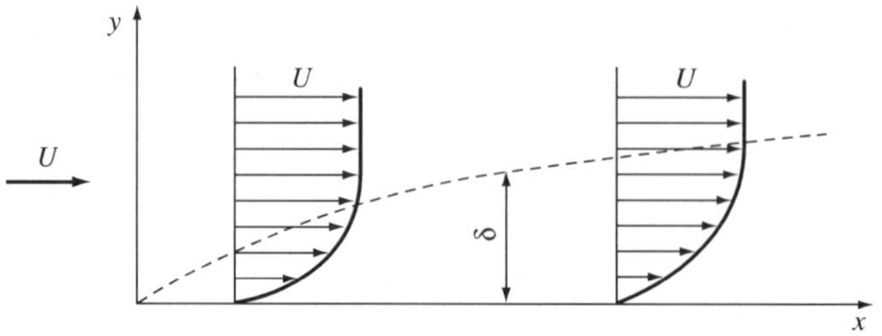

◈ 그림 9.7

내에서의 유속 u는 표면상($y=0$)의 0에서 경계층 δ사이에 U까지 증가하므로 속도구배 $\dfrac{du}{dy}$는 δ가 증가함에 따라 작아진다. 따라서 $\left(\dfrac{du}{dy}\right)_0$도 두께가 증가함에 따라 작아지고 평판표면 위의 각 점에서의 국소적 전단응력 $\tau_0 = \mu\left(\dfrac{du}{dy}\right)_0$는 평판 앞끝에서의 거리가 커짐에 따라 점점 작아진다. 실제로 $\left(\dfrac{du}{dy}\right)_0 \propto \dfrac{1}{\delta}$인 것이 명백하고 $\delta \propto \sqrt{l}$ 이므로

$$\left(\frac{du}{dy}\right)_0 \propto \frac{1}{\sqrt{l}}$$

로 되고 결국에는

$$\tau_0 \propto \frac{1}{\sqrt{l}} \tag{9.3}$$

와 같은 결과를 얻는다.

τ_0은 일반적으로 평판의 단위면적에 작용하는 마찰항력인데 이것 대신에 보통

$$C_f = \frac{\tau_0}{\frac{1}{2}\rho U^2} \tag{9.4}$$

로 정의되는 차원이 없는 양 C_f를 도입한다. 이것을 국소적 마찰항력계수라 하는데 $\tau_0 \propto \dfrac{1}{\sqrt{l}}$ 이므로 C_f도 $\dfrac{1}{\sqrt{l}}$에 비례하여 작아지는 것을 알 수 있다. 따라서 평판의 표면전체를 생각할 때 C_f의 평균값은 평판의 길이가 증가함에 따라 감소하게 된다.

폭이 1이고 길이가 L인 평판표면이 받는 마찰항력이 합, 주 합마찰항력을 D_f라 하면 이것은 생각하는 표면 전체에 대해서 τ_0를 적분함으로써 얻어진다.

주 평판에는 상하 두 표면이 있는 것을 고려하여

$$D_f = 2\int_0^L \tau_0 dl \tag{9.5}$$

이와 같은 합마찰항력에 대해서도

$$C_f = \frac{D_f}{\frac{1}{2}\rho U^2 A} \tag{9.6}$$

와 같이 정의되는 차원이 없는 계수 C_f를 생각하는데 이것을 합마찰항력계수 또는 마찰항력계수라 한다. 단, 여기의 A는 생각하는 평판전체의 표면적이다. 따라서 폭이 1인 경우 $A = 2L$로 된다.

식 (9.5)의 D_f를 식 (9.6)에 대입하고 식 (9.4)를 고려하면

$$C_f = \frac{2}{A}\int_0^L c_f dl \tag{9.7}$$

와 같이 되는데 이것이 국소마찰항력계수 c_f와 합마찰항력계수 C_f 사이의 관계식이다.

Blasius는 앞에서 말한 바와 같이 식 (9.2)

$$c_f = \frac{0.664}{\sqrt{Re_l}} \quad \left(Re_l = \frac{Ul}{\nu}\right) \tag{9.8}$$

와 같은 결과를 얻었는데 이것을 식 (9.7)에 대입하여 적분하면 $S = 2L$이므로

$$C_f = \frac{2}{A}\int_0^L \frac{0.664}{\sqrt{Re_l}} dl = \frac{1.328}{A}\int_0^L \sqrt{\frac{\nu}{Ul}}\, dl = \frac{1.328}{L}\sqrt{\frac{\nu L}{U}} = 1.328\sqrt{\frac{\nu}{UL}}$$

와 같이 되어 결국 $Re_L = \dfrac{UL}{\nu}$라 놓으면

$$C_f = \frac{1.328}{\sqrt{Re_L}} \tag{9.9}$$

윗 식과 같은 결과를 얻는다. 이것을 Blasius의 마찰법칙이라고 한다.

윗 식은 비교적 간단하므로 응용하는데 편리하지만 주의할 것은 그 적응범위가 한정되어 있는 점이다. 경계층내의 흐름이 층류인 경우, 즉 층류경계층에 한하여 적용할 수가 있다. 흐름이 층류가 아닌 경우에는 아직까지 고려하지 않은 또 하나의 인자가 개입되게 되는데 이에 대해서는 후에 설명하기로 한다.

이제까지는 주로 평판인 경우에 대해서 고찰하였는데 이와 같은 평판에 대한 이론적 결과는 조금만 변형함으로써 원주, 비행기날개 등과 같은 곡면을 표면으로 하는 물체 주위의 흐름에도 적용할 수 있는 경우가 많다.

이와 같이 하여 이상유체의 이론에서는 전혀 설명할 수 없었던 원주의 항력 및 2차원적 비행기날개, 즉 익형을 단면으로 가지는 기둥이 받는 항력 등이 일부 또는 대부분 설명된다.

예제 9.2 속도 15 m/s로 흐르고 있는 20°C의 공기 속에 $L = 1$ m되는 평판을 놓았을 때 마찰 항력계수 C_f를 구하라.
단, 공기의 동점성계수는 0.150 cm²/s이다.

풀이

$\nu = 0.150\ \mathrm{cm^2/s}$ 이므로 $Re_L = \dfrac{1500 \times 100}{0.150} = 10^{-6}$이 되고 따라서

$$C_f = \frac{1.328}{\sqrt{10^6}} = 0.0013$$

이다.

예제 9.3 길이 80 cm, 폭 100 cm인 평판을 수중에서 판에 평행하게 30 cm/s의 속도로 운동시킬 때 판의 뒤끝에서의 전단응력과 판 전체의 항력을 구하라.
단, 물의 동점성계수는 0.0131 cm²/s라고 한다.

풀이

$$\nu = 0.0131\ \mathrm{cm^2/s} = 1.31 \times 10^{-6}\ \mathrm{m^2/s},\ \rho = 1000\ \mathrm{kg/m^3}$$

$$Re_l = \frac{Ul}{\nu} = \frac{0.3 \times 0.8}{1.31 \times 10^{-6}} = 1.832 \times 10^{-6}$$

Reynolds 수는 $Re_l = 5 \times 10^5$보다 작으므로 식 (9.4)와 (9.8)에 의해서

$$\tau_0 = \frac{0.664}{\sqrt{Re_l}}\frac{\rho U^2}{2} = \frac{0.664}{\sqrt{1.832 \times 10^5}}\frac{1}{2} \times 1000 \times 0.3^2 = 0.07\ \mathrm{N/m^2}$$

식 (9.9)에 의해서

$$C_f = \frac{1.328}{\sqrt{Re_L}} = \frac{1.328}{\sqrt{1.832 \times 10^5}} = 3.1 \times 10^{-3}$$

한쪽 면(면적 $A = 0.8 \times 1\ \mathrm{m^2}$)의 항력은

$$D_f = C_f \frac{1}{2}\rho U^2 A = 3.1 \times 10^{-3} \times \frac{1}{2} \times 1000 \times 0.3^2 \times 0.8 \times 1 = 1.117\ \mathrm{N}$$

따라서 양면의 항력은

$$2D_f = 2.234\ \mathrm{N}$$

이다.

9.3 경계층의 박리와 압력항력

실제유체의 흐름에 있어서는 그 점성이 아무리 작은 경우라도, 즉 Reynolds 수가 아무리 큰 경우라도 흐름 속에 놓인 물체의 표면에는 유체입자가 접착하는 결과 유한한 크기의 마찰항력이 물체에 작용한다. 그러나 원주와 같이 편평한 두부를 가지는 물체의 경우에는 이와 같은 마찰항력은 전체 항력중의 작은 부분에 지나지 않고 흐름의 모양이 변화하는데 따라서 생기는 압력항력이 대부분을 이루고 있다. 즉, 물체 뒤의 흐름모양이 이상유체의 이론이 주는 흐름모양과는 다르기 때문에 생기는 압력항력이 전항력의 대부분을 차지하고 있다.

앞의 예에서 평판에 대한 마찰항력계수 값을 구했는데 Reynolds 수가 같은 정도의 크기이면 원주에 대한 마찰항력계수 값도 대체로 같은 정도의 값이라고 생각해도 좋다. 그런데 이와 같은 마찰항력계수의 값은 원주가 받는 전항력 D에 대한 항력계수

$$C_D = \frac{D}{\frac{1}{2}\rho U^2 A} \qquad (A\text{는 흐름에 직각인 면적})$$

값에 비하면 매우 작은 것을 알 수 있다.

그림 9.8은 실험에 의해서 얻어진 원주의 항력계수 C_D를 종축에 Reynolds 수를 횡축에 취하여 그린 것인데 $Re = 6 \times 10^5$ 부근에서 대략 $C_D = 0.4$이므로 $C_f = 0.0013$은 그 1/400에 불과하다.

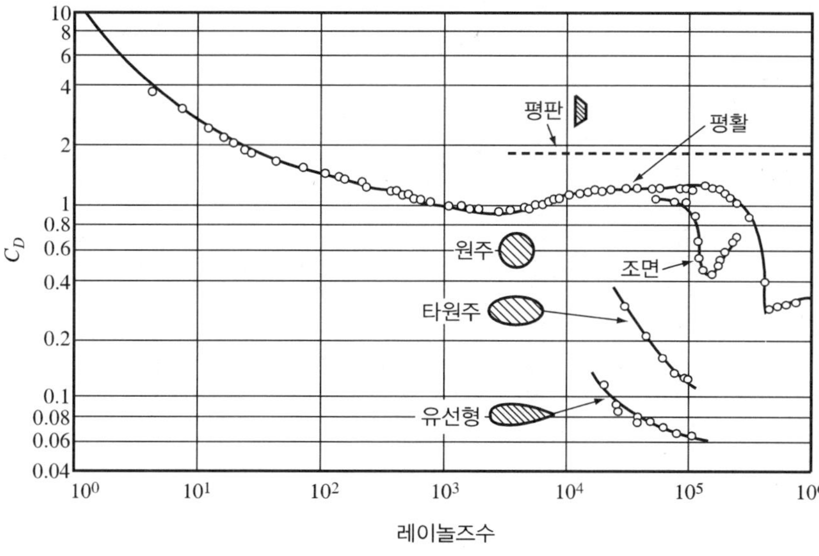

그림 9.8 원주의 저항계수의 Reynolds 수에 의한 변화와 평판, 타원주, 유선형의 저항계수

다음에 압력항력에 대해서 좀 더 자세히 고찰해 보자. 우선 균일한 흐름 속에 놓인 원주표면의 몇몇 장소에서 경계층내의 속도분포곡선을 y좌표를 크게 확대하여 표시했을 때 그림 9.9와 같이 된다. 단, 이 그림에서 x축은 원주 전방정체점 A를 원점으로 하고 원주표면에 따라 하류 쪽으로 잡고, y축은 그것에 직각되게 잡은 곡선좌표축이다. 또 원주에서 충분히 떨어진 곳의 흐트러지지 않은 흐름의 속도를 U로 표시하고 경계층 바로 밖의 이상유체 흐름의 속도를 U_1으로 표시하였다.

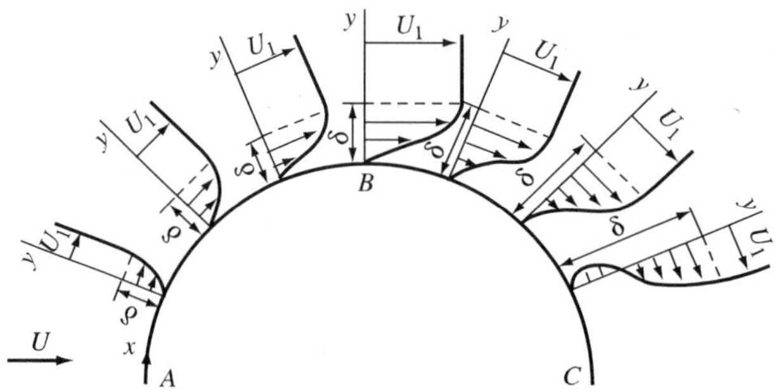

그림 9.9

Reynolds 수가 클 때는 경계층두께는 매우 얇으므로 $U_1 = 2U\sin\theta$로 주어진다. 단, θ는 전방정체점 A에서 시계방향으로 측정한 중심각이다. 이 식을 Bernoulli의 정리에 대입하여 구한 압력분포를 그림 9.10(a)에 표시하였다. 전방정체점 A에서

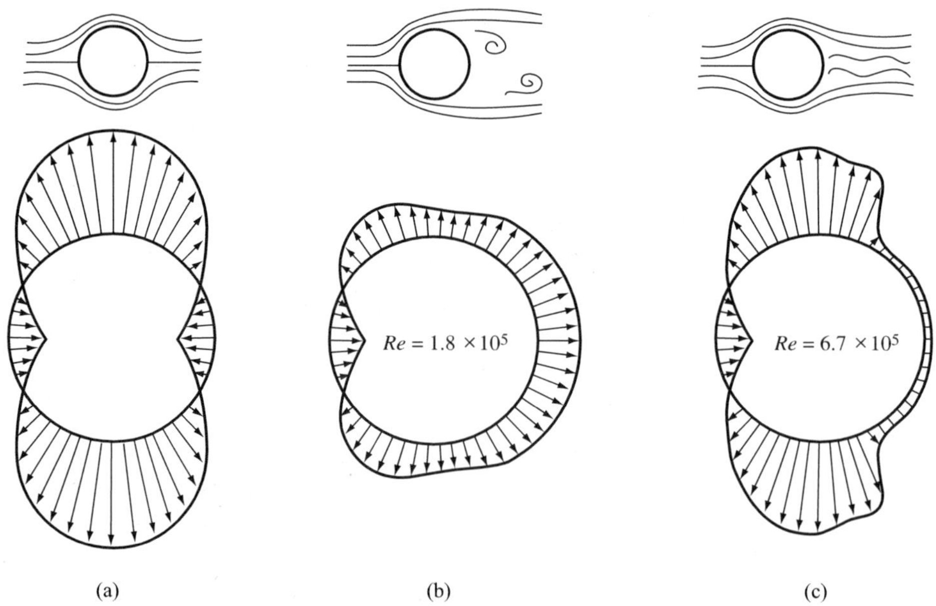

그림 9.10

최대치 p_{max}가 되는 압력은 원주표면에 따라 하류로 감에 따라서 점점 감소하고 최상부 B에 있어서는 최소치 p_{min}으로 되는데, 그 곳에서 다시 증대하여 후방정체점 C에서는 A에서와 같은 최대치 p_{max}로 된다. 따라서 A에서 B까지는 유체입자는 압력의 고개길을 내려가고 B에서 C까지는 같은 구배의 압력고개길을 올라간다.

이와 같은 압력분포의 상태는 경계층 바로 밖의 이상유체의 흐름에 대해서 말할 수 있으나 실은 경계층 내에서의 원주표면에 따른 압력분포 상태도 표시하고 있다. 왜냐하면 경계층 이론이 주는 중요한 결과의 하나는 얇은 경계층을 지나 흐름에 직각으로 갈 때, 즉 y축에 따라서는 압력이 변화하지 않는다는 결과가 있기 때문이다(단, 경계층 내에서).

이와 같이 원주표면상의 경계층 내에는 하류로 향하여 압력이 점점 감소하는 원주전면의 영역과 그것이 점점 증가하고 있는 원주 후면영역이 있는데 전자의 가속영역과 후자의 감속영역에서는 경계층의 성질이 달라진다.

가속영역에서는 속도분포곡선이 평판의 경우와 매우 흡사하고 다만, 모든 유체입자를 가속하려고 하는 압력구배가 존재하기 때문에 표면 가까이에서 유속이 압력구배가 없는 평판의 경우보다도 어느 정도 커지는 것만이 다르다. 그러나 압력이 최소치 p_{min}이 되는 원주의 최상부 B를 지나서 하류방향으로 향하면 상황은 전혀 달라진다. 즉, 이와 같은 점에서 하류에 있어서는 압력구배가 유속을 감소시키려고 하는 힘을 작용한다. 그 결과 경계층내의 유체입자는 감속된다. 물론 이것은 경계층 바로 밖의 유체에 대해서도 말할 수가 있으나 이와 같은 경계층 바로 밖의 흐름에 있어서는 압력최소점 B에서 유체의 단위체적당 $\frac{1}{2}\rho U_{1max}^2 = \frac{1}{2}\rho(2U)^2 = 2\rho U^2$라는 값의 운동에너지는 원주 배면 영역에서의 압력구배에 대항하여 유체입자를 후방정체점 C까지 운반하는데 정확히 충분한 값으로서 C점에 도달할 때까지의 유체입자의 속도가 0으로 되는 일은 없다. 그러나 경계층 내에서는 압력최소점 B에서 유체입자가 가지는 단위체적당 운동에너지는 $2\rho U^2$보다 작아진다.

마찰력은 그 감속작용으로 입자의 운동에너지를 감소시키고 또 이와 같이 잃어버리는 에너지는 점성작용으로 열로 소산된다. 이와 같은 운동 에너지를 가지는 유체입자가 원주배면에서의 압력구배에 대항하여 후방정체점 C까지 도달할 수 없을 것이 예상되고, 더욱 마찰력이 입자를 감속시키는 작용으로 결국 C점에 도달하기 전에 입자는 정지하게 된다. 그리고 이와 같은 일은 표면에 극히 가까운 유체입자에 대해서 먼저 일어나므로 흐름이 감속되는 영역에 있어서는 압력구배의 영향으로 경계층의 두께가 증대하고 원주표면 가까이의 흐름 속도는 매우 작아져서 경계층모양은 근본적으로 변하게 된다.

B점과 C점 사이에 있는 어느 점에서 정지한 유체입자는 C점 상의 높은 압력 때문에 다시 B로 향해서 운동을 시작하지만 뒤이어 계속하여 오는 다른 유체입자에 충돌하여 결국 표면으로부터 떨어져 나가게 된다. 이와 같은 점을 박리점이라고 한다.

그림 9.11은 박리점 S 근방에서의 유선도를 표시하는데 박리점 하류에서는 역류가 일어난다. 그림 9.9와 같이 박리점에 있어서는 속도분포곡선은 원주표면에서 수직인 접선을 가진다.

즉, y축 자신이 그 접선이 되어 물체 표면에서 조금 떨어진 곳의 유체입자도 정지하게 된다.

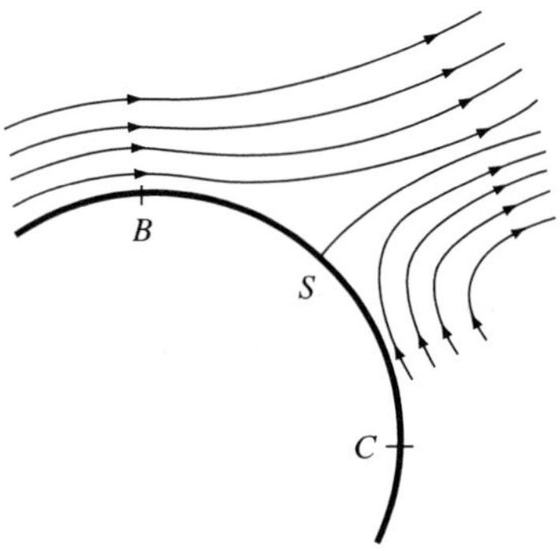

그림 9.11

그림 9.12는 원주 주위의 흐름의 일반적인 성질을 표시한 것이다.

박리점 하류에 일어나는 역류는 매우 불안정하여 많은 소용돌이로 분열하게 된다. Reynolds 수 $Re = \frac{Ud}{\nu}$(d는 직경)의 값이 적당한 크기일 때 이들 소용돌이가 규칙적으로 정열되는데 이것을 Karman의 소용돌이 열이라 한다.

이와 같이 원주 배면영역에서 복잡하게 흐트러진 흐름을 후류(wake)라고 하는데 이것이 존재함으로써 주류의 유선이 물체 뒤편에 가까이가지 못하고, 따라서 정체

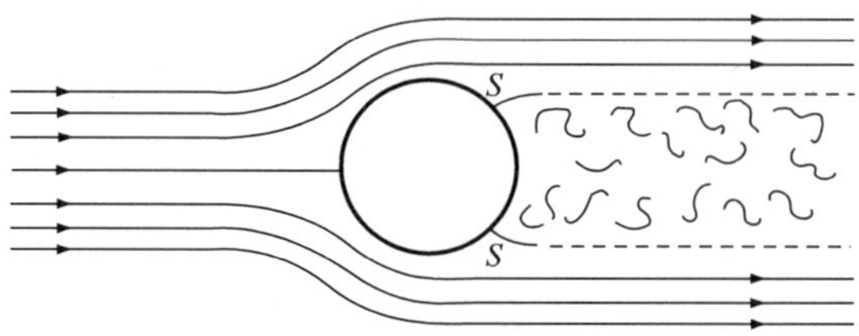

그림 9.12

점에서의 압력이 물체배면에 나타나지 않는다. 따라서 압력분포의 대칭성이 없어지고 그림 9.10(b) 그 결과 큰 압력항력이 나타나게 된다.

그림 9.8에 의해서 원주의 항력계수가 Reynolds 수에 의하여 변화하는 모양을 보면 Reynolds 수가 적을 때 $Re = 1 \sim 1000$의 범위에서는 항력계수는 Reynolds 수에 역비례한다. 공중에 뜬 구름의 물방울과 같은 경우 속도가 작으므로 대부분 점성력(마찰력)이 저항력이 되고 있다. $Re = 10^2 \sim 10^5$까지는 C_D는 대체로 $1 \sim 1.2$이다. 그런데 5×10^5부근에서 갑자기 작아져서 $C_D = 0.3$으로 된다.

그림 9.10을 보면 (a)의 경우 Reynolds 수가 매우 작아져서 압력분포가 전후 대칭으로 되어 있다. (b)의 경우는 후부에 소용돌이가 생기거나 교대로 소용돌이가 생겨서 뒤의 압력은 변동하지만 대체로 60° 부근에서부터 일정하고 이 경우에 C_D는 $1 \sim 1.2$로서 크다. Reynolds 수가 더 커지면 (c)와 같이 흐르는 방법이 변한다. 즉, 흐름이 크게 진동하면서 흩어진다. 이것을 평균한 유선을 생각하면 유선은 원주표면에 붙어서 상당히 후부까지 돌아간다. 따라서 후류 부분이 좁아지고 저항도 작아진다.

이와 같이 원주나 구 등은 Reynolds 수가 커지면 후부교란의 진동이 증가하여 오히려 저항이 작아진다. 이것을 임계 Reynolds 수라 한다(9.6절 참조).

이 임계 Reynolds 수까지 되지는 않더라도 원주면이나 구면을 거칠게 하거나 凹凸을 만들면 그와 같은 현상이 일어나서 C_D의 저하를 가져온다. 생각하기에는 매끄러운 편이 저항이 작을 것 같으나 결과는 반대이다. 골프공 등의 凹凸은 이와 같은 작용을 한다고 생각된다.

유선형물체라고 하는 것은 압력최소점에서 하류로 향할 때 나타나는 압력 증가율을 극히 작게 하여 대체로 물체의 뒤 끝에 이르기까지 박리가 일어나지 않는 모양을 가진 물체이다. 이 경우에 경계층은 어느 곳에나 매우 얇고 물체주위에서의 흐름모양과 압력분포는 이상유체의 흐름의 경우에 야기되는 것과 거의 같아진다. 그리고 이와 같은 물체의 항력은 극히 작고 그것은 거의 표면 마찰력에서 생긴다. 그림 9.13과 표 9.1에 C_D가 비교되어 있다.

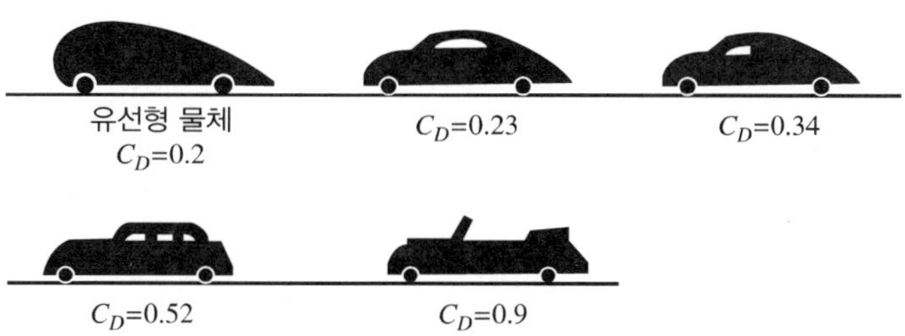

그림 9.13

❖ 표 9.1 여러 물체들의 항력계수 (C_D)

물 체	크 기	기준 면적 A	$C_D = \dfrac{D}{\frac{1}{2}\rho U^2 A}$
원주 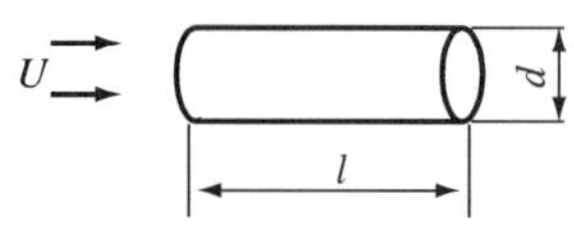	$l/d=1$ 2 4 7	$\dfrac{\pi d^2}{4}$	0.91 0.85 0.87 0.99
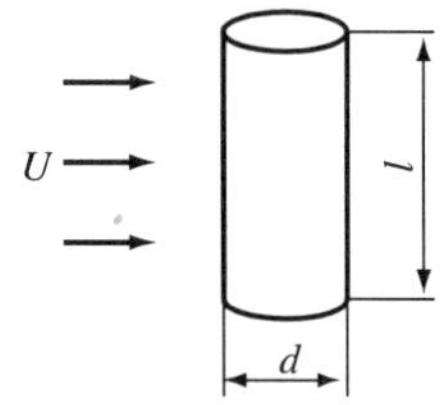	$l/d=1$ 2 5 10 40 ∞	$d \cdot l$	0.63 0.68 0.74 0.82 0.98 1.20
흐름에 직각 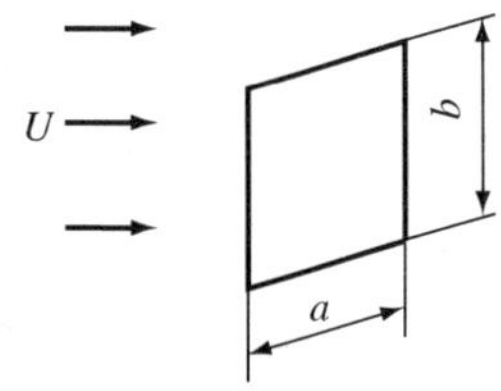	$a/b=1$ 2 4 10 18 ∞	ab	1.12 1.15 1.19 1.29 1.40 2.01
반구 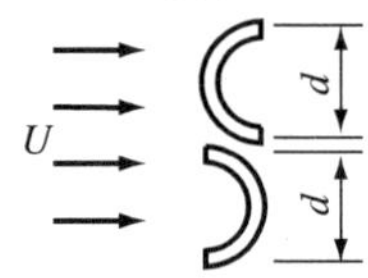		$\dfrac{\pi}{4}d^2$	0.34 1.33
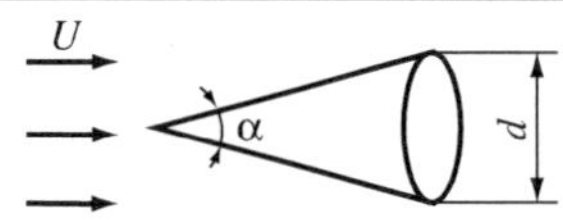	$\alpha = 60°$ $\alpha = 30°$	$\dfrac{\pi}{4}d^2$	0.51 0.34
원판 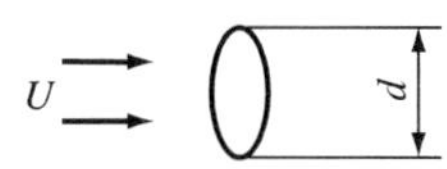 흐름에 직각		$\dfrac{\pi}{4}d^2$	1.11

그림 9.14는 실험에 의해서 구해진 원주의 전항력계수 C_D(실선), 마찰항력계수 c_f(점선) 및 압력항력계수(쇄선)를 $\log Re$를 횡축으로 하여 그린 것이다.

이것으로 원주의 경우에는 압력항력이 전항력 중의 대부분을 차지하고 마찰항력은 매우 작은 것을 알 수 있다.

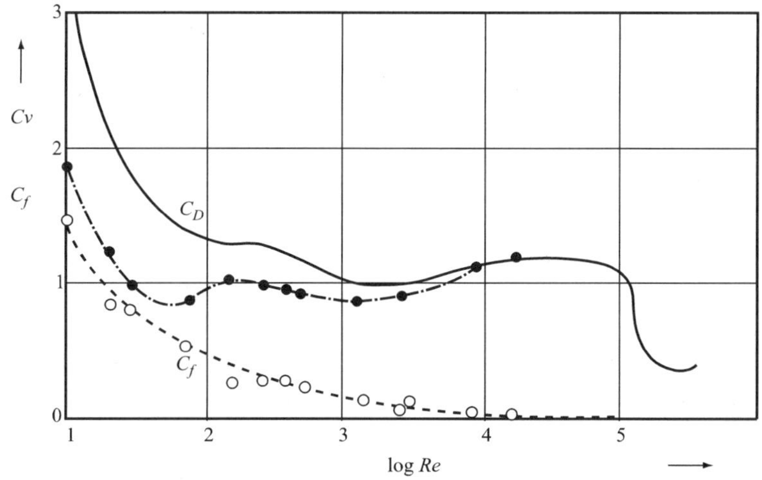

◇ **그림 9.14 원주의 항력계수**

> **예제 9.4** 직경 1 cm인 구가 공기 중을 매초 30 m/s의 속도로 날아갈 경우에 항력과 마력을 구하라. 단, 공기의 밀도는 1.23 kg/m^3, 동점성계수는 0.15 cm^2/s라 한다.

풀이

Reynolds 수는

$$Re = \frac{Ud}{\nu} = \frac{3000 \times 1}{0.15} = 2 \times 10^4$$

그림 9.15의 구에 대한 $C_D \sim Re$ 선도에서

$$C_D = 0.5$$

를 얻는다. 따라서 항력은

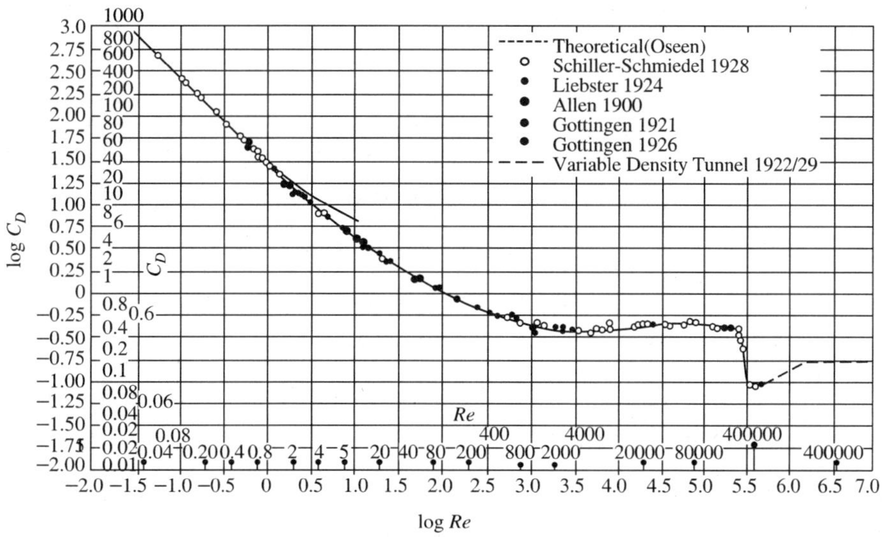

◇ **그림 9.15**

$$D = C_D \frac{1}{2}\rho U^2\left(\frac{\pi}{4}d^2\right) = 0.5\times\frac{1}{2}\times 1.23\times 30^2\left(\frac{\pi}{4}\times 0.01^2\right) = 2.166\times 10^{-2}\ \mathrm{N}$$

구하는 마력은

$$P = \frac{DU}{735} = \frac{2.166\times 10^{-2}\times 30}{735} = 0.885\times 10^{-3}\ \mathrm{HP}$$

이다.

예제 9.5 65 kg인 사람이 낙하산을 이용하여 낙하할 때 종속도를 구하라. 단, 낙하산의 무게는 무시하고 완전히 열렸을 경우 (직경 5.4 m) 항력계수를 1.0, 공기의 밀도를 1.20 $\mathrm{kg/m^3}$이라 한다.

풀이

중력 mg와 항력 $D = C_D\frac{1}{2}\rho U^2 A$이 같을 때 종속도로 되므로

$$U_n = \sqrt{\frac{2mg}{C_D\rho A}} = \sqrt{\frac{2\times 65\times 9.81}{1.0\times 1.20\times\frac{\pi}{4}\times 5.4^2}} = 6.81\ \mathrm{m/s}$$

이다.

9.4 차원해석의 응용

지금까지 기술한 바와 같이 점성이 비교적 작은 물, 공기와 같은 실제유체의 경우에는 Prandtl의 경계층이론에 의해서 유체 속을 운동하는 물체가 받는 마찰항력, 압력항력 등을 이론적으로 설명할 수가 있다. 그러나 점성이 보통 크기인 유체이거나 글리세린이나 윤활유와 같이 점성이 매우 큰 유체의 경우에는 이와 같은 취급을 할 수 없다. 그러므로 19세기 초에서 중엽에 걸쳐서 Navier, Stokes 등 여러 학자에 의해서 세워진 점성유체의 기초 운동방정식, 즉 Navier-Stokes의 운동방정식을 풀지 않으면 안된다. 그런데 Navier-Stokes의 운동방정식은 비선형 편미분방정식으로서 그것을 엄밀하게 풀이하는 것은 극히 어려운 일이다.

그러므로 여러 가지 입장에서 이 방정식의 근사화가 행하여졌는데 전술한 Prandtl의 경계층방정식도 사실은 점성이 매우 작은 유체가 운동하는 경우, 즉 정확하게 말해서 Reynolds 수가 매우 큰 경우의 운동에서는 물체표면에 생기는 매우 얇은 경계층 내에서만 점성의 영향을 고려하면 충분하다는 생각으로 근사화하여서

얻은 것이다.

한편 점성이 매우 크고 따라서 Reynolds 수가 대단히 작은 경우에 대해서는 Stokes 자신이 근사화하였는데 점성이 클 때는 전단응력도 역시 크므로 유체의 운동은 일반적으로 느릴 것으로 생각하고 속도의 제곱 정도의 작은 양을 무시함으로써 선형 편미분방정식을 얻는다. 그것을 Stokes의 운동방정식이라 부르는데 Stokes는 구가 무한히 넓은 점성유체 내에서 일정한 속도 U로 정상운동을 할 경우에 이 방정식을 풀어서 반경 r인 구가 점성계수 μ인 유체 속을 운동할 때 받는 항력 D는

$$D = 6\pi\mu r U \tag{9.10}$$

로 주어지는 것을 표시했다. 이것이 유명한 Stokes의 항력식인데 여러 가지 문제에 이용되고 있다.

이와 같이 Reynolds 수가 매우 작은 경우에도 그것이 극히 큰 경우와 같이 상당히 많은 문제가 해결되어 있으나 Reynolds 수가 보통 크기인 경우의 문제는 거의 미해결 상태로 남아있다.

그러나 차원해석법을 응용하면 임의 크기의 점성을 가지는 실제 유체 속을 운동하는 물체에 작용하는 합력에 대한 일반적 표시식이 쉽게 얻어진다. 이제 그것을 살펴보기로 하자.

우선 문제를 다음과 같이 단순화한다. 즉, 기하학적으로 서로 닮은꼴을 가지고 있는 한 무리의 물체, 예를 들면 여러 가지 반경을 가지는 구들 중에서 하나를 취하여 그것이 무한히 넓은 균질유체 속을 일정속도로 운동한다고 하자. 단, 유체는 물체의 운동 때문에 움직일 뿐이고 그 영향이 미치지 않을 정도로 먼 곳에서는 정지하고 있는 것으로 한다. 운동하기 때문에 물체가 유체에서 받는 힘을 구하는 것이 목적이므로 먼저 이 문제에 관련 있는 모든 매개변수를 밝히지 않으면 안된다.

유체는 균질이라고 하였으므로 중력은 전혀 영향을 미치지 않는다. 또 물체에 작용하는 부력은 물체운동에는 무관계하고 물체가 정지하거나, 운동하거나 같은 값을 가지기 때문에 여기에서는 문제로 삼지를 않는다. 이와 같이 중력이 전혀 문제 속에 들어오지 않으므로 기하학적으로 닮은 물체의 무리에 속하는 각각의 물체는 다만 그 크기만으로 구별되는 것이다. 가령 실제로 물체가 구이면 그 직경을 취하고, 또 비행기동체와 같은 유선형물체의 경우에는 그 길이를 취하는 식으로 물체를 특징 짓는 길이 l을 택하기로 하면 기하학적으로 닮은 물체군에 속하는 어떤 물체라도 l에 대하여 하나의 수치를 줌으로써 완전히 정의된다.

그러므로 물체의 속도를 U라 하면 물체에 작용하는 힘 F는 l, U 및 유체의 성질을 정의하는 몇 개의 매개변수 p_1, p_2, $\cdots$의 함수로서 일단

$$F = f(U,\ l,\ p_1,\ p_2,\ \cdots)$$

와 같이 표시된다.

유체의 성질을 정의하는 매개변수 p_1, p_2, $\cdots$에는 어떤 것들이 있는가 하면 밀도, 점성 및 압축성의 세 가지를 들 수 있는데 액체는 거의 압축되지 않으므로 액체의 경우에 압축성은 문제되지 않고, 또 기체의 경우라도 압축성은 무시해도 무방할 경우가 많기 때문에 우선 비압축성 유체를 가정하면 결국 유체의 성질은 밀도 ρ 및 점성계수 μ라 하는 두 개의 매개변수값에 의해서 완전히 주어지게 된다. 따라서 방정식 (9.11)은

$$F = f(U,\ l,\ \rho,\ \mu) \tag{9.12}$$

으로 된다.

힘 F와 4개의 독립적 매개변수 U, l, ρ, μ 사이의 관계는 일반적으로

$$A + B + C + \cdots = N$$

와 같은 식이 물리적인 뜻을 가지기 위해서는 모든 항의 차원이 같아야 한다는 원리를 응용하면 한층 적합한 꼴로 표시할 수 있다.

이 원리를 방정식 (9.12)에 적용하기 위하여 힘 F를 다음과 같이 일반적인 꼴로 표시하는 것이 필요하다.

$$F = \sum_i C_i \mu^{a_i} \rho^{b_i} U^{c_i} l^{d_i} \tag{9.13}$$

단, a_i, b_i, c_i, d_i의 임의의 한 조를 a, b, c, d로 표시하면

$$[F] = \left[\rho^a \mu^b U^c l^d\right] \tag{9.14}$$

로 된다. 여기 $[F]$는 힘 F의 차원을 나타낸다.

질량, 길이, 시간의 차원을 각각 M, L, T로 표시하면

$$[F] = \frac{\mathrm{ML}}{\mathrm{T}^2},\quad [\rho] = \frac{\mathrm{M}}{\mathrm{L}^3},\quad [\mu] = \frac{\mathrm{M}}{\mathrm{LT}},\quad [U] = \frac{\mathrm{L}}{\mathrm{T}},\quad [l] = \mathrm{L}$$

이므로 이것을 식 (9.14)에 대입하면

$$\frac{\mathrm{ML}}{\mathrm{T}^2} = \left(\frac{\mathrm{M}}{\mathrm{L}^3}\right)^a \left(\frac{\mathrm{M}}{\mathrm{LT}}\right)^b \left(\frac{\mathrm{L}}{\mathrm{T}}\right)^c \mathrm{L}^d$$

즉,

$$\frac{\mathrm{ML}}{\mathrm{T}^2} = \frac{\mathrm{M}^{a+b}\mathrm{L}^{c+d-3a-b}}{\mathrm{T}^{b+c}}$$

로 된다. 따라서

$$\left.\begin{aligned} &a+b=1 \\ &c+d-3a-b=1 \\ &b+c=2 \end{aligned}\right\}$$

인 관계식을 얻는다. 이것은 4개의 미지수를 포함하는 3개의 방정식이므로 4개의 미지수 전부를 결정할 수는 없어도 그 중 임의의 셋을 나머지 하나의 수로 표시할 수는 있다.

b를 써서 a, c, d를 표시하면

$$a=1-b$$
$$c=2-b$$
$$d=2-b$$

의 결과를 얻는다. 따라서 F의 급수에 있어서 대표항은

$$\rho^a\mu^b U^c l^d=\rho^{1-b}\mu^b U^{2-b}l^{2-b}=\rho U^2 l^2\left(\frac{\mu}{\rho Ul}\right)^b$$

로 된다.

그런데 이와 같은 a, b, c, d 사이의 관계식은 정확히 a_i, b_i, c_i, d_i의 임의의 조에 대해서 성립하므로 결국 F에 대한 급수 식 (9.13)은

$$\begin{aligned} F&=\sum_i C_i\rho U^2 l^2\left(\frac{\mu}{\rho Ul}\right)^{b_i}=\rho U^2 l^2\sum C_i\left(\frac{\mu}{\rho Ul}\right)^{b_i}=\rho U^2 l^2\sum C_i\left(\frac{\nu}{Ul}\right)^{b_i} \\ &=\rho U^2 l^2\sum C_i Re^{-b_i} \end{aligned} \tag{9.15}$$

여기 $\sum C_i Re^{-b_i}$는 C_i와 b_i의 값을 임의로 취할 때 Re의 어떤 함수 $f(Re)$를 전개한 것이라고 간주할 수 있다. 따라서 식 (9.15)는

$$F=f(Re)\rho U^2 l^2 \tag{9.16}$$

로 된다.

이상으로 물체가 받는 합력 F에 대해서 생각하였는데 그 운동방향에의 F의 성분, 즉 항력 D도 같은 꼴로 표시된다. 이제 가령 반경 r인 구이면 그 최대단면적 πr^2와 같이 물체를 특징짓는 하나의 면적 A를 도입하면 이것은 정확히 l^2에 비례하므로 항력 D의 식은

$$D=\phi(Re)\rho U^2 A \tag{9.17}$$

와 같이 된다. $\phi(Re)$도 $f(Re)$와 같이 차원이 없는 하나의 함수를 표시하는데 항력계수 $C_D = \dfrac{D}{\frac{1}{2}\rho U^2 A}$는

$$C_D = 2\phi(Re) \tag{9.18}$$

와 같은 관계가 있다.

점성이 매우 큰 유체 속을 일정속도 U로 운동하는 반경 r인 구가 받는 항력 D는 Stokes의 항력 식 (9.10)으로 주어지는데 이 경우

$$C_D = \frac{D}{\frac{1}{2}\rho U^2 A} = \frac{6\pi\mu r U}{\frac{1}{2}\rho U^2 \pi r^2} = 24\frac{\nu}{Ud} = \frac{24}{Re} \tag{9.19}$$

와 같이 된다.

이 결과 Reynolds 수가 충분히 작을 때의 실험결과와 잘 일치하는 것이 확인되었다(그림 9.15 참조).

예제 9.6 배가 운항할 때 선수와 선미에서 파가 일어나고 이것으로 저항이 증가된다. 파에 의해서 생기는 저항을 조파저항(wave making resistance)이라 한다. 조파저항 D의 실험식을 구하라.
단, D는 유체의 밀도 ρ, 선체의 배수체적 Q, 속도 U, 중력가속도 g에 관계된다.

풀이

$$D = k\rho^{\alpha} Q^{\beta} U^{\gamma} g^{\delta}$$

이 차원방정식은

$$\frac{\mathrm{ML}}{\mathrm{T}^2} = \left(\frac{\mathrm{M}}{\mathrm{L}^3}\right)^{\alpha} \mathrm{L}^{3\beta} \left(\frac{\mathrm{L}}{\mathrm{T}}\right)^{\gamma} \left(\frac{\mathrm{L}}{\mathrm{T}^2}\right)^{\delta}$$

양변에서 M, L, T의 지수를 같다고 놓으면

$$\left.\begin{aligned} &\mathrm{M} : 1 = \alpha \\ &\mathrm{L} \ : 1 = -3\alpha + 3\beta + \gamma + \delta \\ &\mathrm{T} : -2 = -\gamma - 2\delta \end{aligned}\right\}$$

α, β, γ를 δ의 함수로 구하면

$$\left.\begin{aligned} &\alpha = 1 \\ &\beta = \frac{2+\delta}{3} \\ &\gamma = 2 - 2\delta \end{aligned}\right\}$$

따라서 처음 식은

$$D = k\rho U^2 Q^{\frac{2}{3}}\left(\frac{Q^{\frac{1}{3}}\mathrm{g}}{U^2}\right)$$

$Q^{\frac{1}{3}}$ 은 길이의 차원을 가지므로 배의 기준길이 l로 대치하고 $Q^{\frac{2}{3}}$는 면적의 차원을 가지므로 기준면적 A로 대치하면

$$D = k_1 \rho U^2 A\left(\frac{\sqrt{l\mathrm{g}}}{U}\right)^{2\delta}$$

이 $\dfrac{U}{\sqrt{l\mathrm{g}}}$는 무차원 양으로 Froude 수라 부른다.

예제 9.7 음속에 가까운 초음속기류 내에서의 물체의 저항은 기류의 압축성의 영향을 받아서 다음과 같은 여러 가지 양에 의해서 변화한다.
물체의 항력 D, 기체의 밀도 ρ, 물체의 기준면적 A, 기류의 속도 u, 음속 a
이 경우의 물체의 저항 D의 실험식을 구하라.

풀이

D의 식을 $D = k\rho^{\alpha} A^{\beta} u^{\gamma} a^{\delta}$라 하고 차원방정식을 만들면

$$\mathrm{MLT}^{-2} = (\mathrm{ML}^{-3})^{\alpha}\mathrm{L}^{2\beta}(\mathrm{LT}^{-1})^{\gamma}(\mathrm{LT}^{-1})^{\delta}$$

양변의 M, L, T의 지수를 같다고 놓으면

$$\left.\begin{array}{l} \mathrm{M}: 1 = \alpha \\ \mathrm{L}: 1 = -3\alpha + 2\beta + \gamma + \delta \\ \mathrm{T}: -2 = -\gamma - \delta \end{array}\right\}$$

α, β, γ를 δ의 함수로 구하면

$$\alpha = 1,\ \beta = 1,\ \gamma = 2 - \delta$$

이들을 최초의 식에 대입하면

$$D = k\rho\mu^2 A\left(\frac{a}{u}\right)^{\delta}$$

로 된다. 여기서 u/a는 무차원 양으로 Mach 수라 불리운다.
이것을 M로 표시하면

$$D = k\rho u^2 A\left(\frac{1}{M}\right)^{\delta}$$

이다.

9.5 난류경계층

층류에서 난류에의 천이는 경계층내의 흐름에서도 일어난다. 균일한 흐름속의 평판의 경우 그 앞끝 가까이에서는 층류이지만 식 (9.2)에서 알고 있는 바와 같이 하류로 감에 따라, 즉 앞끝에서의 거리 l 이 커짐에 따라 경계층의 두께 δ는 $\sqrt{l}$ 에 비례하여 커지므로 경계층 밖의 흐트러지지 않은 흐름의 속도 U, 경계층의 두께 δ 및 동점성계수 ν에 의해서 정의되는 Reynolds 수 $Re_\delta = \dfrac{U\delta}{\nu}$의 값은 하류로 감에 따라 커지고, 결국 어떤 임계치 $Re_{\delta_{crit}}$에 도달하게 된다. 경계층속의 흐름은 반경 δ인 원관 속의 흐름으로 볼 수 있어서 원관 속의 흐름에서와 같이 그 임계 Reynolds 수 $Re_{\delta_{crit}}$를 넘으면 경계층내의 흐름은 불안정하게 되고, 결국 층류에서 난류로 천이(transition)가 일어나며 이것이 일어나기 시작하는 점을 천이점이라 한다.

식 (9.1)에 표시한 바와 같이 평판의 앞끝에서 거리 l인 곳의 경계층두께 δ는 U, l, ν로 정의된 Reynolds 수 $Re_l = \dfrac{Ul}{\nu}$를 쓰면 $\dfrac{\delta}{l} = \dfrac{5.2}{\sqrt{Re_l}}$로 주어지므로

$$\delta = 5.2\sqrt{\frac{\nu l}{U}} \tag{9.20}$$

로 된다. 따라서 l_0라는 점에서 천이가 일어난다고 하면

$$Re_{\delta_{crit}} = \left(\frac{U\delta}{\nu}\right)_{crit} = 5.2\frac{U}{\nu}\sqrt{\frac{\nu l_0}{U}} = 5.2\sqrt{\frac{Ul_0}{\nu}} = 5.2\sqrt{Re_{l_0}} \tag{9.21}$$

로 된다. 그러므로

$$Re_{l_0} = \frac{1}{26}(Re_{\delta_{crit}})^2 \tag{9.22}$$

로 되고, 윗 식과 같은 관계식을 만족하는 점 l_0에서 천이가 일어난다.

그러나 일반적으로 층류에서 난류에의 천이는 갑자기 일어나는 것이 아니고 처음 평판표면의 군데군데에 turbulent spot라고 하는 작은 난류의 반점이 발생하고, 그것이 하류로 이동함에 따라서 많아진다. 하류에서는 turbulent spot의 발생하는 수가 증가하고 결국 표면전체가 난류로 된다. 이와 같이 천이가 진행되는 영역을 천이영역이라 한다.

층류라 할지라도 엄밀한 의미에서는 층류가 아니고 약간의 난류분이 포함되어 있는데 주류속의 이 난류분의 정도에 따라 천이 Reynolds 수 Re_{l_0}의 값은 많이 변하고 또 평판 표면의 조도에 따라서도 변한다. 그러나 주어진 평판에서 주류속의

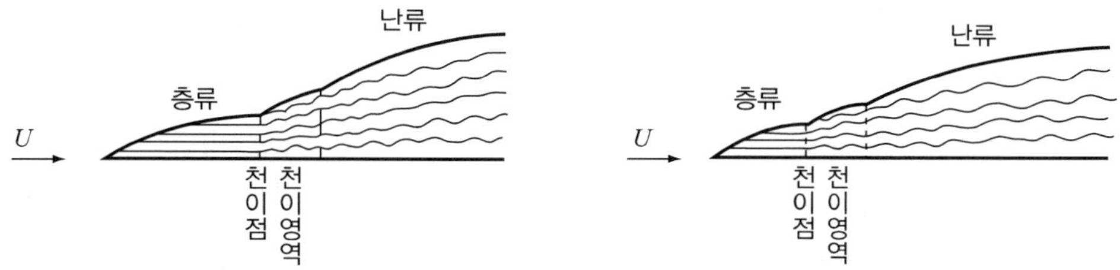

(a) U가 작은 경우 (b) U가 큰 경우

그림 9.16

난류분이 일정할 때 Re_{l_0}의 값은 일정하므로 일반적으로 천이점은 주류의 속도 U가 증가함에 따라서 평판의 앞쪽으로 이동한다(그림 9.16 참조).

이와 같이 주류의 속도에 따라 천이점이 이동하는 것은 주어진 길이의 평판에 있어서 U가 변화함에 따라 층류경계층을 갖는 평판 부분의 길이와 난류 경계층을 갖는 평판 부분의 길이의 비가 변화하는 것을 뜻한다.

층류경계층의 경우는 전술한 바와 같이 전단응력 τ는

$$\tau = \mu \frac{du}{dy}$$

로 주어지지만 난류경계층의 경우는 평균유속을 $\overline{u}$로 표시하면

$$\tau \neq \mu \frac{d\overline{u}}{dy}$$

이다. 즉, Newton의 점성법칙이 이와 같은 평균유속에 대해서는 성립하지 않는다. 이것은 한 층에서 다른 층으로 이동되는 작은 난류의 소용돌이가 인접하고 있는 층 사이에 운동량을 수송하는 결과 매우 큰 항력효과를 주기 때문이다. 실제로 만일 난류의 경우에도 형식적으로

$$\tau = \overline{\varepsilon} \frac{d\overline{u}}{dy} \tag{9.23}$$

와 같이 표시하기로 하면 $\overline{\varepsilon}$은 점성계수 μ에 대응하지만, 이 계수 $\overline{\varepsilon}$는 결코 유체의 상수가 아니고 Reynolds 수나 다른 파라메타에 따라서 μ의 30배에서 1000000배의 범위에 있는 값으로 된다. 다시 말하면 유효점성은 난류의 경우가 층류의 경우에 비하여 매우 크다. 이 계수 $\overline{\varepsilon}$를 교환계수라고 부른다.

그러므로 층류경계층의 성질과 난류경계층의 그것과는 많은 차이가 있는데 그 중요한 것을 들면 다음과 같다.

(1) 난류경계층은 층류경계층보다도 두께가 훨씬 크고 그 두께는 l에 따라 급속하게 증대된다.

(2) 난류의 경우 속도분포곡선은 층류의 경우 그것보다도 물체표면 가까이에서 속도구배가 크고 물체표면에서 어떤 거리만큼 떨어진 곳에서는 난류의 경우가 층류의 경우보다 편평하다.

(3) 난류의 경우 표면마찰력 $\tau°$는 층류의 경우의 그것보다 훨씬 크다.

그림 9.17은 난류경계층의 경우의 속도분포곡선(실선)과 층류경계층의 경우의 속도분포곡선(점선)을 비교한 것이다.

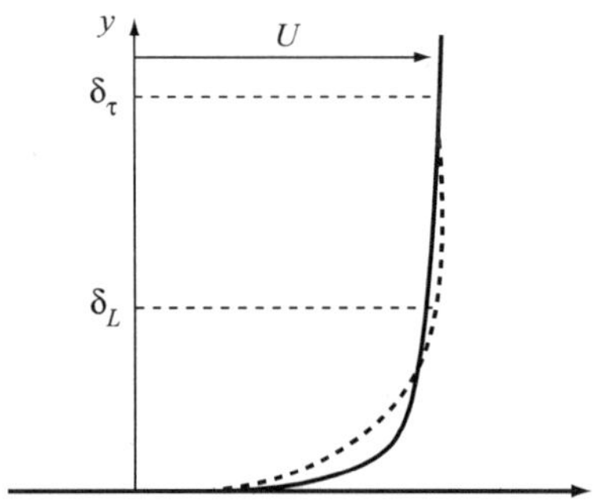

그림 9.17

여기서 주의할 것은 물체표면에 매우 가까운 곳에서는 난류변동은 약해지고 그 결과 그곳에서의 흐름은 층류로 된다. 이와 같은 영역을 층류저층이라 하며, 그 두께는 난류경계층 두께의 극히 작은 부분이다(그림 9.18).

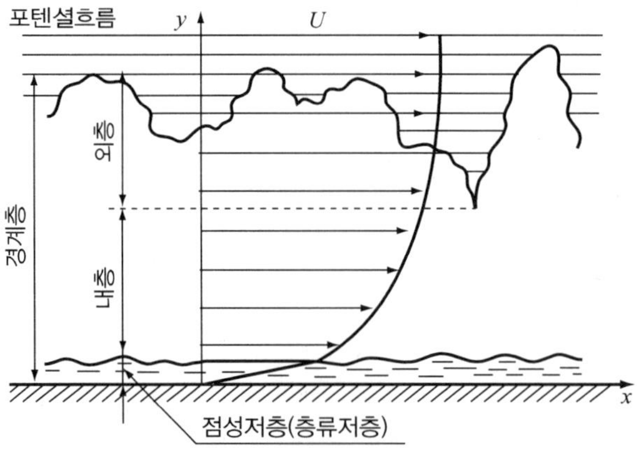

그림 9.18 난류경계층(경계층의 y를 확대한 것)

Karman은 난류경계층에 관한 이론을 전개하여 미끄러운 평판(길이 L)의 마찰항력계수 c_f가

$$\frac{0.242}{\sqrt{c_f}} = \log(Re_L \cdot c_f) \tag{9.24}$$

라는 관계를 만족한다는 것을 발견했는데 그 결과는 실험결과와 잘 일치한다. 이것을 마찰항력에 관한 Karman의 대수법칙이라고 한다. 층류경계층의 경우 Blasius의 마찰법칙(식 9.9)에 해당하는 것이다.

또한 Prandtl은 $Re_l = 10^6 \sim 10^9$에서 실험과 잘 일치되는 근사식

$$c_f = 0.455(\log Re)^{-2.58} \tag{9.25}$$

를 얻었다.

그림 9.19는 식 (9.9) 및 식 (9.24)에 의하여 층류마찰항력계수와 난류마찰항력개수를 Reynolds 수 $Re_L = \dfrac{UL}{\nu}$를 횡축으로 하여 각각 표시한 것인데 층류마찰항력계수가 난류마찰항력계수 보다도 일반적으로 작은 것, 특히 Reynolds 수가 큰 경우에는 훨씬 작다는 것을 알 수가 있다.

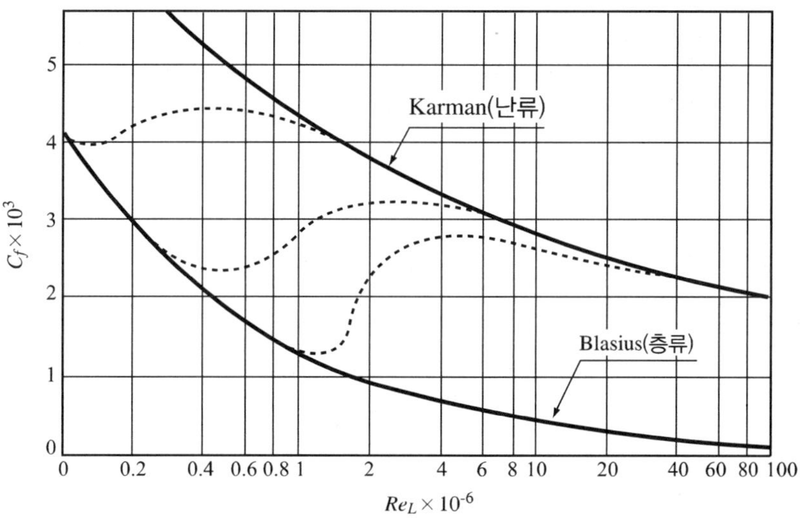

◈ 그림 9.19

그런데 마찰항력계수 c_f에 대한 Blasins의 식 (9.9)는 평판의 앞끝에서 뒤끝까지 경계층속이 층류인 경우에 성립하고 또 Karman의 식 (9.24)는 앞끝에서부터 난류로 되어 있는 경우에 성립하는데 실제에는 앞끝에서 천이점까지는 층류고 거기서 천이영역을 지나서 난류로 된다. 즉, 평판 상에는 층류경계층과 난류경계층의 부분

이 동시에 존재한다. 따라서 마찰항력계수의 값도 Blasius 곡선과 Karman 곡선 사이에 있다. 그리고 Reynolds 수 Re_L가 변화할 때 그림 9.19에서 점선으로 표시된 곡선 상을 움직인다. 이와 같은 곡선을 천이곡선이라 한다.

천이곡선은 Re_L가 작을 때는 Blasius의 곡선과 일치하거나 그에 가까운 곳에 있다. 천이점이 상당히 하류에 있고 경계층의 대부분이 층류경계층이기 때문이다. 그러나 Re_L이 커지면 천이점은 평판의 앞끝을 향하여 이동하고 결국은 천이점이 앞끝 가까이에 있어서 사실상 경계층 전부가 난류경계층으로 볼수 있게 된다. 이와 같은 경우 천이곡선은 Karman곡선과 겹쳐지든지 또는 그 가까이에 있게 된다. 그리고 어떤 특별한 천이곡선 상을 움직이는 가는 경계층 밖의 주류에 포함되는 난류분의 정도에 크게 관계되는데 매우 미끄럽고 변동이 적은 흐름의 경우는 천이 Reynolds 수 Re_{l_0}도 크고 천이는 늦어진다.

Prandtl은 천이 Reynolds 수 Re_{l_0}로서 $Re_{l_0} = 5.3 \times 10^{-5}$라고 했을 때 다음과 같은 천이곡선식을 얻을 수가 있다.

$$c_f = \frac{0.455}{(\log Re)^{2.58}} - \frac{1700}{Re} \tag{9.26}$$

예제 9.8 평균풍속 150 m/s인 바람속에 1 m^{2}의 정 4각형 평판을 바람에 평행하게 놓았을 경우에 평판의 저항을 구하라. 단, 이 경우에 공기의 밀도는 1.22 kg/m^{3}이고 점성계수는 0.171×10^{-4} kg/m·s라고 한다.

풀이

동점성계수 $\nu = \dfrac{\mu}{\rho} = \dfrac{0.171 \times 10^{-4}}{1.22} = 0.14 \times 10^{-4}\ \text{m}^2/\text{s}$

Reynolds 수는

$$Re = \frac{Ul}{\nu} = \frac{150 \times 1}{0.14 \times 10^{-4}} = 1.07 \times 10^7$$

따라서 식 (9.25)에 의하여

$$C_f = \frac{0.455}{(\log Re)^{2.58}} = \frac{0.455}{(\log 1.07 \times 10^7)^{2.58}} = \frac{0.455}{7.03^{2.58}} = \frac{0.455}{153} = 2.97 \times 10^{-3}$$

한쪽면의 항력은

$$D = C_f \frac{1}{2} \rho U^2 A = 2.97 \times 10^{-3} \times \frac{1}{2} \times 1.22 \times 150^2 \times 1 = 40.77\ \text{N}$$

따라서 양면의 항력으로

$$2D = 2 \times 40.77 = 81.54\ \text{N}$$

이다.

예제 9.9 평균풍속 10 m/s인 바람 속에서 1 m^2인 정 4각 평판을 바람에 평행하게 놓았을 경우에 평판의 저항을 구하라. 단, 평판의 앞끝에서는 층류, 뒤끝에서는 난류경계층이고, 공기의 밀도는 1.22 kg/m^3, 점성계수는 0.171×10^{-4} kg/m·s라고 한다.

풀이

$$\nu = \frac{\mu}{\rho} = \frac{0.171 \times 10^{-4}}{1.22} = 0.14 \times 10^{-4}\ \mathrm{m^2/s}$$

$$Re = \frac{Ul}{\nu} = \frac{10 \times 1}{0.14 \times 10^{-4}} = 7.4 \times 10^5$$

Reynolds 수가 $5 \times 10^5 < Re < 5 \times 10^6$이고 천이가 있는 흐름이므로 Prandtl의 식을 대입하면

$$C_f = \frac{0.455}{(\log Re)^{2.58}} - \frac{1700}{Re} = \frac{0.455}{(\log 7.14 \times 10^5)^{2.58}} - \frac{1700}{7.14 \times 10^5}$$

$$= \frac{0.455}{5.854^{2.58}} - 2.38 \times 10^{-3} = 0.00476 - 0.00238 = 0.00238$$

한쪽면의 마찰저항 D는

$$D = C_f \frac{1}{2} \rho U^2 A = 2.38 \times 10^{-3} \times \frac{1}{2} \times 1.22 \times 10^2 \times 1 = 0.145\ \mathrm{N}$$

따라서 양면의 항력은

$$2D = 2 \times 0.145 = 0.29\ \mathrm{N}$$

이다.

9.6 구의 항력

실제유체의 균일한 흐름 속에 놓인 원주가 받는 압력항력에 대해서 앞에서 논한 바와 같이 편평한 두부를 가지는 구의 압력항력에 대해서도 같은 설명을 할 수가 있다. 즉 경계층의 박리와 그에 따르는 후류(wake)가 원주의 압력항력의 원인이라 하였는데 같은 말을 구의 경우도 할 수 있다.

그러나 앞에서는 경계층 내의 흐름이 층류인 경우였으나 이제 난류인 경우를 생각하면 조금 달라진다. 우선 첫째로 박리점까지의 속도분포곡선은 층류의 경우보다도 아래쪽이 볼록하므로 (그림 9.17) 물체표면 가까이의 유체입자의 속도는 층류의 경우보다도 커진다. 따라서 물체표면에 극히 가까운 유체입자는 정지할 때까지 압력구배를 극복하여 층류경계층인 때보다도 더욱 하류까지 갈 수 있는 것으로 예상된다. 다시 말하면 난류경계층의 박리점은 층류경계층의 박리점보다도 하류에 있을 것이다.

그림 9.20은 경계층이 층류인 경우 (a)와 도중에서 난류로 되어 박리하는 경우 (b)에 구 주위의 흐름의 모양을 표시한 것이다.

그림 9.20(a), (b)의 경우, 구 주위의 흐름모양이 서로 다를 뿐 아니라 구가 받는 항력도 본질적으로 다르다. 층류경계층의 경우 (a)가 난류경계층의 경우 (b)보다도 훨씬 폭이 넓은 후류를 가지고 있는데 이것은 층류경계층을 가지는 구 주위의 흐름모양 보다도 난류경계층을 가지는 구 주위의 흐름이 이상유체의 흐름에 훨씬 가깝고 후류에 따라서 생기는 부압이 보다 좁은 표면의 부분에만 작용하는 것을 의미한다. 따라서 난류경계층을 가지는 구의 압력항력이 층류경계층을 가지는 구의 그것보다 훨씬 작다. 실제로 실험결과에 의하면 (b)의 경우 항력이 (a)의 경우 항력의 1/5 이하에 불과하다.

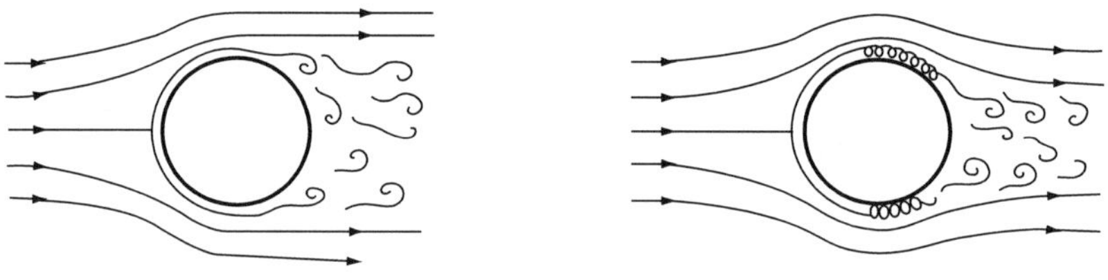

(a) (b)

그림 9.20

구의 경계층이 난류로 되고 구 주위에 흐름모양이 그림 7.20(b)와 같이 되는 것은 어떤 경우인지 생각해보자. 구에 부딪치는 균일한 흐름이 주어지고 또 구의 표면조건을 일정하게 할 때는 전방정체점에서 구의 표면에 따라 하류방향의 거리 l, 경계층 바로 밖에서의 주류의 속도 U_1 및 유체의 동점성계수 ν로 정의된 $Re_l = \dfrac{U_1 l}{\nu}$가 대체적으로 일정한 값 $Re_{l_{crit}} = \left(\dfrac{U_1 l}{\nu}\right)_{crit}$를 가질 때 경계층 내에서 천이가 일어난다고 할 수 있다. 그러므로 구에서 충분히 떨어져 있는 균일흐름의 속도 U의 값이 증대함에 따라, 즉 다시 말하면 Reynolds 수 $\dfrac{Ud}{\nu}$의 값이 증대함에 따라 천이점은 구표면에 따라서 전방으로 이동한다. 왜냐하면 U_1은 U에 비례하고 U_1이 커지면 l가 작아도 $Re_{l_{crit}}$에 도달하기 때문이다.

천이점이 층류경계층으로서의 박리점, 즉 층류박리점의 하류에 있는 한 흐름모양은 그림 9.20(a)에 표시하는 것과 같은 층류경계층의경우의 흐름모양과 같으나 만일 천이점이 전방으로 이동하여 층류박리점 상류에 오게 되면 천이점과 층류박리점 사이의 영역도 난류로 되고 박리가 일어나기 힘들게 되며, 그 결과 박리점이 하류방향으로 이동하고 구 주위의 흐름모양이 그림 9.20(b)와 같이 된다. 따라서 균일한 흐름에 대한 Reynold수 $Re = \dfrac{Ul}{\nu}$를 작은 값에서 점차로 크게 할 때 그림 9.20(a)와 같은 흐름에 대응하는 비교적 큰 값까지는 구의 항력계수 C_D의 값이 대체로 일정하고 Re가 어떤 임계치 Re_{crit}에 도달하면 천이점은 층류 박리점과 일치하고 흐름모양은 그림 9.20(b)와 같이 변하며 항력계수는 갑자기 감소한다. 그리고 Re의 값이 그 이상 커지더라도 C_D의 값은 대체적으로 일정하고 비교적 작은 값을 가진다(그림 9.15).

Re_{crit}의 값은 보통 $C_D = 0.3$에 대응하는 Reynolds 수로 정의되는데 이것을 구의 임계 Reynolds 수라고 한다. 이 값은 구 표면의 조도와 균일한 흐름 속에 포함되어 있는 난류분의 정도에 많이 관계되며 이들이 클수록 임계 Reynolds 수의 값은 작아진다.

9.7 양력과 익형

비행기 날개에 작용하는 힘도 물체의 저항을 표시할 때와 같이 취급할 수 있다. 비행기 날개 단면의 모양을 익형(aerofoil)이라 하고 그림 9.21과 같이 기준선이 있어서 양편이 부풀고 서서히 가늘게 되어 전체적으로 아래로 조금 휘어져 있는 모양이다. 앞이 둥글고 뒤는 뾰족하며 앞에서 약 1/3되는 곳이 가장 두텁다.

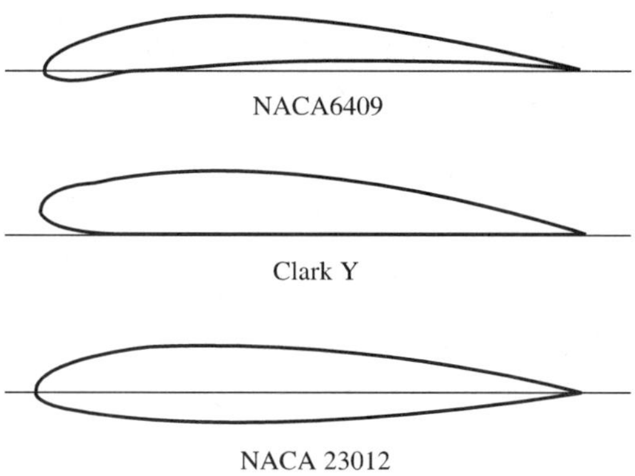

그림 9.21 비행기용(프로펠러기) 익형의 예

이와 같은 익형은 오래 전부터 잘 연구되어서 날개의 성능과 나아가서는 비행기의성능은 이 형을 어떻게 하는가에 따라서 크게 좌우된다.

그림 9.22에 표시하는 것과 같이 장방형인 익형에 바람이 와서 닿을 때 바람에

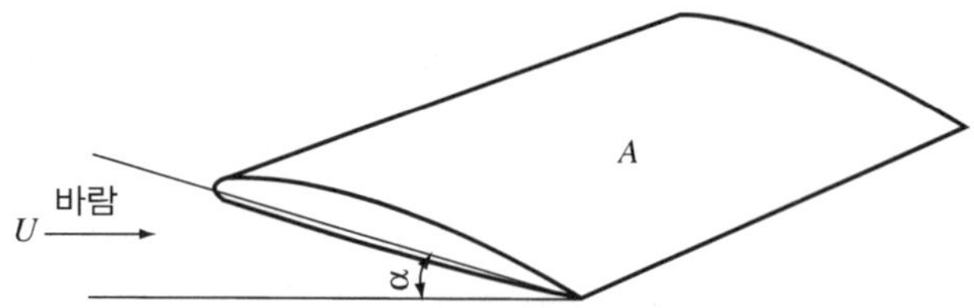

◈ 그림 9.22 날개에 닿는 바람과 영각

대하여 기준선을 조금 위로 향하게 한다. 이 기준선과 바람이 이루는 각 α를 영각 (attack angle)이라고 한다.

이와 같이 날개에 바람이 와서 닿으면 날개에는 위로 향하는 힘이 작용한다.

이 날개의 위로 향하는 힘, 즉 비행기를 공중에 뜨게 하는 힘이 생기는 이유는 날개 윗 부분의 유속이 크고 아랫 부분의 유속이 작아지는 관계로 Bernoulli 정리에 의해서 그 압력분포가 그림 9.23과 같이 되기 때문이다.

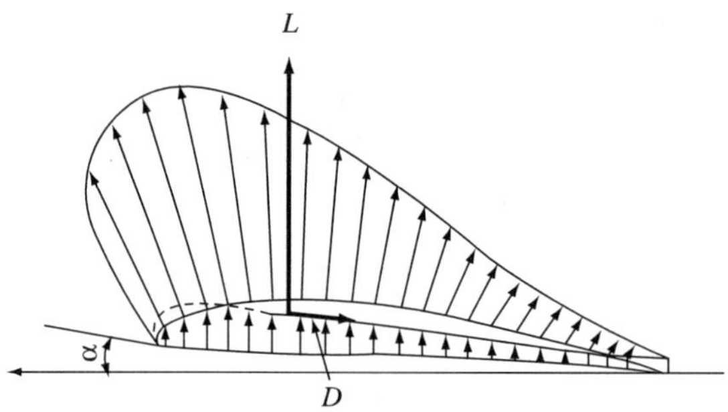

◈ 그림 9.23 익형 주위의 압력분포와 양력, 항력

이 압력분포에 의한 합력을 두 부분으로 나누어 생각한다. 첫째는 바람방향에 수직인 방향의 힘이고 비행기의 기체를 뜨게 하는 작용을 하므로 양력(lift force)이라 하고 L로 표시한다. 둘째는 바람방향의 힘인데 이것은 비행기의 진행과 반대방향으로 작용하는 항력(drag force) D이다. 이 양력과 항력은 다음과 같이 흐름속의 물체의 저항력과 같은 모양으로 표시한다.

$$L = C_L \frac{1}{2} \rho U^2 A$$

$$D = C_D \frac{1}{2} \rho U^2 A \tag{9.26}$$

여기서 A는 날개의 정면 면적이 아니고 날개 평면형의 면적, 즉 익면적이다. C_L, C_D를 각각 양력계수, 항력계수라고 한다. 이 C_L, C_D는 익형에 따라서 특유한 것인데 영각 α에 의해서 변하므로 α의 함수로서 표시한다.

그림 9.24는 그 예이다. 즉, 같은 익형에서는 그 크기가 크거나 작건 간에 속도가 빠르거나 느리건 간에 또한 공기의 밀도가 변하더라도 그 양력 L를 $\frac{1}{2}\rho U^2 A$로 나눈 양력계수 C_L는 항상 같다. 단, α가 변하면 C_L도 변한다. 다시 말하면 여러 가지 영각에 대해서 C_L, C_D를 알고 있으면 어떠한 크기, 속도에 대해서도 양력과 항력을 산출할 수 있다. 그러므로 익형의 성능은 그림 9.24의 C_L, C_D의 α에 대한 관계로 표시된다.

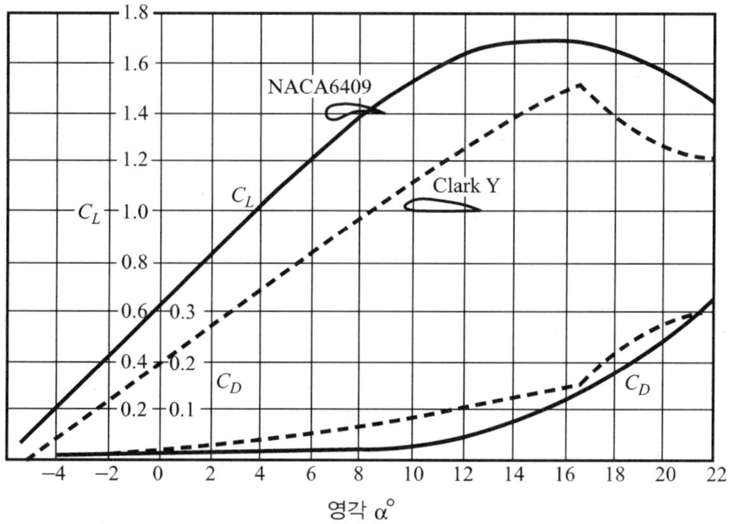

◈ **그림 9.24 익형의 성능곡선**

그림 9.24에 표시한 바와 같이 $\alpha = 0$에서도 C_L은 0이 아니고 어떤 값을 가진다. 그리고 α가 증대함에 따라 C_L는 직선적으로 증가해 가는데 나중에는 증가가 둔해지고 최대값에 달한 후 감소하기 시작한다. 한편 항력 C_D는 매우 작고 처음에는 거의 증대하지 않는다. 그러나 양력이 떨어지기 시작할 무렵부터 급히 증대한다.

이것은 날개의 배후부에서 박리가 일어나 큰 소용돌이가 생기기 때문이다. 이와 같이 항력이 급히 증대하고 속도가 늦어지면 양력도 없어지고 비행기는 매우 위험한 상태로 되는데 이것을 실속(stall)이라고 한다.

그림 9.24에서 C_L과 C_D를 비교해 보면 C_D에 비해서 C_L는 매우 크다. 이 비 C_L/C_D가 큰 편이 비행기 성능이 좋은 것이다. 즉, 엔진출력으로 프로펠러를 회전시키고 앞으로 추진하는 추력 F_{th}와 항력 D가 평행되고, 그 때 양력 L가 기체의 중력 W와 평행되면 작은 추력으로 무거운 기체를 뜨게 할 수 있다.

예제 9.10 조용한 공기 속에서 1 m × 1.5 m 넓이의 평판이 영각 12°로 수평방향으로 날고 있다. 그 속도는 14 m/s이고 양력계수 C_L는 0.72, 항력계수 C_D는 0.17, 공기의 밀도는 1.22 kg/m³이라 한다. 양력과 항력을 구하고, 평판운동이 지속될 마력을 구하라.

풀이

$$양력 = C_L \frac{1}{2}\rho U^2 A = 0.72 \times \left(\frac{1}{2} \times 1.22 \times 14^2\right) \times 1.5 = 129.12 \text{ N}$$

$$항력 = C_D \frac{1}{2}\rho U^2 A = 0.17 \times \left(\frac{1}{2} \times 1.22 \times 14^2\right) \times 1.5 = 30.49 \text{ N}$$

$$마력 = \frac{DU}{735} = \frac{30.49 \times 14}{735} = 0.58 \text{ HP}$$

9.8 베인의 양력

1 베인(vane) 또는 날개

균일한 속도 U로 평형유동하는 유체 중에 평판 AB를 흐름에 대하여 α의 경사각으로 놓았을 때 (그림 9.25 참조) 흐름은 이 평판으로 인하여 방향의 변화를 일으켜 평판에 어떤 힘이 작용하게 된다. 이것은 곧 운동량의 법칙에 의하여 작용되는 힘이며, 그것을 R로 하고 U 방향의 분력을 X, 이에 직각인 방향의 분력을 Y로 하고, 유량을 Q로 하면

$$X = \frac{\gamma}{g} Q(U_1 \cos\alpha_1 - U_2 \cos\alpha_2)$$

$$Y = \frac{\gamma}{g} Q(U_1 \sin\alpha_1 - U_2 \sin\alpha_2)$$

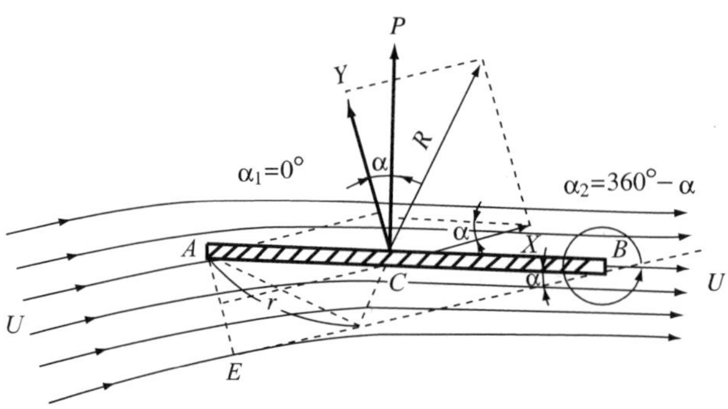

그림 9.25

윗 식 중에서 U_1과 U_2는 평판 AB의 입구 A와 출구 B에서의 흐름의 속도이고 α_1과 α_2는 각각 U_1, U_2의 평형류선방향에 대한 방향각이다. 유선은 B단에 다가올수록 밀집되어 그 속도도 빨라지지만 α가 그다지 크지 않을 때는 이 속도증가는 미소한 것이므로 속도의 크기는 변화하지 않는 것으로 볼 수 있어 $U_1 = U_2 = U$이다. 그리고 $\alpha_1 = 0°$, $\alpha_2 = 360° - \alpha$이므로

$$X = \frac{\gamma}{g} QU(1 - \cos\alpha)$$

$$Y = \frac{\gamma}{g} QU\sin\alpha$$

여기서 유입속도 U에 직각인 AB의 투상면을 AE로 하고, AB의 면적을 A로 하면

$$Q = \overline{AE} \cdot U = A\sin\alpha \cdot \mathrm{U}$$

그러므로

$$X = \frac{\gamma}{g} A \cdot U^2 \sin\alpha (1 - \cos\alpha)$$

$$Y = \frac{\gamma}{g} A \cdot U^2 \sin^2\alpha \qquad (9.27)$$

따라서

$$R = \sqrt{X^2 + Y^2} = \frac{\gamma}{g} A \cdot U^2 \sin\alpha \sqrt{2(1 - \cos\alpha)}$$

AB에 직각으로 작용하는 힘을 P로 하면

$$P = X\sin\alpha + Y\cos\alpha = \frac{\gamma}{g} A \cdot U^2 \sin^2\alpha \qquad (9.28)$$

$$\therefore\ P = Y$$

즉, AB에 직각으로 작용하는 힘은 Y 방향의 분력과 같다.

다음에 R가 작용하는 중심을 C로 하고, 평판의 선단 A에 대한 R의 모우멘트를 M으로 하면

$$M = R \cdot r = x \cdot \overline{AC} \sin\alpha + Y \cdot \overline{AC} \cos\alpha$$

$$= \frac{\gamma}{g} A \cdot U^2 \sin^2\alpha \cdot \overline{AC} = P \cdot \overline{AC} \qquad (9.29)$$

P는 AC에 직각이므로 식 (9.29)는 당연한 결과이다.

흐름의 방향을 변경하기 위하여 유체 흐름 중에 놓인 이와 같은 평판 AB, 또는 이와 비슷한 것을 베인(vane ; blade)이라 부르고, 비행기의 경우에는 이것을 날개(aerofoil)라 한다. 또 α를 영각(angle of attack)이라 부른다.

유체기계에는 베인을 사용하는 예가 많다. 수차의 안내 베인(guide vane), 회전차 베인(runner vane), 펌프의 베인, 각종 프로펠러(propeller) 등이다.

2 양력과 저항

흐름의 방향을 수평이라고 하면, 식 (9.27)의 X와 Y는 수평, 수직의 분력이며, X는 베인을 흐름의 방향으로 밀어내는 힘이고, Y는 그것을 위로 올리는 힘이므로 베인에서는 Y를 양력(lift), X를 저항력 또는 항력(drag)이라 부른다.

실제로 흐름이 베인에 작용하면 흐름은 그 하면에 따라서 굽혀져 방향을 변경하고, 그 때문에 하면에 압력이 작용될 뿐만 아니라, 그 배면을 흐르는 흐름은 베인면으로 도리어 빨려들게 되므로 (그림 9.28 참조) 배면에서는 압력이 내리게 되고, 심할 때는 거기에 공동(cavity)이 생긴다. 그러한 결과 하면의 정압과 배면의 부압이 상합되어 양력과 항력이 하면만 생각했을 때보다 커진다. 따라서, 양력 X 및 항력 Y의 값은 식 (9.27)로 계산한 것과 다르므로 이들에 실험적 계수 C_1, C_2를 각각 곱하여 실제의 양력을 L로 하고 항력을 D로 하면 식 (9.27)로부터

$$L = C_1 Y = C_1 \frac{\gamma}{g} A \cdot U^2 \sin^2\alpha$$

$$D = C_2 X = C_2 \frac{\gamma}{g} A \cdot U^2 \sin\alpha (1 - \cos\alpha)$$

그리고 $C_1 \sin^2\alpha$를 $\dfrac{C_L}{2}$로 표시하고 $C_2 \sin\alpha(1-\cos\alpha)$를 $\dfrac{C_D}{2}$로 표시하면

$$\left.\begin{aligned} L &= C_L \frac{\gamma}{2g} A U^2 \\ D &= C_D \frac{\gamma}{2g} A U^2 \end{aligned}\right\} \tag{9.30}$$

이것은 양력과 항력을 구하는데 가장 많이 사용되는 공식이며, C_L을 양력계수(lift coefficient), C_D를 항력계수(drag coefficient)라 부르고, 차원은 없으며 베인의 형상, 크기, 영각에 의하여 각각 실험적으로 결정되는 계수이다.

L과 D의 합력을 R로 하면

$$R = \sqrt{L^2 + D^2} = \frac{\rho}{2} A \cdot U^2 \sqrt{C_L^2 + C_D^2}$$

여기서, $\frac{\gamma}{g}=\rho$로 했으며 $\sqrt{C_L^2+C_D^2}=C_R$로 표시하면

$$R=C_R\frac{\rho}{2}AU^2 \tag{9.31}$$

으로 된다.

실제로 사용되는 베인은 될 수 있는 한 항력을 적게 하기 위하여 단면을 유선형으로 하여 그림 9.26과 같이 만드는 것이 보통이다. 이 때 전단 A와 후단 B에서 하면에 접선을 그어 합력의 중심 C는 이 직선상에 있는 것으로 하고, 그 위치는 $\frac{AC}{AB}$로 표시한다.

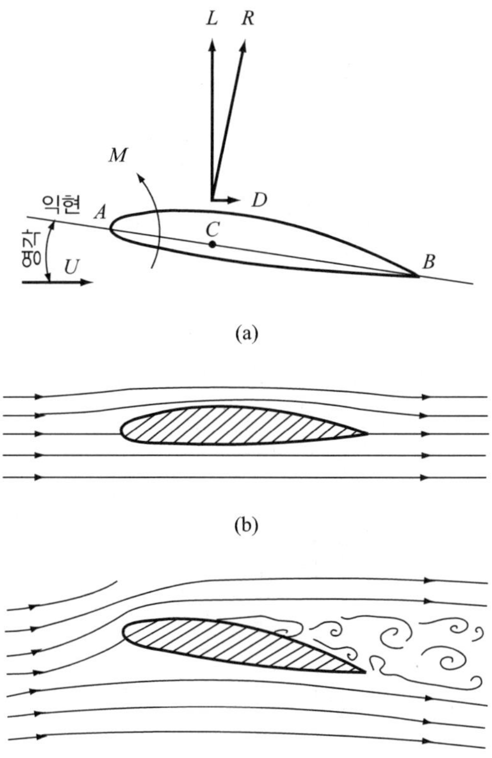

(a)

(b)

(c)

◈ 그림 9.26

전단 A에 대한 힘의 모우멘트를 M으로 하면

$$\begin{aligned} M &= L\cdot\overline{AC}\cos\alpha+D\cdot\overline{AC}\sin\alpha \\ &=(C_L\cos\alpha+C_D\sin\alpha)\frac{\rho}{2}AU^2\overline{AC} \end{aligned}$$

$$= (C_L \cos\alpha + \mathrm{C_D} \sin\alpha)\frac{AC}{AB}\frac{\rho}{2}AU^2\overline{AB}$$

지금$(C_L \cos\alpha + C_L \sin\alpha)\frac{AC}{AB}$를 C_M으로 하면

$$M = C_M \frac{\rho}{2} A U^2 \overline{AB} \tag{9.32}$$

C_M은 C_L, C_D와 같이 차원을 갖지 않는 수치이고, 베인의 형상, 크기, 영각 등에 의하여 실험적으로 결정되는 계수이며, 이것을 모우멘트 계수라고 한다. 또 식 (9.30)으로부터

$$\frac{L}{D} = \frac{C_L}{C_D} \tag{9.33}$$

의 관계를 얻으며, 압력과 항력의 비는 그들의 계수의 비와 같음을 알 수 있다.

3 C_L 및 C_D의 값

C_L 및 C_D의 값은 베인 단면의 형상과 응력 외에 베인의 길이와 폭의 비에 따라 다르지만 각종의 영각 α에 대한 C_L 및 C_D를 실험적으로 구하여 그 관계를 표시하면 그림 9.27과 같다.

그림에서 보면 C_L은 α각이 어느 부각일 때 0이고, 그 후 α의 증가에 따라서 점점 증대하여 α가 일정한 크기에 도달할 때 최대로 되는데 α가 그 이상 커지면 C_L

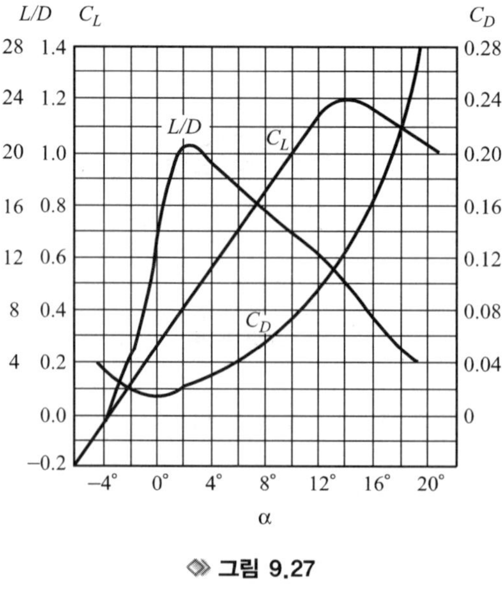

그림 9.27

은 오히려 감소하게 된다. 또 C_D는 $\alpha = 0°$의 근방에서 어느 최소치를 가지고 α가 증가할 때나 감소할 때 C_D가 증가한다.

여러 가지 베인을 비교하기 위하여는 C_L과 C_D의 상호관계를 표시하는 곡선으로 하는 것이 편리하다(그림 9.28). C_D는 C_L보다 항상 적은 것이므로 작도는 편의상 C_D의 축척을 C_L의 그것보다 4배나 5배로 확대하여 그리는 것이 보통이다.

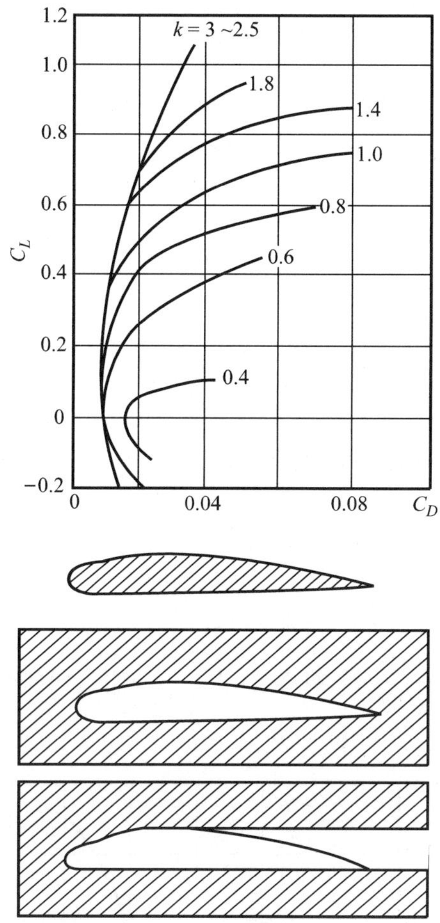

◈ 그림 9.28

9.9 선체의 저항

배가 수면을 항행할 때는 저항을 받는다. 이 저항은 조파저항과 조와저항의 두 가지로 성립되고 있는데, 여기서는 조파저항에 대하여 설명하기로 한다.

물결이 일어남으로써 생기는 조파저항에 대하여 소비되는 일은 배의 뒤쪽에 물결의 에너지로 되어서 남는다. 물결의 높이를 h, 파장을 λ, 물결의 폭을 b로 할 때, 물결의 운동에 관여되는 물의 질량은 파장에 대하여 $\rho\lambda hb$에 비례한다. 또, 그 속도는 $\sqrt{gh}$에 비례하고 따라서, 운동에너지는 단위질량에 대하여 gh에 비례한다. 그리고, 높이에 의한 위치의 에너지도 gh에 비례하기 때문에 일파장의 물결의 에너지는 $\rho g\lambda h^2 b$에 비례한다. 그러므로

$$R_w\lambda \propto \rho g\lambda h^2 b$$

배가 진행하면 먼저 물은 선수에서 위로 올려진다. 그 높이는 배의 속도에 따라서 Bernoulli의 정리에 의하여 (R_w는 조파저항이다.)

$$h \propto \frac{V^2}{2g}$$

따라서

$$R_w \propto \rho\frac{V^4}{g}b$$

물결의 폭 b는 배의 크기 l에 비례하므로 결국

$$C_w \propto \frac{V^2}{lg} \tag{9.34}$$

여기서 l은 배의 길이, C_w는 조파계수이다.

즉, C_w는 Froude 수 $\dfrac{V}{\sqrt{lg}}$의 함수이며 $\dfrac{V}{\sqrt{lg}}$에 정비례한다. 그림 9.29는 C_w와

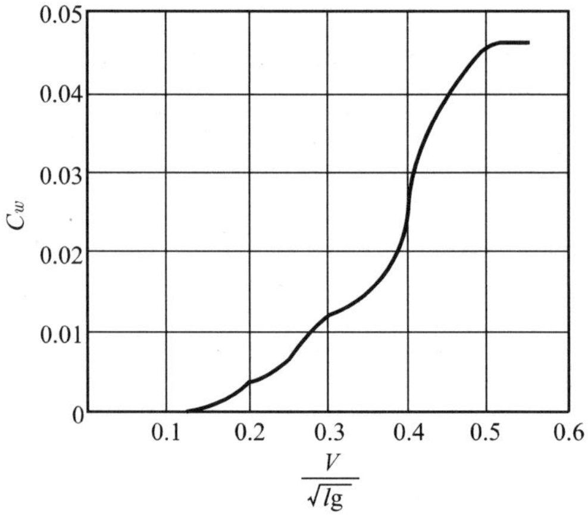

그림 9.29

$\frac{V}{\sqrt{lg}}$ 와의 관계를 표시하는 일례이다.

배의 물결은 주로 선수와 선미에 생기고 선수 근처에서 물이 상승하여 물결의 산이 되고, 선미 근처에서는 물결의 골짜기가 된다.

이 2개의 물결은 배의 길이와 속도에 의하여 달라지며, 어떤 때는 서로 강합하여 C_w가 커지거나 서로 약합하여 C_w가 작아진다.

즉, 선수에서 나온 물결의 골짜기가 마침내 선미에 생길 때는 서로 강합하는 것이 되고, 선수에서 나온 물결이 산이 선미에 부딪힐 때는 2개의 물결이 서로 약합하는 것이 된다.

그림 9.30의 (a)는 선수와 선미의 물결이 약합하는 때이고, (b)는 강합하는 때이다.

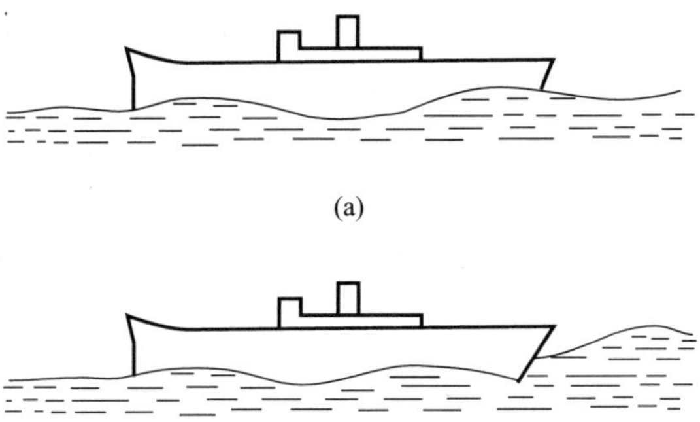

(a)

(b)

그림 9.30

그림 9.31은 유선형(streamline shape)에 평향유선이 작용할 때의 유선의 변화를 표시한다.

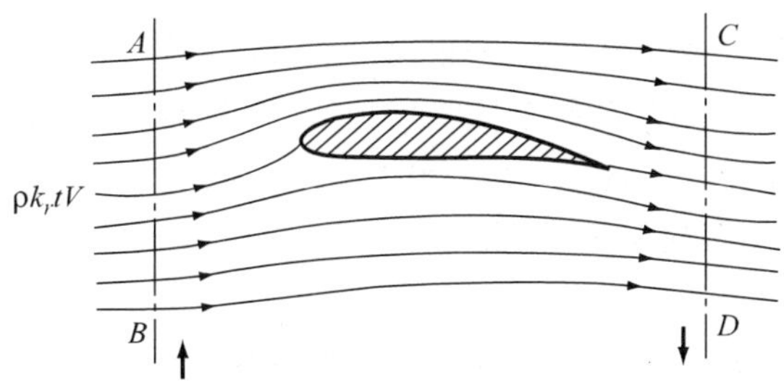

그림 9.31

연습문제

1. 길이 1 m의 평판이 온도 20°C, 풍속 7.5 m/s의 공기흐름에 평행하게 놓여져 있다. 판의 앞끝으로부터 40 cm되는 위치의 경계층의 두께를 구하라.

2. 비중 0.72인 금속제 구를 13 km/h의 속도로 수평으로 운항하고 있는 배에 매달아 놓았다. 구의 직경은 0.3 m이고, 줄에 대한 물의 저항을 무시할 때 연직방향과 줄이 45°를 유지하기 위한 소요동력을 구하라.

3. 10 m×1.8 m 면적의 날개를 가진 비행기가 112 m/s의 속도로 날고 있다. 날개의 영각이 1°이고 $C_L = 0.326$, $C_D = 0.0761$이면 양력과 항력은 각각 얼마인가? 단, 본체의 영향은 무시하며 공기의 밀도는 1.22 kg/m^{3}이다.

4. 30°C, 1 atm의 공기가 평판 위를 30 m/s의 속도로 흐르고 있다. 앞끝에서 하류방향으로 3 cm 떨어져 있는 곳의 경계층의 두께를 구하라.
단, 공기의 동점성계수는 0.15 cm^2/s라고 한다.

5. 밀도 ρ, 점성계수 μ인 정지하고 있는 유체 속을 직경 d인 구가 매우 느린 속도 U로 운동하고 있다. 항력계수 C_D를 구하라.

6. 1.2 m×1.2 m 넓이의 얇은 평판이 풍속 3 m/s인 공기 속에 흐름에 평행하도록 놓여져 있다. (a) 판의 항력과 평판 뒤끝에서의 (b) 경계층 두께 및 (c) 전단응력을 각각 구하라.

7. 폭 1.2 m, 길이 24 m인 매끄러운 평판이 20°C의 물속에 길이 방향으로 운동하고 있다. 항력이 800 kg라고 하면 (a) 평판의 속도, (b) 평판 뒤끝에서의 경계층의 두께, (c) 층류경계층의 길이를 구하라.
단, $Re_{l_{crit}} = 5 \times 10$이라고 한다.

8. 1.5 kg 무게의 "연"이 수평방향 300 km/h의 풍속인 공중에 떠 있을 때 수평과 8°의 각을 이루고 있다. 연은 1 m^{2}의 평판과 같은 면적을 가지며 $C_D = 0.08$, $C_L = 0.97$이라고 가정할 때 (a) 양력과 항력을 구하라. (b) 연줄과 수평사이의 각도가 45°인 때에 줄의 장력을 구하라.
단, 공기의 밀도는 1.22 kg/m^{3}라 한다.

9. 무게 1.1 kg의 연은 넓이 7600 cm^{2}의 평판과 같은 영향을 받는다. 이것이 29 km/h의 속도로 수평으로 불고 있는 공기 속에 떠 있다. 연의 줄이 수평과 60°의 각을 이루고 있을 때 장력이 9 N이었다고 하면 양력계수 C_L은 얼마인가?

10. 대형배의 길이 $L = 350$ m, 그 진행속도 $U = 8.5$ m/s일 때 선체표면을 미끄러운 평면으로 생각하여 판의 폭 60 m당의 마찰저항 D를 구하라. 또 마찰저항을 극복하여 판을 운동시키는데 필요한 마력을 구하라.
단, 해수의 동점성계수는 $\nu = 0.0167$ cm^2/s, 밀도는 $\rho = 1.025 \times 10^3$ kg/m^{3}이라고 한다.

11. 같은 구를 동일한 유체 내에서 Reynolds 수가 400000인 경우와 200000인 경우에 받는 항력의 비를 구하라.

12. 나비 0.6 m, 길이 2.4 m인 미끄러운 평판이 9 m/s로 흐르는 공기흐름(101.3 kPa, 15°C) 속에 놓여 있을 때 뒤끝 경계층에서 (a) 층류, (b) 천이, (c) 난류일 때 전항력을 구하라.

13. 표면적 1700 m^2, 길이 60 m인 잠수함이 바다 깊은 곳에서 33 km/h로 항해할 때 마찰력을 구하라.
단, 물의 밀도는 1020 kg/m^{2}이고 동점성계수는 1.2×10^6 m^2/s라고 한다.

14. 0.76 m 길이의 매끄러운 평판이 0.62 m/s로 흐르는 20°C 물 속에 흐름에 평행하게 놓여 있다. 평판중심에서의 전단응력을 구하라.
단, 모든 면에서 경계층 내에는 층류이다.

15. 동점성계수 1×10^{-5} m^2/s이고 비중이 0.8인 유체 속에서 길이 6 m인 평판이 운동하고 있다. $Re_x = 537000$인 곳에서 전단응력이 3.2 Pa이라면 전 저항력은 얼마인가?

16. 6 m/s로 흐르는 공기(15°C, 101.3 kPa) 속에 직경 0.5 m인 구를 놓았을 때 받는 항력을 구하라.

17. 직경 0.6 m이고 높이 22.5 m인 연돌이 5.6 km/h인 바람(15°C, 101.3 kPa)을 받는다. 밑바닥에 대한 굽힘 모우멘트를 구하라.

18. 다음 중 경계층 Reynolds 수는 어느 것인가?

① $\dfrac{U\delta}{\nu}$　　② $\dfrac{U\delta\mu}{\rho}$

③ $\dfrac{U\delta\rho}{\nu}$　　④ $\dfrac{U\delta}{\mu}$

19. 층류경계층의 두께는 다음 어느 함수에 비례하는가?

① $\dfrac{1}{x^2}$　　② $x^{\frac{1}{7}}$

③ $x^{\frac{1}{2}}$　　④ $x^{\frac{2}{3}}$

20. 압력강하 $\triangle p$, 밀도 ρ, 길이 l, 유량 Q 사이에 얻을 수 있는 무차원식은 어느 것인가?

① $\sqrt{\dfrac{\triangle p}{\rho}}\dfrac{Q}{\rho^2}$ ② $\dfrac{\rho l}{\triangle p Q^2}$

③ $\dfrac{\triangle p l Q}{\rho}$ ④ $\sqrt{\dfrac{\rho}{\triangle p}}\dfrac{Q}{l^2}$

CHAPTER

10 압축성유체

Fluid Mechanics

지금까지는 비압축성유체 즉, 밀도의 변화가 없고 온도도 변하지 않는 유체를 취급하였다. 모든 분야에서 고도화가 이루어져 가는 현실을 감안할 때 유체를 압축성으로 즉, 온도의 변화도 고려하여야 할 문제들이 더 많이 제기되는 것은 당연하다.

제10장에서는 앞장까지에서 취급한 압력에너지, 운동에너지, 위치에너지 이외에 열에너지를 합쳐서 연구한다. 따라서 처음에 열역학의 기초지식을 공부하고 고속흐름 충격파 등을 논하는데, 주로 완전기체의 1차원흐름에 관한 문제가 논의된다.

10.1 열역학 제 1법칙

열은 에너지의 한 형태로 기계적 일이 열로 변화하고 반대로 열이 기계적 일로 변화할 수 있다. 열량 Q는 JQ만한 기계적 일과 동등하다. 비례상수 J는 중요한 상수의 하나인데 여러 학자들이 측정한 바에 의하면 M. K. S. 절대단위에서는

$$J = 4.186 \text{ kJ/kcal} \tag{10.1}$$

이다. 즉, 1 kcal의 열량은 4.186 kJ의 기계적 일에 상당한다. 이 J를 열의 일 당량이라고 한다. 만일 M. K. S. 절대단위가 아니고 $J=1$이 되는 적당한 단위 (SI단위)를 선택하면 열량 Q는 이와 같은 단위계에서는 Q단위의 기계적 일과 동등하다.

앞으로는 열량의 단위로 kJ를 사용하기로 한다.

단위질량의 유체에 dQ인 미소열량을 가하여 주면 그 일부는 유체의 체적이 변화할 때의 외부로 소비되고 나머지는 내부에너지의 증가량으로 저장된다.

w를 외부일, u를 내부에너지라 하고 이것을 식으로 표시하면

$$dQ = du + dw \tag{10.2}$$

로 된다. 이것을 열역학의 제 1법칙이라고 한다. 외부일 w는 압력 p와 체적 v에 의하여는

$$dw = pdv$$

로 되므로 이것을 식 (10.2)에 대입하여서

$$dQ = du + pdv \tag{10.3}$$

로 된다.

예제 10.1 100°C에 있어서 물의 비중을 0.95라 하고 100°C, 1 기압에서 수증기의 비중을 0.000625라 하면 100°C인 1 kg의 물이 100°C의 수증기로 변화할 때 내부일 때문에 소비되는 열량(내부에너지의 변화량)은 얼마인가?
단, 압력을 1 기압이라 하고, 물의 기화열은 2255 kJ/kg이라 한다.

풀이

$$dQ = du + pdv$$

를 적분하면

$$Q = \Delta u + p\Delta v \ (p = \text{일정})$$

이고, 100°C에 있어서 물 1 kg의 체적은

$$v_1 = \frac{1}{0.95 \times 1000} = 1.05 \times 10^{-3} \ \mathrm{m^3/kg}$$

이 되며, 또한 100°C에 있어서 수증기 1 kg의 체적

$$v_2 = \frac{1}{0.000625 \times 1000} = 1.600 \ \mathrm{m^3/kg}$$

또 $Q = 2255$ kJ

$$p = 1.013 \times 10^5 \ \mathrm{N/m^2}$$

$$\therefore \ \Delta u = Q - p(v_2 - v_1) = 2255 - \frac{1.013 \times 10^5}{1000}(1.600 - 11.05 \times 10^{-3})$$

$$= 2092.9 \ \mathrm{kJ/kg}$$

10.2 엔탈피

물체가 가지는 열에너지란 내부에너지와 외부에너지의 합으로서 일반적으로 단위질량의 물체에 대해서 생각한다. 이 중에서 외부에너지란 물체가 그 체적 v를 유

지하기 위하여 주위의 압력 p를 밀어내고 있는 에너지인데 pv로 된다.

따라서 단위질량의 물체가 가지는 전체 에너지를 i라 하고 내부에너지를 u라고 하면

$$i = u + pv \tag{10.4}$$

로 된다. 이 i를 엔탈피(enthalpy)라고 한다. 이것을 미분하면

$$di = du + pdv + vdp$$

로 되는데 식 (10.3)으로 $dQ = du + pdv$이므로

$$di = dQ + vdp \tag{10.5}$$

로 된다. 어떤 기체의 엔탈피 i란 그 기체의 단위질량 내에 포함되는 열량의 합계이다.

엔탈피 100 kJ/kg란 그 기체 1 kg에 100 kJ의 열이 포함되어 있는 것을 뜻하며, 이것을 가열하여 75 kJ의 열을 주었다고 하면 이 기체의 엔탈피는 175 kJ/kg로 된다.

10.3 비 열

어떤 물체에 단위질량의 온도를 dT만큼 높이는데 필요한 열량을 dQ라고 하면 $dQ \propto dT$ 또는 $dQ = CdT$로 된다.

$$C = \frac{dQ}{dT} \tag{10.6}$$

윗 식으로 표시되는 비례상수 C를 비열(specifis heat)이라고 하며, 단위로서 kJ/kg °C를 사용한다. C는 온도와 압력 등의 영향을 받고, 변화하는 방법은 예를 들면 정적변화 또는 정압변화 등에 의해서 지배된다.

유체가 액체인 경우에는 정압비열이 주로 사용되지만 유체가 기체인 경우에는 정압비열 C_p와 정적비열 C_v가 모두 사용된다. 이들 비열의 정의는 다음과 같다.

C_p = 압력을 일정하게 유지하고 단위질량의 기체온도를 1°C 높이는데 필요한 열량

$$= \left(\frac{\partial Q}{\partial T}\right)_p \tag{10.7}$$

C_v = 체적을 일정하게 유지하고 단위질량의 기체 온도를 1°C 높이는데 필요한 열량

$$= \left(\frac{\partial Q}{\partial T}\right)_v \tag{10.8}$$

식 (10.8)과 (10.3)의 $dQ = du + pdv$에 의해서

$$C_v = \left(\frac{\partial Q}{\partial T}\right)_v = \left(\frac{\partial u}{\partial T}\right)_v + 0$$

그런데 기체(정확하게는 완전기체)의 내부에너지 u는 체적에 의해서는 변화하지 않고 온도 T에 의해서만 변화한다. 그러므로 윗 식은

$$C_v = \frac{du}{dT} \tag{10.9}$$

이것을 적분하면

$$\Delta u = C_v dT$$

로 되는데 C_v를 일정한 값으로 보면

$$\Delta u = C_v \Delta T \tag{10.10}$$

로 된다. 또 식 (10.7)과 (10.5)에 의하여

$$C_p = \left(\frac{\partial Q}{\partial T}\right)_p = \left(\frac{\partial i}{\partial T}\right)_p - 0$$

그런데 u와 pv가 온도만의 함수이므로 $i(= u + pv)$도 역시 온도만의 함수이다. 따라서

$$C_p = \frac{di}{dT} \tag{10.11}$$

로 된다. C_p를 일정한 값으로 보고 적분하면

$$\Delta i = C_p \Delta T \tag{10.12}$$

를 얻는다. 식 (10.4)의 $i = u + pv$를 T로 미분하면

$$\frac{di}{dT} = \frac{du}{dT} + \frac{d(pv)}{dT}$$

인데 윗 식 (10.9), (10.11) 및 완전기체의 상태방정식 $pv_s = RT$를 대입하면

$$C_p = C_v + R \tag{10.13}$$

를 얻는다. 이것을

$$k = \frac{C_p}{C_v} \tag{10.14}$$

라 놓고 k를 비열비라고 한다. 공기의 경우 상온에서는 $k = 1.4$이다.

식 (10.13), (10.14)에서는

$$C_p = \frac{k}{k-1}R, \quad C_v = \frac{1}{k-1}R \tag{10.15}$$

로 된다.

예제 10.2 질소의 비열비가 $k = 1.41$이라고 할 때 그 정압비열 C_p의 값을 구하라.

풀이

질소 1 kmol은 $M = 28$ kg이므로 기체상수 R은

$$R = \frac{R_u}{M} = \frac{8.318}{28} \text{ kJ/kgK}$$

$$C_p = \frac{k}{k-1}R = \frac{1.4}{1.4-1}\frac{8.318}{28} = 1.025 \text{ kJ/kgK}$$

이다.

10.4 상태방정식

완전기체의 상태방정식이 $pv_s = RT$ 또는 $\frac{P}{\rho} = RT$로 되는 것은 이미 제 1장에서 잘 알고 있는 사실이다(이제는 표현상의 번거로움을 피하기 위하여 비체적 v_s를 v로 표기한다).

기체가 일정온도 하에서 변화하는 경우는 상태방정식에 의해서

$$pv = \text{const. 또는 } \frac{P}{\rho} = \text{const.} \tag{10.16}$$

가 성립한다. 이것을 등온변화라고 한다.

또 식 (10.3), (10.9)에 의해서

$$dQ = C_v dT + pdv$$

로 되는데 양변을 T로 나누고 $pv = RT$를 고려하면

$$\frac{dQ}{T} = C_v\frac{dT}{T} + \frac{p}{T}dv = C_v\frac{dT}{T} + R\frac{dv}{v}$$

로 된다. 그런데 식 (10.13) $C_p - C_v = R$을 쓰면

$$\frac{dQ}{T} = C_v\frac{dT}{T} + (C_p - C_v)\frac{dv}{v} = C_v\left(\frac{dT}{T} - \frac{dv}{v}\right) + C_p\frac{dv}{v}$$

$$= C_v\frac{dp}{p} + C_p\frac{dv}{v} \tag{10.17}$$

로 된다. 왜냐하면 $pv = RT$의 대수를 취하고 미분했을 때

$$\log p + \log v = \log R + \log T$$

$$\frac{dp}{p} + \frac{dv}{v} = \frac{dT}{T} \tag{10.18}$$

이 성립하기 때문이다. 그러므로

$$\frac{dQ}{T} = C_v\frac{dp}{p} + C_p\frac{dv}{v} = C_v\frac{dp}{p} + kC_v\frac{dv}{v}$$

$$= C_v\left(\frac{dp}{p} + k\frac{dv}{v}\right) = C_v d\left[\log(pv^k)\right] \tag{10.19}$$

윗 식이 성립된다. 즉, $\frac{dQ}{T}$는 완전미분으로 된다. 이것을 ds라 놓으면

$$\frac{dQ}{T} = ds = C_v d\left[\log(pv^k)\right] \tag{10.20}$$

이와 같은 함수 s를 엔트로비(entropy)라고 한다. 열역학 제 2법칙에 의하면 외부에서 고립된 계(system)의 엔크로피는 결코 감소하지 않는다.

흐르고 있는 유체 전체에 걸쳐 엔트로피가 일정한 값을 가질 때에는 그와 같은 흐름은 등엔트로피 흐름(단열흐름)이라고 한다.

이 때 $ds = 0$이므로 결국 식 (10.20)에서

$$pv^k = \text{const.}$$

$$\frac{p}{\rho^k} = \text{const.} \tag{10.21}$$

을 얻는다.

식 (10.21) $p_1v_1^k = p_2v_2^k$과 $\frac{p_1v_1}{T_1} = \frac{p_2v_2}{T_2}$에서 v_1과 v_2를 소거하면

$$\frac{T_2}{T_1} = \left(\frac{p_2}{p_1}\right)^{\frac{k-1}{k}} \tag{10.22}$$

를 얻는다. 이것을 단열변화라고 한다.

예제 10.3 진공 계기압력이 0.10 kg/cm^2, 20°C인 기체가 계기압력 7 kg/cm^{2}으로 등온압축 되었다면 처음 체적에 대한 최후의 체적비를 구하라.

풀이

처음과 최후의 절대압력을 각각 p_1, p_2라고 하면

$$p_1 = 1.0332 \times \frac{720}{760} - 0.1 = 0.98 - 0.10 = 0.88 \text{ kg/cm}^2$$

$$p_2 = 1.0332 \times \frac{720}{760} + 7 = 7.98 \text{ kg/m}^2$$

$$\therefore \ \frac{v_2}{v_1} = \frac{p_1}{p_2} = \frac{0.88}{7.98} = \frac{1}{9.07}$$

이다.

예제 10.4 단위질량이 기체가 $p = p_1$, $v = v_1$ 상태에서 팽창하여 $p = p_2$, $v = v_2$로 되었다고 하면 이 사이에 기체가 외부에 한 일을 구하라. 단, 팽창조건으로 각각 (1) 등온변화 (2) 단열변화를 구별하라.

풀이

(1) 등온변화의 경우 $pv = \text{const.}$이므로

$pv = p_1 v_1 = p_2 v_2$이고

$$w = \int_{v_1}^{v_2} p dv = p_1 v_1 \int_{v_1}^{v_2} \frac{dv}{v} = p_2 v_2 l_n \frac{v_2}{v_1} = 2.303 p_2 v_2 \log \frac{v_2}{v_1}$$

이다.

(2) 단열변화의 경우

$pv^k = p_1 v_1^k = p_2 v_2^k$이므로

$$w = \int_{v_1}^{v_2} p dv = p_1 v_1^k \int_{v_1}^{v_2} \frac{dv}{v^k} = \frac{p_1 v_1^k}{1-k}\left(v_2^{1-k} - v_1^{1-k}\right) = \frac{1}{k-1}(p_1 v_1 - p_2 v_2)$$

이다.

10.5 에너지방정식

Bernoulli의 식에 의해서 표시되는 것과 같은 에너지 식은 비압축성이고 비점성인 유체 즉, 완전유체에 관해서 성립하는 식이다. 이와 같이 유체를 비압축성이라고 생각하는 것은 유체의 밀도가 일정하고 따라서 온도도 변하지 않는 것으로 취급

할 수 있게 한다.

유체를 압축성으로 하고 온도의 변화도 고려해서 에너지 식을 생각해 보자. 일반적으로 유체가 그림 10.1에 표시되는 것과 같이 유관 내를 정상상태로 흐르고 있다고 하자. 유관의 단면 1, 2에 있어서 유체의 단위질량 당 내부에너지를 각각 u_1, u_2 라고 한다. 다음에 단면 1을 통하여 흘러 들어오는 단위 질량의 유체는 그 위치의 압력 p_1을 누르고 비체적 v_1과 같은 체적만큼 내부로 밀려들어오므로 이 외부에너지는 p_1v_1으로 표시된다. 이와 같이 해서 단면 2에서는 p_2v_2로 된다.

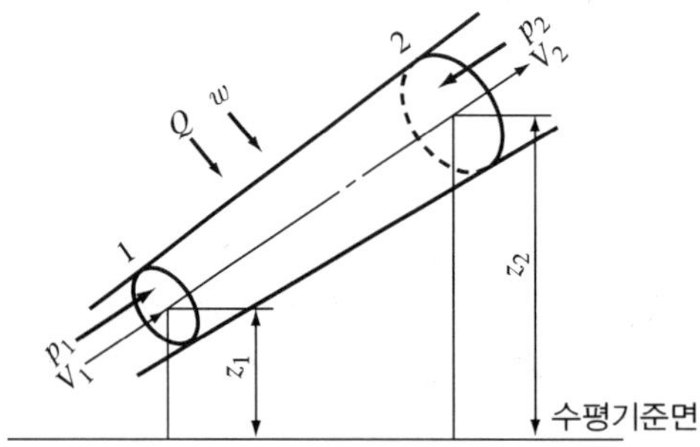

그림 10.1

단면 1, 2에 있어서 평균유속을 각각 V_1, V_2라고 하면 각 단면에 있어서 단위질량인 유체의 운동에너지는 각각 $\frac{1}{2}V_1^2$, $\frac{1}{2}V_2^2$로 표시된다. 다음에 단면 1, 2에서의 높이를 각각 z_1, z_2라고 하면 각 단면에 있어서 단위질량인 유체의 위치에너지는 각각 gz_1, gz_2로 표시된다.

유체가 1에서 2로 운동하는 사이에 외부에서 열량 Q kJ/kg 및 일 w kJ/kg의 공급을 받는 경우는 단위질량의 유체가 단면 2를 지날 때 가지는 총에너지에서 단면 1을 지날 때 가지는 총에너지를 뺀 것이 $Q+w$와 같아진다. 즉,

$$Q+w=(u_2-u_1)+(p_2v_2-p_1v_1)+\frac{1}{2}(V_2^2-V_1^2)+g(z_2-z_1) \qquad (10.23)$$

로 된다. 식 (10.4)에 의하여 $i=u+pv$이므로

$$Q+w=(i_2-i_1)+\frac{1}{2}(V_2^2-V_1^2)+g(z_2-z_1) \qquad (10.24)$$

로 된다. 식 (10.12)의 $\Delta i=C_p\Delta T$에 의해서

$$Q+w=C_p(T_2-T_1)+\frac{1}{2}(V_2^2-V_1^2)+g(z_2-z_1) \qquad (10.25)$$

로 된다. 실제로 취급되는 유체가 기체인 경우에는 위치에너지 gz는 다른 항에 비해서 작고 무시될 때가 많다. 이와 같은 경우에 윗 식은

$$Q+w=C_p(T_2-T_1)+\frac{1}{2}(V_2^2-V_1^2) \tag{10.26}$$

로 된다. 식 (10.15)의 $C_p=\dfrac{k}{k-1}R$을 고려하면

$$Q+w=\frac{k}{k-1}R(T_2-T_1)+\frac{1}{2}(V_2^2-V_1^2) \tag{10.27}$$

로 된다. 식 (10.23) ~ (10.27)을 에너지방정식이라고 부른다.

예제 10.5 탱크 내에서 압력 p_1, 밀도 ρ_1인 공기를 노즐을 통하여 진공 속으로 분출시킬 때 이론적으로 도달할 수 있는 최대유속은 탱크 내의 상태에서 음속의 몇 배로 되는가? 단, 공기속의 음속은 $a=\sqrt{kRT}$로 표시된다.

풀이

식 (10.27)의 에너지방정식에서 1, 2의 첨자를 각각 탱크 내와 노즐출구에서의 값이라고 하면 탱크 내의 유속 V_1은 0이며 도중에는 단열적으로 흐르고 또 마찰손실을 무시하면 $Q=0$, $w=0$으로 되므로 노즐 출구의 유속 V_2는

$$V_2=\sqrt{\frac{2k}{k-1}R(T_1-T_2)}$$

로 된다. 또 윗 식에서

$$RT_1=p_1v_1,\ \ RT_2=p_2v_2$$

로 되는데 특히 외부압력은 진공이므로 $p_2=0$으로 된다. 따라서

$$V_2=\sqrt{\frac{2k}{k-1}p_1v_1}=\sqrt{\frac{2k}{k-1}\frac{p_1}{\rho_1}}$$

다음에 탱크 내에 공기의 음속은

$$a_1=\sqrt{kRT_1}=\sqrt{\frac{kp_1}{\rho_1}}$$

이므로

$$\frac{V_2}{a_1}=\sqrt{\frac{2}{k-1}}=\sqrt{\frac{2}{1.4-1}}=2.236$$

이다.

10.6 전온, 정온, 동온

유속 0, 온도 T_0인 상태의 기체가 도중에서 열과 일의 공급 없이 ($Q=0,\ w=0$) 유속 V, 온도 T인 상태의 기체로 되었다고 하면 식 (10.27)에서 밝힌 바와 같이

$$T_0 = T + \frac{1}{R}\frac{k-1}{k}\frac{V^2}{2} \tag{10.28}$$

로 된다. 이 경우의 T_0을 전온(total temperature)이라 하고, 이에 대해서 T를 정온(static temperature), $\frac{1}{R}\frac{k-1}{k}\frac{V^2}{2}$을 동온(dynamic temperature)이라고 한다.

T_{01}, T_{02}를 각각 1, 2 상태의 전온이라고 하면 식 (10.28)에서 $T_{01} = T_1 + \frac{1}{R}\frac{k-1}{k}\frac{V_1^2}{2}$이므로 식 (10.26)은

$$Q + w = C_p(T_{02} - T_{01})$$

로 된다. 또 1, 2 사이에서 일의 공급이 없을 경우($w=0$)는

$$Q = C_p(T_{02} - T_{01}) \tag{10.29}$$

로 된다. 또 도중에서 열의 공급도 없는 경우 즉, 단열흐름의 경우에는

$$Q = 0 \quad \therefore\ T_{02} = T_{01}$$

로 된다. 따라서 1, 2 각 상태의 전온은 일정하고 이것을 T_0로 표시하면

$$T_{01} = T_{02} = T_0 = \text{const.} \tag{10.30}$$

로 된다. 즉, 단열흐름의 경우에는 식 (10.28)과 식 (10.30)에 의해서 일반적으로

$$T + \frac{1}{R}\frac{k-1}{k}\frac{V^2}{2} = T_0 = \text{const.} \tag{10.31}$$

이 성립한다. 이것은 기체가 비점성기체의 경우는 물론이고 점성기체의 경우에도 성립한다. 왜냐하면 점성기체의 경우 마찰손실에 의해서 잃은 에너지는 열로 되어 다시 회수되기 때문이다.

그러나 전압(total pressure)은 약간 다르다. 비점성기체에서는 마찰손실이 없으므로 전압이 일정하지만 점성기체에서는 마찰손실 때문에 이것이 압력의 감소로 나타난다. 따라서 점성기체의 경우 전압은 감소한다.

다음에 등온변화의 경우를 생각하면 도중에서 열의 출입이 있으므로 식 (10.29)

의 $Q = C_p(T_{02} - T_{01})$에서

$$Q \neq 0 \qquad \therefore\ T_{02} \neq T_{01}$$

로 되고 1, 2 각 상태의 기체의 전온은 동일하지 않고 식 (10.28)에 의하며 일반적으로

$$T + \frac{1}{R}\frac{k-1}{k}\frac{V^2}{2} = T_0 \neq \text{const.} \tag{10.32}$$

로 된다.

운동하고 있는 유체 속을 온도계를 삽입하여 온도를 측정할 때 전온 T_0를 측정하게 되고, 전온 T보다 동온만큼 높은 값을 얻는다. 일반적으로 정온 T를 측정할 수는 없다(유체와 같은 속도로 운동시켰을 때의 온도계 눈금이 정온 T에 상당한다).

실제의 물체가 단열적으로 고속운동할 때 그 동온은 경계층에 있어서 온도 상승으로 나타난다. 예를 들면 고속으로 날으는 인공위성의 표면이 고열화되는 것은 그 때문이다.

예제 10.6 상온의 공기($k = 1.4$) 속을 V m/s로 운동하는 물체 표면의 온도증가는 이론상으로 $\triangle T = \dfrac{V^2}{2000}[K]$로 되는 것을 증명하라.

풀이

$\triangle T = T_0 - T = \dfrac{1}{R}\dfrac{k-1}{k}\dfrac{V^2}{2} = \dfrac{1}{287}\dfrac{1.4-1}{1.4}\dfrac{V^2}{2} = \dfrac{V^2}{2023} \fallingdotseq \dfrac{V^2}{2000}$이며, 예를 들어 $V =$ 1000 m/s로 날으는 탄환의 표면온도 증가는

$$\triangle T = \frac{1000^2}{2000} = 500\text{K}$$

이다.

10.7 음파의 속도

기체 속에 있는 한 점에서 압력의 변화가 일어날 때 그것이 어떤 속도로 4방으로 전파되는 가를 살펴보자. 간단하게 하기 위하여 단면적 A인 직관 속에 정지하고 있는 기체가 있고, 그 압력은 p와 같다고 한다.

어떠한 원인, 예를 들면 피스톤의 운동에 의해서 왼편의 압력이 조금 증가하여

$p+dp$로 되고 그것이 모양을 바꾸지 않고 일정한 속도 a로 오른편으로 전파된다고 생각하자. 그림 10.2의 아래에 표시하는 바와 같이 압력의 변화가 길이 l인 범위 $ABCD$에 한정되어 있으면 압력변화가 이 부분을 통과하는 시간은 $t=\dfrac{l}{a}$이고, 기체의 밀도는 그 시간 내에 압력 p에 상당하는 값 ρ에서 압력 $p+dp$에 상당하는 값 $\rho+d\rho$까지 증가한다. 그러므로 $ABCD$내의 질량은 $Ald\rho$만큼 증가하고 이 부분의 질량이 단위시간에 증가하는 율은

$$\frac{Ald\rho}{t}=Ald\rho\frac{a}{l}=Aad\rho$$

로 된다.

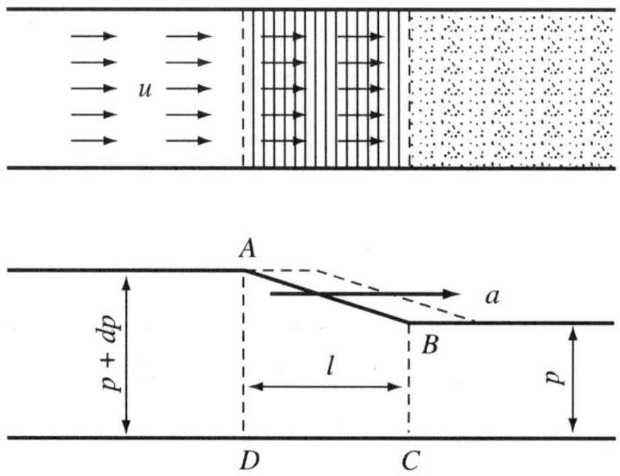

◈ 그림 10.2

그런데 이와 같이 질량이 증가하기 위해서는 압력이 높아진 왼편 부분에서 질량이 흘러 들어오지 않으면 안된다. 기체가 오른편으로 가는 속도를 V라고 하면 단위시간 내에는 $ABCD$ 부분에 $AV(\rho+d\rho)$만큼 질량이 흘러들어오게 되므로

$$Aad\rho=AV(\rho+d\rho)$$

가 성립한다. $d\rho$는 충분히 작으므로 우변에 있어서 이것을 ρ에 비하여 생략하면 결국

$$ad\rho=\rho V \tag{10.33}$$

라는 관계식을 얻는다.

이 관계식에는 $ABCD$의 길이 l도 들어 있지 않고, 또 그림 10.2의 아래 그림에 표시하는 것과 같이 AB사이에서 압력이 직선적으로 변하고 있는 것도 나타나지 않으므로, $ABCD$의 길이가 임의의 경우에 또는 그 범위 내에서의 압력변화에 모양이 임의인 경우에도 식 (10.33)은 성립한다.

다음에 $ABCD$ 부분에 대해서 역학적 조건을 적용한다. 처음 정지상태에 있었던 것이 시간 t 후에 속도 V로 오른편으로 운동하게 되므로 $ABCD$ 부분의 가속도는 $\frac{V}{t}=\frac{Va}{l}$이다. 그런데 그림 10.2의 아래그림에 표시하는 것과 같이 압력이 AB 사이에서 $p+dp$에서 p까지 직선적으로 변하는 경우에는 $ABCD$ 부분의 평균밀도는 $\frac{(\rho+d\rho)+\rho}{2}=\rho+\frac{1}{2}d\rho$이고 $ABCD$ 부분의 질량은 $Al\left(\rho+\frac{1}{2}d\rho\right)\fallingdotseq Al\rho$로 된다.

한편, 이 $ABCD$ 부분에는 오른편으로 $A(p+dp)-Ap=Adp$의 힘이 작용한다. 따라서 Newton의 운동법칙에 의하면 $ABCD$ 부분의 운동방정식은

$$Al\rho\times\frac{V}{l}a=Adp$$

로 된다. 따라서

$$\rho aV=dp \tag{10.34}$$

의 관계식을 얻는다. 이 관계식에도 $ABCD$ 부분의 길이 l이 들어있지 않고 또, 압력이 직선적으로 변한다는 것도 나타나지 않으므로 이 관계식도 일반적으로 성립한다.

식 (10.33)과 (10.34)에 의하여

$$a^2=\frac{dp}{d\rho} \tag{10.35}$$

즉,

$$a=\sqrt{\frac{dp}{d\rho}} \tag{10.36}$$

이 결과로부터 압력의 변화가 미소하면 그 전파속도는 기체의 압축법칙 즉, p와 ρ와의 관계식에 관계될 뿐이고, 변화의 모양이나 크기에는 관계하지 않는다는 것을 안다. 예를 들면 dp가 양이든 음이든 간에 압력변화는 같은 속도로 4방으로 전파된다. 소리란 양, 음의 압력변화의 연속이고 그들의 변화는 일정한 모양으로 같은 속도 a를 음속(acoustic velocity)이라 한다.

만일, 압력변화가 급격히 일어나는 결과 열의 출입이 없는 즉, 단열변화인 경우에는 $p=c\rho^k$가 성립하고 따라서

$$\frac{dp}{d\rho}=kc\rho^{k-1}=\frac{kc}{\rho}\rho^k=\frac{kp}{\rho}$$

로 되고 음속 a는

$$a=\sqrt{\frac{kp}{\rho}} \tag{10.37}$$

로 된다.

완전기체의 상태방정식 $p = R\rho T$를 쓰면

$$a = \sqrt{kRT} \tag{10.38}$$

로 된다. 따라서 이상기체에 있어서는 음속이 절대온도 T의 제곱근에 비례한다.

예제 10.7 기온 20°C에 있어서 공기($k = 1.4$) 속의 음속을 구하라.

풀이

$a = \sqrt{kRT}$ m/s에서

$$k = 1.4\text{이고},\ R = 287\ \text{J/kg}\cdot\text{K},\ \text{T} = 273 + 20 = 293\text{K}$$

라고 하면

$$a = \sqrt{1.4 \times 287 \times 298} = 343\ \text{m/s}$$

액체 속에서의 음파는 다음과 같이 생각한다. 액체의 압력상승 dp에 대한 비체적 v의 팽창을 dv라 하면 액체의 체적탄성계수 K는

$$k = \frac{dp}{-\frac{dv}{v}} \tag{10.39}$$

로 표시된다. 그런데 $\rho = \frac{1}{v}$이므로 대수를 취해서 미분하면

$$-\frac{dv}{v} = \frac{dp}{\rho}$$

이것을 식 (10.39)에 대입하면

$$K = \frac{dp}{\frac{d\rho}{\rho}} \quad \therefore \quad \frac{dp}{d\rho} = \frac{K}{\rho} \tag{10.40}$$

이것을 식 (10.36)에 대입하여

$$a = \sqrt{\frac{dp}{d\rho}} = \sqrt{\frac{K}{\rho}} \tag{10.41}$$

를 얻는다. 이것이 액체 속을 전파하는 음속이다.

예제 10.8 수중에서 음파의 속도를 구하라. 단, 물의 체적탄성계수는 $20.3 \times 10^8\ \text{N/m}^2$라고 한다.

풀이

$$a = \sqrt{\frac{K}{\rho}} = \sqrt{\frac{20.3 \times 10^8}{1000}} = 1425\ \text{m/s}$$

10.8 수격작용

그림 10.3과 같이 저장탱크와 도관과 그 끝에 있는 밸브로 구성된 계에 물이 정상적으로 흐르고 있는 경우를 생각하자. 이 때 도관 끝에서의 유속은 V이고 계기압력은 0이다.

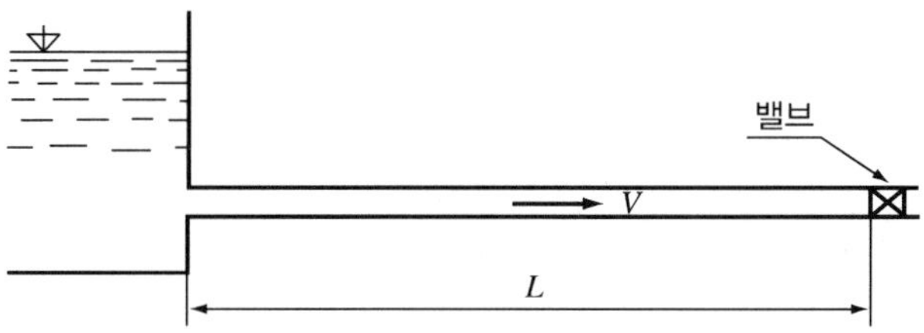

◈ 그림 10.3

이제 밸브를 잠그게 되면 흐름이 감속 또는 정지되도록 충분한 힘을 물이 받게 된다. 그래서 짧은 시간에 속도가 감소하고 압력은 증가한다. 그러므로 관 끝에서의 압력이 그 바로 상류의 압력보다 커져서 그 부분의 유체는 힘을 받게 되고 속도는 감소 또는 반전한다. 이와 같은 현상이 차례로 상류편으로 파급된다. 즉, 압력파가 전파된다. 이 압력파가 저장탱크까지 전달되면 유체는 도관에서 탱크로 잠시 흐르게 된다.

도관 끝에서 유체가 상류방향으로 역류하기 시작하면 곧 그곳에서 진공이 생겨서 유체를 다시 본래 방향으로 흐르게 하려는 힘이 생긴다. 이와 같은 힘 즉, 정상보다 낮은 저압력파가 도관을 따라 저장탱크로 전파되어서 본래 방향의 속도파가 곧 도관 끝에 도달한다. 그러나 도관 끝이 잠겨져 있으므로 흐름을 계속할 수가 없고 또 다른 압력파가 생겨서 도관을 따라 탱크에 전달된다. 이와 같이 도관끝에서의 압력과 속도는 그림 10.4에 표시한 바와 같이 교대로 변화된다.

처음 t_0 때의 압력은 0이고 속도는 V이다. 밸브를 잠금에 따라 속도는 감소하며, t_1에서 0이 되고 압력은 p까지 증가한다. 그 후 압력은 감소하여 t_2에서 0이 되고 속도는 역방향의 최대속도 V로 된다. 이 역류로 인하여 압력이 정상압보다 적어지고, t_3에서 가장 낮은 압력이 되면 속도는 0으로 된다. 다시 흐름방향이 바뀌면 원상태로 되돌아 간다.

이와 같이 한 사이클 하는 시간 즉, 주기는

$$t = \frac{2L}{a} \tag{10.42}$$

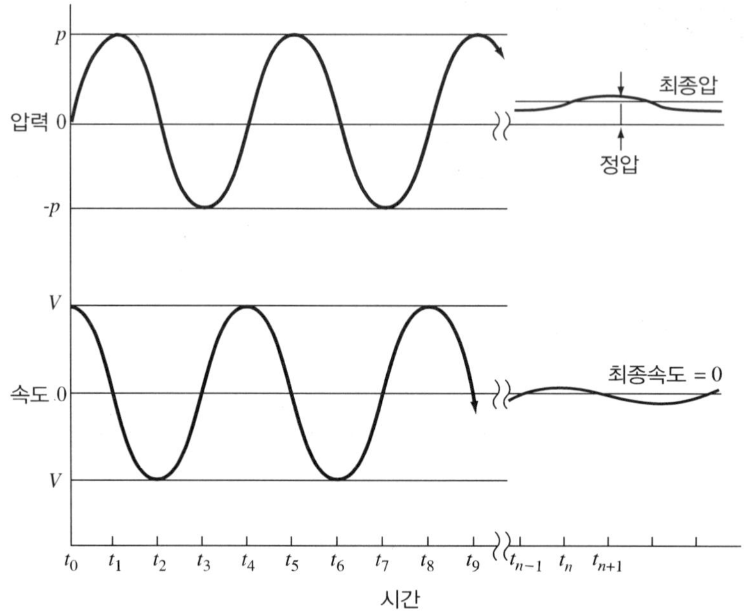

◇ **그림 10.4 압력과 속도의 진동**

여기서 t = 주기, L = 도관의 길이, a = 압력파의 속도와 같이 되는 것이 명백하고 밸브를 갑자기 잠그므로해서 생기는 압력의 증가는 식 (10.34)에 의하여

$$dp = \rho a V \text{ 또는 } dh = a\frac{V}{g} \tag{10.43}$$

와 같이 된다.

이상과 같은 이유로 상류로 파급된 압력파가 밸브로 반사되는데 소요되는 시간보다 짧은 시간 내에 밸브가 닫힐 때 최대압력상승이 일어나는데 이와 같은 현상을 수격작용(water hammering ; 물망치 작용)이라 한다.

예제 10.9 20°C의 물을 수송하는 직경 8 cm되는 관의 밸브를 갑자기 잠근 결과 압력이 70 N/cm^{2}만큼 증가하였다. 잠그기 전의 유량은 얼마인가?
단, 물의 체적탄성계수는 2.0685 × 10^5 N/cm^{2}이라고 한다.

풀이

이 물 속에서의 음속은 식 (10.41)에 의하여

$$a = \sqrt{\frac{K}{\rho}} = \sqrt{\frac{2.0685 \times 10^9}{1000}} = 1438 \text{ m/s}$$

식 (10.43)에 의하여 $\Delta p = \rho a V$이므로

$$70 \times 10^4 = 1000 \times 1438 \times V$$

$$V = \frac{70 \times 10^4}{1438 \times 1000} = 0.487 \text{ m/s}$$

$$Q = AV = \frac{\pi}{4}(0.08)^2 \times 0.487 = 0.00245 \text{ m}^3\text{/s}$$

이다.

10.9 아음속흐름과 초음속흐름

물체가 공기 속에서 어떤 속도로 진행하는 경우를 생각하면 그것에 의해서 공기 속에 압력변화가 생기고 이 변화는 물체로부터 주위의 공기속에 음속으로 전파되어간다. 물체의 속도가 음속에 비해서 극히 작은 경우에는 물체의 주위에 있어서 이 압축파의 영향은 균일하다고 볼 수 있으므로 물체는 비압축성 유체 속을 진행하고 있는 것과 같아진다.

물체의 속도가 점차적으로 빨라져서 음속 가까이 되면 이 압축파의 영향은 물체 주위에서 균일하지 않게 된다.

그림 10.5(a)는 물체가 정지상태($V=0$)이고 압축파만이 음속 a로 전파되는 상태를 표시한다. 시간 0, 1, 2초에 물체로부터 나온 압축파는 3초 후에는 반경 $a\times 3$, $a\times 2$, a인 원(3차원인 경우는 구면)으로 퍼져간다. 즉, 물체주위에 있어서 압축파의 영향은 균일하다.

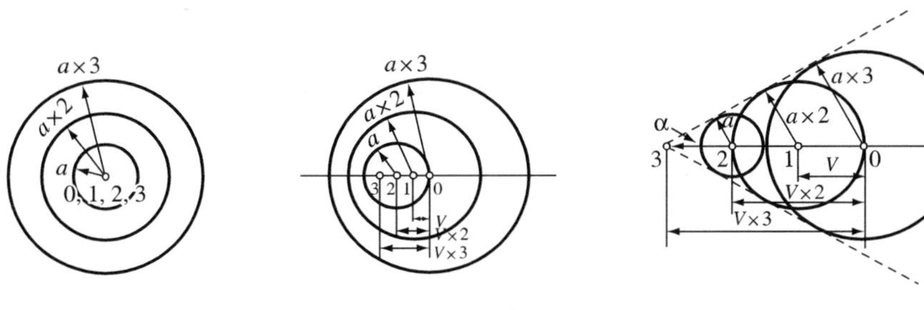

(a) $V=0$인 경우 (b) $V<a$인 경우 (c) $V>a$인 경우

그림 10.5

그림 10.5(b)는 물체가 음속 a의 약 반정도의 속도 V로 진행하는 상태를 표시한다. 0의 위치에 있는 물체가 1, 2, 3초 후에 1, 2, 3의 위치에 왔다고 하면 물체로부

터 시간 0, 1, 2초에 떠난 압축파는 3초 후에는 반경 $a\times3$, $a\times2$, a인 원(구면)으로 퍼져간다.

그림 10.5(c)는 물체의 속도 V가 음속 a보다 빠른 속도로 진행해가는 경우로서 물체는 1, 2, 3초 후에 1, 2, 3 위치로 갔다고 하면 물체로부터 0, 1, 2초에 떠난 압축파는 3초 후에는 그림이 점선으로 표시되는 직선(3차원 흐름에서는 원뿔면)을 형성하며 진행한다.

(b)의 경우와 같이 물체의 속도가 음속보다 작은 경우는 움직이는 물체 전방에도 후방에서 일어난 형상의 영향이 있고 (c)의 경우와 같이 물체의 속도가 음속보다 빨라지면 물체 전방에는 이 영향이 없어진다. 예를 들면 음속보다 빠른 속도로 날아가는 제트기는 지나간 다음에 소음이 귀에 들려온다.

그래서 물체가 음속부근의 속도로 운동하든가 또는 정지하고 있는 물체에 가까운 유체의 흐름이 부딪히게 되면 유체에 있어서 압축파의 영향을 무시할 수 없게 된다. 이와 같은 때에 물체의 속도 (또는 유속) V가 음속 a보다 작은 경우를 아음속흐름(subsonic flow)이라 하고, 물체의 속도(혹은 유속) V가 음속 a보다 큰 경우를 초음속흐름(supersonic flow)이라 한다. 그림 10.5(b)는 아음속흐름이고 그림 10.5(c)는 초음속흐름이다.

V와 a의 비를 Mach 수라 하며, 일반적으로 이것을 M으로 표시한다.

즉,

$$M=\frac{V}{a}=\frac{V}{\sqrt{kRT}} \tag{10.44}$$

그림 10.5(c)의 초음속흐름에서 마하파와 중심선과의 각을 α라 하면

$$\sin\alpha=\frac{a}{V}=\frac{1}{M} \tag{10.45}$$

로 되고, α를 Mach 각(Mach angle)이라고 한다. 또 이 경우 점선으로 표시된 직선을 Mach 파(Mach wave)라고 한다.

예제 10.10 음속 341 m/s인 공기 속을 초음속으로 달리는 물체의 Mach 각이 40°이다. 그 물체의 속도를 구하라.

풀이

$\sin\alpha=\dfrac{a}{V}$에서

$$V = \frac{a}{\sin\alpha} = \frac{341}{\sin 40°} = 530 \text{ m/s}$$

이다.

예제 10.11 매초 270 m로 제트기가 비행하고 있다고 하면 그 때의 Mach 수는 얼마인가? 단, 기온은 20°C, $R = 287$ J/kg K, k = 1.4라 한다.

풀이

$$M = \frac{V}{\sqrt{kRT}} = \frac{270}{\sqrt{1.4 \times 287 \times 293}} = \frac{270}{343} = 0.787$$

10.10 단열흐름

관이나 덕트 내를 흐르는 기체는 많은 경우에 단열적으로 흐른다. 특히, 노즐과 같이 짧은 것을 생각할 때는 마찰손실은 적고 따라서 비점성기체의 단열변화 즉, 등엔트로피 변화로 생각해서 좋은 경우가 많다.

이제 기체가 유속 0, 온도 (전온) T_0, 압력(전압) p_0, 밀도 ρ_0인 상태에서 출발하여 유속 V, 온도 T, 압력 p인 상태로 단열적으로 변화했을 때의 에너지 방정식

$$T + \frac{1}{R}\frac{k-1}{k}\frac{V^2}{2} = T_0 = \text{const.}$$

윗 식에 $M = \dfrac{V}{\sqrt{kRT}}$를 대입하여 V를 소거하면

$$\frac{T}{T_0} = \left(1 + \frac{k-1}{2}M^2\right)^{-1} \tag{10.46}$$

다음에 식 (10.21), (10.22)에 의해서

$$\frac{T}{T_0} = \left(\frac{p}{p_0}\right)^{\frac{k-1}{k}} \tag{10.47}$$

$$\frac{p}{p_0} = \left(\frac{\rho}{\rho_0}\right)^{k} \tag{10.48}$$

가 성립하므로 식 (10.46)을 식 (10.47), (10.48)에 대입하면

$$\frac{p}{p_0} = \left(1 + \frac{k-1}{2}M^2\right)^{-\frac{k}{k-1}} \tag{10.49}$$

$$\frac{\rho}{\rho_0} = \left(1 + \frac{k-1}{2}M^2\right)^{-\frac{1}{k-1}} \tag{10.50}$$

로 된다. 단, M은 임의상태 (T, p, ρ)에 있어서의 Mach 수이다.

이들 식 (10.46), (10.49), (10.50)은 비점성기체에 있어서 유속 0인 상태(T_0, p_0, ρ_0)를 알고 Mach 수 M인 임의상태의 T, p, ρ를 아는데 편리하다. 반대로 생각하면 Mach 수 M인 임의상태(T, p, ρ)를 알고 정체점의 상태(T_0, p_0, ρ_0)를 구하는데도 이용된다.

10.6절에 기술한 바와 같이 전온 T_0는 비점성기체에 있어서나 점성기체에서 일정하므로 식 (10.46)은 항상 적용된다. 그런 전압 p_0는 점성에 의한 마찰손실로 인하여 감소되므로 식 (10.49)와 식 (10.50)은 비점성기체에만 적용되고 점성기체에는 적용되지 않는다.

예제 10.12 유속 0, 압력 6.87 N/cm², 온도 38°C인 상태 ⓪의 공기를 축소 확대관을 통하여 스로트부 ①, 확대부 ②에 있어서 공기의 Mach 수를 각각 1 및 2가 되게 하기 위해서 스로트부 ① 및 확대부 ②에 있어서의 온도, 압력, 밀도, 음속, 유속은 각각 얼마가 되어야 하는가?
단, 공기의 점성은 무시하고 $k = 1.4$라 한다.

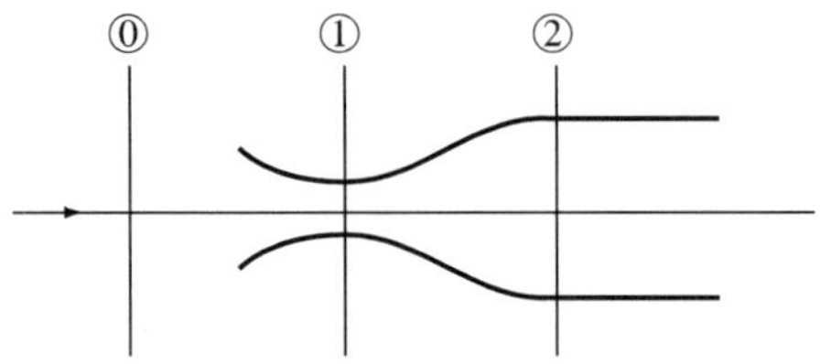

그림 10.6

풀이

$$T_0 = 38℃ = 311 \text{ K}$$

$$\rho_0 = \frac{p_0}{RT_0} = \frac{6.87 \times 10}{287 \times 311} = 0.77 \text{ kg/m}^3$$

$$a_0 = \sqrt{kRT_0} = \sqrt{1.4 \times 287 \times 311} = 354 \text{ m/s}$$

throat 부$(M = 1)$에서의 제요소의 값은

$$T_1 = \frac{T_0}{1+\frac{k-1}{2}M^2} = \frac{311}{1+\frac{1.4-1}{2}\times 1} = 259\ \mathrm{K}$$

$$p_1 = \frac{p_0}{\left(1+\frac{k-1}{2}M^2\right)^{\frac{k}{k-1}}} = \frac{6.87}{\left(1+\frac{1.4-1}{2}\times 1\right)^{\frac{1.4}{0.4}}} = 6.87\times 0.5283 = 3.63\ \mathrm{N/cm^2}$$

$$\rho_1 = \frac{\rho_0}{\left(1+\frac{k-1}{2}M^2\right)^{\frac{1}{k-1}}} = \frac{0.77}{\left(1+\frac{1.4-1}{2}\times 1\right)^{\frac{1}{0.4}}} = 0.487\ \mathrm{kg/m^3}$$

$$a_1 = a_0\frac{\sqrt{kRT_1}}{\sqrt{kRT_0}} = 354\sqrt{\frac{259}{311}} = 323\ \mathrm{m/s}$$

$$V_1 = Ma_1 = 1\times 323 = 323\ \mathrm{m/s}$$

확대부($M=2$)에 있어서의 제요소의 값은

$$T_2 = \frac{T_0}{1+\frac{k-1}{2}M^2} = \frac{311}{1+\frac{1.4-1}{2}\times 2^2} = 173\ \mathrm{K}$$

$$p_2 = \frac{p_0}{\left(1+\frac{k-1}{2}M^2\right)^{\frac{k}{k-1}}} = \frac{6.87}{\left(1+\frac{1.4-1}{2}\times 2^2\right)^{\frac{1.4}{0.4}}} = 6.87\times 0.1278 = 0.878\ \mathrm{N/cm^2}$$

$$\rho_2 = \frac{\rho_0}{\left(1+\frac{k-1}{2}M^2\right)^{\frac{1}{k-1}}} = \frac{0.77}{\left(1+\frac{1.4-1}{2}\times 2^2\right)^{\frac{1}{0.4}}} = 0.77\times 0.2300 = 0.177\ \mathrm{kg/m^3}$$

$$a_2 = a_0\sqrt{\frac{T_2}{T_0}} = 354\sqrt{\frac{173}{311}} = 264\ \mathrm{m/s}$$

$$V_2 = Ma_2 = 2\times 264 = 528\ \mathrm{m/s}$$

이다.

비점성기체의 단열흐름 즉, 등엔트로피 흐름에 대해서 생각해 보기로 하자.

식 (10.46)의 대수를 취하여

$$\log\left(\frac{\mathrm{T}}{\mathrm{T_0}}\right) = -\log\left(1+\frac{k-1}{2}M^2\right)$$

이것을 미분하면($T_0 = \mathrm{const.}$)

$$\frac{dT}{T} = \frac{-(k-1)M^2}{1+\frac{k-1}{2}M^2}\frac{dM}{M} \tag{10.51}$$

윗 식에서 우변의 $\frac{dM}{M}$의 계수는 음이므로 온도 T의 증감은 Mach 수 M의 증감과 역으로 역으로 된다.

식 (10.49)의 대수를 미분하면 ($p_0 = \text{const.}$)

$$\frac{dp}{p} = \frac{-kM^2}{1+\frac{k-1}{2}M^2}\frac{dM}{M} \tag{10.52}$$

이 경우에도 $\frac{dM}{M}$의 계수는 음이므로 압력 p의 증감은 Mach 수 M의 증감과 역으로 된다.
다음에 식 (10.50)의 대수를 미분하면 ($\rho_0 = \text{const.}$)

$$\frac{d\rho}{\rho} = \frac{-M^2}{1+\frac{k-1}{2}M^2}\frac{dM}{M} \tag{10.53}$$

이 경우에도 마찬가지로 밀도 ρ의 증감과 Mach 수 M의 증감은 역으로 된다.
이제 Mach 수의 식 $M = \frac{V}{\sqrt{kRT}}$의 대수를 미분하면

$$\frac{dM}{M} = \frac{dV}{V} - \frac{1}{2}\frac{dT}{T} \tag{10.54}$$

식 (10.54)에 식 (10.51)의 $\frac{dT}{T}$값을 대입하여

$$\frac{dV}{V} = \frac{1}{1+\frac{k-1}{2}M^2}\frac{dM}{M} \tag{10.55}$$

우변의 $\frac{dM}{M}$의 계수는 양이므로 유속 V의 증감은 Mach 수 M의 증감과 일치한다.
연속의 식으로 단면적 A인 관내를 단위시간에 흐르는 기체의 질량유량은

$$\dot{m} = \rho AV = \text{const.}$$

이것의 대수를 미분하면

$$\frac{d\rho}{\rho} + \frac{dA}{A} + \frac{dV}{V} = 0 \tag{10.56}$$

식 (10.56)에 식 (10.53)의 $\frac{d\rho}{\rho}$, 식 (10.55)의 $\frac{dV}{V}$의 값을 대입하면

$$\frac{dA}{A} = \frac{-(1-M^2)}{1+\frac{k-1}{2}M^2}\frac{dM}{M} \tag{10.57}$$

윗 식으로 다음을 알 수 있다. 비점성기체의 경우는 관의 단면적이 일정하면 Mach 수도 일정하다. 따라서 유속, 압력, 온도, 밀도도 일정하다.
단면적이 변화하는 관에 대해서는 단면적의 증감과 Mach 수의 증감과의 관계는 역시 식 (10.57)에 의하여 얻는데 $M<1$과 $M>1$의 경우로 갈라진다. 결국 아음속흐름($M<1$)에서는 그림 10.7과 같이 되고, 초음속흐름($M>1$)에서는 그림 10.8과 같이 된다. 따라서 축소관 내의 아음속흐름에서는 유속은 증가하고 Mach 수 ($M<1$)는 증대하여 1에 접근한다. 한편 확대관 내의 초음속흐름에서는 유속은 증가하고 따라서 Mach 수는 점점 1보다 커져 간다.

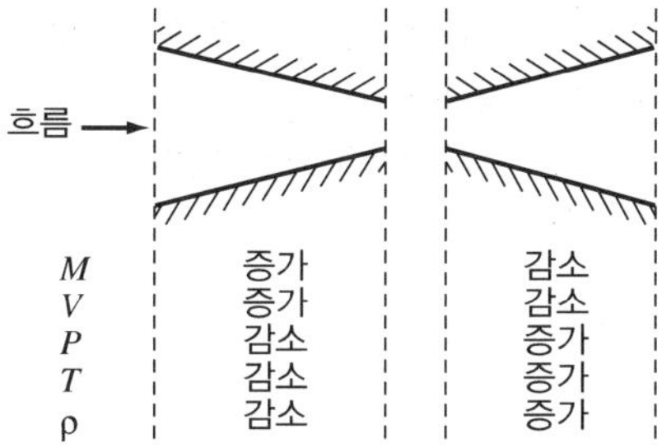

◈ **그림 10.7**

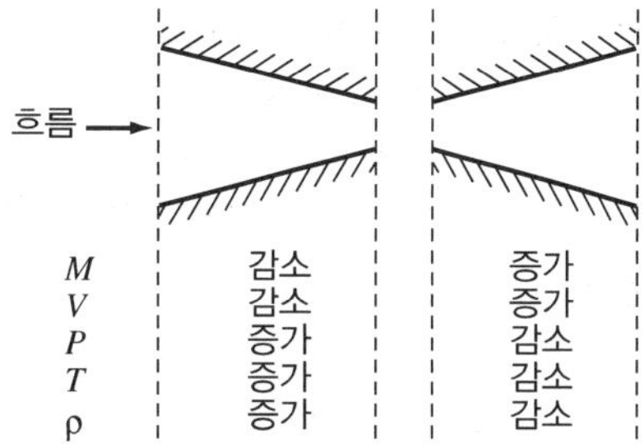

◈ **그림 10.8**

그림 10.9는 라발노즐(laval nozzle)로 알려져 있는 축소 확대관이다. 축소부에서 아음속으로 기체가 흐르고 단면이 최소로 되는 스로트(throat)부에서 음속흐름($M=1$)이 되면, 다시 확대부에서 초음속흐름이 된다. 이 관에서는 M, V, p, T, ρ등은 그림 10.9와 같이 된다.

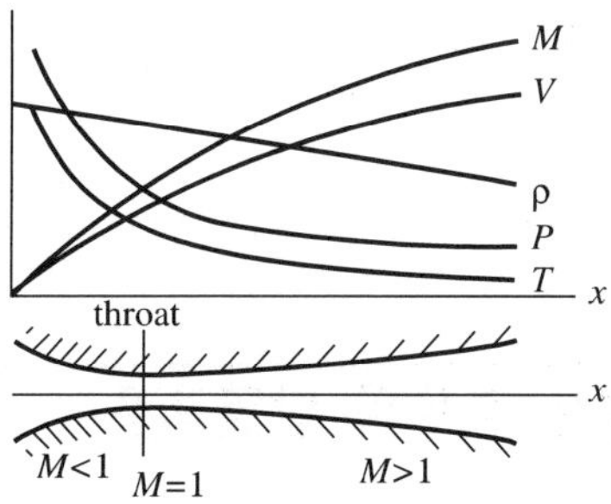

◈ **그림 10.9**

식 (10.57)을 적분하면

$$\log A = \log\left[\frac{\left(1+\frac{k-1}{2}M^2\right)^{\frac{k+1}{2(k-1)}}}{M}\right] + \log C$$

로 되므로 상류 1, 하류 2의 위치에 대한 단면적, Mach 수를 각각 A_1, A_2, M_1, M_2라고 하면

$$\frac{A_1}{A_2} = \frac{M_2}{M_1}\left(\frac{1+\frac{k-1}{2}M_1^2}{1+\frac{k-1}{2}M_2^2}\right)^{\frac{k+1}{2(k-1)}} \tag{10.58}$$

로 된다.

예제 10.13 유속 0, 압력 6.87 N/cm^2, 온도 38°C인 상태 ⓪의 공기를 축소확대관을 통하여 그 스로트부 ①, 확대부 ②에 있어서의 Mach 수를 각각 1 및 2가 되게 하기 위해서는 ②에서의 단면적을 얼마로 하면 되는가? 단, 스로트부에서의 단면적은 930 cm^{2}이고, 공기의 점성은 무시하며 $k=1.4$라고 한다.

풀이

$$\frac{A_1}{A_2}=\frac{M_2}{M_1}\left(\frac{1+\frac{k-1}{2}M_1^2}{1+\frac{k-1}{2}M_2^2}\right)^{\frac{k+1}{2(k-1)}}$$ 에서

$$A_2=A_1\frac{M_1}{M_2}\left(\frac{1+\frac{k-1}{2}M_2^2}{1+\frac{k-1}{2}M_1^2}\right)^{\frac{k+1}{2(k-1)}}=930\frac{1}{2}\left(\frac{1+\frac{1.4-1}{2}\times 2^2}{1+\frac{1.4-1}{2}\times 1^2}\right)^{\frac{1.4+1}{2(1.4-1)}}$$

$$=930\times\frac{27}{16}=1570\ \text{cm}^2$$

이다.

10.11 Mach 수가 작은 경우의 단열흐름

아음속흐름에서 Mach 수가 적어지면 기체를 비압축성유체로 취급하면 좋다. 이제 Mach 수가 비교적 적으나 그렇다고 압축성을 무시할 수 있을 정도로 적지 않은 경우에 대해서 생각하자.

어떤 위치에 있어서 전압을 p_0, 정압을 p, Mach 수를 M이라 하면 전술한 식 (10.49)에 의하여

$$\frac{p_0}{p}p\left(1+\frac{k-1}{2}M^2\right)^{\frac{k}{k-1}}$$

M은 $M\ll 1$이라고 하며 우변을 무한급수로 전개하면

$$\frac{P_0}{p}=1+\frac{k}{2}M^2+\frac{kM^4}{8}+\frac{k(2-k)}{48}M^6+\cdots$$

$$\therefore\ \frac{p_0-p}{p}=\frac{kM^2}{2}\left(1+\frac{1}{4}M^2+\frac{2-k}{24}M^4\cdots\right) \tag{10.59}$$

로 된다. 또 $M=\dfrac{V}{a}=\dfrac{V}{\sqrt{kp/\rho}}$에 의하여

$$p_0 - p = \frac{\rho}{2} V^2 \left[1 + \frac{1}{4}\left(\frac{V}{a}\right)^2 + \frac{2-k}{24}\left(\frac{V}{a}\right)^4 + \cdots \right] \tag{10.60}$$

윗 식에서 [ ] 안의 제 2항 이하를 생략하면 비압축성유체의 식 즉, Bernoulli 식이 된다.

압축성기체에 있어서 유속 V를 구할 때 위의 식 (10.59) 또한 식 (10.60)을 사용하는 대신 Bernoulli의 식으로 구하면 유속의 값은 그만큼 커지는데 그 오차는 표 10.1과 같다. Mach 수가 작은 경우에는 Bernoulli의 식으로 충분하다.

❖ 표 10.1

$M = \frac{V}{a}$	0.7	0.6	0.5	0.4	0.3	0.2	0.1
유속 V의 오차(%)	6	4.5	3	2	1	0.5	0.1

예제 10.14 공기를 압하는 도관 속에 pitot관을 삽입하여 압력을 측정한 즉, 동압은 2.45 N/cm^2, 정압은 7 N/cm^2 abs이었고, 또 정온은 −12°C이었다고 한다. pitot관 위치에 있어서 공기의 속도를 구하라. 단, k=1.4라고 한다.

풀이

우선 $\frac{p_0 - p}{p} \fallingdotseq \frac{kM^2}{2}$라고 M의 값을 구하자.

$p_0 - p = 2.45\ \text{N/cm}^2,\ \ p = 7\ \text{N/cm}^2,\ \ k = 1.4$이므로

$$\frac{2.45}{7} \fallingdotseq \frac{1.4}{2} M^2$$

$$\therefore\ M^2 = 0.5,\ M = 0.707$$

이 값을 식 (10.59)를 이용하여 다음과 같이 수정한다.

$$\frac{p_0 - p}{p} \fallingdotseq \frac{kM^2}{2}\left(1 + \frac{1}{4}M^2 + \frac{2-k}{24}M^4\right)$$

$M^2 = 0.5$의 값을 윗 식의 ( )에 대입하면

$$(\,) = 1 + \frac{1}{4}0.5 + \frac{2-1.4}{24}0.5^2 = 1.13125$$

( )의 값을 윗 식에 대입하여 M^2의 값을 구하면

$$\frac{2.45}{7} = \frac{1.4M^2}{2} \times 1.13125$$

$$\therefore\ M^2 = 0.442$$

이 방법을 반복하여 결국 M^2의 값으로서

$$M^2 = 0.45 \quad \therefore\ M = 0.67$$

따라서 유속은

$$V = Ma = M\sqrt{kRT} = 0.67\sqrt{1.4 \times 287 \times (273-12)} = 0.67 \times 324 = 217\ \text{m/s}$$

이다.

10.12 Fanno 방정식

단면적 A인 관을 통하는 기체의 질량유량을 $\dot{m}$라고 하면 단위면적당 유량은 변형하여

$$\frac{\dot{m}}{A} = \rho V = \frac{p}{RT}V = \frac{p}{\sqrt{T_0}}\sqrt{\frac{k}{R}}\frac{V}{\sqrt{kRT}}\sqrt{\frac{T_0}{T}}$$

로 된다.

그런데 $M = V/\sqrt{kRT}$이고 식 (10.46)을 고려하면 윗 식은

$$\frac{\dot{m}}{A} = \frac{p}{\sqrt{T_0}}\sqrt{\frac{k}{R}}M\sqrt{1+\frac{k-1}{2}M^2} \tag{10.60}$$

로 되는데 이 식을 Fanno 방정식이라 부른다.

단열변화의 경우에 대해서 생각하면 그 경우에 기체의 전온 T_0은 일정하다고 볼 수 있으므로 이 전온 T_0 및 어떤 위치에 있어서의 유량 $\dot{m}$, 단면적 A, 정압 p를 알면 그 위치에 있어서의 Mach 수 M을 윗 식으로 구할 수 있다.

이 식의 성립에는 기체의 점성 또는 비점성은 관계하지 않는다. 따라서 이 식은 비점성유체에도 점성유체에도 적용되는 식이다. 특히, 비점성기체의 단열변화의 경우에는 식 (10.49)의 p값을 윗 식에 대입하여

$$\frac{\dot{m}}{A} = \frac{p_0}{\sqrt{T_0}}\sqrt{\frac{k}{R}}M\left(1-\frac{k-1}{2}M^2\right)^{-\frac{k+1}{2(k-1)}} \tag{10.61}$$

을 얻는다. 이 식은 비점성기체의 Mach 수를 산출하는 경우에 이용된다.

예제 10.15 유속 0, 압력 6.87 N/cm², 온도 38°C인 상태 ⓪의 공기를 축소확대관을 통하여 그 스로트부 ①, 확대부 ②에서의 Mach 수가 각각 1 및 2가 되게 하기 위해서는 유량은 몇 kg/s로 되는가? 단, 스로트부 ①에서의 단면적은 930 cm²이고 공기의 점성은 무시한다.

풀이

식 (10.62)의 $\dfrac{\dot{m}}{A} = \dfrac{p_0}{\sqrt{T_0}}\sqrt{\dfrac{k}{R}}M\left(1+\dfrac{k-1}{2}M^2\right)^{-\frac{k+1}{2(k-1)}}$ 에서 $A = A_1 = 0.0930\ \text{m}^2$,

$p_0 = 6.87\times 10^4\ \text{N/m}^2$, $T_0 = 273+38$, $M = M_1 = 1$이므로

$$\frac{\dot{m}}{0.0930} = \frac{6.87\times 10^4}{\sqrt{278+38}}\sqrt{\frac{1.4}{287}}\left(1+\frac{1.4-1}{2}\times 1^2\right)^{-\frac{2.4}{0.8}}$$

에서

$$\dot{m} = 14.6\ \text{kg/s}$$

이다.

별해

$T_0 = 38℃ = 311\text{K}$

$\rho_0 = \dfrac{p_0}{RT_0} = \dfrac{6.87\times 10^4}{287\times 311} = 0.769\ \text{kg/m}^3$

$a_0 = \sqrt{kRT_0} = \sqrt{1.4\times 287\times 311} = 353.6\ \text{m/s}$

$T_1 = \dfrac{T_0}{1+\dfrac{k-1}{2}M^2} = \dfrac{311}{1+\dfrac{1.4-1}{2}\times 1^2} = 259\ \text{K}$

$\rho_1 = \dfrac{\rho_0}{\left(1+\dfrac{k-1}{2}M^2\right)^{\frac{1}{k-1}}} = \dfrac{0.769}{\left(1+\dfrac{1.4-1}{2}\times 1^2\right)^{\frac{1}{0.4}}} = 0.488\ \text{kg/m}^2$

$a_1 = a_0\sqrt{\dfrac{T_1}{T_0}} = 354\sqrt{\dfrac{259}{311}} = 322.7\ \text{m/s}$

$V_1 = M_1 a_1 = 1\times 323 = 323\ \text{m/s}$

$\dot{m} = \rho_1 A_1 V_1 = 0.488\times 0.0930\times 323 = 14.6\ \text{kg/s}$

10.13 축소 · 확대관

유속 0, 온도 T_0, 압력 p_0인 기체가 축소관을 지나는 경우를 생각한다. 이와 같은 경우 기체의 점성에 의한 영향은 작으므로 비점성기체가 단열변화(등엔트로피

변화)한다고 생각된다.

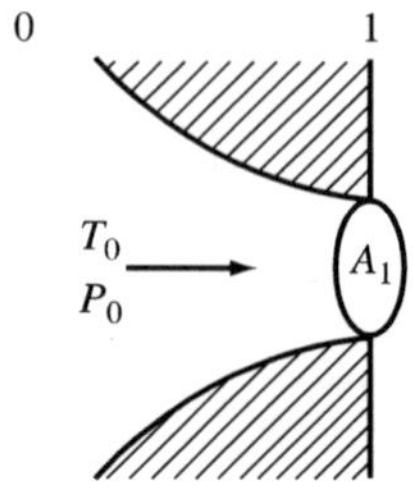

◈ 그림 10.10

단면적 A_1에서의 제요소를 각각 첨자 1을 쓰기로 하면 여기를 지나는 질량유량 $\dot{m}$는 Fanno 식에 의하여

$$\dot{m} = A_1 \frac{p_0}{\sqrt{T_0}} \sqrt{\frac{k}{R}} M_1 \left(1 + \frac{k-1}{2} M_1^2\right)^{-\frac{k+1}{2(k-1)}} \tag{10.63}$$

로 되고 식 (10.49)에 의하여 다음 식이 성립한다.

$$\frac{p_1}{p_0} = \left(1 + \frac{k-1}{2} M_1^2\right)^{-\frac{k}{k-1}} \tag{10.64}$$

이 두 식에 각각 $M_1 = \infty$, $M_1 = 0$의 경우를 생각하면

$$M_1 = \infty \text{일 때 } \dot{m} = 0, \ \frac{p_1}{p_0} = 0$$

$$M_1 = 0 \text{일 때 } \dot{m} = 0, \ \frac{p_1}{p_0} = 1$$

로 된다. 따라서 유량 $\dot{m}$의 극대값이 $\frac{p_1}{p_0} = 0 \sim 1$ 사이에 있을 것이다. 그 조건은 식 (10.63)에서 $\frac{d\dot{m}}{dM_1} = 0$으로 구할 수 있다.

식 (10.63)에 대입하면

$$M_1 = 1 \tag{10.65}$$

로 된다. 즉, A_1을 지나는 유속이 그 위치의 음속과 같을 때는 유량은 극대로 된다. 또 이때의 정압 p_1을 p_{th}라 하면 p_{th}는 식 (10.64)에 $M_1 = 1$을 대입하여

$$\frac{p_1}{p_0} \to \frac{p_{th}}{p_0} = \left(\frac{2}{k+1}\right)^{\frac{k}{k-1}} \tag{10.66}$$

로 된다.

유량 $\dot{m}$와 $\dfrac{p_1}{p_0}$과의 관계를 표시하면 그림 10.11과 같이 된다. 출구 1에 있어서의 정압 p_1이 p_0와 같을 때는 $\dot{m}=0$이고 p_1이 작아짐에 따라서 $\dot{m}$는 점차로 증가하여 식 (10.66)을 만족하는 위치($M_1 = 1$)에서 극대로 된다.

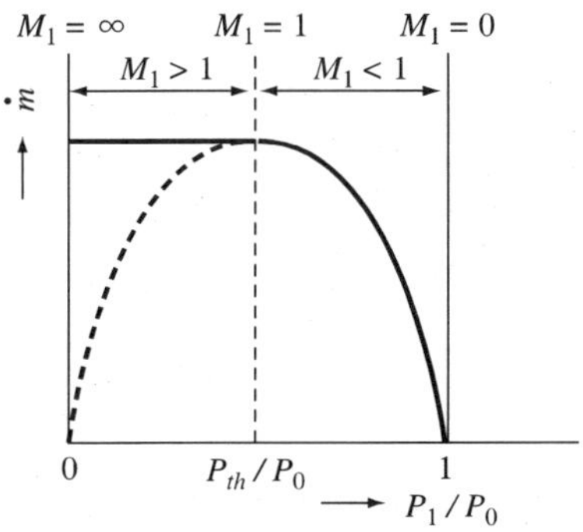

그림 10.11

Fanno식에 의하면 p_1이 더욱 작아지면 $\dot{m}$도 작아질 것이지만 이 경우에는 Mach 수는 식 (10.64)에 의하여 $M_1 > 1$로 된다.

10.10절에서 설명한 바와 같이 축소관에 있어서는 Mach 수는 0에서 점차로 증가하여 1(극대값)까지 되고 그 이상 증가하는 일은 없다. 즉, p_1이 식 (10.66)이 표시하는 값보다 작아지는 경우 Mach 수 M_1은 1보다 커지지 않고 극대값 1을 유지하므로 식 (10.63)에서 보는 바와 같이 $\dot{m}$도 일정하게 유지된다.

예를 들면, 진공 중에 유출하는 경우 $\dfrac{p_1}{p_0}=0$, $M_1 = \infty$이고 식 (10.63)에 의하여 $\dot{m}=0$로 되지만 이것은 출구의 압력 p_1을 진공의 압력과 같다고 놓은 것이 잘못이다. 진공이라 할지라도 출구 1에서 정압이 사실상 식 (10.66)을 만족하는 값을 유지한다.

이 축소관에 확대관을 연결하면 기체의 흐름은 확대관에서 가속 또는 감속된다. 그러나 스로트(throat)보다 앞 부분 관내의 흐름은 연결 이전의 상태와 변함이 없다.

그러나 확대관을 나온 기체의 압력 즉, 배압을 p_a라 할 때 p_a의 고저에 의하여 노즐 내의 흐름은 변한다. 즉, p_0가 p_a보다 조금 클 경우에는 축소관에서 압력은 p_a보다 차츰 작아져서 스로트부에 이르러 최저 정압 p_0로 되고, 확대관에서 다시 점차 상승하여 p_1으로 된다. 이것은 비압축성기체의 흐름과 같다.

p_a가 더욱 작아지면 따라서 스로트 부분의 압력 p_1도 점차로 내려가는데 위에서

말한 바와 같은 흐름은 p_1이 $p_{th} = p_0\left(\frac{2}{k+1}\right)^{\frac{k}{k-1}}$로 될 때까지 계속된다.

그림 10.12에서 p_a가 내려가서 p_s로 되는 경우에는 압력은 스로트부의 p_{th}를 지나서 확대관에 따라 더욱 감소하여 p_s에 이르고 흐름은 아음속에서 스로트를 지나 초음속으로 점차 빨라진다.

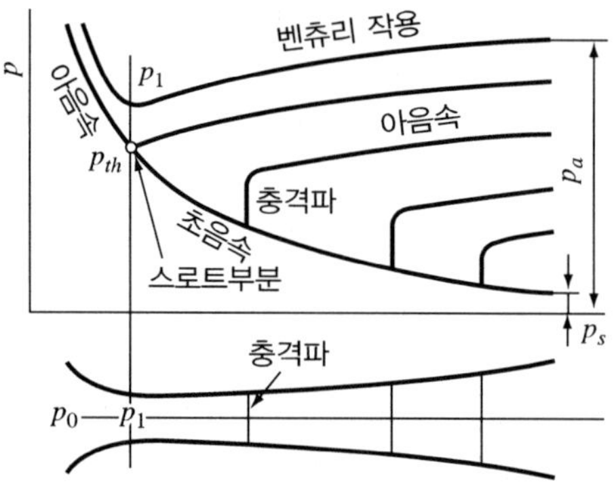

그림 10.12

이제 p_a가 p_s보다 큰 경우를 생각하자. 이때는 압력은 스로트부의 p_{th}를 지나서 확대관을 따라 차츰 작아져서 초음속으로 흐르다가 어떤 곳까지 오면 갑자기 압력상승이 일어나고 그 후 점차로 높아져 간다. 이와 같이 압력이 급히 상승하는 불연속면에서는 초음속흐름이 아음속흐름으로 갑자기 변하고 충격파(shock wave)가 발생한다.

p_a가 p_s에 달하면 충격파는 없어지고, p_s보다 더 낮아지면 그것에 의해서 생긴 압력차 $p_s - p_a$의 운동에너지에의 변환은 확대관을 나온 다음에 일어나고, 관내에서의 흐름은 p_a에 의해서 변하지 않는다.

예제 10.16 축소 확대노즐을 통하여 탱크내의 공기가 대기 중으로 방출되는 경우

(1) 출구의 Mach 수를 2가 되게 하려면 출구의 단면적을 얼마로 하면 좋은가? 단, 스로트부의 내경은 10 mm, 도중 충격파는 생기지 않는 것으로 한다.

(2) 대기압을 9.8 N/cm^{2}라고 하면 탱크내의 압력은 얼마이어야 하는가?

(3) 노즐에서 나오는 분자가 출구에 수직으로 놓여진 평판에 부딪히는 경우에 그 충격력을 구하라. 단, 탱크내의 공기의 온도는 20°C라고 한다.

풀이

(1) $$\frac{A_2}{A_1} = \frac{M_1}{M_2}\left(\frac{1+\frac{k-1}{2}M_2^2}{1+\frac{k-1}{2}M_1^2}\right)^{\frac{k+1}{2(k-1)}}$$ 에서

$$\frac{A_2}{A_1}=\frac{D_2^2}{D_1^2}=\frac{D_2^2}{10^2}$$

$M_1=1,\ M_2=2,\ k=1.4$

$$\frac{D_2^2}{10^2}=\frac{1}{2}\left(\frac{1+\dfrac{1.4-1}{2}\times 2^2}{1+\dfrac{1.4-1}{2}\times 1^2}\right)^{\frac{1.4+1}{2(1.4-1)}}=1.688$$

$$\therefore D=10\sqrt{1.688}=13.0\text{mm}$$

(2) $\dfrac{p_2}{p_0}=\left(1+\dfrac{k-1}{2}M_2^2\right)^{-\frac{k}{k-1}}$ 에서

$p_2=9.8\ \text{N/cm}^2,\ \text{M}_2=2$

$$p_0=p_2\left(1+\frac{k-1}{2}M_2^2\right)^{\frac{k}{k-1}}=9.8\left(1+\frac{1.4-1}{2}\times 2^2\right)^{\frac{1.4}{1.4-1}}=76.4\ \text{N/cm}^2$$

(3) $\dot{m}=A_1\dfrac{p_0}{\sqrt{T_0}}\sqrt{\dfrac{k}{R}}M_1\left(1+\dfrac{k-1}{2}M_1^2\right)^{-\frac{k+1}{2(k-1)}}$

$A_1=$ 스로트부의 단면적 $=\dfrac{\pi}{4}\left(\dfrac{1}{100}\right)^2=0.785\times 10^{-4}\ \text{m}^2$

$M_1=1$

$T_0=273+20=293\text{K}$

$p_0=76.4\ \text{N/cm}^2$

$$\therefore\ \dot{m}=0.785\times 10^{-4}\frac{76.4\times 10^{-4}}{\sqrt{293}}\sqrt{\frac{1.4}{287}}\times 1\times 1\left(\frac{1}{1.2}\right)^{\frac{1.4+1}{2(1.4-1)}}=0.142\ \text{kg/s}$$

$$V_2=M_2\sqrt{kRT_2}=M_2\sqrt{kR}\sqrt{\frac{T_0}{\left(1+\dfrac{k-1}{2}M_2^2\right)}}=2\sqrt{1.4\times 287}\sqrt{\frac{293}{1.8}}=512\ \text{m/s}$$

$$\therefore\ F=\dot{m}V_2=0.142\times 512=72.7\ \text{N}$$

10.14 충격파

앞에서 설명한 바와 같이 초음속흐름($M>1$)이 갑자기 아음속흐름($M<1$)으로 변화할 때 이 흐름에서 생기는 불연속면을 충격파(shock wave)라 하는데 이 불연속면에서 압력과 밀도, 온도, 엔트로피 등도 급히 증대한다.

그림 10.13(a)는 곧은 관내를 지나는 기류 속에 생긴 수직충격파(normal shock wave)를 표시하고, 그림 10.13(b), (c)는 각각 유속과 압력의 변화를 표시한다.

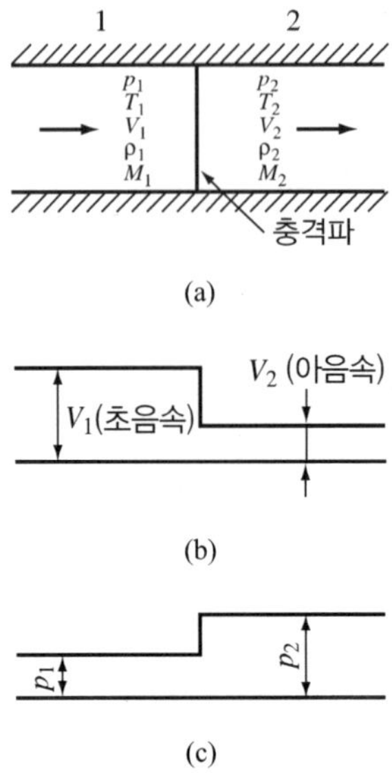

◈ **그림 10.13**

충격파의 앞 부분에 있어서 압력을 p_1, 온도를 T_1, 유속을 V_1, 밀도를 ρ_1, Mach 수를 M_1으로 하고 뒷 부분에서의 그것을 각각 p_2, T_2, V_2, ρ_2, M_2라 하면 곧은 관에 있어서는 단위면적당 유량 $\dot{m}/A$는 일정하다.

그런데 Fanno 방정식 즉,

$$\frac{\dot{m}}{A} = \frac{p}{\sqrt{T_0}}\sqrt{\frac{k}{R}}M\sqrt{1+\frac{k-1}{2}M^2}$$

을 파의 앞면과 뒷면에 적용하면 (단열흐름으로 생각하여도 좋으므로 T_0은 일정)

$$\frac{p_1}{\sqrt{T_0}}\sqrt{\frac{k}{R}}M_1\sqrt{1+\frac{k-1}{2}M_1^2} = \frac{p_2}{\sqrt{T_0}}\sqrt{\frac{k}{R}}M_2\sqrt{1+\frac{k-1}{2}M_2^2}$$

$$\therefore \frac{p_2}{p_1} = \frac{M_1\sqrt{2+(k-1)M_1^2}}{M_2\sqrt{2+(k-1)M_2^2}} \tag{10.67}$$

로 된다.

다음에 연속의 식 $\rho V = \text{cosnt.}(A = \text{const.})$에서

$$\frac{V_2}{V_1} = \frac{\rho_1}{\rho_2} \tag{10.68}$$

이고 $\frac{p}{\rho} = RT$에서

$$\frac{\rho_2}{\rho_1} = \frac{p_2}{p_1}\frac{T_1}{T_2} \tag{10.69}$$

식 (10.68)과 (10.69)에서

$$\frac{T_2}{T_1} = \frac{p_2}{p_1}\frac{\rho_1}{\rho_2} = \frac{p_2}{p_1}\frac{V_2}{V_1} = \frac{p_2}{p_1}\frac{M_2 a_2}{M_1 a_1} = \frac{p_2}{p_1}\frac{M_2}{M_1}\frac{\sqrt{kRT_2}}{\sqrt{kRT_1}}$$

$$\therefore\ \frac{T_2}{T_1} = \left(\frac{p_2}{p_1}\right)^2\left(\frac{M_2}{M_1}\right)^2 \tag{10.70}$$

한편 운동량법칙을 파의 앞면과 뒷면에 적용하면

$$p_1 + \rho_1 V_1^2 = p_2 + \rho_2 V_2^2$$

$V = M\sqrt{kp/\rho}$의 관계를 윗 식에 대입하여

$$p_1 + kM_1^2 p_1 = p_2 + kM_2^2 p_2$$

$$\therefore\ \frac{p_2}{p_1} = \frac{1+kM_1^2}{1+kM_2^2} \tag{10.71}$$

식 (10.67), (10.71)에서 p/p_1을 소거하면

$$M_2 = M_1$$

또는

$$M_2^2 = \frac{2+(k-1)M_1^2}{2kM_1^2-(k-1)} \tag{10.72}$$

로 된다. 충격파의 경우는 온도, 압력, 밀도 등이 불연속적으로 변하여 $M_2 \neq M_1$으로 되므로 식 (10.72)만을 생각하면 된다.

식 (10.72)를 식 (10.71)에 대입하여

$$\frac{p_2}{p_1} = \frac{2k}{k+1}M_1^2 - \frac{k-1}{k+1} \tag{10.73}$$

식 (10.72), (10.73)을 식 (10.70)에 대입하면

$$\frac{T_2}{T_1} = \frac{\left[2kM_1^2-(k-1)\right]\left[2+(k-1)M_1^2\right]}{(k-1)^2 M_1^2} \tag{10.74}$$

식 (10.73), (10.74)를 식 (10.69)에 대입하여

$$\frac{\rho_2}{\rho_1} = \frac{(k+1)M_1^2}{2+(k-1)M_1^2} \tag{10.75}$$

식 (10.68)에 의하여

$$\frac{V_2}{V_1} = \frac{2+(k-1)M_1^2}{(k+1)M_1^2} \tag{10.76}$$

이상으로 충격파 뒷면의 상태를 앞면의 상태로 알 수가 있다.

예제 10.17 Mach 수 2, 정압 $0.7\,kg/cm^2$ abs, 온도 −1°C인 초음속흐름의 기체가 충격파를 발생했다. 후방의 Mach 수, 유속, 정압 및 전압을 구하라.

풀이

$M_1 = 2,\ p_1 = 0.7\ kg/cm^2abs,\ T_1 = 273-1 = 272K$

$$M_2^2 = \frac{2+(k-1)M_1^2}{2kM_1^2-(k-1)} = \frac{2+(1.4-1)\times 2^2}{2\times 1.4\times 2^2-(1.4-1)} = 0.333$$

$M_2 = 0.5774$

$a_1 = \sqrt{kRT_1} = \sqrt{1.4\times 287\times 272} = 331\ m/s$

$\therefore\ V_1 = M_1 a_1 = 2\times 331 = 662\ m/s$

$\frac{V_2}{V_1} = \frac{2+(R-1)M_1^2}{(k+1)M_1^2}$ 에서

$$V_2 = V_1\frac{2+(k-1)M_1^2}{(k+1)M_1^2} = 662\frac{2+(1.4-1)\times 2^2}{(1.4+1)\times 2^2} = 248\ m/s$$

$\frac{p_2}{p_1} = \frac{2k}{k+1}M_1^2 - \frac{k-1}{k+1}$ 에서

$$p_2 = p_1\left(\frac{2k}{k+1}M_1^2 - \frac{k-1}{k+1}\right) = 0.7\left(\frac{2\times 1.4}{1.4+1}\times 2^2 - \frac{1.4-1}{1.4+1}\right) = 3.15\ kg/cm^2$$

$\frac{p_2}{p_{0_2}} = \frac{1}{\left(1+\frac{k-1}{2}M_2^2\right)^{\frac{k}{k-1}}}$ 에서

$$p_{0_2} = p_2\left(1+\frac{k-1}{2}M_2^2\right)^{\frac{k}{k-1}} = 3.15\left(1+\frac{1.4-1}{2}\times 0.333\right)^{\frac{1.4}{1.4-1}} = 3.95\ kg/cm^2$$

연습문제

1. 관 내에 수소가 흐르고 있다. 단면 1에서 속도가 75 m/s, 온도는 50°C이고 단면 2에서 온도가 100°C이다. 1과 2 사이에서 $Q_H = 7.5 \times 10^5$ J/kg의 열을 받는다고 하면 단면 2에서의 속도는 얼마인가?
단, 수소의 정압비열은 14.446 kJ/kg·K이다.

2. 다음 기체를 완전기체로 보고 각 경우의 엔트로피변화를 계산하라.

(1) 질소 $T_1 = 250\,\text{K},\ p_1 = 150\text{ bar}$
$T_2 = 33\text{K},\ p_2 = 10\text{ bar}$

(2) 공기 $T_1 = 200\text{K},\ p_1 = 1\text{ bar}$
$T_2 = 233\text{K},\ p_2 = 200\text{ bar}$

단, 질소와 공기의 정압비열은 각각 1038 J/kg·K, 1003 J/kg·K이다.

3. 이산화탄소가 속도 10 m/s로 파이프를 통하고 또 50 m/s의 속도로 노즐을 통하여 흐르고 있다. 이 때 파이프와 노즐 사이의 온도차는 얼마인가?
단, 완전기체의 단열흐름으로 본다. 이산화탄소의 정압비열은 858.2 J/kg·K이다.

4. 헬륨 (He)의 단열흐름에서 한 점에서의 속도가 각각 90 m/s, 90°C이라면 속도가 180 m/s되는 같은 유선상의 다른 점에서의 온도는 얼마인가? 또 두 점에서의 압력비는 얼마인가?
단, 헬륨의 정압비열은 5223 J/kg·K이다.

5. 질소의 단열흐름 내의 한 점에서 속도가 200 m/s이고 같은 유선상의 다른 한 점과의 온도차는 10°C라고 한다. 이 점에서 이 속도를 구하라.

6. 이산화탄소 흐름의 동일유선상의 두 점에서 측정한 속도와 온도가 각각 60 m/s, 40°C와 120 m/s, 35°C이다. 이 흐름은 단열흐름이 아니다. 두 점 사이에서 어느 정도의 열을 받았는가?

7. 노즐에서 500 m/s로 흐르는 공기의 밀도는 $\rho = 2\text{ kg/m}^3$, 온도는 $T = 300$°C이다. 속도가 더 증가하기 위하여 단면적은 증가하여야 하는가 감소하여야 하는가?

8. 도관에서 $M = 2.0$으로 흐르고 있다. 속도가 20% 감소하기 위해서 단 면적은 몇 % 변화시켜야 하는가?

9. 공기가 대기 중에서 축소노즐을 통하여 진공탱크로 흘러 들어가고 있다. 노즐이 축소된 끝 부분의 직경은 38 mm이다. 만일 대기압과 온도가 각각 101.3 kPa와 15°C이라면 기류가 음속이 되기 위하여 탱크의 진공을 얼마로 하면 좋은가? 또, 그때의 유량은 얼마인가? 만일, 탱크가 254 mmHg 진공이라면 유량은 얼마인가?

10. 산소가 탱크에서 축소노즐을 통하여 방출된다. 제트의 온도와 속도는 각각 −20°C, 270 m/s이다. 탱크 내의 온도는 얼마인가?

11. 이산화탄소가 탱크에서 축소노즐을 통하여 대기 중으로 방출된다. 만일 탱크의 온도와 압력이 각각 38°C, 140kPa이면 제트의 온도, 압력, 속도는 얼마인가?
단, 대기압은 101.3 kPa이다.

12. 공기(40°C, 700 kPa abs)가 큰 탱크에서 150 mm 파이프로 흐르고 거기서 첨단직경이 100 mm인 축소노즐을 통하여 대기(103 kPa)중으로 방출된다. 파이프 속에서의 압력, 온도, 속도를 구하라.

13. 이산화탄소가 절대압이 각각 450 kPa와 210 kPa인 두 탱크 사이를 큰 벽속의 축소노즐을 통하여 흐르고 있다. 제트의 온도가 10°C이면 제트의 속도는 얼마인가?
또, 상류탱크의 온도는 얼마인가?

14. 온도가 40°C인 큰 탱크로부터 공기가 축소노즐을 통하여 대기 중(101.3 kPa)으로 방출된다. 유량은 2.55 kg/s이다. 만일 탱크의 절대압력이 (1) 175 kPa, (2) 210 kPa일 때 축소노즐의 직경을 구하라.

15. 공기가 150 mm 파이프로부터 25 mm 축소노즐을 통하여 대기 중으로 흐르고 있다. 제트의 절대압이 138 kPa일 때 파이프 내의 절대압력을 구하라.

16. 질소가 100 mm 파이프에서 50 mm 노즐을 통하여 대기 중으로 방출된다. 대기압은 101.3 kPa이고, 파이프 내의 압력은 0.3 m, 파이프 내의 온도는 15.5°C이다. (1) 기체의 팽창을 무시할 때, (2) 팽창을 고려할 때 유량을 계산하라.

17. 이산화탄소가 탱크에서 스로트직경이 25 mm, 출구직경이 50 mm인 축소 확대노즐을 통하여 흐른다. 탱크의 절대압력과 온도는 각각 241.5 kPa와 37.8°C이다. p가 (1) 172.5 kPa abs, (2) 221 kPa abs일 때의 질량유량을 구하라.

18. 98.5 kPa abs, 20°C인 대기 중의 공기가 스로트직경 50 mm, 출구직경이 75 mm인 축소확대노즐을 통하여 진공탱크로 흘러 들어가고 있다. 이 때 최대 질량유량을 구하라.

19. 50 N/cm^2 200°C인 공기가 축소확대노즐을 통하여 10 N/cm^{2}인 대기 중으로 방출된다. 유량을 3 kg/s라 하면 스로트 및 출구의 단면적은 각각 얼마인가? 또, 출구의 Mach 수, 온도, 풍속을 구하라.

20. 완전기체($k = 2.0$, $R = 628$ J/kg·K)가 축소확대노즐을 통하여 탱크로부터 대기(700 mmHg) 중으로 방출된다. 탱크의 계기압은 345 kPa, 온도는 40°C이다. 노즐의 스로트와 출구의 직경은 각각 28 mm, 26.25 mm이다. 이 노즐 속에서 충격파가 생길 것인가를 조사하라.

CHAPTER

11 유체의 계측

Fluid Mechanics

현장에 종사하는 기술자나 연구실의 학자가 유체역학적 문제를 취급할 때 필연적으로 봉착하는 문제는 계측이다. 효과적이고 정밀하게 계측한다는 것은 유체역학 연구의 정확한 결과를 가져오는 데 필수적이다. 따라서 여러 가지 계측기에 대한 사용법은 물론이고 그의 원리도 이해하여야 된다.

제11장에서는 비중, 점성, 압력, 속도, 유량 등 유체계측의 기본적인 부분만을 소개한다.

11.1 유체의 밀도, 비중측정

물체의 밀도는 여러 가지 방법으로 측정되고 있다. 그 중에서 대표적인 방법은 첫째, 이미 체적 v를 알고 있는 어떤 용기의 무게를 w_1이라 하고, 이 용기에 측정하고자 하는 유체를 채우고 측정한 무게를 w_2라고 할 때 이 유체의 온도 t°C에서의 비중량을 γ_t라고 하면

$$\gamma_t = \frac{w_2 - w_1}{v} \tag{11.1}$$

두 번째 방법은, 이미 무게를 알고 있는 추를 이용하는 방법으로서 그림 11.1과 같이 비중량을 측정하려고 하는 액체 속에 추가 잠기도록 한 다음에 측정한 무게를 w_c, 공기 중에서 측정한 무게를 w_a, 추의 체적을 v, 액체의 온도를 t라고 할 때 비중량 γ_t는 다음과 같이 구해진다($w_a - w_c$는 부력임).

$$\gamma_t = \frac{w_a - w_c}{v} \tag{11.2}$$

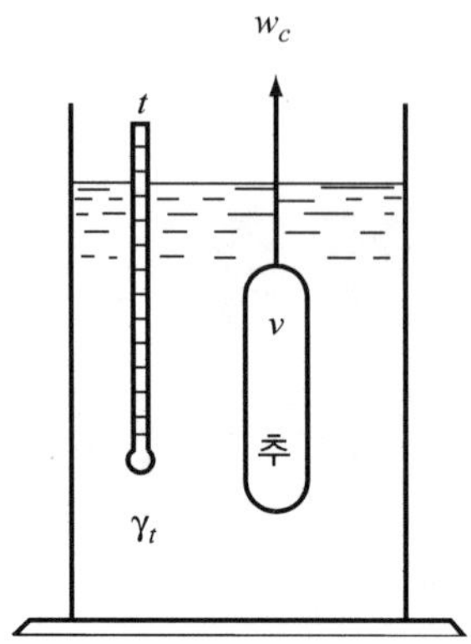

◈ 그림 11.1

세 번째 방법은, 비중계를 이용하는 것으로 가장 보편적으로 이용되고 있는 방법 중의 하나이다. 즉, 그림 11.2와 같이 측정하려고 하는 액체를 길다란 용기에 채운 다음에 비중계를 넣어서 평형이 이루어진 다음에 액면과 일치되는 눈금으로 비중을 직접 읽을 수 있도록 되어 있다. 이 때 액체의 비중 크기에 따라 여러 종류의 비중계가 있어서 측정하려고 하는 액체의 비중 정도에 알맞은 비중계를 선택하여 사용하도록 되어 있다.

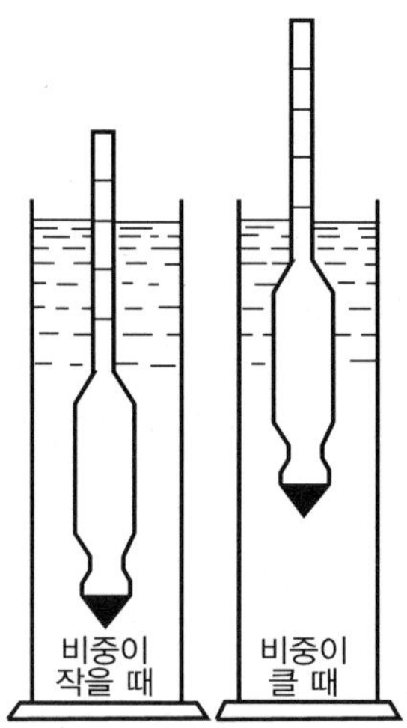

◈ 그림 11.2

네 번째 방법은 그림 11.3과 같이 U자관을 이용하는 방법으로 U자관의 한편에 이미 비중을 알고 있는 액체를 넣고, 다른 한편에는 측정하려고 하는 액체를 넣어서 평형이 이루어진 다음에 그림과 같이 경계면의 수평위치로부터의 높이 l_1과 l_2

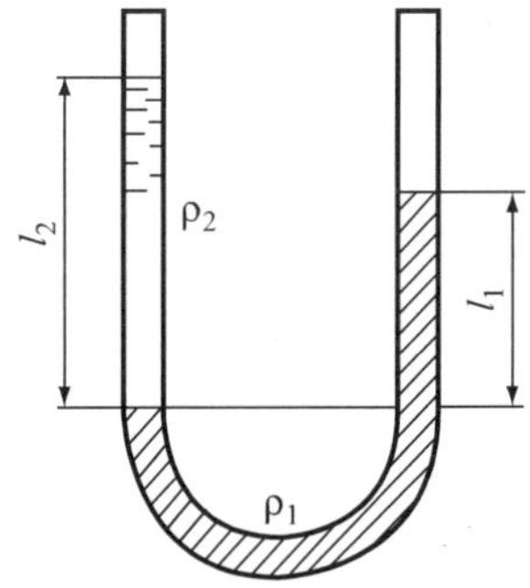

그림 11.3

를 측정한다. 이 때 두 액체는 상호간에 혼합되지 않고 화학작용도 하지 않는 액체라야 한다.

이미 알고 있는 액체의 밀도를 ρ_2라고 하면

$$\rho_1 = \frac{l_2}{l_1}\rho_2 \tag{11.3}$$

로 된다.

11.2 점성계수의 측정

11.2.1 Ostwald 점도계

점성계수 μ인 유체가 반경 r_0, 길이 l인 원관에 압력차 $\triangle p$로 흐를 때 유량 Q는

$$Q = \frac{\pi r_0^4 \triangle p}{8\mu l} \tag{11.4}$$

로 주어진다 (Hagen-Poiseuille의 법칙).

이 원리를 이용한 것이 Ostwald 점도계인데 그 개요는 그림 11.4와 같다.

유리구 v의 A위치까지 시료액을 넣고 이것이 세관을 통과하여 액위가 B점까지 내려가는 시간 t를 측정한다. 이때의 액량을 v라고 하면

$$Q = \frac{v}{t} \tag{11.5}$$

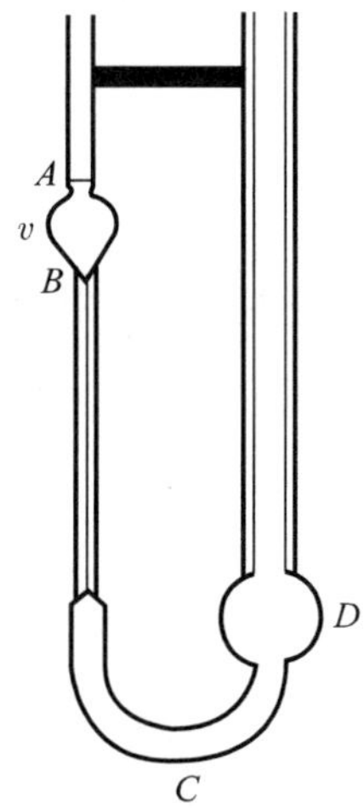

그림 11.4

로 된다.

식 (11.4)에 $p=\rho gh$(D에 일정량의 액체를 넣으면 h는 상수로 간주된다)와 식 (11.5)를 대입하고 정리하면

$$\mu = \frac{\pi r_0^4 \rho g h t}{8lv} = K\rho t \tag{11.6}$$

여기서 K는 점도계에 관한 상수이다.

따라서 $\mu=\mu_0$, $\rho=\rho_0$인 이미 알고 있는 표준액에 대해서 시간 t_0를 구해두면

$$\frac{\mu}{\mu_0} = \frac{\rho t}{\rho_0 t_0} \quad \therefore\ \mu = \frac{\rho t}{\rho_0 t_0}\mu_0 \ \text{또는}\ \nu = \frac{t}{t_0}\nu_0 \tag{11.7}$$

즉, 점도계에 대한 상수 K에 관계없이 μ 또는 ν를 구할 수 있다.

비뉴턴 유체가 세관을 흐를 때는 유속의 관내분포가 뉴턴유체의 경우와는 달라서 Hagen-Poiseuille의 법칙이 성립하지 않으므로 이것을 수정할 필요가 있다.

11.2.2 낙구식 점도계

넓은 비압축성 뉴턴유체 속에서 직경 d인 구상물체가 중력에 의하여 낙하할 때 속도 V가 일정한 정상상태에서 그 물체에 작용하는 점성저항 $F=3\pi\mu Vd$(Stokes의 법칙)은 물체의 무게와 부력의 차와 평형된다. 그러므로

$$3\pi\mu Vd = \frac{1}{6}\pi d^3 g(\rho_0-\rho) \tag{11.8}$$

여기서 ρ, ρ_0는 각각 액체와 물체의 밀도이다. 따라서

$$\mu = \frac{d^2(\rho_0-\rho)g}{18V} \tag{11.9}$$

이 경우에 당연히 Reynolds 수 $Re=\dfrac{Vd}{\nu}$는 충분히 작아야 된다. 이와 같이 하여 낙하속도가 일정한 값으로 된 상태에서 일정한 거리를 낙하하는 시간을 측정하면 점성계수를 구할 수 있다. 점성계수 5 ~ 160000 cp 범위에 대해서 ±1% 정도의 정밀도를 얻는다.

낙하물체 대신 기포의 상승시간을 측정하여 점성계수를 구하는 방법도 이용된다. 이것은 적당량의 공기와 점성액체를 봉입한 유리관을 거꾸로 하여 기포를 밑바닥에서 상승시킨다. 이것을 기포식 점도계라 하는데 비교적 점도가 낮은 0.5 ~ 1250 cp 범위의 점성액체에 사용된다.

11.2.3 회전식 점도계

그림 11.5와 같이 두 동심원통으로 되어 있고, 그 사이에 점성계수를 측정하려는 액체가 들어 있다 이제 외부원통이 일정한 속도로 회전하면 내부원통도 점성작용으로 인하여 회전하는데 스프링(spring)의 복원력과 점성력이 평형이 될 때 내부원통은 정지한다.

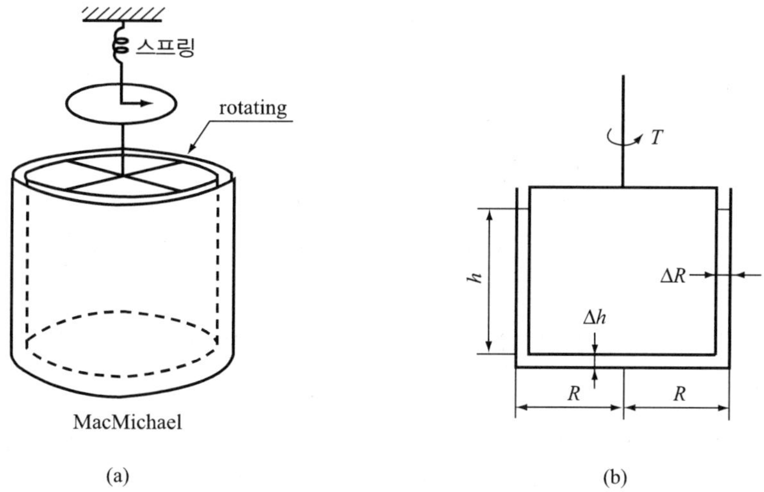

◈ 그림 11.5

그림 11.5에서 $\triangle R$, $\triangle h$ 및 $\dfrac{\triangle R}{R}$을 작다고 가정하면 외부원통의 회전속도를 V라고 할 때 토크(torque) T는

$$T = \frac{2\pi R^2 h \mu V}{\triangle R} + \frac{\pi R^3 \mu V}{2\triangle h} \tag{11.10}$$

을 얻는다. 여기서 첫째 항은 원통벽 사이에 작용하는 전단응력으로 인하여 생기는 토크이고 둘째 항은 원통 밑바닥 사이에 작용하는 전단응력으로 생기는 토크이다.

식 (11.10)에서 R, h, $\triangle R$, $\triangle h$ 등은 장치 고유의 상수이고 회전각속도 ω는 V에 비례하므로

$$T = \left(\frac{2\pi R^2 h}{\triangle R} + \frac{\pi R^3}{2\triangle h} \right) \mu k \omega \equiv K \mu \omega$$

또는

$$\mu = \frac{T}{K\omega} \tag{11.11}$$

와 같이 된다. 또 내부원통이 회전한 각도 편향각을 θ라 할 때 $T = k_1\theta$인 관계가 성립하므로

$$\mu = \frac{k_1\theta}{K\omega} \tag{11.12}$$

로 된다. 즉, 회전각속도와 편향각에 의하여 점성계수를 측정할 수 있다.

11.3 정압측정

정지하고 있는 유체의 압력을 측정하는 일은 비교적 간단하므로 정밀한 계기만 사용하면 정확하게 측정할 수 있다. 그러나 흐르고 있는 유체의 정압을 정확하게 측정하는 일은 용이하지가 않다.

관속을 흐르는 유체의 정압을 측정하기 위하여 관벽에 그 축이 흐름과 직각을 이루도록 될 수 있는 대로 작고 미끄러운 구멍(피에조메타 구멍)을 뚫는다. 그것을 통하여 마노메타(manometer) 혹은 압력변환기에 의해서 정압을 측정한다. 그러나 관벽이 거칠 경우에는 이 방법을 쓸 수 없고 측정장치를 유체 속에 집어넣어서 정압을 측정하지 않으면 안된다. 이 때 대개의 경우 유체흐름의 방향을 미리 알 수 없기 때문에 장치를 꼭 알맞은 방향으로 정지시키기가 매우 힘들다. 잘못하면 동압이 나타날 가능성이 많기 때문이다.

이 문제를 해결하기 위하여 그림 11.6과 같이 얇은 판 양쪽에 피에조메타 구멍을 판 면에 수직되게 뚫고 그 구멍들을 통하여 마노메타에 연결한다. 이것을 흐르는

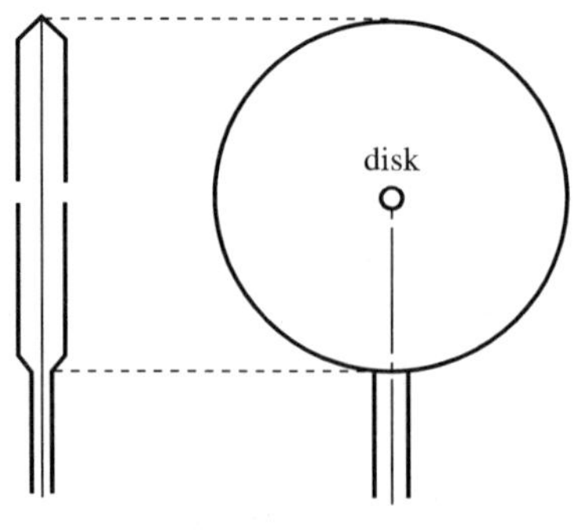

그림 11.6

유체 속에 넣고 손잡이 주위로 회전시키면서 마노메타를 본다. 양편 마노메타가 같은 액주를 나타내면 장치가 정확한 방향으로 놓여 있다는 것이다. 이 때 측정한 압력이 피에조메타 구멍이 있는 위치의 정압을 나타낸다.

2차원흐름에 이용되는 또 하나의 장치는 그림 11.7과 같이 마노메타에 연결된 두 피에조메타 구멍이 뚫려 있는 원통이다. 이것을 흐르는 유체 속에 넣고 회전시켜서 두 마노메타의 차압이 0을 나타내면 이 때 흐름의 방향은 두 피에조메타 구멍이 이루는 각을 2등분한 방향이다.

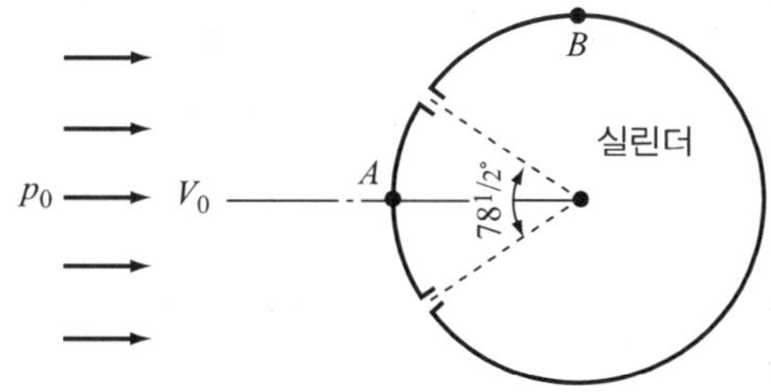

◈ 그림 11.7

정체점 A 에서 압력 p_A는 $p_A > p_0$이고, 이것이 연속적으로 차츰 작아져서 B점에서는 $p_B < p_0$로 된다. 따라서 A와 B 사이의 적당한 곳에 C가 있어서 $p_C = p_0$로 된다. 이곳에 피에조메타 구멍을 대칭으로 뚫으면 정압을 측정할 수 있다. 뿐만 아니라 앞에서 논한 바와 같이 흐름의 방향을 알고 있으므로 원통을 회전시켜서 피에조메타 구멍을 흐름방향으로 가져오면 전압도 측정할 수 있으므로 유속을 구할 수가 있다. 이와 같이 간단한 장치에 의하여 흐름의 방향과 정압과 유속을 모두 측정할 수 있다. 이 원통을 구형으로 개조하면 3차원 흐름에 적용되는 장치를 만들 수 있다.

흐름의 방향을 정확하게 알고 있는 경우에는 보통 정압관에 의하여 정압을 측정한다. 이것은 그림 11.8과 같이 앞이 둥글게 막힌 작은 원통인데 측면에 피에조메타 구멍이 뚫려 있고 마노메타에 연결되어 있다.

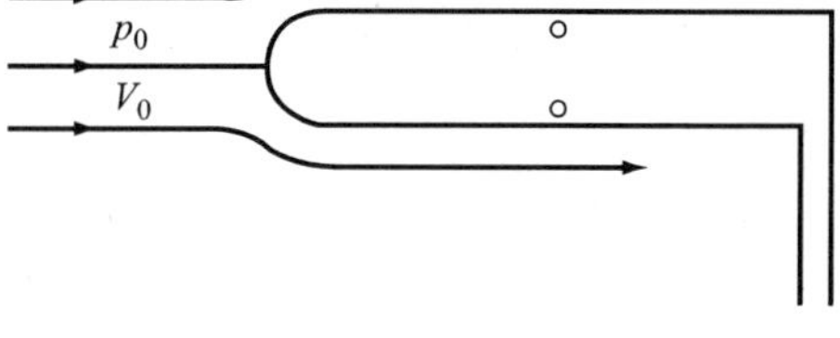

◈ 그림 11.8

이것이 완전히 흐름과 평행되게 놓이면 흐름은 대칭으로 흐르고, 그 평균 속도는 V_0보다 조금 커진다. 따라서 피에조메타 구멍이 있는 곳의 압력은 정압 p_0보다 조금 작아진다. 이 오차를 적게 하기 위하여 관은 가급적 작게 만들어야 한다.

이 정압관이 정확하게 흐름과 평행이 되지 않으면 측정압이 정압보다 커질 수도 있고 작아질 수도 있다. 즉, 관의 한쪽 편 압력이 커지면 반대편 압력은 작아진다.

비행기 날개와 같이 흐르는 유체 속에 잠겨져 있는 물체표면의 정압분포를 측정할 필요가 있을 때는 그 물체표면에 여러 개의 피에조메타 구멍을 뚫고 이 구멍들을 마노메타에 연결시켜서 정압분포를 직접 측정한다. 이 때 피에조메타 구멍은 작을수록 좋고 구멍의 축이 물체의 표면과 수직이어야 된다. 그리고 구멍의 입구는 미끄러워서 유체흐름에 저항을 주지 않도록 고려되어야 한다.

11.4 액면의 측정

정지하고 액체의 면위는 마노메타, 피에조메타 또는 부자형액면계를 사용하여 쉽게 측정할 수 있다.

흐르고 있는 액체의 면위도 앞에서 설명한 주의사항만 지키면 피에조메타에 의해서 측정할 수 있다. 그림 11.9는 옳고 그른 측정방법을 원시한 것이다.

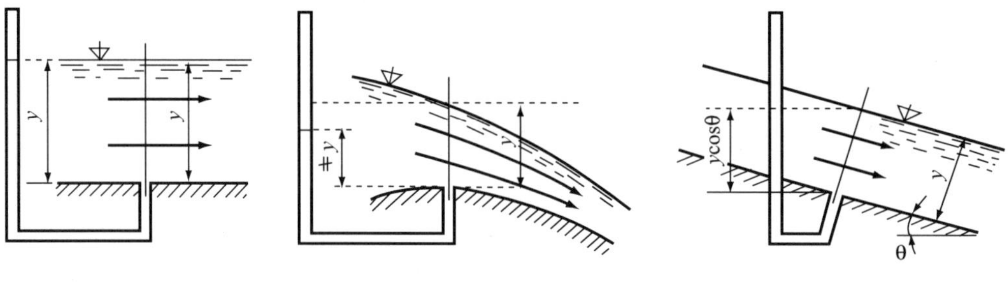

(a) 옳음 (b) 그름 (c) 옳음

그림 11.9

액면을 직접 측정하는 방법으로 훅크(hook)계기와 포인트(point)계기가 있다(그림 11.10). 훅크계기는 일반적으로 액면을 측정하려고 하는 점에서 본류와 연결된 작은 탱크(stilling well)에서 사용되고 유속이 작은 경우에는 직접 본류에서 사용하기도 한다. 훅크를 액면에 잘 맞추기 위해서 처음 액면 아래로 잠기게 했다가 차츰 올려서 훅크 끝이 보일 때 정지시 그리고 훅크를 낮추어서 그 끝이 보이지 않는 순

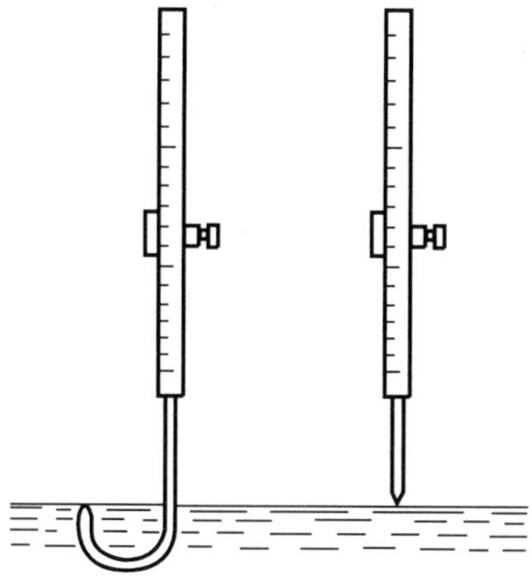

그림 11.10

간에 정지시키고 눈금을 읽는다.

포인트계기는 액면 아래로 훅크계기가 들어가면 국부적인 교란을 일으키는 빠른 흐름에 사용하기 적합하다. 측정할 때는 포인트계기를 낮추어서 그 끝이 액면과 접촉하는 순간 정지시키고 그 눈금을 부척을 이용하여 정확히 측정한다.

11.5 피토관

속도 V인 평행흐름에서 정압이 p_s인 유체속에 그림 11.11(a)에 표시하는 것과 같이 앞끝이 열려 있는 세관을 흐름에 평행하게 놓고 다른 끝을 압력계에 연결하면 그 곳의 압력 p_t를 구할 수 있다. 앞끝에서 평행흐름의 속도는 0이므로 Bernoulli의 식으로

$$\frac{\rho}{2}V^2 + p_s = 0 + p_t$$

$$\therefore\ V = \sqrt{\frac{2(p_t - p_s)}{\rho}} = \sqrt{\frac{2p_d}{\rho}} \quad (p_d = \text{동압}) \tag{11.13}$$

그림 11.11(b)와 같이 측면에 구멍을 뚫은 세관을 흐름에 평행하게 놓고 측면의 압력을 구하면 이것은 정압 p_s이다. 그림 11.11(a), (b)와 같은 계기를 피토(pitot)관이라 하는데 보통 두 개가 조합되어 한 개의 계기로 되어 있다. 실제 정압 p_s는 피토관의 구조에 따라 다른 값을 가지게 되므로 수정계수가 필요하다.

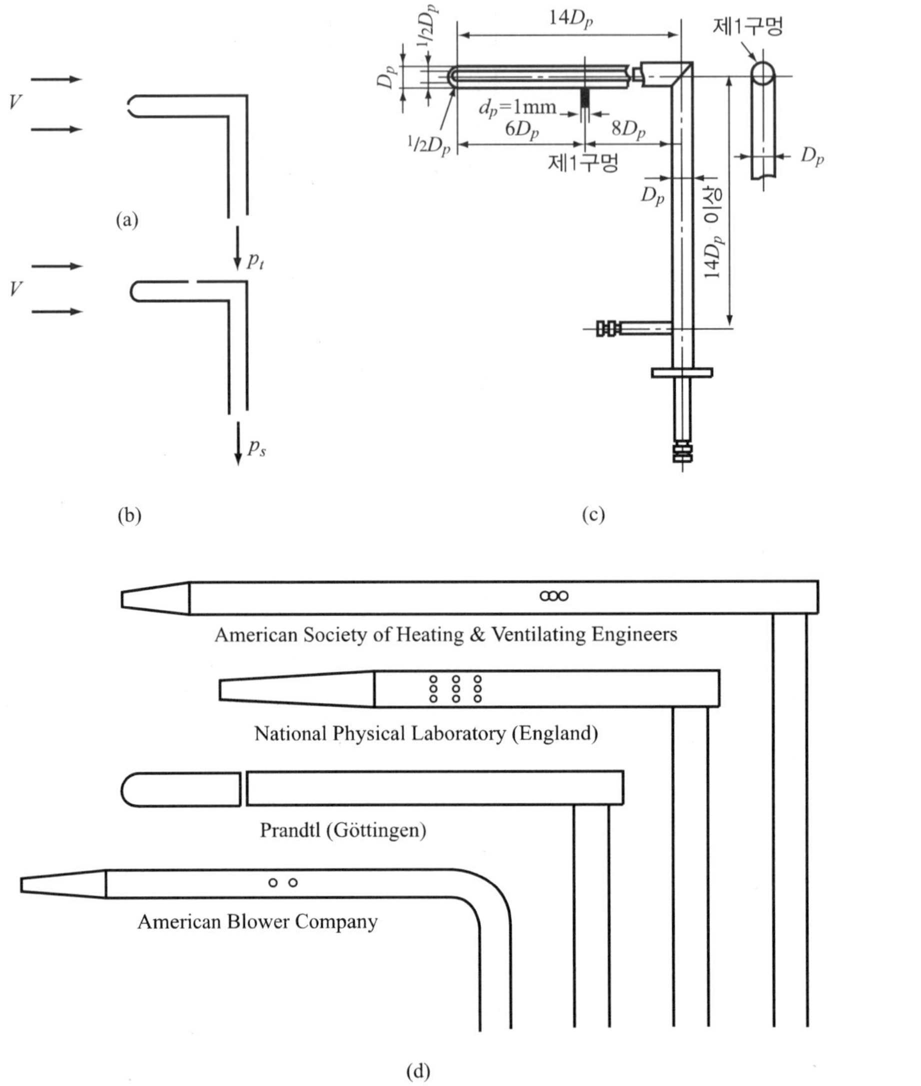

그림 11.11

$$V = k\sqrt{\frac{2p_d}{\rho}} \tag{11.14}$$

여기서 k를 피토관계수라 부르는데 그림 11.11(c)는 $k=1$이 되도록 설계되어 있다. 그림 11.11(d)에 실제의 피토관들이 비례적인 축척으로 그려져 있다.

이것으로 관내의 평균속도를 알면 유량을 구할 수 있다. 평균속도를 구하는 방법은 관의 단면 형상에 따라 다르다.

1 원형단면인 관로의 경우

유속계측의 위치는 그림 11.12와 같이 관로의 횡단면적을 동심원으로 n(그림에서는 $n=3$)을 등분하고 또, 그 각 면적을 등분하는 반경 r_i, 즉

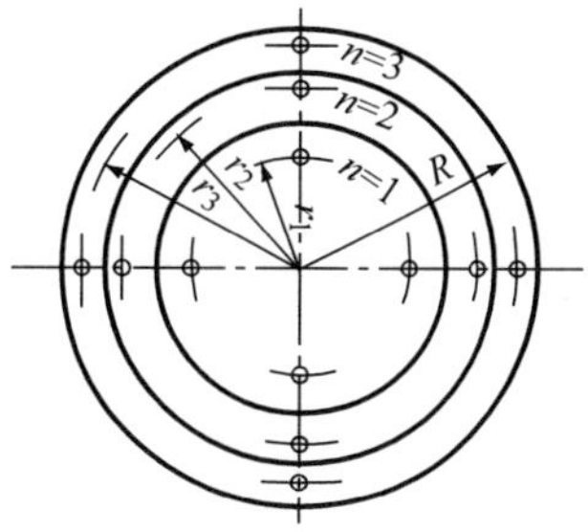

그림 11.12

$$\frac{\pi R^2}{n}i - \pi r_i^2 = \frac{\pi R^2}{2n}$$

$$\therefore\ r_i = R\sqrt{\frac{i-\left(\frac{1}{2}\right)}{n}} \qquad (11.15)$$

단, $R=$ 원관의 반경

$$i = 1,\ 2,\ \cdots,\ n\ \text{(그림에서는 } i = 1,\ 2,\ 3)$$

로 주어지는 원주와 서로 직교하는 두 직경과의 교점 $4n$개소(그림에서 $4\times 3=12$개소)를 선택한다. 또 n은 원관의 반경 R의 크기에 따라 다르며 다음과 같이 된다.

관의 반경

$R \leq 0.15$ m 일 때 $n=3$

≤ 0.30 일 때 $n=4$

≤ 0.50 일 때 $n=5$

≤ 0.75 일 때 $n=6$

R이 0.75 m를 초과할 때는 0.25 m마다 n의 값은 하나씩 크게 한다.

식 (11.15)에 의한 반경 r_i의 값은 표 11.1과 같다.

표 11.1 r_i의 값

n \ c	1	2	3	4	5	6
3	0.408 R	0.707 R	0.913 R			
4	0.354 R	0.612 R	0.791 R	0.935 R		
5	0.316 R	0.548 R	0.707 R	0.837 R	0.949 R	
6	0.289 R	0.500 R	0.645 R	0.764 R	0.866 R	0.957 R

이들 측정점에서 유속을 V_1, V_2, $\cdots$, V_N m/s라고 하면 유량 Q m^3/min은 다음 식으로 주어진다.

$$Q = 60\pi R^2 \frac{1}{N}(V_1 + V_2 + \cdots + V_N) \text{ m}^3/\text{min} \tag{11.16}$$

단, N은 관측점의 수를 나타낸다.

2 구형단면의 관로의 경우

그림 11.13과 같이 구형단면을 16 이상의 같은 면적으로 나누고 그 각각의 중심점에서 유속을 측정한다. 측정점 간의 거리는 150 mm 이하로 한다.

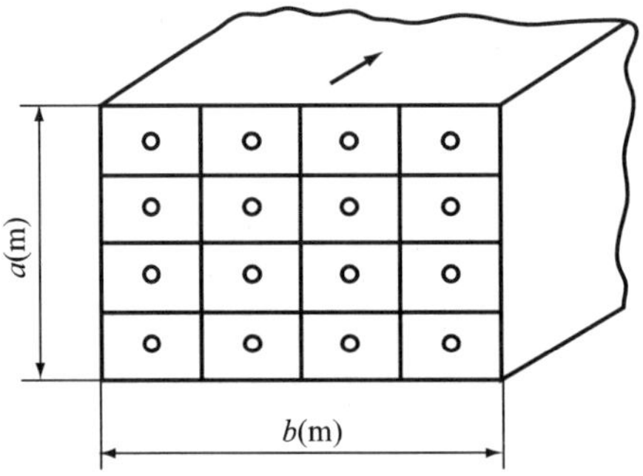

그림 11.13

각 위치에 있어서 유속을 V_1, V_2, $\cdots$, V_N라고 하면, 유량 Q는 다음 식으로 주어진다.

$$Q = 60ab\frac{1}{N}(V_1 + V_2 + \cdots + V_N) \text{ m}^3/\text{min} \tag{11.17}$$

여기서, ab는 관로의 단면적(m^2)이다.

예제 11.1 반경 10 cm인 원관을 통하는 공기의 속도분포를 구한 즉, 직교하는 두 직경 위에서 그림 11.14와 같은 계측치가 나왔다. 원관을 통하는 풍량은 매초 몇 m^2로 되는가?

풀이

$R = 0.1\text{ m} < 0.15\text{ m}$이므로 $n = 3$

따라서 표 11.1에 의하여 r_i의 값

$$r_1 = 0.408R = 0.408 \times 0.1 = 0.0408\text{ m} = 4.08\text{ cm}$$

$$r_2 = 0.707R = 0.707 \times 0.1 = 0.0707 = 7.07\text{ cm}$$

$$r_3 = 0.913R = 0.913 \times 0.1 = 0.0913 = 9.13\text{ cm}$$

이 반경의 원주 상에 계측 위치를 정하면 된다.

그림 11.14에 의하여 각 위치에서의 풍속을 구하면 다음과 같다.
각 위치의 풍속 (Vm/s)

구 분	세로 직경상		가로 직경상	
$r_1 = 4.08$ cm의 원주상	35.0	25.0	30.0	30.5
$r_2 = 7.07$ cm의 원주상	22.5	14.0	17.5	15.5
$r_3 = 9.13$ cm의 원주상	5.5	2.5	4.0	3.5

$$\therefore\ V_1 + V_2 + \cdots + V_{12} = 205.0$$

$$\therefore\ Q = 60\pi R^2 \frac{1}{N}(V_1 + V_2 + \cdots + V_{12}) = 60 \times \pi \times 0.1^2 \times \frac{1}{12} \times 205 = 32.2\ \mathrm{m^3/min}$$

이다.

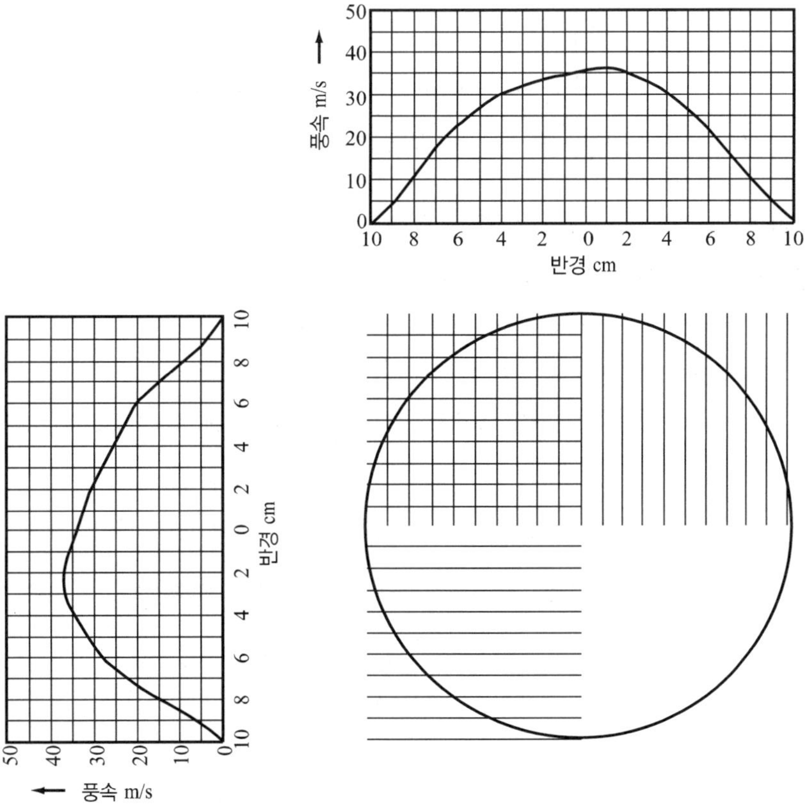

그림 11.14

11.6 오리피스

그림 11.15와 같이 관의 도중에 둥근 구멍이 뚫린 판을 설치하였을 때 이판은 관 오리피스(pipe orifice)라고 한다. 이 오리피스는 오리피스 전후의 압력차를 이용하여 관내의 유량(주로 기체)를 측정하는데 사용된다.

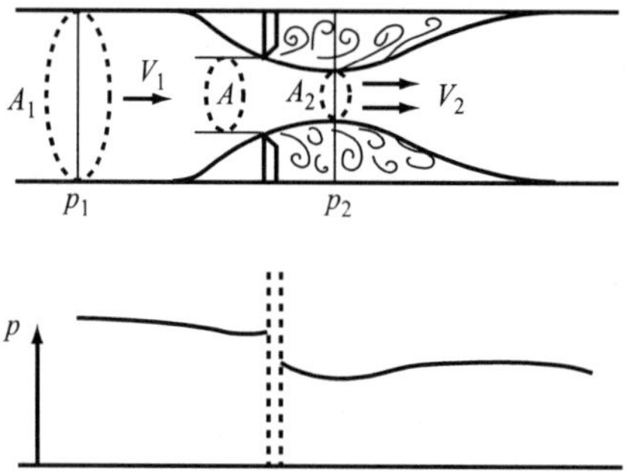

그림 11.15

그림 11.15와 같이 흐름은 오리피스를 나온 곳에서 그 주류는 최소단면이 된 후에 점차 팽창하여 흘러나온다.

오리피스 전방의 단면적을 A_1, 오리피스 단면적을 A, 오리피스를 나온 주류의 최소단면적을 A_2라고 하며, A_1, A_2에 있어서의 평균유속을 각각 V_1, V_2, 압력을 각각 p_1, p_2라고 하고 유체를 이상유체로 보면 전술한 바와 같이 Bernoulli의 식으로

$$\frac{1}{2}\rho(V_2^2 - V_1^2) = p_1 - p_2 \quad \text{또는} \quad \frac{1}{2}\rho V_2^2\left[1-\left(\frac{V_1^2}{V_2^2}\right)\right] = p_1 - p_2$$

연속방정식에 의하여 $V_1 A_1 = V_2 A_2$로 되므로 윗 식은 변형되어

$$\frac{1}{2}\rho V_1^2\left(\frac{A_1}{A_2}\right)^2\left(1-\frac{A_2^2}{A_1^2}\right) = p_1 - p_2$$

$m = \dfrac{A}{A_1}$, $n = \dfrac{A_2}{A}$라 놓으면 $\dfrac{A_2}{A_1} = mn$으로 되므로

$$V_1 = \frac{mn}{\sqrt{1-m^2n^2}}\sqrt{\frac{2}{\rho}(p_1 - p_2)}$$

로 된다. 실제는 유체의 점성에 의해서 압력 손실이 생기므로 실측한 p_2값은 윗 식의 값보다 작아진다. 따라서 실측한 $(p_1 - p_2)$값은 커지고 윗 식으로 산출되는 유속

V_1의 값은 참값보다 커진다.

그러므로 이 점성에 의한 마찰손실을 고려한 식으로서 윗 식에 $\eta(<1)$를 곱하여

$$V_1 = \frac{\eta mn}{\sqrt{1-m^2n^2}}\sqrt{\frac{2}{\rho}(p_1-p_2)}$$

로 표시된다. 윗 식에서

$$\alpha = \frac{\eta n}{\sqrt{1-n^2m^2}}$$

라 놓으면 유속 V_1은

$$V_1 = \alpha m\sqrt{\frac{2(p_1-p_2)}{\rho}} \tag{11.18}$$

로 표시된다. 이 α를 유량계수라고 한다. 유체의 압축성을 고려하는 경우에는 Bernoulli식을 적분할 때 ρ를 p의 함수로 계산하지 않으면 안된다(이 경우 유체가 오리피스를 통하는 것은 순간적이므로 단열변화라고 본다).

이 압축성을 고려할 경우에 유속은

$$V_1 = \varepsilon\alpha m\sqrt{\frac{2(p_1-p_2)}{\rho}}\ \mathrm{m/s} \tag{11.19}$$

로 된다. ε은 유체의 압축성에 대한 보정계수이다. 단, 유체가 액체인 경우는 $\varepsilon=1$로 보아도 좋고 기체의 경우라도 일반적으로 ε은 1에 매우 가깝다.

유량 Q는

$$Q = 60A_1V_1\ \mathrm{m^3/min} \tag{11.20}$$

로 되므로 이것에 식 (11.19)를 대입하면 다음 식을 얻는다. 단, A는 오리피스의 단면적으로 $\frac{1}{4}\pi d^2(\mathrm{m^2})$이다.

$$Q = 60\varepsilon\alpha A\sqrt{\frac{2(p_1-p_2)}{\rho}}\ \mathrm{m^3/min} \tag{1.21}$$

유량계수 α는 이론적으로 구할 수 없기 때문에 실험적으로 미리 구해 둘 필요가 있다. α는 오리피스의 구조에 따라서 다르고 또 흐름상태, Reynolds 수에 의해서도 변한다. 따라서 그림 11.16과 같이 규격을 정하고 이것이 관로의 입구, 도중, 출구에 있을 경우로 구별하며 각각의 유량계수를 α_e, α_c, α_a라 하고 이것들이 각각 단면적비 $m(=d^2/D^2)$에 따라서 어떠한 값을 갖는 것인가를 그림 11.17에 표시하고 있다. 실험에 의하면 α_e, α_c, α_a의 값은 각각 Reynolds 수가 어떤 값 이상일 때는

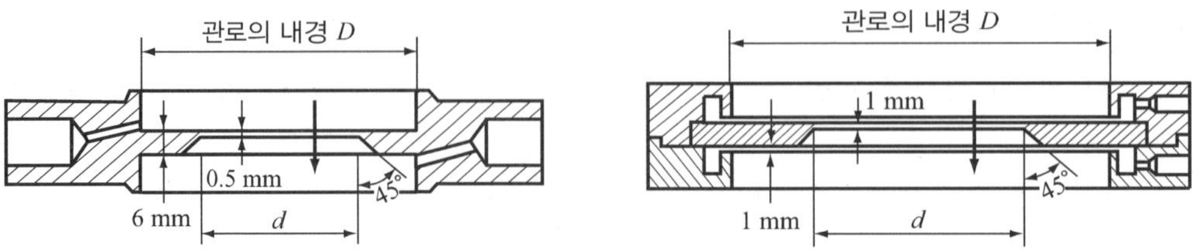

◈ 그림 11.16

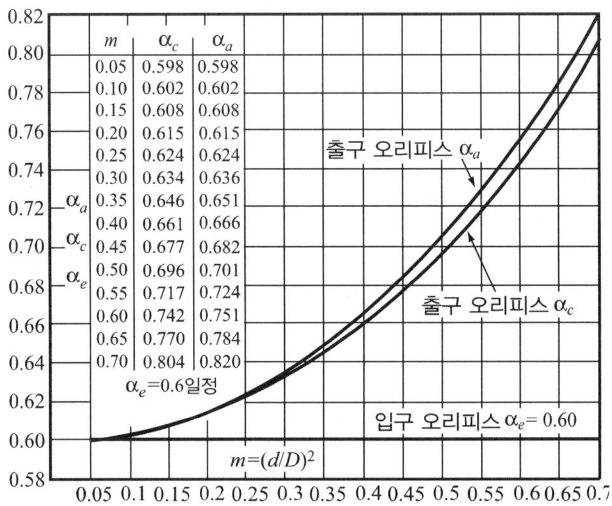

◈ 그림 11.17

일정하다. 그림은 이 일정한 값을 표시하고 있다. 따라서 이들 α의 값은 Reynolds 수가 어떤 값 이상인 경우에만 적용된다.

그림 11.18은 그림 11.17의 α_e, α_c, α_a를 적용할 수 있는 각각의 Reynolds 수의 최저값을 표시한다. 계측하는 Reynolds 수는

$$Re = \frac{VD}{\nu}$$

단, V는 원관내의 평균유속, D는 원관의 직경, ν는 유체의 동점성계수이다.

유체의 압축성에 대한 보정계수 ε은 단면적비 m 및 오리피스 앞뒤의 절대압력비 p_2/p_1에 의해서 변한다. 그림 11.19에는 ε을 종축에 p_2/p_1을 횡축에 m을 매개변수(parameter)로 하여 이들 관계가 표시되어 있다.

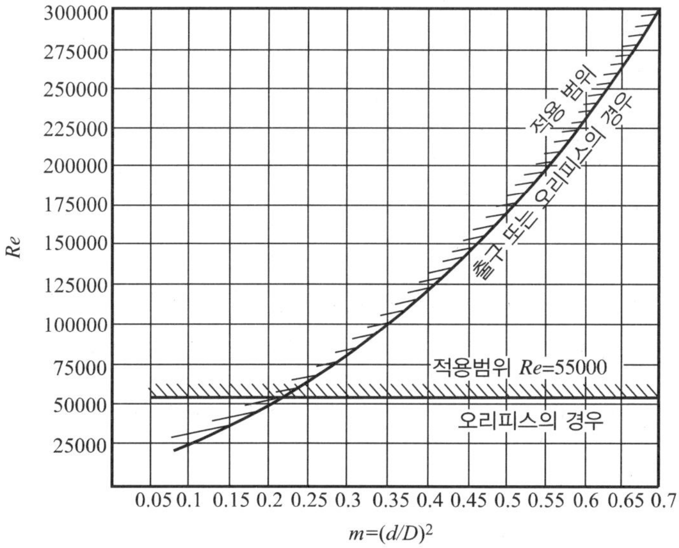

◈ 그림 11.18

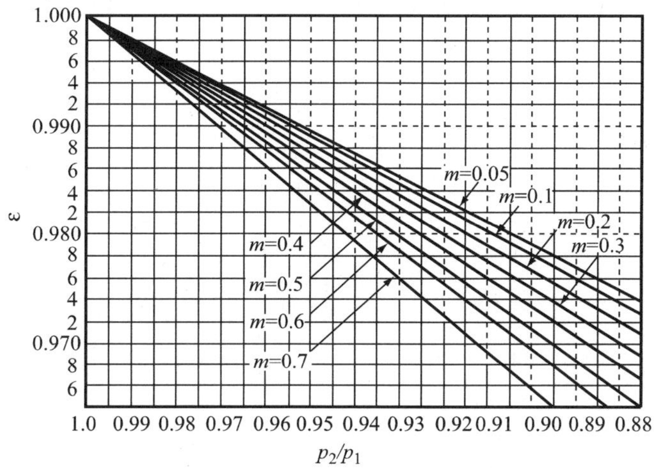

◈ 그림 11.19

예제 11.2 내경 15 cm인 원관 내에 흐르고 있는 물의 유량을 구하기 위해서 구멍의 직경이 10 cm인 오리피스를 관로 도중에 설치하였더니 압력차가 25 cmHg로 되었다고 한다. 유량을 m^3/min 단위로 구하라.
단, 동점성계수는 0.01 cm^2/s이고, $\varepsilon = 1$이다.

풀이

$$\varepsilon = 1, \; m = \frac{d^2}{D^2} = \left(\frac{0.10}{0.15}\right)^2 = 0.444$$

그림 11.17에 의해서 $m = 0.444$에 대한 유량계수는 $\alpha_c = 0.67$, 따라서 원관 내의 평균유속은 식 (11.19)에 의해서

$$V_1 = \varepsilon\alpha m\sqrt{\frac{2(p_1 - p_2)}{\rho}} = 1\times 0.67\times 0.444\sqrt{\frac{2\times 25\times 101325}{76\times 1000}} = 2.43\ \mathrm{m/s}$$

$$Re = \frac{V_1 D}{\nu} = \frac{2.43\times 0.15\times 10^4}{0.01} = 3.65\times 10^5$$

이 오리피스의 $m = 0.444$에 대한 α_c의 적용범위는 그림 11.18로 Reynolds 수가 1.45×10^3 이상이면 된다. 따라서 위에서 구한 값 $V_1 = 2.43\ \mathrm{m/s}$는 적당한 값이다. 구하는 유량은

$$Q = 60A_1V_1 = 60\times\frac{\pi}{4}\times 0.15^2\times 2.43 = 2.58\ \mathrm{m^3/min}$$

이다.

예제 11.3 내경 150 mm인 원관을 통하여 매시 마다 1700 $\mathrm{m^3}$의 기체가 흐르고 있다. 도중에 오리피스를 설치하여 유량을 정확하게 측정하려고 한다. 마찰손실을 적게 하기 위하여 오리피스의 구멍은 될 수 있는 한 크게 하려고 한다. 직경을 얼마로 하면 좋은가? 단, $\nu = 0.234\ \mathrm{cm^2/s}$로 한다.

풀이

기체의 평균유속은

$$V = \frac{A}{Q} = \frac{1700/60^2}{\frac{\pi}{4}\times 0.15^2} = 26.7\ \mathrm{m/s}$$

$$\therefore\ Re = \frac{VD}{\nu} = \frac{2670\times 15}{0.234} = 1.71\times 10^5$$

그림 11.18로 $Re = 1.71\times 10^5$인 경우 면적비 m은 $m = 0.485$로 된다.

즉, 구하는 구경 d는 $m = \left(\frac{d}{D}\right)^2$으로

$$d = Dm^{\frac{1}{2}} = 150\times 0.485^{\frac{1}{2}} = 104.5\ \mathrm{mm}$$

로 된다. 만일 d를 이보다 더 크게 하면 면적비 m이 커지고, 따라서 그와 같은 면적비에 대해서는 그림 11.18로 Reynolds 수가 1.7×10^5보다 크지 않으면 안되므로 적당하지 못하다.

예제 11.4 내경 20 cm인 원관 입구에 구경 15 cm인 오리피스를 설치하여 이를 지나는 공기량을 측정하려고 한다. 오리피스 앞 뒤의 압력차가 124 mmAq로 되었다면 공기의 유량은 얼마인가? 단, 오리피스 직전의 절대압력은 765 mmHg이고 온도는 20°C, $\nu = 0.15\ \mathrm{cm^2/s}$라고 한다.

풀이

$$m=\left(\frac{d}{D}\right)^2=\left(\frac{15}{20}\right)^2=0.5625$$

$$\frac{p_2}{p_1}=\frac{765\times13.6-124}{765\times13.6}=0.988$$

그림 11.19에서 이들 m, p_2/p_1값에 대하여 $\varepsilon=0.997$ 그림 11.18에 의하여 $\alpha_e=0.6$ 공기의 밀도 ρ는

$$\rho=\frac{p}{RT}=\frac{(\frac{765}{760})(101325)}{(287)(273+20)}=1213\ \text{kg/m}^3$$

따라서 원통내의 평균유속은

$$V_1=\varepsilon\alpha_e m\sqrt{\frac{2(p_1-p_2)}{\rho}}=0.997\times0.6\times0.5625\sqrt{\frac{2\times124\times9.81}{1.213}}=15.1\ \text{m/s}$$

$$Re=\frac{VD}{\nu}=\frac{15.1\times0.2}{0.15}\times10^4=2.01\times10^5$$

이 오리피스의 $m=0.5625$에 대한 d_e의 적용범위는 그림 11.18에서 Reynolds 수가 5.5×10^4 이상이다. 위의 Reynolds 수는 이보다 크므로 $d_e=0.6$ 및 $V_1=15.1$ m/s는 적당한 값이다. 따라서 구하는 유량은

$$Q=60A_1V_1=60\times\frac{\pi}{4}\times0.20^2\times15.1=28.5\ \text{m}^3/\text{min}$$

이다.

11.7 노즐

유량을 측정하기 위해서 노즐(nozzle)을 사용할 경우에는 오리피스보다도 압력손실이 적다. 그림 11.20(a)에 그 표준형을 표시한다. 구조가 오리피스보다 좀 복잡하기 때문에 제작비가 많이 든다.

관내를 흐르는 흐름의 평균유속은 오리피의 경우와 같이

$$V_1=\varepsilon\alpha m\sqrt{\frac{2(p_1-p_2)}{\rho}}\ \text{m/s}\tag{11.22}$$

로 되고 유량계수 α는 오리피스의 경우

$$\alpha=\frac{\eta n}{\sqrt{1-n^2m^2}}\text{와 달리 }\alpha=\frac{\eta}{\sqrt{1-m^2}}$$

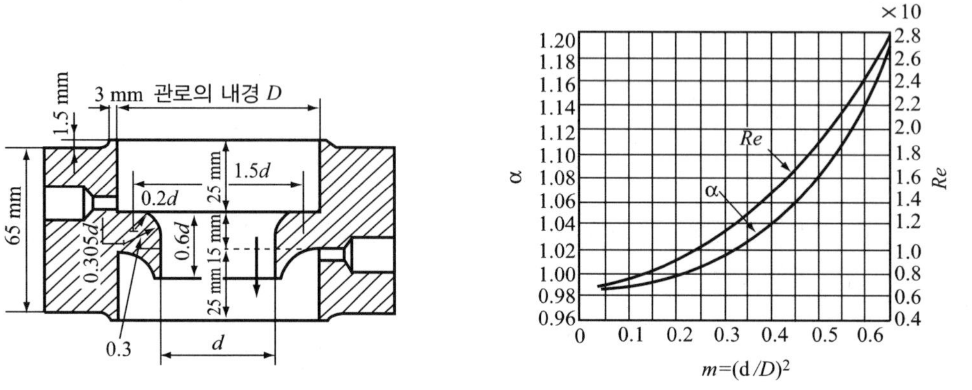

(a) (b)

그림 11.20

으로 표시된다. 노즐의 경우는 노즐의 곡면에 따라서 흐르기 때문에 오리피스의 경우와 같은 축류가 일어나지 않는다. 따라서 $n = \dfrac{A_2}{A} = 1$로 된다.

유량 Q의 식은 오리피스의 경우와 같이

$$Q = 60\varepsilon\alpha A\sqrt{\frac{2(p_1 - p_2)}{\rho}}\ \ \mathrm{m^3/min} \tag{11.23}$$

단, $A = \dfrac{\pi}{4}d^2m^2$으로 표시된다.

그림 11.20(b)는 노즐을 관의 도중에 설치했을 경우의 단면적비 m에 대한 유량계수 α와 그 경우의 Reynolds 수의 최저한계치를 표시한다.

그림 11.21은 ε과 $\dfrac{p_2}{p_1}$ 및 직경비 $\dfrac{d}{D}$와의 관계를 표시한다. 일반적으로 $\varepsilon = 1$로 볼 수 있는 경우가 많으나, 기체의 흐름에서 $\dfrac{p_2}{p_1}$가 1보다 충분히 작을 경우는 그림과 같이 된다.

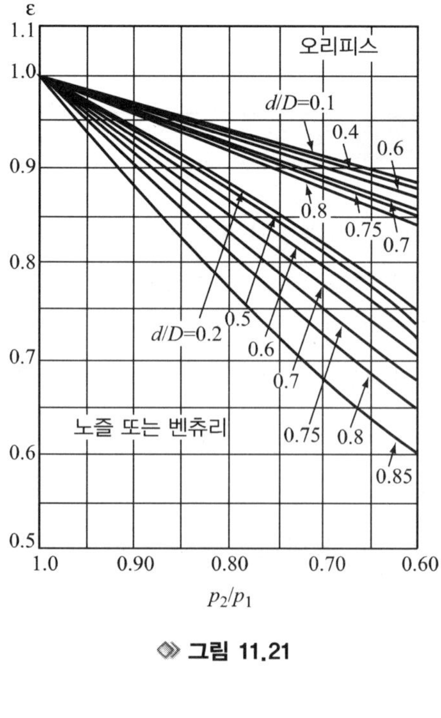

그림 11.21

11.8 벤츄리계

벤츄리계(venturi meter)는 주로 액체의 유량을 측정하는데 사용된다. 압력손실은 노즐의 경우보다도 작고 유량 Q는 노즐의 경우와 같이

$$Q = 60\varepsilon\alpha A\sqrt{\frac{2(p-p_2)}{\rho}}\ \mathrm{m^3/min} \tag{11.24}$$

단, $A = \frac{\pi}{4}d^2$으로 표시된다.

그림 11.22는 규격화된 벤츄리계의 구조이다. 이 구조의 경우 유량계수 α는 노즐이 관의 도중에 있을 경우의 유량계수 α_c의 1.01배이고 그 나머지 것은 모두 같다.

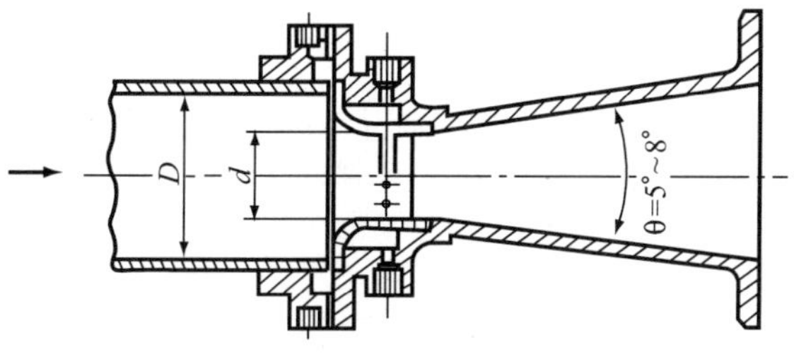

그림 11.22

11.9 입구노즐

유체가 외부에서 입구노즐을 통하여 관내로 들어오는 경우에 도중의 손실이 없다고 하면 Bernoulli 정리에 의하여

$$\frac{\rho}{2}V_1^2 + p_1 = \frac{\rho}{2}V_2^2 + p_2$$

가 성립한다. (단, V_1, V_2는 각각 입구노즐의 외부 1, 내부 2에 있어서의 유속이고 p_1, p_2은 정압이다.)

외부 1을 노즐에서 충분히 떨어진 위치에 취하면 $V_1 \to 0$, 그곳의 정압을 p_0라고 하면 $p_1 \to p_0$로 되므로

$$V_2 = \sqrt{\frac{2(p_0-p_2)}{\rho}} \tag{11.25}$$

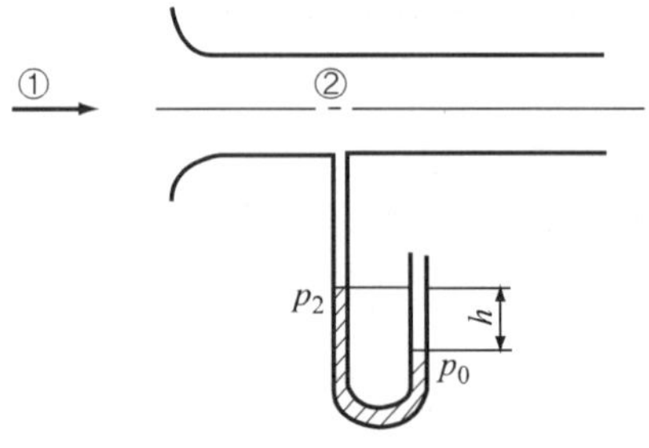

◈ 그림 11.23

로 된다. 전술한 바와 같이 유체의 점성에 의한 영향을 고려하여 실제의 유속은 유량계수 $\alpha(<1)$를 식 (11.25)에 곱하여

$$V_2 = \alpha\sqrt{\frac{2(p_0 - p_2)}{\rho}} \tag{11.26}$$

로 표시된다. 윗 식에서 $p_0 - p_2 = h\ (\mathrm{mAq}) = \rho g h\ (\mathrm{N/m^2})$이고 ρ의 단위는 kg/m^{3}이므로 유속 V_2의 단위는 m/s로 된다.

$$A\left(=\frac{\pi}{4}D^2\right)$$

라고 하면 유량 Q는

$$Q = 60\alpha A\sqrt{\frac{2gh}{\rho}}\ \mathrm{m^3/min} \tag{11.27}$$

로 표시된다. 그림 11.24는 규격화된 입구노즐의 구조를 표시한다. 입구노즐의 부압 h (mmAq)는 입구로부터 원관내경 D만큼 떨어진 관벽에서 계측하도록 한다.

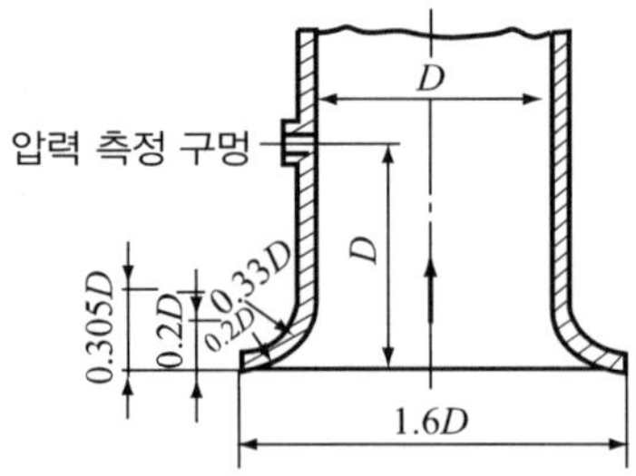

◈ 그림 11.24

그림 11.25는 이 입구노즐에 있어서 유량계수 α의 값을 표시한다. 이 그림에 의하면 α는 관로내경 D (m) 및 $V = \sqrt{2gh/\rho}$ (m/s)를 알면 곧 결정된다.

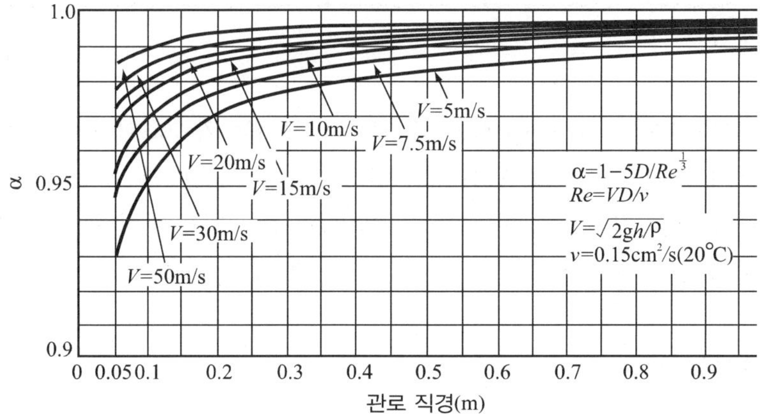

◈ **그림 11.25**

이들 곡선은 실험에 의해서 얻어진 다음 식으로 구해진다.

$$\alpha = 1 - \frac{5D}{Re^{\frac{1}{3}}} \tag{11.28}$$

단, $Re = \dfrac{VD}{\nu}$, $V = \sqrt{\dfrac{2gh}{\rho}}$, $D =$ 원관내경이다.

예제 11.5 내경 20 cm의 원관내를 흐르는 공기의 유량을 구하기 위하여 입구에 입구노즐을 설치하여 부압을 측정하여 수주 13.8 mm로 되었다고 한다. 이 때 풍량을 m³/min로 구하라.
단, 측정위치에서의 대기의 기압은 760 mmHg, 기온은 20°C라고 한다.

풀이

공기의 밀도는

$$\rho = \frac{p}{RT} = \frac{(760 \times 13.6 - 13.8)9.81}{287(273+20)} = 1.19 \text{ kg/m}^3$$

$$V_2 = \sqrt{\frac{2gh}{\rho}} = \sqrt{\frac{2 \times 9.8 \times 13.8}{1.19}} = 15.0 \text{ m/s}$$

그림 11.25에서 $V = 15.0$ m/s, 관의 내경 $D = 0.2$ m에서의 유량계수는

$$\alpha = 0.586$$

따라서 구하는 풍량은

$$Q = 60\alpha A\sqrt{\frac{2gh}{\rho}} = 60 \times 0.986 \times \frac{\pi}{4} \times 0.2^2 \times 15.0 = 27.9 \text{ m}^3/\text{min}$$

이다.

11.10 위어

개수로에서의 유량은 위어(weir)로 측정한다. 위어는 개수로에 어떤 장애물을 세움으로써 액체를 이 장애물로 일단 차단하였다가 위로 넘쳐흐르게 함으로써 유량을 측정하도록 만든 장치를 말한다. 이 때 넘쳐흐르는 액체의 높이를 측정함으로써 유량이 계산된다(자세한 사항은 3.7.2절을 참고하기 바란다).

11.10.1 구형위어

구형위어에서 유량은 다음 식으로 계산된다.

$$Q = c\frac{2}{3}\sqrt{2g}\,bh^{\frac{3}{2}} \tag{11.29}$$

여기서 b는 위어의 폭이다.

1 전폭위어

위어의 폭 b와 수로의 폭 B가 동일한 것을 전폭위어라고 부른다. 어떤 위어에서도 마찬가지이지만 A의 부분은 대기압이 되도록 한다. 만일 A의 부분이 부압이 되면 유량은 증가하여 값이 부정확하게 되기 때문이다.

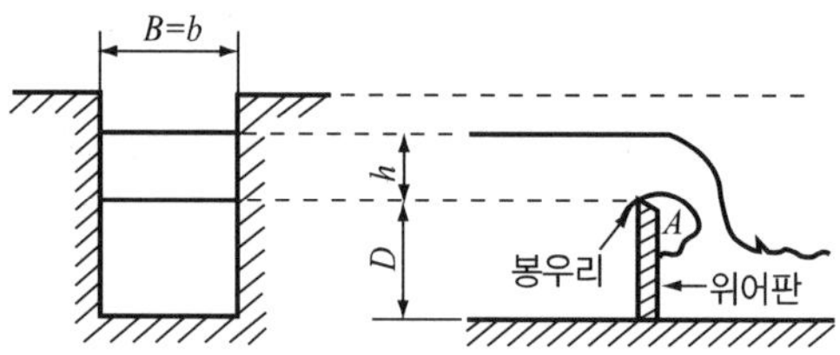

그림 11.26

KS에서는 유량의 식을

$$Q = kbh^{\frac{3}{2}} \text{ m}^3/\text{min} \tag{11.30}$$

로 정하고 k를 다음과 같이 규정하고 있다.

$$k = 107.1 + \left(\frac{0.177}{h} + \frac{14.2h}{D}\right)(1+\varepsilon) \tag{11.31}$$

식 (11.31)에서

$D < 1(\text{m})$인 경우 $\varepsilon = 0$

$D > 1(\text{m})$의 경우 $\varepsilon = 0.55(D-1)$

적용범위는

$B > 0.5\ (\text{m})$

$D = 0.3 \sim 2.5\ (\text{m})$

$h = 0.03\ (\text{m}) \sim D\ (\text{m})$

$h < \dfrac{B}{4}$ 및 $0.8\ (\text{m})$

로 한다.

2 4각 위어

그림 11.27에 표시하는 바와 같이 위어의 폭 b가 수로의 폭 B보다 작은 경우 그것을 4각위어라 한다.

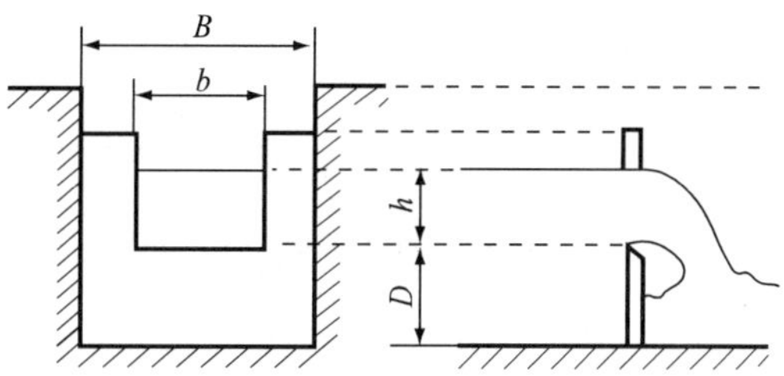

그림 11.27

KS에서는 유량의 식으로서

$$Q = kbh^{\frac{3}{2}}\,\text{m}^3/\text{min} \tag{11.32}$$

이라 놓고 k를 다음과 같이 규정하고 있다.

$$k = 107.1 + \frac{0.177}{h} + 14.2\frac{h}{D} - 25.7\sqrt{(B-b)\frac{h}{BD}} + 2.04\sqrt{\frac{B}{D}} \tag{11.33}$$

적용범위는

$0.5 \leqq B \leqq 6.3\ \text{m}$

$$0.15 \leqq b < 5 \text{ m}$$

$$0.15 \leqq D \leqq 3.5 \text{ m}$$

$$\frac{bD}{B^2} \geqq 0.06$$

$$0.03 \leqq h \leqq 0.45\sqrt{b} \text{ m}$$

이다.

11.10.2 3각 위어

3각 위어(rtiangular notch weir)는 수량이 적은 경우에 사용하면 편리하다. 삼각 위어에서 유량은 다음과 같은 식으로 계산된다.

$$Q = C\frac{8}{15}\tan\frac{\theta}{2}\sqrt{2g}\,h^{\frac{5}{2}} \tag{11.34}$$

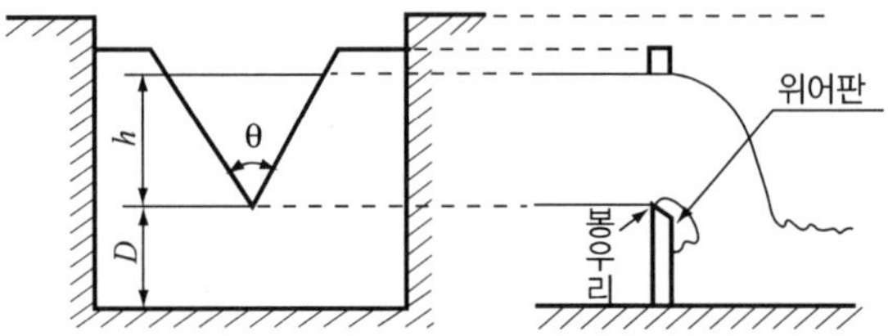

◈ 그림 11.28

1 직각 3각 위어(right angled notch)

그림 11.28에 있어서 $\theta = 90°$가 되는 3각 위어를 직각 3각 위어라 부른다. 유량 Q는 식 (11.34)에 의하여

$$Q = C\frac{8}{15}\sqrt{2g}\,h^{\frac{5}{2}} \tag{11.35}$$

KS에서는

$$Q = kh^{\frac{5}{2}} \text{ m}^3/\text{min} \tag{11.36}$$

로 하고 k를 다음과 같이 규정하고 있다.

$$k = 81.2 + \frac{0.24}{h} + \left(8.4 + \frac{12}{D^{\frac{1}{2}}}\right)\left(\frac{h}{B} - 0.09\right)^2 \tag{11.37}$$

적용범위는

$$B = 0.5 \sim 1.2\text{m}$$

$$D = 0.1 \sim 0.75\text{m}$$

$$h = 0.07 \sim 0.26\text{m} < \frac{B}{3}$$

예제 11.6 수로의 폭 $B = 1$ m에 설치한 직각 3각 위어에서 수두 h =30 cm로 되었다고 하면 유수량은 얼마인가? 단, 봉우리의 높이는 $D = 0.5$ m라 한다.

풀이

$Q = kh^{\frac{5}{2}}\ \text{m}^3/\text{min}$에서

$$k = 81.2 + \frac{0.24}{h} + \left(0.8 + \frac{12}{D^{\frac{1}{2}}}\right)\left(\frac{h}{B} - 0.09\right)^2$$

$$= 81.2 + \frac{0.24}{0.3} + \left(8.4 + \frac{12}{0.5^{\frac{1}{2}}}\right)\left(\frac{0.3}{1} - 0.09\right)^2$$

$$= 83.12$$

$$\therefore\ Q = 83.12 \times 0.3^{\frac{5}{2}} = 4.1\ \text{m}^3/\text{min}$$

이다.

연습문제

1. 추의 공기 중에서의 무제가 4.00 N, 액체 속에서의 무게는 2.97 N이다. 만일 추에 의해서 배제된 액체의 체적이 1.29×10^{-3} m^3이라면 액체의 비중은 얼마인가?

2. 내부체적이 0.216 l인 용기에 액체를 채웠을 때, 무게는 4.12 N이고 용기만의 무게는 1.00 N이다. 이 액체의 비중을 구하라.

3. 무게가 1.1 N이고 체적이 99100 mm^2인 비중계가 비중 1.60인 액체에 떠 있다. 액면 밑으로 잠긴 부분의 체적을 구하라.

4. 수은이 들어 있는 U자관의 한쪽 관으로 액체를 주입한다. 액주의 높이 254 mm일 때 수은주 38.1 mm와 평형되었다고 하면 그 액체의 비중은 얼마인가?

5. 내경 15 cm인 큰 원통 안에서 외경 14.95 cm이고 길이 15 cm인 원통을 동심축 주위에 4 rpm으로 회전시키는데 2.7 N·m의 토크(torque)가 필요하다면 윤활유의 점성계수는 얼마인가?

6. 비중 7.80이고 직경이 13 mm인 강구가 큰 탱크 내에 있는 비중 0.9인 기름 속을 일정한 속도 0.06 m/s로 떨어진다. 이 때 기름의 점성계수를 구하라.

7. 임계 Reynolds 수가 0.1이라고 할 때 점성계수 0.19 Pa·s, 비중 0.09인 기름이 들어 있는 큰 탱크에서 상승하는 기포의 최대직경을 구하라.

8. Ostwald 점도계에서 어떤 기름의 기준체적을 방출하는데 15초가 소요된다면 그보다 밀도가 10% 더 크고 점성계수는 10% 작은 기름을 같은 체적 방출하는데 필요한 시간은 얼마인가?

9. 공기가 흐르는 도관에 피토관을 설치하였더니 마노메타가 50 mmAq로 나타났다. 만일 도관내의 절대압과 온도가 각각 103.4 kPa와 25°C라면 유속은 얼마인가? 단, 압축성은 무시한다.

10. 지표면 가까이를 67 m/s로 나는 비행기에 설치한 피토관의 차압계는 몇 mmAq를 나타낼 것으로 기대되는가?

11. 20°C의 4 염화탄소가 흐르고 있는 미끄러운 150 mm 관 중심에 피토관을 설치하였다. 차압이 75 mmHg이면 유량은 얼마인가?

12. 질소가 흐르고 있는 도관내의 한 점에서 정체압과 온도가 각각 381 mmHg gage와 93.3°C이고, 정압은 75 mmHg 진공이다. 만일 대기압이 762 mmHg이면 유속은 얼마인가?

13. 원유가 150 mm, 75 mm인 수평 벤츄리미터(venturi meter)를 통하여 흐르고 있다. 유량이 7.6 l/s일 때 (1) 27°C, (2) 49°C에서 압력수두의 차를 구하라.

14. 250 mm 관을 흐르는 물의 최대유량은 142 l/s이다. 벤츄리미터의 차압이 0.91 mHg일 때 스로트의 직경을 구하라.

15. 밀도가 1.28 kg/m^{3}인 공기가 100 mm, 50 mm인 미끄러운 벤츄리미터를 통하여 흐르고 있다. 100 mm, 50 mm에서의 압력은 각각 1.72 kPa와 7.62 mmHg 진공이다. 유량을 구하라.

16. 이산화탄소가 1500 mm, 75 mm인 벤츄리미터를 통하여 흐르고 있다. 입구와 스로트에서의 계기압이 각각 138 kPa와 96.5 kPa이고, 온도는 26.7°C이다. 질량유량을 구하라.

17. 직경 75 mm인 노즐이 물이 흐르는 150 mm관에 연결되어 있다. 여기에 설치된 물과 수은으로 이루어진 마노메타는 381 mm차를 가리킨다. 노즐을 통하는 유량을 구하라. 또 노즐에 의한 수두손실은 얼마인가?

18. 물이 흐르는 300 mm관에 출구 오리피스가 설치되어 있다. 유량이 0.28 m^3/s이고 수두손실이 7.6 m라면 이 때 사용할 수 있는 오리피스의 단면적을 구하라.

19. 100 mm 오리피스가 물이 흐르는 150 mm 관의 출구에 설치되어 있다. 파이프 내의 압력이 275 kPa일 때 유량을 구하라.

20. 밀도가 1.28 kg/m^{3}인 공기가 탱크로부터 직경이 150 mm인 오리피스를 통하여 200 mm 관으로 흘러 들어가고 있다. 이 때 탱크와 교축부 사이의 차압이 75 mmAq라면 유량은 얼마인가?

21. 20°C의 물이 1.5 m 수두 하에서 37.5 mm 오리피스를 통하여 대기 중으로 방출될 때 유량을 구하라.

22. 폭 $B=$ 2.4 m인 구형수로에 직각 3각 위어가 설치되어 있다. 수두 $h=$0.8 m라고 하면 유수량은 얼마인가? 단, 봉우리의 높이는 $D=$ 1.2 m라고 한다.

부 록

Fluid Mechanics

A 유체의 물리적 성질

❖ 표 A.1 물의 물리적 성질

온도 t(°C)	밀도 ρ(kg/m³)	점성계수 μ(N·s/m²)	동점성계수 ν(m²/s)	온도 t(°C)	밀도 ρ(kg/m³)	점성계수 μ(N·s/m²)	동점성계수 ν(m²/s)
0	999.8	1.80×10^{-3}	1.80×10^{-6}	50	988.0	0.554×10^{-3}	0.561×10^{-6}
5	1000.0	1.52×10^{-3}	1.52×10^{-6}	55	985.7	0.508×10^{-3}	0.515×10^{-6}
10	999.7	1.31×10^{-3}	1.31×10^{-6}	60	983.2	0.470×10^{-3}	0.478×10^{-6}
15	999.2	1.15×10^{-3}	1.15×10^{-6}	65	980.5	0.437×10^{-3}	0.446×10^{-6}
20	998.3	1.00×10^{-3}	1.00×10^{-6}	70	977.7	0.405×10^{-3}	0.414×10^{-6}
				75	974.8	0.381×10^{-3}	0.390×10^{-6}
25	997.1	0.897×10^{-3}	0.898×10^{-6}	80	971.6	0.356×10^{-3}	0.367×10^{-6}
30	995.7	0.801×10^{-3}	0.804×10^{-6}	85	968.4	0.336×10^{-3}	0.347×10^{-6}
35	994.0	0.723×10^{-3}	0.727×10^{-6}	90	965.1	0.318×10^{-3}	0.329×10^{-6}
40	992.3	0.659×10^{-3}	0.664×10^{-6}	95	961.6	0.300×10^{-3}	0.312×10^{-6}
45	990.2	0.599×10^{-3}	0.604×10^{-6}	100	958.1	0.284×10^{-3}	0.296×10^{-6}

❖ 표 A.2 대기압에서의 공기의 물리적 성질 (다음 페이지에 계속)

온도 t(°C)	밀도 ρ(kg/m³)	점성계수 μ(N·s/m²)	동점성계수 ν(m²/s)	온도 t(°C)	밀도 ρ(kg/m³)	점성계수 μ(N·s/m²)	동점성계수 ν(m²/s)
−50	1.582	1.46×10^{-5}	0.921×10^{-5}	50	1.092	1.95×10^{-5}	1.79×10^{-5}
−40	1.514	1.51×10^{-5}	0.998×10^{-5}	60	1.060	2.00×10^{-5}	1.89×10^{-5}
−30	1.452	1.56×10^{-5}	1.08×10^{-5}	70	1.030	2.05×10^{-5}	1.99×10^{-5}

✤ 표 A.2 대기압에서의 공기의 물리적 성질

온도 t(°C)	밀도 ρ(kg/m^3)	점성계수 μ(N·s/m^2)	동점성계수 ν(m^2/s)	온도 t(°C)	밀도 ρ(kg/m^3)	점성계수 μ(N·s/m^2)	동점성계수 ν(m^2/s)
−20	1.394	1.61×10^{-5}	1.16×10^{-5}	80	1.000	2.09×10^{-5}	2.09×10^{-5}
−10	1.342	1.67×10^{-5}	1.24×10^{-5}	90	0.973	2.13×10^{-5}	2.19×10^{-5}
0	1.292	1.72×10^{-5}	1.33×10^{-5}	100	0.946	2.17×10^{-5}	2.30×10^{-5}
10	1.247	1.76×10^{-5}	1.42×10^{-5}	150	0.834	2.38×10^{-5}	2.85×10^{-5}
20	1.204	1.81×10^{-5}	1.51×10^{-5}	200	0.746	2.57×10^{-5}	3.45×10^{-5}
30	1.164	1.86×10^{-5}	1.60×10^{-5}	250	0.675	2.75×10^{-5}	4.08×10^{-5}
40	1.127	1.91×10^{-5}	1.69×10^{-5}	300	0.616	2.93×10^{-5}	4.75×10^{-5}

✤ 표 A.3 가스의 물리적성질 (1 atm, 15°C)

가 스	분자량	기체상수 R (kJ/kg·K)	밀도 ρ (kg/m^3)	점성계수 μ (N·s/m^2)	동점성계수 ν (m^2/s)	정압비열 C_p (kJ/kg·K)	비열비 $k=\frac{C_p}{C_v}$
공기	28.96	0.2870	1.225	1.79×10^{-5}	1.46×10^{-5}	1.006	1.40
산소 (O_2)	32.00	0.2598	1.355	1.98×10^{-5}	1.46×10^{-5}	0.920	1.40
질소 (N_2)	28.02	0.2968	1.254	1.73×10^{-5}	1.37×10^{-5}	1.041	1.40
수소 (H_2)	2.016	4.124	0.0852	0.872×10^{-5}	1.02×10^{-5}	14.27	1.40
헬륨 (He)	4.003	2.077	0.169	1.96×10^{-5}	1.16×10^{-5}	5.23	1.66
이산화탄소 (CO_2)	44.01	0.1889	1.872	1.44×10^{-5}	0.768×10^{-5}	0.841	1.29
아르곤 (Ar)	39.944	0.2081	1.691	2.22×10^{-5}	1.31×10^{-5}	0.522	1.67

✤ 표 A.4 액체의 물리적성질 (1 atm, 20°C)

액 체	밀도 ρ (kg/m^3)	점성계수 μ (N·s/m^2)	체적탄성계수 K (kN/m^2)
벤젠	876.2	6.56×10^{-4}	1034250
에틸알코올	788.6	12.0×10^{-4}	1206625
가솔린	680.3	2.9×10^{-4}	−
글리세린	1264.02	1.4915	4343850
수은	13579.04	1.548×10^{-4}	26201000
암모니아	611.75	2.196×10^{-4}	−

B 압축성 유동을 계산하기 위한 표

(여기서 상첨자 *는 임계조건을, 하첨자 0는 정체상태를 표시한다.)

❖ **표 B.1 1차원 등엔트로피흐름(완전기체, k=1.4)** (다음 페이지에 계속)

M	T/T_0	p/p_0	ρ/ρ_0	A/A^*	M	$\frac{T}{T_0}$	$\frac{p}{p_0}$	$\frac{\rho}{\rho_0}$	$\frac{A}{A^*}$
0.00	1.0000	1.0000	1.0000	∞					
0.02	0.9999	0.9997	0.9998	28.94	0.32	0.9799	0.9315	0.9506	1.922
0.04	0.9997	0.9989	0.9992	14.48	0.34	0.9774	0.9231	0.9445	1.823
0.06	0.9993	0.9975	0.9982	9.666	0.36	0.9747	0.9143	0.9380	1.736
0.08	0.9987	0.9955	0.9968	7.262	0.38	0.9719	0.9052	0.9313	1.659
0.10	0.9980	0.9930	0.9950	5.822	0.40	0.9690	0.8956	0.9243	1.590
0.12	0.9971	0.9900	0.9928	4.864	0.42	0.9659	0.8857	0.9170	1.529
0.14	0.9961	0.9864	0.9903	4.182	0.44	0.9627	0.8755	0.9094	1.474
0.16	0.9949	0.9823	0.9873	3.673	0.46	0.9594	0.8650	0.9016	1.425
0.18	0.9936	0.9777	0.9840	3.278	0.48	0.9560	0.8541	0.8935	1.380
0.20	0.9921	0.9725	0.9803	2.964	0.50	0.9524	0.8430	0.8852	1.340
0.22	0.9904	0.9669	0.9762	2.708	0.52	0.9487	0.8317	0.8766	1.303
0.24	0.9886	0.9607	0.9718	2.496	0.54	0.9449	0.8201	0.8679	1.270
0.26	0.9867	0.9541	0.9670	2.317	0.56	0.9410	0.8082	0.8589	1.240
0.28	0.9846	0.9470	0.9619	2.166	0.58	0.9370	0.7962	0.8498	1.213
0.30	0.9823	0.9395	0.9564	2.035	0.60	0.9328	0.7840	0.8405	1.188
0.62	0.9286	0.7716	0.8310	1.166	1.52	0.6840	0.2646	0.3869	1.190
0.64	0.9243	0.7591	0.8213	1.145	1.54	0.6783	0.2570	0.3789	1.204
0.66	0.9199	0.7465	0.8115	1.127	1.56	0.6726	0.2496	0.3711	1.219
0.68	0.9154	0.7338	0.8016	1.110	1.58	0.6670	0.2523	0.3633	1.234
0.70	0.9108	0.7209	0.7916	1.094	1.60	0.6614	0.2353	0.3557	1.250
0.72	0.9061	0.7080	0.7814	1.081	1.62	0.6558	0.2284	0.3483	1.267
0.74	0.9013	0.6951	0.7712	1.068	1.64	0.6502	0.2217	0.3409	1.284
0.76	0.8964	0.6821	0.7609	1.057	1.66	0.6447	0.2152	0.3337	1.301
0.78	0.8915	0.6691	0.7505	1.047	1.68	0.6392	0.2088	0.3266	1.319
0.80	0.8865	0.6560	0.7400	1.038	1.70	0.6337	0.2026	0.3197	1.338
0.82	0.8815	0.6430	0.7295	1.030	1.72	0.6283	0.1966	0.3129	1.357
0.84	0.8763	0.6300	0.7189	1.024	1.74	0.6229	0.1907	0.3062	1.376
0.86	0.8711	0.6170	0.7083	1.018	1.76	0.6175	0.1850	0.2996	1.397
0.88	0.8659	0.6041	0.6977	1.013	1.78	0.6121	0.1794	0.2931	1.418
0.90	0.8606	0.5913	0.6870	1.009	1.80	0.6068	0.1740	0.2868	1.439

❖ **표 B.1 1차원 등엔트로피흐름(완전기체, $k=1.4$)** (다음 페이지에 계속)

M	$\frac{T}{T_0}$	$\frac{p}{p_0}$	$\frac{\rho}{\rho_0}$	$\frac{A}{A^*}$	M	$\frac{T}{T_0}$	$\frac{p}{p_0}$	$\frac{\rho}{\rho_0}$	$\frac{A}{A^*}$
0.92	0.8552	0.5785	0.6764	1.006	1.82	0.6015	0.1688	0.2806	1.461
0.94	0.8498	0.5658	0.6658	1.003	1.84	0.5963	0.1637	0.2745	1.484
0.96	0.8444	0.5532	0.6551	1.001	1.86	0.5911	0.1587	0.2686	1.507
0.98	0.8389	0.5407	0.6445	1.000	1.88	0.5859	0.1539	0.2627	1.531
1.00	0.8333	0.5283	0.6339	1.000	1.90	0.5807	0.1492	0.2570	1.555
1.02	0.8278	0.5160	0.6234	1.000	1.92	0.5756	0.1447	0.2514	1.580
1.04	0.8222	0.5039	0.6129	1.001	1.94	0.5705	0.1403	0.2459	1.606
1.06	0.8165	0.4919	0.6024	1.003	1.96	0.5655	0.1360	0.2405	1.633
1.08	0.8108	0.4801	0.5920	1.005	1.98	0.5605	0.1318	0.2352	1.660
1.10	0.8052	0.4684	0.5817	1.008	2.00	0.5556	0.1278	0.2301	1.688
1.12	0.7994	0.4568	0.5714	1.011	2.02	0.5506	0.1239	0.2250	1.716
1.14	0.7937	0.4455	0.5612	1.015	2.04	0.5458	0.1201	0.2200	1.745
1.16	0.7880	0.4343	0.5511	1.020	2.06	0.5409	0.1164	0.2152	1.775
1.18	0.7822	0.4232	0.5411	1.025	2.08	0.5361	0.1128	0.2105	1.806
1.20	0.7764	0.4124	0.5311	1.030	2.10	0.5314	0.1094	0.2058	1.837
1.22	0.7706	0.4017	0.5213	1.037	2.12	0.5266	0.1060	0.2013	1.869
1.24	0.7648	0.3912	0.5115	1.043	2.14	0.5219	0.1027	0.1968	1.902
1.26	0.7590	0.3809	0.5019	1.050	2.16	0.5173	0.09956	0.1925	1.935
1.28	0.7532	0.3708	0.4923	1.058	2.18	0.5127	0.09650	0.1882	1.970
1.30	0.7474	0.3609	0.4829	1.066	2.20	0.5081	0.09352	0.1841	2.005
1.32	0.7416	0.3512	0.4736	1.075	2.22	0.5036	0.09064	0.1800	2.041
1.34	0.7358	0.3417	0.4644	1.084	2.24	0.4991	0.08784	0.1760	2.078
1.36	0.7300	0.3323	0.4553	1.094	2.26	0.4947	0.08514	0.1721	2.115
1.38	0.7242	0.3232	0.4463	1.104	2.28	0.4903	0.08252	0.1683	2.154
1.40	0.7184	0.3142	0.4374	1.115	2.30	0.4859	0.07997	0.1646	2.193
1.42	0.7126	0.3055	0.4287	1.126	2.32	0.4816	0.07751	0.1610	2.233
1.44	0.7069	0.2969	0.4201	1.138	2.34	0.4773	0.07513	0.1574	2.274
1.46	0.7011	0.2886	0.4116	1.150	2.36	0.4731	0.07281	0.1539	2.316
1.48	0.6954	0.2804	0.4032	1.163	2.38	0.4689	0.07057	0.1505	2.359
1.50	0.6897	0.2724	0.3950	1.176	2.40	0.4647	0.06840	0.1472	2.403
2.42	0.4606	0.06630	0.1440	2.448	2.92	0.3697	0.03071	0.08308	3.924
2.44	0.4565	0.06426	0.1408	2.494	2.94	0.3665	0.02980	0.08130	3.999
2.46	0.4524	0.06229	0.1377	2.540	2.96	0.3633	0.02891	0.07957	4.076
2.48	0.4484	0.06038	0.1347	2.588	2.98	0.3602	0.02805	0.07788	4.155
2.50	0.4444	0.05853	0.1317	2.637	3.00	0.3571	0.02722	0.07623	4.235

❖ **표 B.1 1차원 등엔트로피흐름(완전기체, $k=1.4$)**

M	$\frac{T}{T_0}$	$\frac{p}{p_0}$	$\frac{\rho}{\rho_0}$	$\frac{A}{A^*}$	M	$\frac{T}{T_0}$	$\frac{p}{p_0}$	$\frac{\rho}{\rho_0}$	$\frac{A}{A^*}$
2.52	0.4405	0.05674	0.1288	2.687	3.10	0.3422	0.02345	0.06852	4.657
2.54	0.4366	0.05500	0.1260	2.737	3.20	0.3281	0.02023	0.06165	5.121
2.56	0.4328	0.05332	0.1232	2.789	3.30	0.3147	0.01748	0.05554	5.629
2.58	0.4289	0.05169	0.1205	2.842	3.40	0.3019	0.01512	0.05009	6.184
2.60	0.4252	0.05012	0.1179	2.896	3.50	0.2899	0.01311	0.04523	6.790
2.62	0.4214	0.04859	0.1153	2.951	3.60	0.2784	0.01138	0.04089	7.450
2.64	0.4177	0.04711	0.1128	3.007	3.70	0.2675	0.009903	0.03702	8.169
2.66	0.4141	0.04568	0.1103	3.065	3.80	0.2572	0.008629	0.03355	8.951
2.68	0.4104	0.04429	0.1079	3.123	3.90	0.2474	0.007532	0.03044	9.799
2.70	0.4068	0.04295	0.1056	3.183	4.00	0.2381	0.006586	0.02766	10.72
2.72	0.4033	0.04166	0.1033	3.244	4.10	0.2293	0.005769	0.02516	11.71
2.74	0.3998	0.04039	0.1010	3.306	4.20	0.2208	0.005062	0.02292	12.79
2.76	0.3963	0.03917	0.09885	3.370	4.30	0.2129	0.004449	0.02090	13.95
2.78	0.3928	0.03800	0.09671	3.434	4.40	0.2053	0.003918	0.01909	15.21
2.80	0.3894	0.03685	0.09462	3.500	4.50	0.1980	0.003455	0.01745	16.56
2.82	0.3860	0.03574	0.09259	3.567	4.60	0.1911	0.003053	0.01597	18.02
2.84	0.3827	0.03467	0.09059	3.636	4.70	0.1846	0.002701	0.01463	19.58
2.86	0.3794	0.03363	0.08865	3.706	4.80	0.1783	0.002394	001343	21.26
2.88	0.3761	0.03262	0.08674	3.777	4.90	0.1724	0.002126	0.01233	23.07
2.90	0.3729	0.03165	0.08489	3.850	5.00	0.1667	0.001890	0.01134	25.00

❖ **표 B.2 1차원 수직충격파(완전기체, $k=1.4$)** (다음 페이지에 계속)

M_1	M_2	$\frac{p_{0_2}}{p_{0_1}}$	$\frac{T_2}{T_1}$	$\frac{p_2}{p_1}$	$\frac{\rho_2}{\rho_1}$	M_1	M_2	$\frac{p_{0_2}}{p_{0_1}}$	$\frac{T_2}{T_1}$	$\frac{p_2}{p_1}$	$\frac{\rho_2}{\rho_1}$
1.00	1.0000	1.0000	1.0000	1.0000	1.000						
1.02	0.9805	1.000	1.013	1.047	1.033	1.22	0.8300	0.9907	1.141	1.570	1.376
1.04	0.9620	0.9999	1.026	1.095	1.067	1.24	0.8183	0.9884	1.153.	1.627	1.411
1.06	0.9444	0.9998	1.039	1.144	1.101	1.26	0.8071	0.9857	1.166	1.686	1.446
1.08	0.9277	0.9994	1.052	1.194	1.135	1.28	0.7963	0.9827	1.178	1.745	1.481
1.10	0.9118	0.9989	1.065	1.245	1.169	1.30	0.7860	0.9794	1.191	1.805	1.516
1.12	0.8966	0.9982	1.078	1.297	1.203	1.32	0.7760	0.9757	1.204	1.866	1.551
1.14	0.8820	0.9973	1.090	1.350	1.238	1.34	0.7664	0.9718	1.216	1.928	1.585
1.16	0.8682	0.9961	1.103	1.403	1.272	1.36	0.7572	0.9676	1.229	1.991	1.620
1.18	0.8549	0.9946	1.115	1.458	1.307	1.38	0.7483	0.9630	1.242	2.055	1.655
1.20	0.8422	0.9928	1.128	1.513	1.342	1.40	0.7397	0.9582	1.255	2.120	1.690

❖ **표 B.2 1차원 수직충격파(완전기체, k=1.4)** (다음 페이지에 계속)

M_1	M_2	$\frac{p_{0_2}}{p_{0_1}}$	$\frac{T_2}{T_1}$	$\frac{p_2}{p_1}$	$\frac{\rho_2}{\rho_1}$	M_1	M_2	$\frac{p_{0_2}}{p_{0_1}}$	$\frac{T_2}{T_1}$	$\frac{p_2}{p_1}$	$\frac{\rho_2}{\rho_1}$
1.42	0.7314	0.9531	1.268	2.186	1.724	2.32	0.5321	0.5745	1.965	6.113	3.110
1.44	0.7235	0.9477	1.281	2.253	1.759	2.34	0.5297	0.5658	1.984	6.222	3.136
1.46	0.7157	0.9420	1.294	2.320	1.793	2.36	0.5275	0.5572	2.002	6.331	3.162
1.48	0.7083	0.9360	1.307	2.389	1.828	2.38	0.5253	0.5486	2.021	6.442	3.187
1.50	0.7011	0.9298	1.320	2.458	1.862	2.40	0.5231	0.5402	2.040	6.553	3.212
1.52	0.6941	0.9233	1.334	2.529	1.896	2.42	0.5210	0.5318	2.059	6.666	3.237
1.54	0.6874	0.9166	1.347	2.600	1.930	2.44	0.5189	0.5234	2.079	6.779	3.261
1.56	0.6809	0.9097	1.361	2.673	1.964	2.46	0.5169	0.5152	2.098	6.894	3.285
1.58	0.6746	0.9026	1.374	2.746	1.998	2.48	0.5149	0.5071	2.118	7.009	3.310
1.60	0.6684	0.8952	1.388	2.820	2.032	2.50	0.5130	0.4990	2.137	7.125	3.333
1.62	0.6625	0.8876	1.402	2.895	2.065	2.52	0.5111	0.4910	2.157	7.242	3.357
1.64	0.6568	0.8799	1.416	2.971	2.099	2.54	0.5092	0.4832	2.177	7.360	3.380
1.66	0.6512	0.8720	1.430	3.048	2.132	2.56	0.5074	0.4754	2.198	7.479	3.403
1.68	0.6458	0.8640	1.444	3.126	2.165	2.58	0.5056	0.4677	2.218	7.599	3.426
1.70	0.6406	0.8557	1.458	3.205	2.198	2.60	0.5039	0.4601	2.238	7.720	3.449
1.72	0.6355	0.8474	1.473	3.285	2.230	2.62	0.5022	0.4526	2.259	7.842	3.471
1.74	0.6305	0.8389	1.487	3.366	2.263	2.64	0.5005	0.4452	2.280	7.965	3.494
1.76	0.6257	0.8302	1.502	3.447	2.295	2.66	0.4988	0.4379	2.301	8.088	3.516
1.78	0.6210	0.8215	1.517	3.530	2.327	2.68	0.4972	0.4307	2.322	8.213	3.537
1.80	0.6165	0.8127	1.532	3.613	2.359	2.70	0.4956	0.4236	2.343	8.338	3.559
1.82	0.6121	0.8038	1.547	3.698	2.391	2.72	0.4941	0.4166	2.364	8.465	3.580
1.84	0.6078	0.7947	1.562	3.783	2.422	2.74	0.4926	0.4097	2.386	8.592	3.601
1.86	0.6036	0.7857	1.577	3.870	2.454	2.76	0.4911	0.4028	2.407	8.721	3.622
1.88	0.5996	0.7766	1.592	3.957	2.485	2.78	0.4897	0.3961	2.429	8.850	3.643
1.90	0.5956	0.7674	1.608	4.045	2.516	2.80	0.4882	0.3895	2.451	8.980	3.664
1.92	0.5918	0.7581	1.624	4.134	2.546	2.82	0.4868	0.3829	2.473	9.111	3.684
1.94	0.5880	0.7488	1.639	4.224	2.577	2.84	0.4854	0.3765	2.496	9.243	3.704
1.96	0.5844	0.7395	1.655	4.315	2.607	2.86	0.4840	0.3701	2.518	9.376	3.724
1.98	0.5808	0.7302	1.671	4.407	2.637	2.88	0.4827	0.3639	2.540	9.510	3.743
2.00	0.5774	0.7209	1.687	4.500	2.667	2.90	0.4814	0.3577	2.563	9.645	3.763
2.02	0.5740	0.7115	1.704	4.594	2.696	2.92	0.4801	0.3517	2.586	9.781	3.782
2.04	0.5707	0.7022	1.720	4.689	2.725	2.94	0.4788	0.3457	2.609	9.918	3.801
2.06	0.5675	0.6928	1.737	4.784	2.755	2.96	0.4776	0.3398	2.632	10.06	3.820
2.08	0.5643	0.6835	1.754	4.881	2.924	2.98	0.4764	0.3340	2.656	10.19	3.839
2.10	0.5613	0.6742	1.770	4.978	2.951	3.00	0.4752	0.3283	2.679	10.33	3.857

❖ 표 B.2 1차원 수직충격파(완전기체, $k=1.4$)

M_1	M_2	$\frac{p_{0_2}}{p_{0_1}}$	$\frac{T_2}{T_1}$	$\frac{p_2}{p_1}$	$\frac{\rho_2}{\rho_1}$	M_1	M_2	$\frac{p_{0_2}}{p_{0_1}}$	$\frac{T_2}{T_1}$	$\frac{p_2}{p_1}$	$\frac{\rho_2}{\rho_1}$
2.12	0.5583	0.6649	1.787	5.077	2.840	3.10	0.4695	0.3012	2.799	11.05	3.947
2.14	0.5554	0.6557	1.805	5.176	2.868	3.20	0.4644	0.2762	2.922	11.78	4.031
2.16	0.5525	0.6464	1.822	5.277	2.896	3.30	0.4596	0.2533	3.049	12.54	4.112
2.18	0.5498	0.6373	1.839	5.378	2.924	3.40	0.4552	0.2322	3.180	13.32	4.188
2.20	0.5471	0.6281	1.857	5.480	2.951	3.50	0.4512	0.2130	3.315	14.13	4.261
2.22	0.5444	0.6191	1.875	5.583	2.978	3.60	0.4474	0.1953	3.454	14.95	4.330
2.24	0.5418	0.6100	1.892	5.687	3.005	3.70	0.4440	0.1792	3.596	15.81	4.395
2.26	0.5393	0.6011	1.910	5.792	3.032	3.80	0.4407	0.1645	3.743	16.68	4.457
2.28	0.5368	0.5921	1.929	5.898	3.058	3.90	0.4377	0.1519	3.893	17.58	4.516
2.30	0.5344	0.5833	1.947	6.005	3.085	4.00	0.4350	0.1388	4.047	18.50	4.571
4.10	0.4324	0.1276	4.205	19.45	4.624	4.60	0.4217	0.08459	5.052	24.52	4.853
4.20	0.4299	0.1173	4.367	20.41	4.675	4.70	0.4199	0.07809	5.233	25.61	4.893
4.30	0.4277	0.1080	4.532	21.42	4.723	4.80	0.4183	0.07214	5.418	26.71	4.930
4.40	0.4255	0.09948	4.702	22.42	4.768	4.90	0.4167	0.06670	5.607	27.85	4.966
4.50	0.4236	0.09170	4.875	23.46	4.812	5.00	0.4152	0.06172	5.800	29.00	5.000

C 기하학적 성질

❖ **표 C.1 평면의 기하학적 성질** (다음 페이지에 계속)

명 칭	모 양	면 적 A	도심의 위치 $\bar{y}$ 또는 $\bar{x}$	도심축 $\bar{I}$에 대한 관성능률
사각형	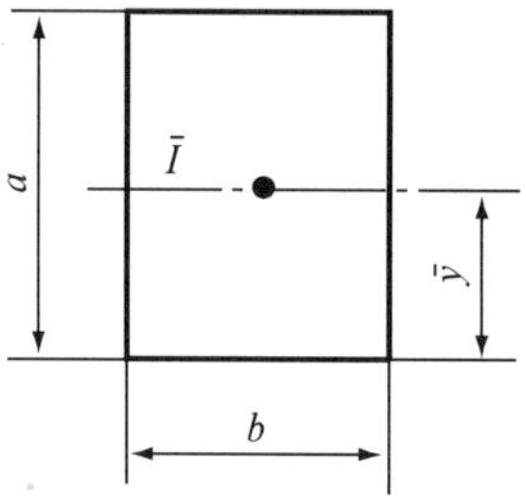	$A=ab$	$\bar{y}=\dfrac{a}{2}$	$\bar{I}=\dfrac{ba^3}{12}$
삼각형	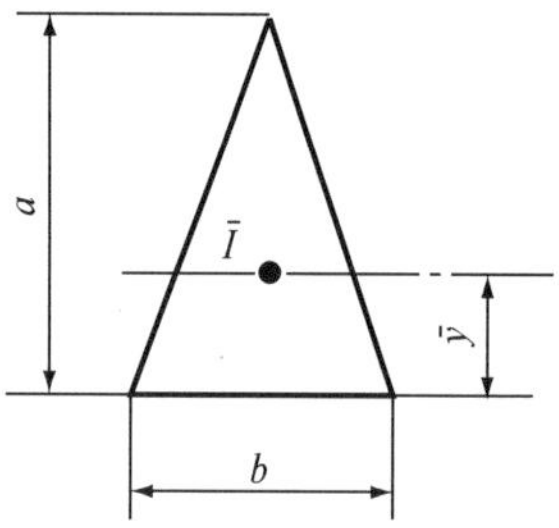	$A=\dfrac{ab}{2}$	$\bar{y}=\dfrac{a}{3}$	$\bar{I}=\dfrac{ba^3}{36}$
원	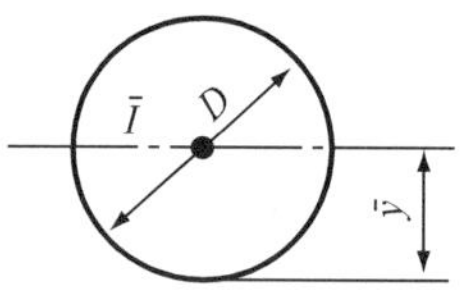	$A=\dfrac{\pi D^2}{4}$	$\bar{y}=\dfrac{D}{2}$	$\bar{I}=\dfrac{\pi D^4}{64}$
반 원	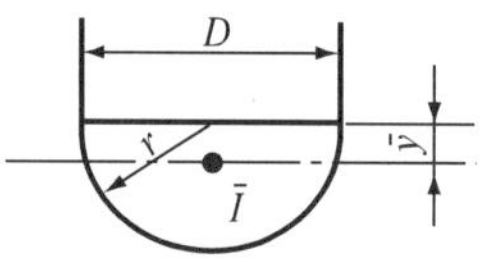	$A=\dfrac{\pi D^2}{8}$	$\bar{y}=\dfrac{4r}{3\pi}$	$\bar{I}=\left(\dfrac{1}{4}-\dfrac{16}{9\pi^2}\right)\times\dfrac{\pi r^4}{2}$
$\dfrac{1}{4}$원	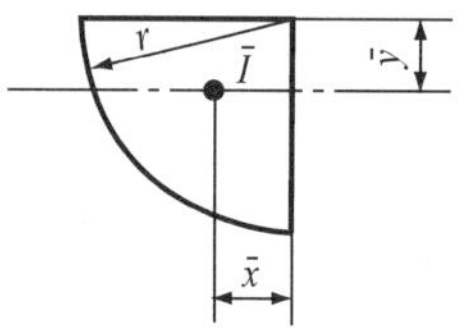	$A=\dfrac{\pi D^2}{16}$	$\bar{x}=\bar{y}=\dfrac{4r}{3\pi}$	$\bar{I}=\left(\dfrac{1}{4}-\dfrac{16}{9\pi^2}\right)\times\dfrac{\pi r^4}{4}$
타 원	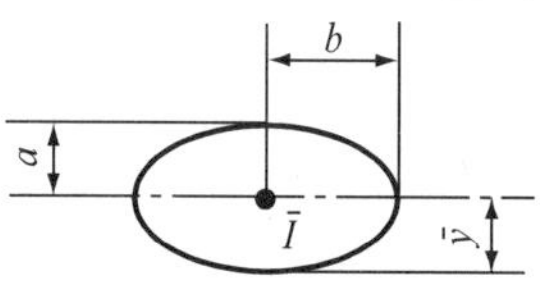	$A=\pi ab$	$\bar{y}=a$	$\bar{I}=\dfrac{\pi a^3 b}{4}$

❖ **표 C.1 평면의 기하학적 성질**

명 칭	모 양	면 적 A	도심의 위치 $\bar{y}$ 또는 $\bar{x}$	도심축 $\bar{I}$에 대한 관성능률
반타원	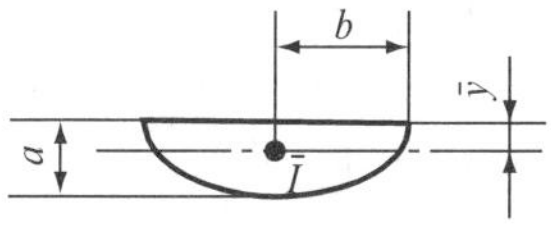	$A=\dfrac{\pi ab}{2}$	$\bar{y}=\dfrac{4a}{3\pi}$	$\bar{I}=\left(\dfrac{1}{4}-\dfrac{16}{9\pi^2}\right)\times\dfrac{\pi ba^3}{2}$
$\dfrac{1}{4}$ 타원	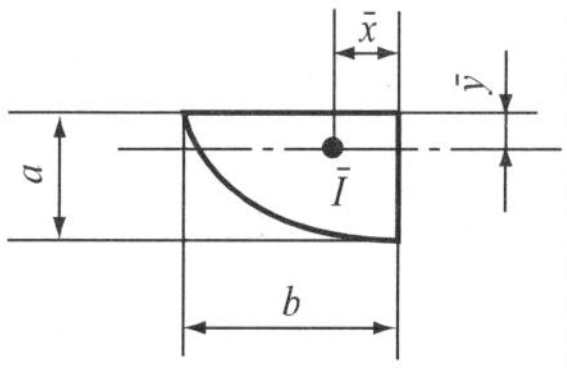	$A=\dfrac{\pi ab}{4}$	$\bar{y}=\dfrac{4a}{3\pi}$ $\bar{x}=\dfrac{4b}{3\pi}$	$\bar{I}=\left(\dfrac{1}{4}-\dfrac{16}{9\pi^2}\right)\times\dfrac{\pi ba^3}{4}$
포물선	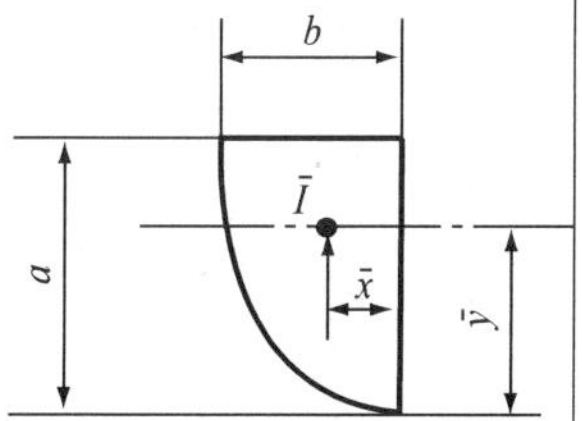	$A=\dfrac{2ab}{3}$	$\bar{y}=\dfrac{3a}{5}$ $\bar{x}=\dfrac{3b}{8}$	$\bar{I}=\left(\dfrac{3}{7}-\dfrac{9}{25}\right)\times\dfrac{2ba^3}{3}$

❖ **표 C.2 체적의 기하학적 성질** (다음 페이지에 계속)

명 칭	모 양	체 적 V	도심 $\bar{y}$
원 통	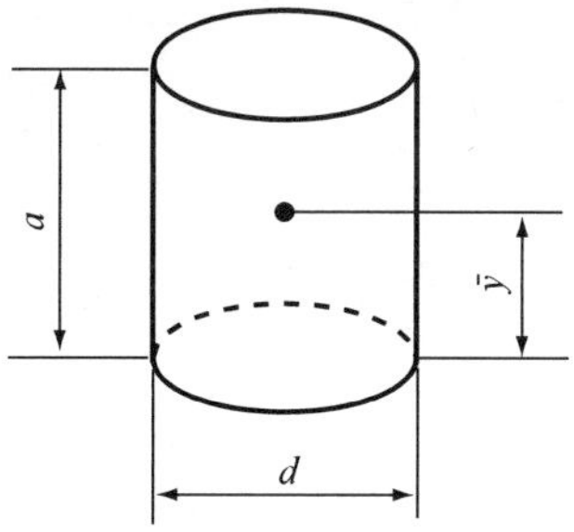	$V=\dfrac{\pi d^2 a}{4}$	$\bar{y}=\dfrac{a}{2}$
원 추	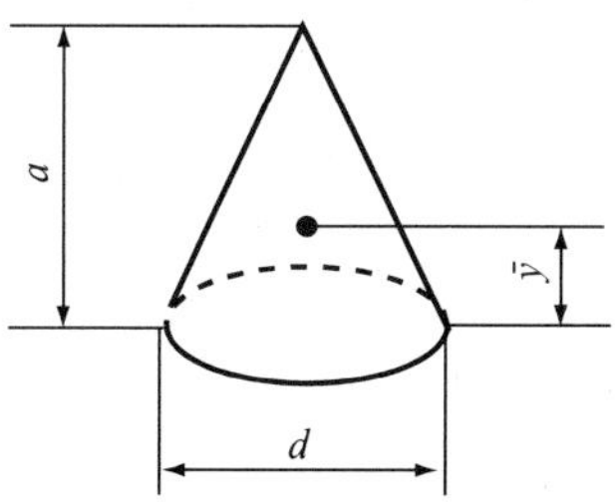	$V=\dfrac{\pi d^2 a}{12}$	$\bar{y}=\dfrac{a}{4}$

✣ 표 C.2 체적의 기하학적 성질

명 칭	모 양	최 적 V	도심 $\bar{y}$
구	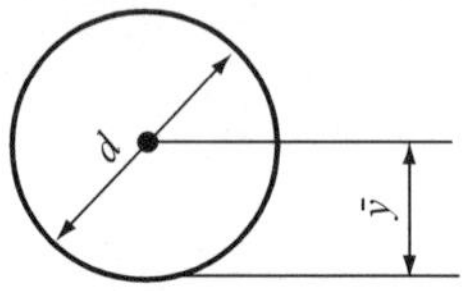	$V=\dfrac{\pi d^3}{6}$	$\bar{y}=\dfrac{d}{2}$
반 구	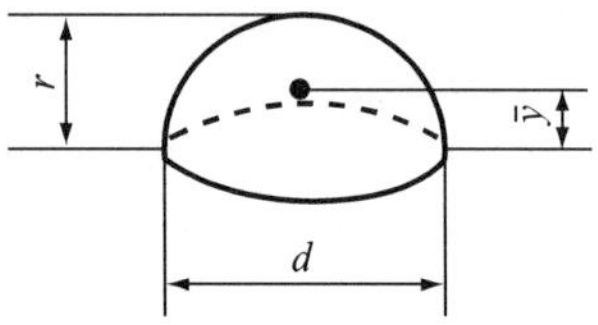	$V=\dfrac{\pi d^3}{12}$	$\bar{y}=\dfrac{3r}{8}$
포물면체	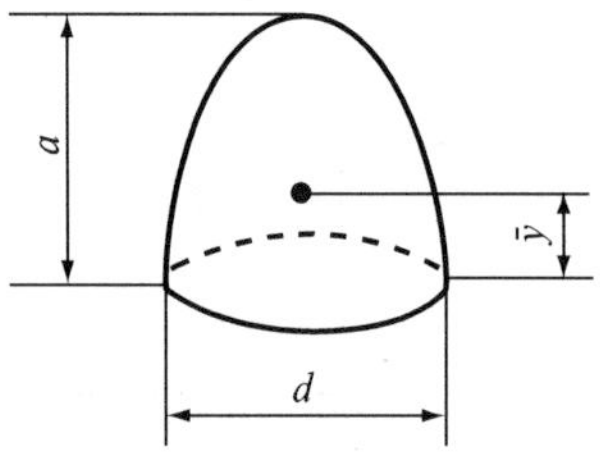	$V=\dfrac{\pi d^2 a}{8}$	$\bar{y}=\dfrac{a}{3}$

찾아보기

Fluid Mechanics

N ~ O

P

R

S

T ~ W

ㄱ

ㅅ

ㅇ

ㅈ

ㅊ

ㅋ ~ ㅌ

ㅍ

ㅎ

신편 유체역학

2009년 8월 20일 1판 1쇄 발행
2013년 7월 25일 1판 3쇄 발행

저 자 ◎ 조성갑 · 권혁칠 · 정운철 · 서영호

발행자 ◎ 조 승 식

발행처 ◎ (주) 도서출판 북 스 힐
서울시 강북구 수유 2동 240-225

등 록 ◎ 제 22-457 호

TEL (02) 994-0071(代)

FAX (02) 994-0073

E-MAIL bookswin@unitel.co.kr
www.bookshill.com

값 20,000 원

ISBN 978-89-5526-609-2